Auto CAD 2014 项目教程

编　著　单春阳

北京理工大学出版社
BEIJING INSTITUTE OF TECHNOLOGY PRESS

内 容 简 介

本书以 AutoCAD 2014 版本为演示平台，全面介绍了 AutoCAD 机械设计从基础到实例的全部知识，帮助学习者从入门走向精通。本书共分为“熟悉 AutoCAD 基本操作”“绘制简单图形”“绘制复杂图形”“标注机械图形”“灵活应用辅助绘图工具”“绘制轴套类零件”“绘制齿轮类零件”“绘制盘盖类零件”“绘制叉架类零件”“绘制齿轮泵装配图”和“由装配图拆画零件图”11 个项目。

每个项目配置的实例种类非常丰富，各种实例交错讲解，达到巩固读者理解的目的。每个项目最后设置了任务拓展与课后练习，供学习者自我检测与练习。

本书可以作为高等院校机械类与机电类专业学生用书，也可以作为企业技术人员的参考资料。

图书在版编目（CIP）数据

Auto CAD 2014 项目教程/单春阳编著. —北京：北京理工大学出版社，2016.8

ISBN978-7-5682-3048-3

Ⅰ. ①A… Ⅱ. ①单… Ⅲ. ①AutoCAD 软件－教材 Ⅳ. ①TP391.72

中国版本图书馆 CIP 数据核字（2016）第 205810 号

出版发行 / 北京理工大学出版社有限责任公司
社　　址 / 北京市海淀区中关村南大街 5 号
邮　　编 / 100081
电　　话 / （010）68914775（总编室）
（010）82562903（教材售后服务热线）
（010）68948351（其他图书服务热线）
网　　址 / http://www.bitpress.com.cn
经　　销 / 全国各地新华书店
印　　刷 / 北京泽宇印刷有限公司
开　　本 / 787 毫米×1092 毫米 1/16
印　　张 / 19.25
字　　数 / 428 千字
版　　次 / 2016 年 8 月第 1 版 2016 年 8 月第 1 次印刷
定　　价 / 58.00 元

责任编辑 / 张旭莉
文案编辑 / 张旭莉
责任校对 / 周瑞红
责任印制 / 马振武

前 言

AutoCAD 2014 提供的平面绘图功能能胜任机械工程图中使用的工程图样等的绘制。AutoCAD 机械设计是计算机辅助设计与机械设计结合的交叉学科。本书全面具体地对各种机械设计的 AutoCAD 设计方法和技巧进行了深入细致的讲解。

本书有以下 3 大特色。

1. 项目化驱动，目标明确

本书根据中华人民共和国教育部关于高等院校教学推广的最新要求，在理解国内一些项目化教学专家关于项目化教学的思想精髓的基础上，采取项目化教学驱动的方式组织内容，所有知识都在项目任务实施过程中进行潜移默化地灌输，使读者学习起来目标明确，有的放矢，提高学习的兴趣。

2. 内容全面，剪裁得当

本书定位于创作一本针对 AutoCAD 2014 在机械设计领域应用功能全貌的教材与自学结合指导书。本书内容全面具体，不留死角，适合于各种不同需求的读者。但是，项目化教学在实施的过程中有一个缺陷需要特别注意，那就是实例对知识应用的片面性容易造成知识点本身的割裂，本书在编写的过程中，在选择任务实例时注意知识应用的代表性，尽量覆盖 AutoCAD 绝大部分主要知识点；同时为了在有限的篇幅内提高知识集中程度，作者对所讲述的知识点进行了精心剪裁。

3. 实例丰富，循序渐进

对于 AutoCAD 这类专业软件在机械设计领域应用的工具书，我们力求避免空洞的介绍和描述，而是循序渐进，每个知识点均采用机械设计实例演绎，这样读者在实例操作过程中就牢固地掌握了软件功能。实例的种类也非常丰富，有知识点讲解的小实例，有几个知识点或全章知识点综合的综合实例，有练习提高的上机实例，更有最后完整实用的工程案例。各种实例交错讲解，达到巩固读者理解的目的。

由于时间仓促，加上编者水平有限，书中不足之处在所难免，望广大读者批评指正，编者将不胜感激。

编　者

Contents

目 录

目 录

Contents

目 录

项目一　熟悉 AutoCAD 基本操作

任务一　设置操作环境

双击计算机桌面快捷图标或在计算机上依次按路径选择“开始”→“所有程序”→“Autodesk”→“AutoCAD 2014 简体中文”（Simplified Chinese）命令，打开图 1-1 所示的 AutoCAD 操作界面。

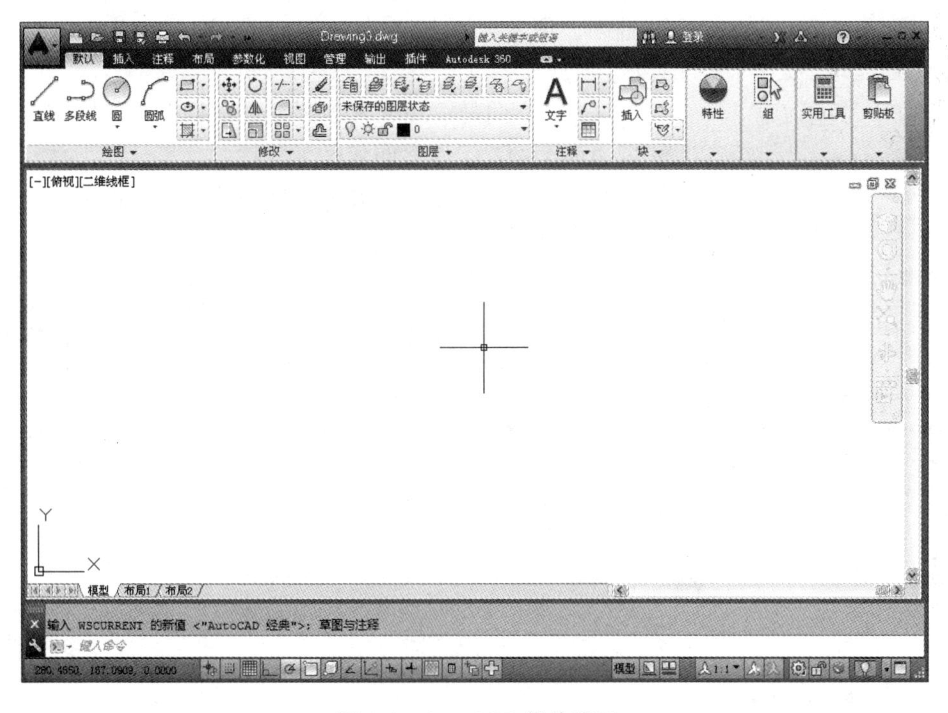

图 1-1　AutoCAD 操作界面

任务说明

操作任何一个软件的第一件事就是要对这个软件的基本界面进行感性的认识，并会进行基本的参数设置，从而为后面具体的操作做好准备。

AutoCAD 2014 为用户提供了交互性良好的 Windows 风格操作界面，也提供了方便的系统定制功能，用户可以根据需要和喜好灵活地设置绘图环境。

知识与技能目标

1. 熟悉操作界面。
2. 自定义操作界面。

任务分析

本项目要求读者熟悉 AutoCAD 2014 的基本界面布局和各个区域的大体功能范畴。为了便于读者后面具体绘图，在本任务可以试着设置十字光标大小和绘图窗口颜色等最基本的参数。

任务实施

1. 熟悉操作界面

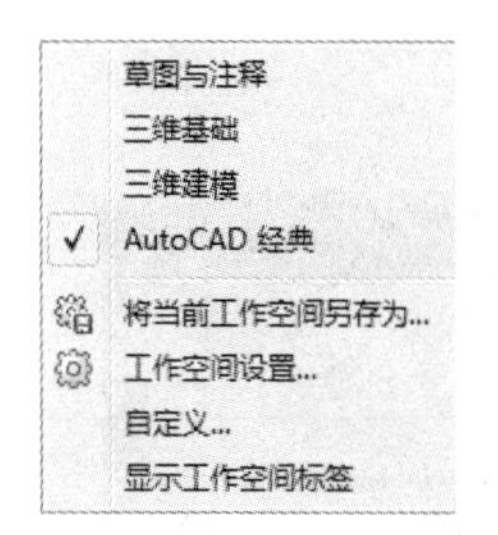

图 1-2 “工作空间”选择菜单

（1）单击界面右下角的“切换工作空间”按钮，打开“工作空间”选择菜单，从中选择“AutoCAD 经典”命令，如图 1-2 所示，系统转换到 AutoCAD 经典界面，如图 1-3 所示。

（2）该界面是 AutoCAD 显示、编辑图形的区域，一个完整的 AutoCAD 操作界面包括标题栏、菜单栏、工具栏、绘图区、十字光标、坐标系、命令窗格、状态栏、模型标签与布局标签、滚动条、快速访问工具栏和状态托盘等。

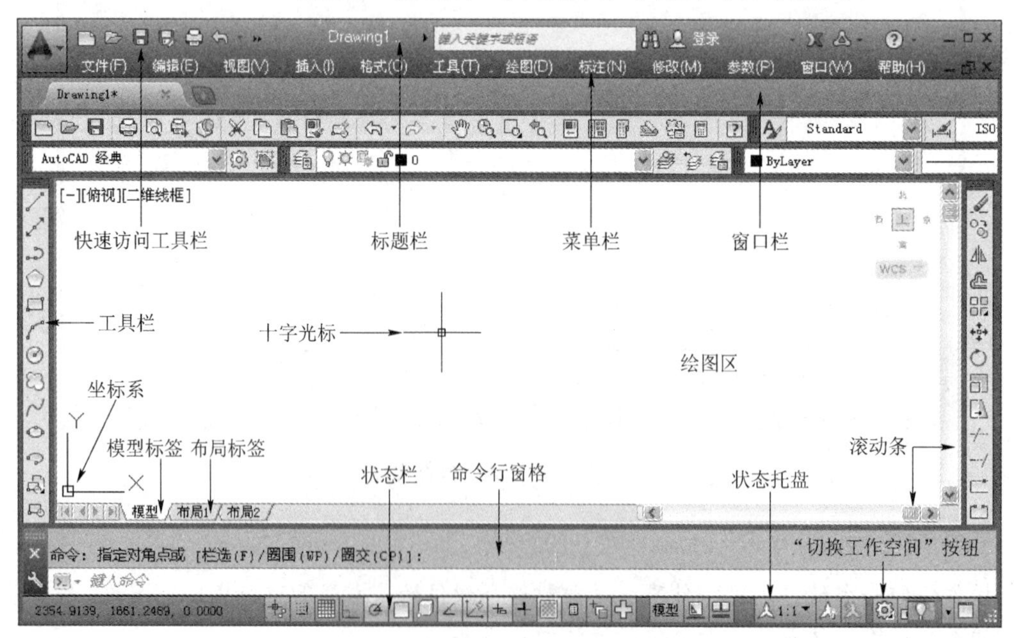

图 1-3 AutoCAD 2014 经典界面

2. 配置绘图系统

由于每台计算机所使用的显示器、输入设备和输出设备的类型不同，用户喜好的风格及计算机的目录设置也不同，因此每台计算机都是独特的。一般来讲，使用 AutoCAD 2014 的默认配置就可以绘图，但为了使用用户的定点设备或打印机，以及为提高绘图的效率，AutoCAD 推荐用户在开始作图前先进行必要的配置。具体配置操作如下：

在命令行输入 preferences，或选择“工具”→“选项”命令（其中包括一些常用的命令，如图 1-4 所示），或右击打开右键菜单（其中包括一些常用的命令，如图 1-5 所示），选择其中的“选项”命令，执行上述操作后，系统自动打开“选项”对话框。用户可以在该对话框中选择有关选项，对系统进行配置。下面只就其中主要的几个选项卡进行说明，其他配置选项在后面用到时再作具体说明。

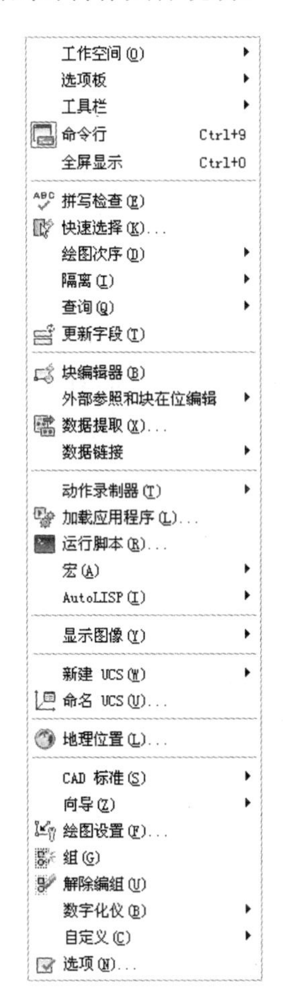

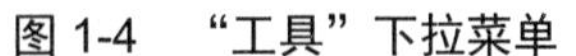
图 1-4　“工具”下拉菜单

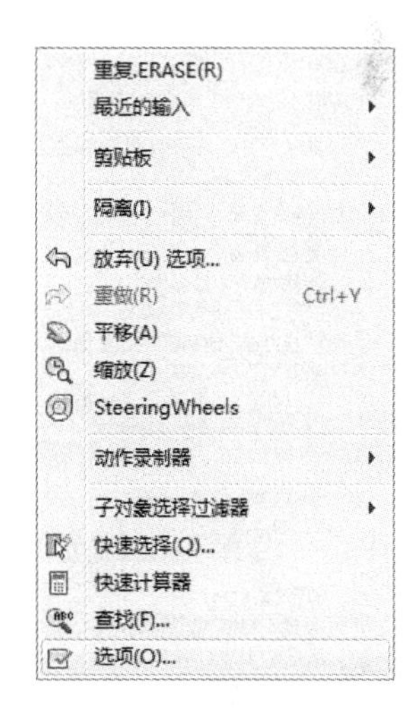

图 1-5　“选项”右键菜单

1）系统配置

“选项”对话框中的“系统”选项卡如图 1-6 所示。该选项卡用来设置 AutoCAD 系统的有关特性。其中“常规选项”选项组确定是否选择系统配置的有关基本选项。

图 1-6　“系统”选项卡

2）显示配置

“选项”对话框中的“显示”选项卡如图 1-7 所示，该选项卡控制 AutoCAD 窗口的外观。该选项卡设定屏幕菜单、屏幕颜色、光标大小、滚动条显示与否、AutoCAD 的版面布局设置、各实体的显示分辨率以及 AutoCAD 运行时的其他各项性能参数的设定等。其中部分设置如下：

图 1-7　“显示”选项卡

（1）修改图形窗口中十字光标的大小。

光标的长度系统预设为屏幕大小的 5%，用户可以根据绘图的实际需要更改其大小。改变光标大小的方法如下：

在绘图窗口中选择“工具”→“选项”命令，打开“选项”对话框，选择“显示”选项卡，在“十字光标大小”区域中的文本框框中直接输入数值，或者拖动编辑框后的滑块，即可对十字光标的大小进行调整。

此外，还可以通过设置系统变量 CURSORSIZE 的值，实现对其大小的更改，方法是在命令行输入：

```
命令:↙
输入 CURSORSIZE 的新值 <5>:
```

在提示下输入新值即可，默认值为 5%。

（2）修改绘图窗口的颜色。

默认情况下，AutoCAD 的绘图窗口是黑色背景、白色线条，这不符合绝大多数用户的习惯，因此修改绘图窗口颜色是大多数用户都需要进行的操作。

修改绘图窗口颜色的步骤如下：

① 选择“工具”→“选项”命令，打开“选项”对话框，选择“显示”选项卡，单击“窗口元素”区域中的“颜色”按钮，将打开如图 1-8 所示的“图形窗口颜色”对话框。

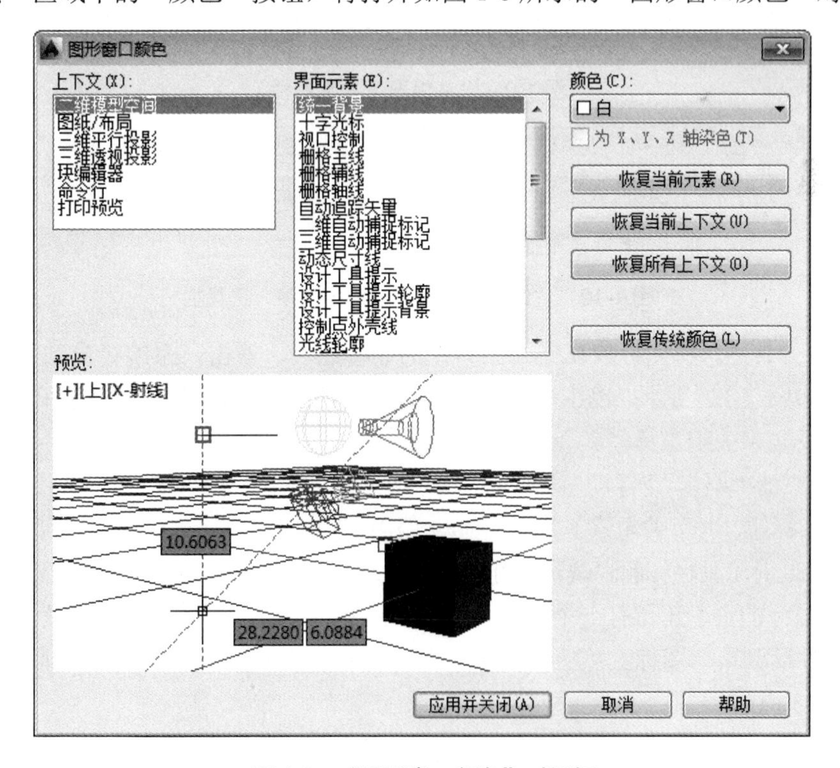

图 1-8　“图形窗口颜色”对话框

② 单击“图形窗口颜色”对话框中“颜色”下拉按钮，在打开的下拉列表中选择需要的窗口颜色，单击“应用并关闭”按钮，此时 AutoCAD 的绘图窗口变成了窗口背景色，通常按视觉习惯选择白色为窗口颜色。

注意

在设置实体显示分辨率时，请务必记住，显示质量越高，即分辨率越高，计算机计算的时间越长，千万不要将其设置的太高。显示质量设定在一个合理的程度上是很重要的。

（3）设置工具栏。

工具栏是一组图标型工具的集合，把光标移动到某个图标，稍停片刻即在该图标一侧显示相应的工具提示，同时在状态栏中，显示对应的说明和命令名。此时，单击图标也可以启动相应命令。默认情况下，可以见到绘图区顶部的“标准”工具栏、“样式”工具栏、“特性”工具栏以及“图层”工具栏（图 1-9）和位于绘图区左侧的“绘图”工具栏，右侧的“修改”工具栏和“绘图次序”工具栏（图 1-10）。

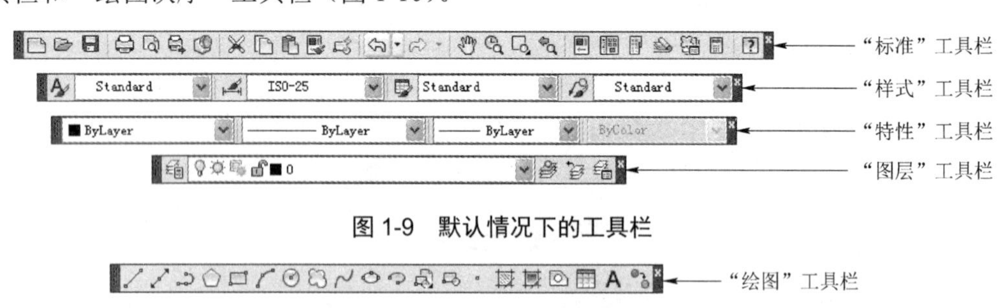

图 1-9　默认情况下的工具栏

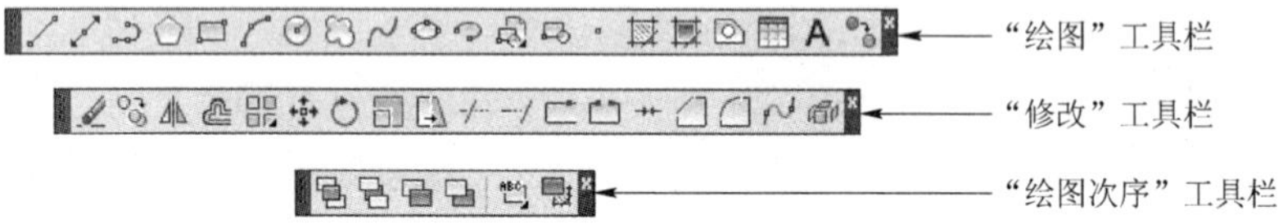

“绘图”工具栏

“修改”工具栏

“绘图次序”工具栏

图 1-10　“绘图”“修改”“绘图次序”工具栏

① 调出工具栏。将光标放在任一工具栏的非标题区，右击，系统会自动打开单独的工具栏标签，如图 1-11 所示。单击某一个未在界面显示的工具栏名，系统会自动在界面打开该工具栏。反之，关闭工具栏。

② 工具栏的“固定”“浮动”与“打开”。工具栏可以在绘图区“浮动”（图 1-12），此时显示该工具栏标题，并可关闭该工具栏。拖动“浮动”工具栏到图形区边界，可使其变为“固定”工具栏，此时工具栏标题隐藏。也可以把“固定”工具栏拖出，使它成为“浮动”工具栏。

在有些图标的右下角带有一个小三角，按住鼠标左键会打开相应的工具栏。按住鼠标左键，将光标移动到某一图标上然后松手，该图标就为当前图标。单击当前图标，执行相应命令，如图 1-13 所示。

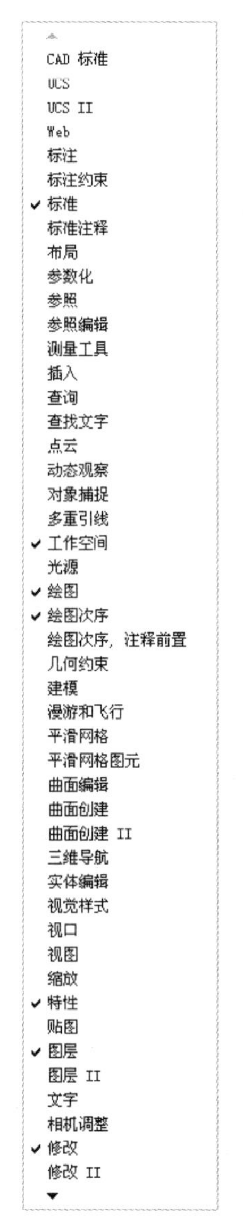

图 1-11　单独的工具栏标签

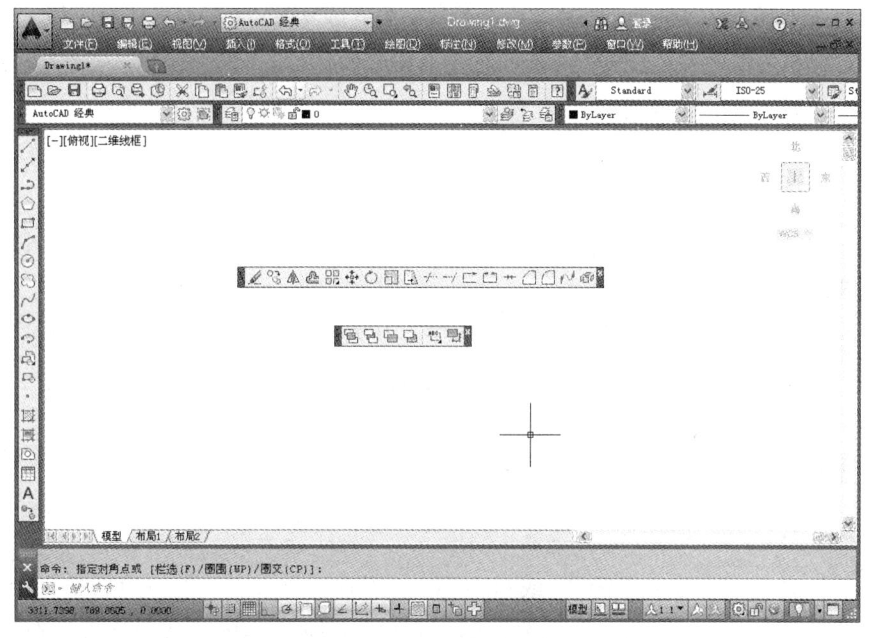

图 1-12　“浮动”工具栏

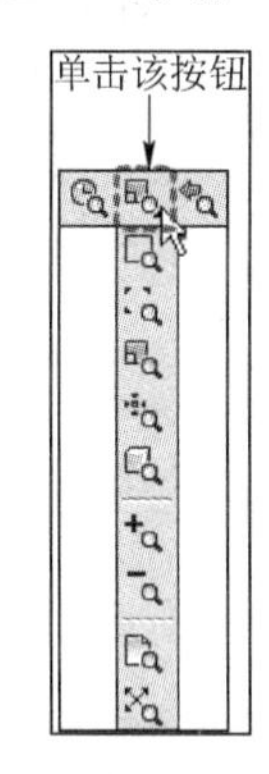

图 1-13　“打开”工具栏

任务二　管 理 文 件

任务引入

任何应用软件在进入具体操作环节之前，管理文件是首先要熟悉的环节，如新建文件、打开文件、保存文件等。

任务说明

本任务主要介绍AutoCAD 2014应用中的一些基本操作,从而使用户更为熟练AutoCAD 2014的绘图环境。绘图中常用的工具或者命令要多练多用，才可以熟练的掌握，但对于AutoCAD 2014所提供的绘图工具的整体了解也是必不可少的。

知识与技能目标

掌握AutoCAD 2014的基本操作方法。

任务分析

本任务将介绍有关文件管理的一些基本操作方法，包括新建文件、打开已有文件、保存文件、另存文件等，这些都是进行AutoCAD 2014操作最基础的知识。

任务实施

1. 新建文件

在命令行输入NEW（或QNEW），或者选择“文件”→“新建”命令，或者单击“标准”工具栏中的“新建”按钮，打开图1-14所示的“选择样板”对话框。选择一个样板文件（系统默认的是acadiso.dwt文件），系统立即从打开的对话框中的图形样板中创建新图形。如果选择的是默认的acadiso.dwt文件，打开的界面就如图1-1所示。

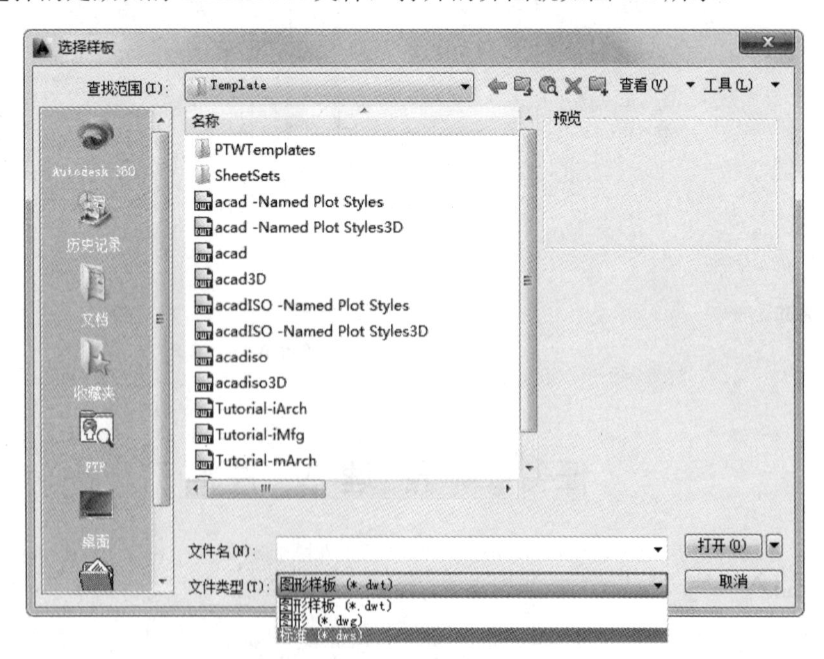

图1-14 “选择样板”对话框

样板文件系统提供的是预设好各种参数或进行了初步标准绘制（如图框）的文件。

在“文件类型”下拉列表中有 3 种格式的图形样板，扩展名分别是.dwt、.dwg、.dws。

一般情况下，.dwt 文件是标准的样板文件，通常将一些规定的标准性的样板文件设成.dwt 文件；.dwg 文件是普通的样板文件；而.dws 文件是包含标准图层、标注样式、线型和文字样式的样板文件。

2. 保存文件

在命令行输入 QSAVE(或 SAVE)，或者选择“文件”→“保存”命令，或者单击“标准”工具栏中的“保存”按钮，若文件已命名，则 AutoCAD 自动保存；若文件未命名（即为默认名 drawing1.dwg），则打开“图形另存为”对话框（图 1-15），指定保存路径，输入一个文件名进行保存。在“保存于”下拉列表中可以指定保存文件的路径；在“文件类型”下拉列表中可以指定保存文件的类型。

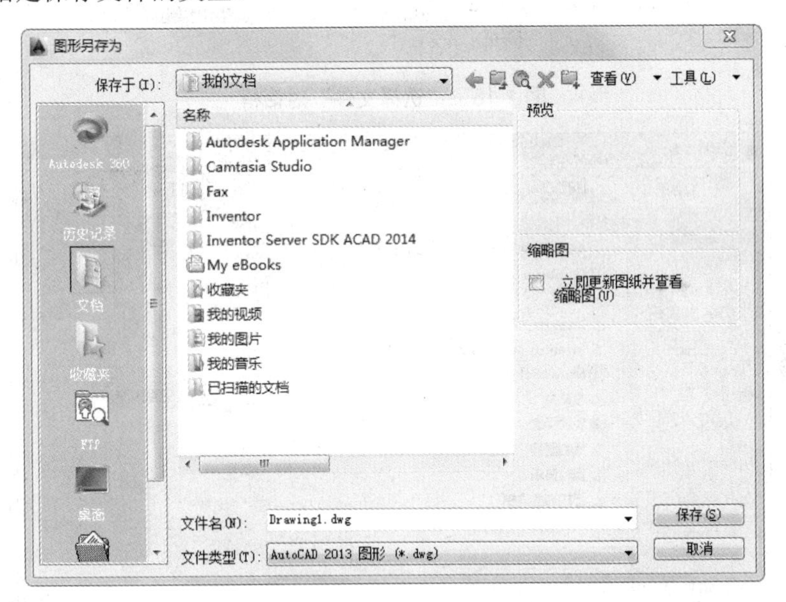

图 1-15　“图形另存为”对话框

3. 打开文件

在命令行输入 OPEN，或者选择“文件”→“打开”命令，或者单击“标准”工具栏中的“打开”按钮，打开“选择文件”对话框（图 1-16），找到刚才保存的文件，单击“打开”按钮，系统打开该文件。

4. 另存文件

在命令行输入 SAVEAS，或者选择“文件”→“另存为”命令，打开图 1-17 所示的“图形另存为”对话框，将刚才打开的文件重命名，指定路径进行保存。

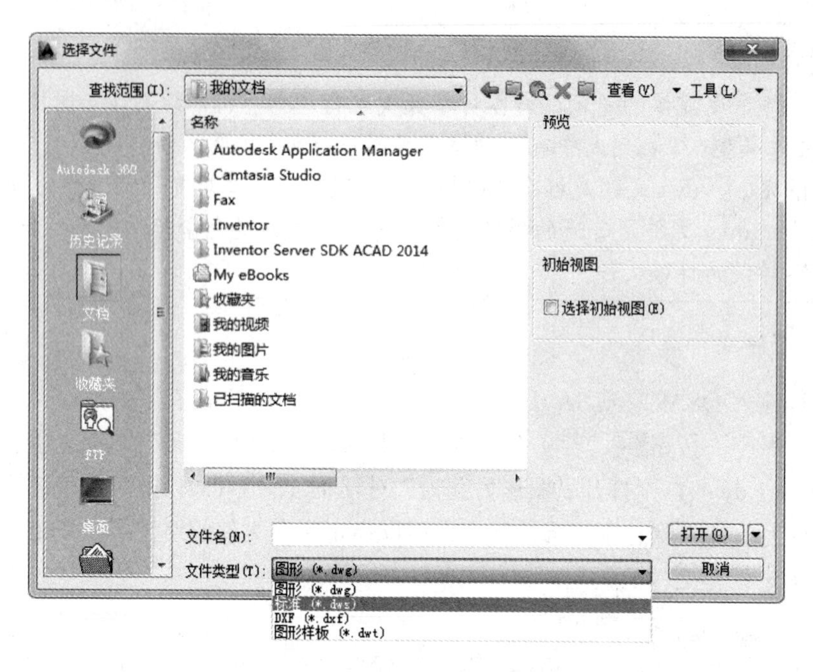

图 1-16 “选择文件”对话框

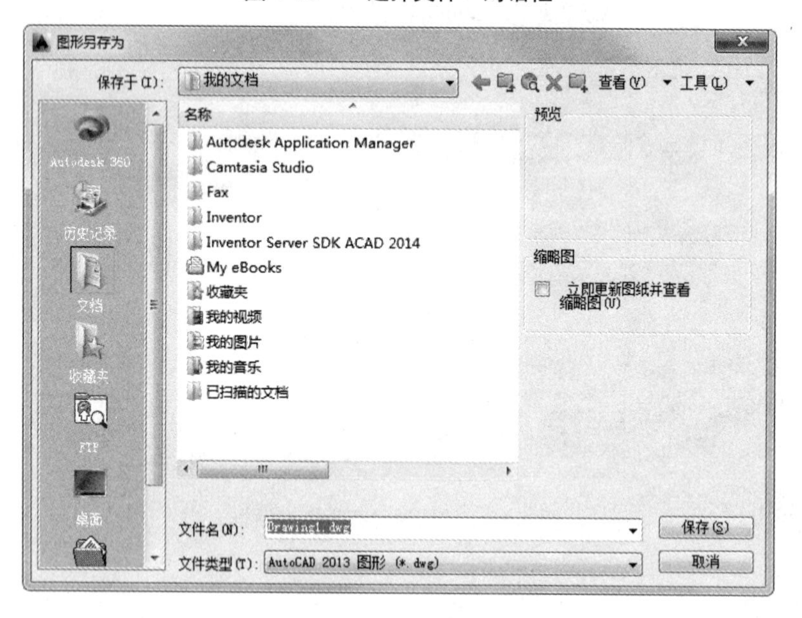

图 1-17 “图形另存为”对话框

5. 退出系统

在命令行输入 QUIT（或 EXIT），或者选择“文件”→“关闭”命令，或者单击 AutoCAD 操作界面右上角的“关闭”按钮，若用户对图形所做的修改尚未保存，则会出现图 1-18 所示的系统警告对话框。单击“是”按钮系统将保存文件，然后退出；单击“否”按钮系统将不保存文件。若用户对图形所做的修改已经保存，则直接退出。

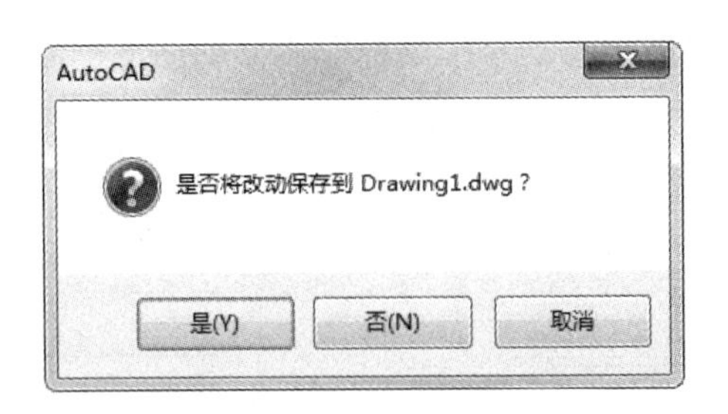

图 1-18　系统警告对话框

任务三　查看零件图细节

任务引入

在绘制或者查看图形时，经常要转换绘制或查看图形的区域，或者要查看图形某部分的细节，这时候就需要用到 AutoCAD 的图形显示工具。

任务说明

改变视图最常用的方法就是利用缩放和平移命令。利用它们可以在绘图区域放大或缩小图像显示，或者改变观察位置。

知识与技能目标

1. 掌握查看图形的方法。
2. 熟悉改变视图的操作方法。

任务分析

本任务将介绍利用 AutoCAD 2014 的平移和缩放两种显示工具对图形进行查看的具体方法，方便读者在后面具体绘图过程中转换显示区域和查看图形细节。

任务实施

1. 打开文件

单击“标准”工具栏中的“打开”按钮，打开“C 盘/Program files/Autodesk/AutoCAD 2014/Sample/Sheet Sets/Manufacturing”文件夹里的“VW252-02-0500-N.dwg”文件，如图 1-19 所示。

2. 平移图形

在命令行输入 PAN，或者选择“视图”→“平移”→”实时”命令，或者单击“标准”工具栏中的“实时平移”按钮，移动手形光标即可移动图形，如图 1-20 所示。

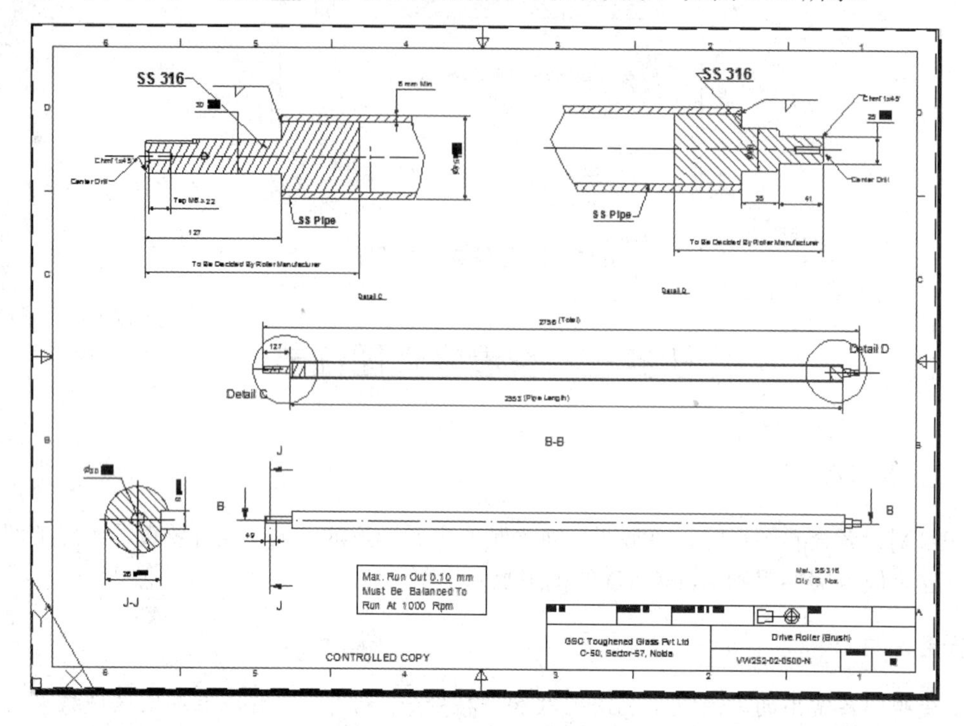

图 1-19　VW252-02-0500-N

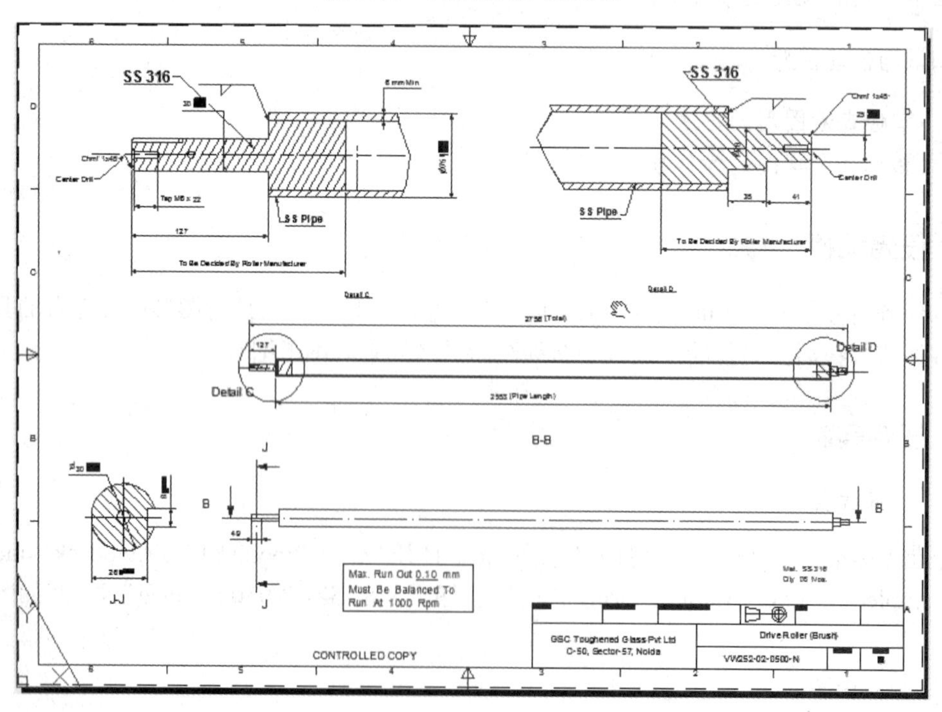

图 1-20　平移图形

3. 缩放图形

（1）在命令行输入 Zoom，或者选择“视图”→“缩放”→“实时”命令，或者单击“标准”工具栏中的“实时缩放”按钮，或者选择右键快捷菜单中的“缩放”命令（图 1-21）。绘图平面出现缩放标记，向上拖动鼠标，将图形进行实时放大，结果如图 1-22 所示。

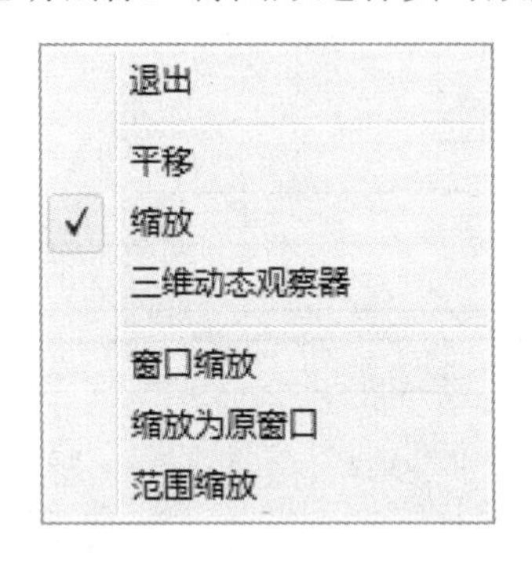

图 1-21　右键快捷菜单

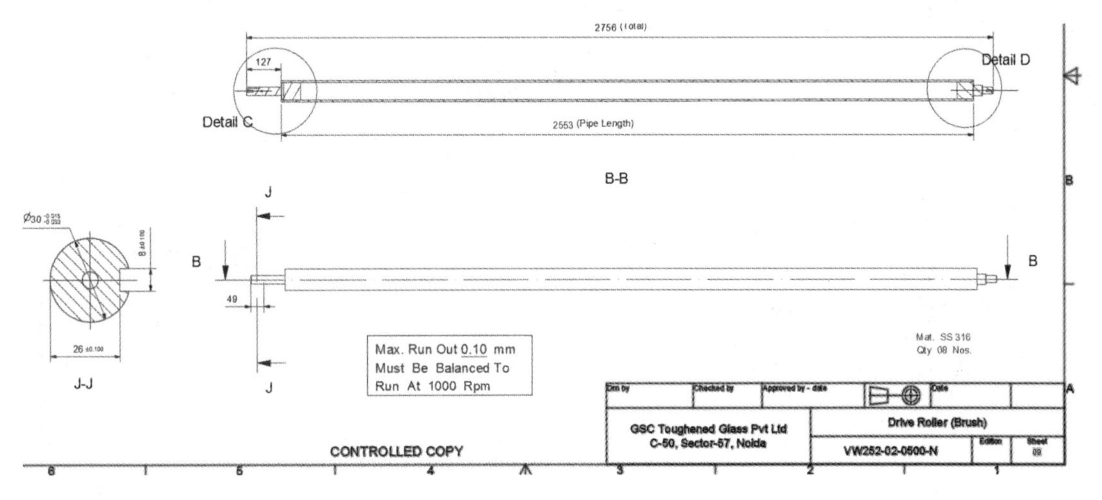

图 1-22　实时放大

（2）单击“标准”工具栏中“缩放”下拉菜单中的“窗口缩放”按钮，用鼠标拖出一个缩放窗口，如图 1-23 所示。

（3）单击“标准”工具栏上的“缩放上一个”按钮，系统自动返回上一次缩放的图形窗口。

（4）单击“标准”工具栏中“缩放”下拉菜单中的“动态缩放”按钮，这时，图形平面上会出现一个中心有小叉的显示范围框，如图 1-24 所示。

（5）单击，会出现右边带箭头的缩放范围显示框，如图 1-25 所示。拖动鼠标，可以看出，带箭头的范围框大小在变化，如图 1-26 所示。释放鼠标左键，范围框又变成带小叉的形式，可以再次按住鼠标左键平移显示框，如图 1-27 所示。

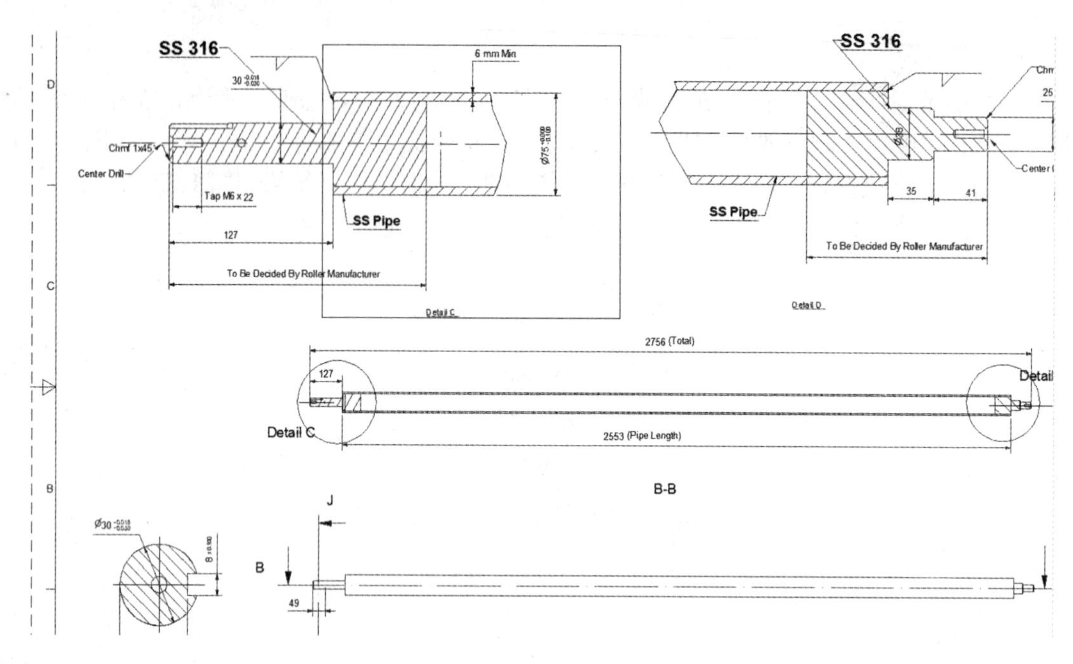

图 1-23　缩放窗口

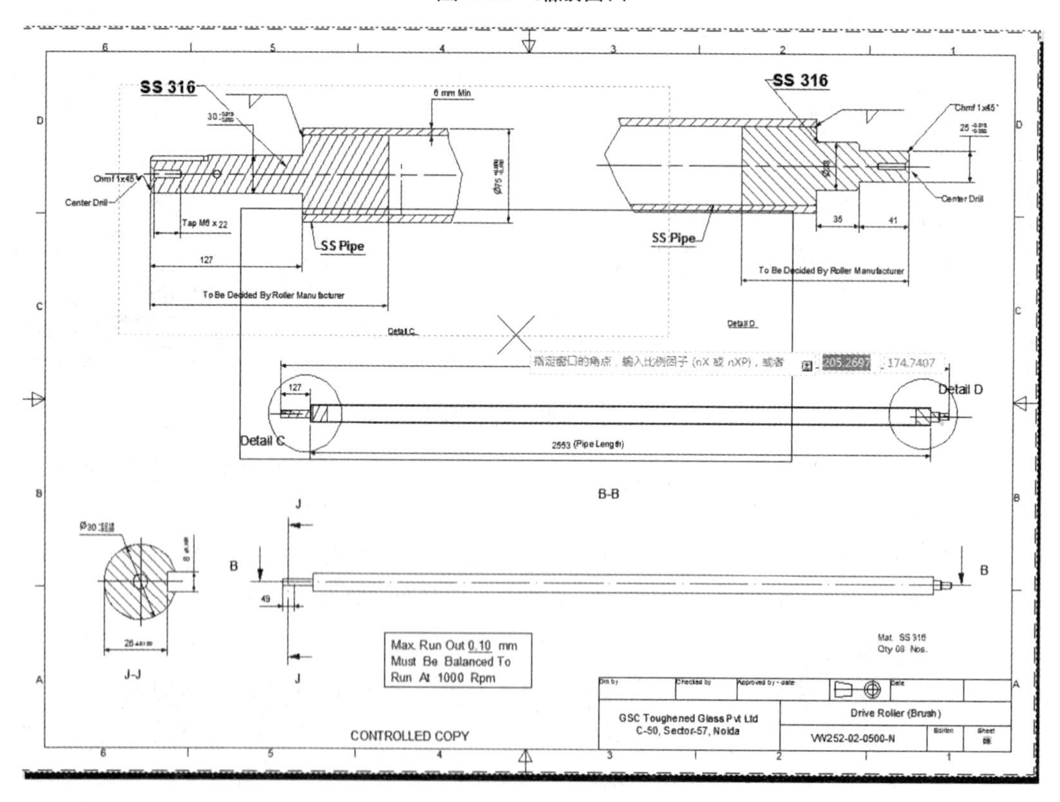

图 1-24　动态缩放范围窗口

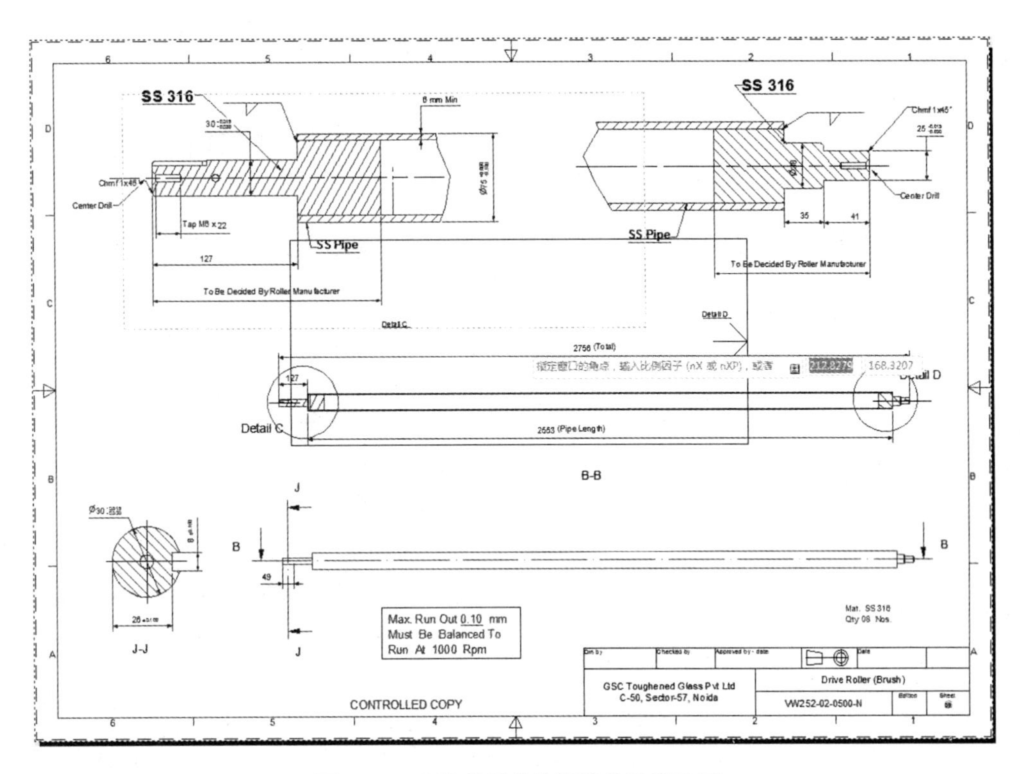

图 1-25　右边带箭头的缩放范围显示框

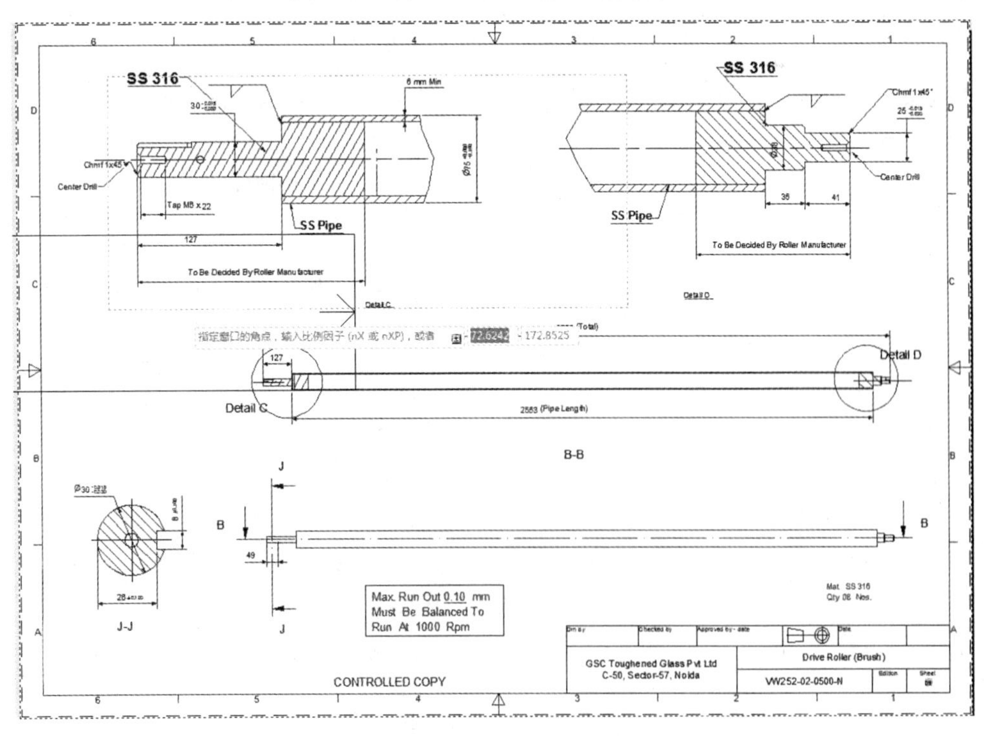

图 1-26　变化的范围框

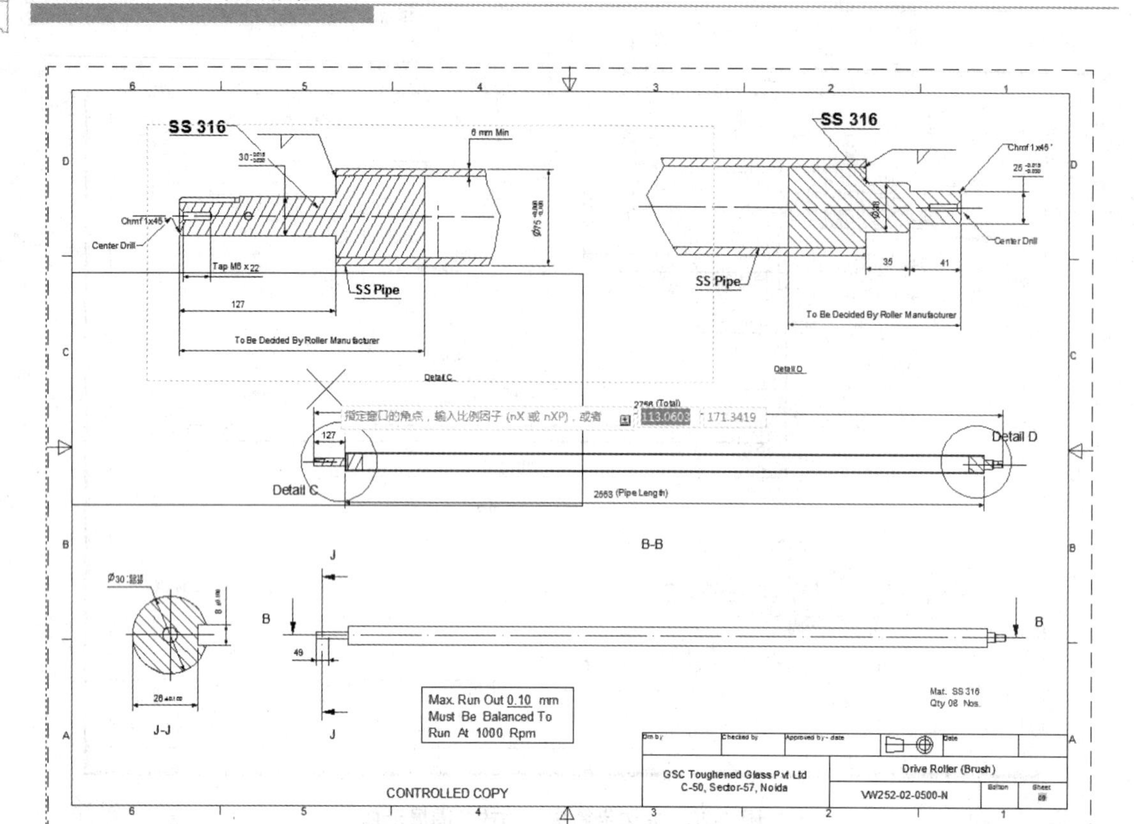

图 1-27 平移显示框

按 Enter 键，则系统显示动态缩放后的图形，结果如图 1-28 所示。

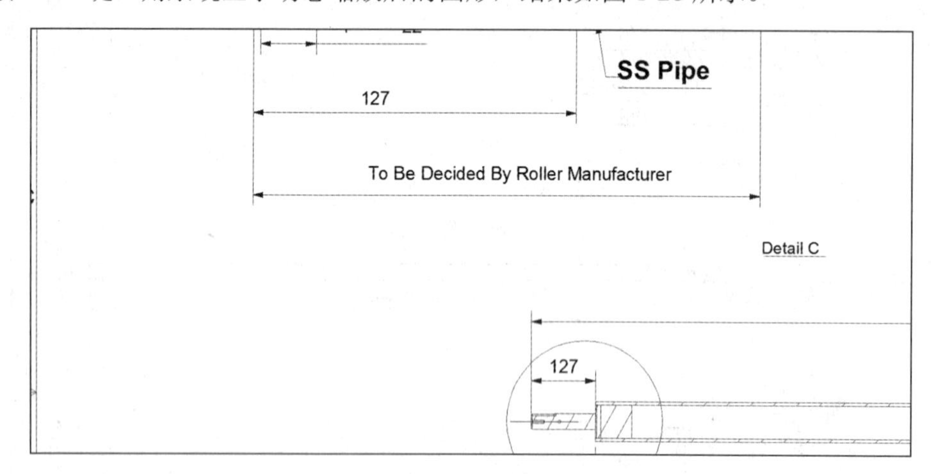

图 1-28 动态缩放结果

（6）单击“标准”工具栏中“缩放”下拉菜单中的“全部缩放”按钮，系统将显示全部图形画面，最终结果如图 1-29 所示。

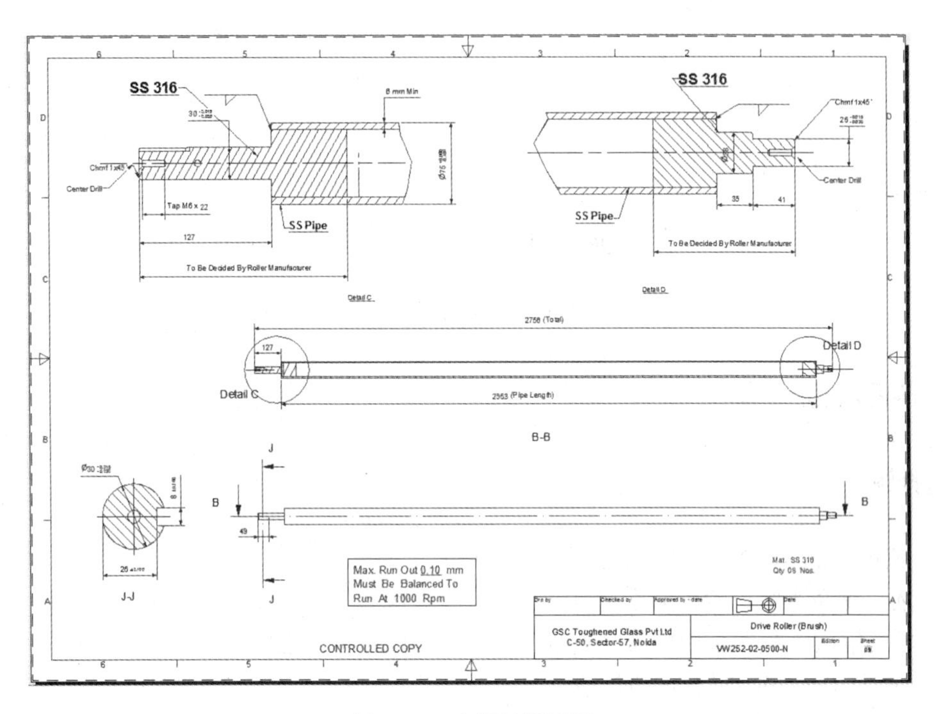

图 1-29　全部缩放图形

（7）单击“标准”工具栏中“缩放”下拉菜单中的“缩放对象”按钮，并框选图 1-30 中箭头所示的范围，进行对象缩放，最终结果如图 1-31 所示。

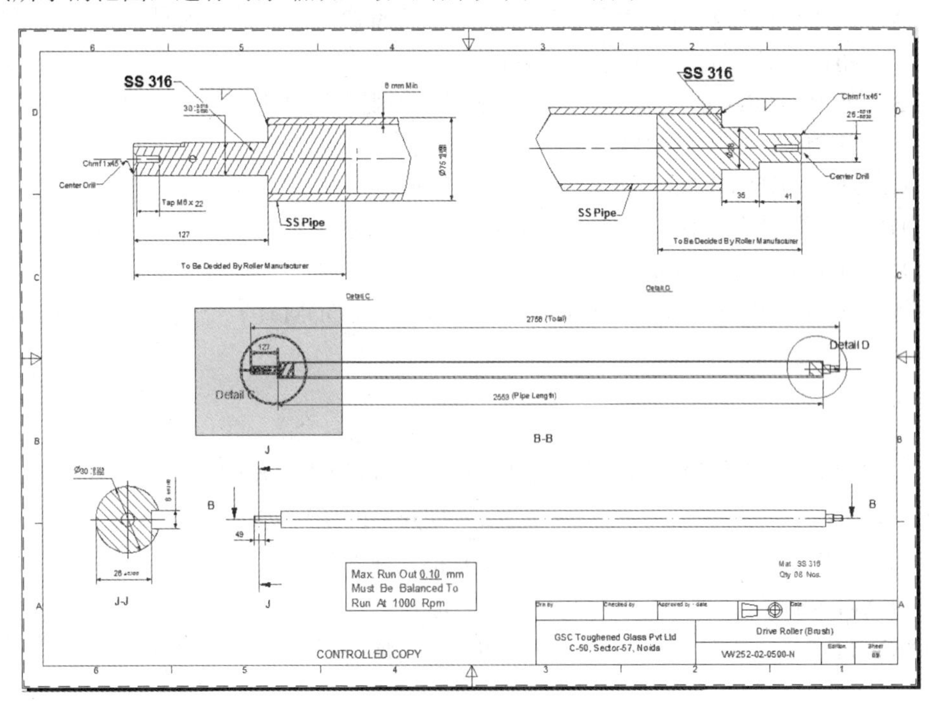

图 1-30　选择对象

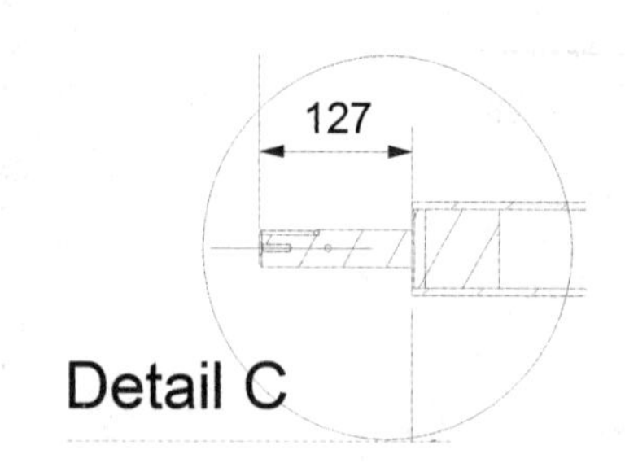

图 1-31　缩放对象结果

课后练习

一、选择题

1．调用 AutoCAD 命令的方法有（　　）。

A．在命令窗口输入命令名　　B．在命令窗口输入命令缩写字

C．拾取下拉菜单中的菜单选项　　D．拾取工具栏中的对应图标

2．正常退出 AutoCAD 的方法有（　　）。

A．QUIT 命令　　B．EXIT 命令

C．屏幕右上角的“关闭”按钮　　D．直接关机

3．如果想要改变绘图区域的背景颜色，应（　　）。

A．在“选项”对话框“显示”选项卡的“窗口元素”选项区域，单击“颜色”按钮，在打开的对话框中进行修改

B．在 Windows 的“显示属性”对话框“外观”选项卡中单击“高级”按钮，在打开的对话框中进行修改

C．修改 SETCOLOR 变量的值

D．在“特性”面板的“常规”选项区域，修改“颜色”值

4．将图形进行动态放大的选项是（　　）。

A．ZOOM/(D)　　B．ZOOM/(W)　　C．ZOOM/(E)　　D．ZOOM/(A)

二、操作题

将下面左侧所列文件操作命令与右侧相应命令功能用连线连起。

（1）OPEN　　（a）打开旧的图形文件

（2）QSAVE　　（b）将当前图形重命名存盘

（3）SAVEAS　　（c）退出

（4）QUIT　　（d）将当前图形存盘 AutoCAD

项目二　绘制简单图形

任务一　绘 制 螺 栓

任务引入

本任务绘制图 2-1 所示的螺栓。

任务说明

螺栓是机械工程设计中最常用的零件，也是标准件。从图 2-1 可以看出，这是一个简化的螺栓图形，由一系列的直线段组成，在绘制过程中要用到最基本的“直线”（LINE）命令。

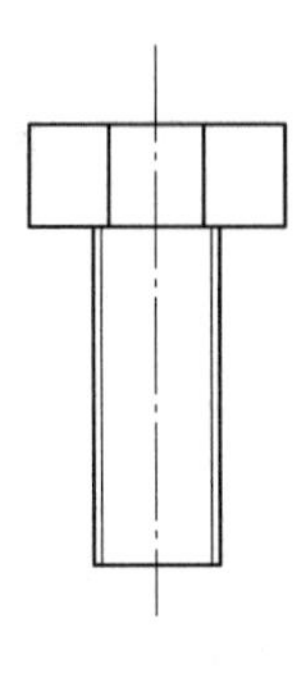

图 2-1　螺栓

知识与能点目标

1. 掌握图层的设置。
2. 能够利用“直线”命令绘制简单图形。

任务分析

本任务主要利用“直线”命令，由于图形中出现了 3 种不同的线型，因此需要设置图层来管理线型。整个图形都由线段构成，所以只需要利用 LINE 命令就能绘制图形。

相关知识

1. 图层特性管理器

AutoCAD 提供了详细直观的“图层特性管理器”对话框，用户通过该对话框中可以方便地对各参数及其二级对话框进行设置，从而实现建立新图层、设置图层颜色及线型等各种操作。

选择“格式”→“图层”命令，或单击“图层”工具栏中的“图层特性管理器”按钮，打开图 2-2 所示的“图层特性管理器”对话框。

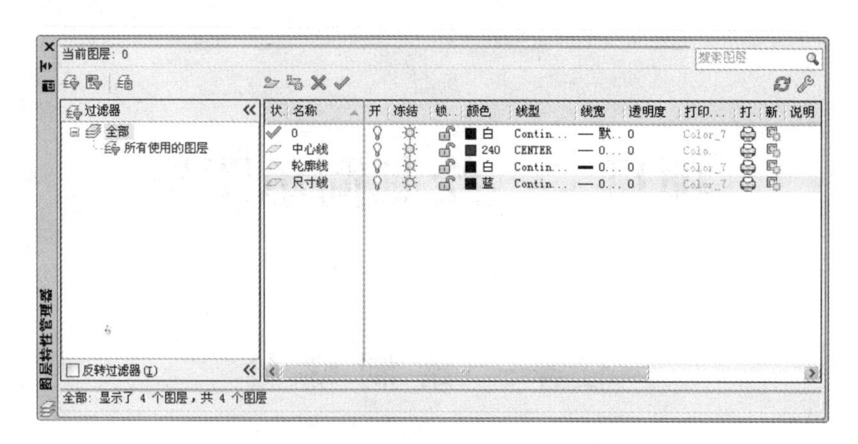

图 2-2 “图层特性管理器”对话框

（1）“新建特性过滤器”按钮：显示“图层过滤器特性”对话框，如图 2-3 所示。从中可以基于一个或多个图层特性创建图层过滤器。

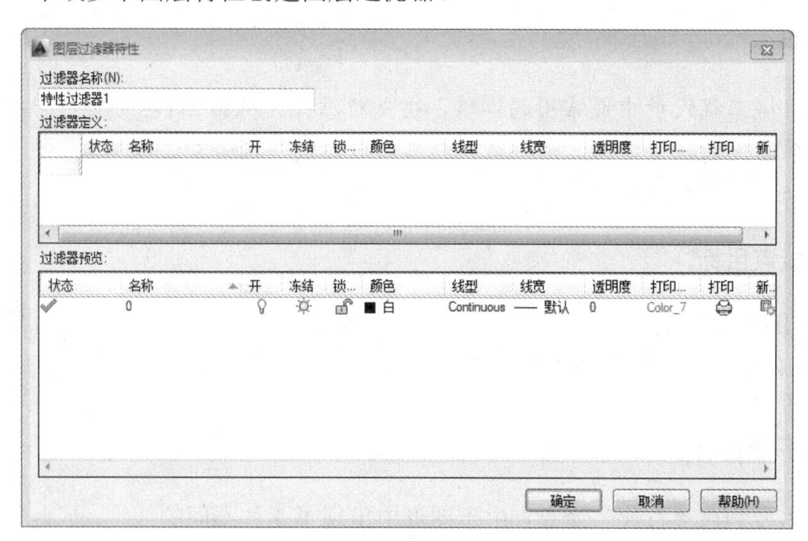

图 2-3 “图层过滤器特性”对话框

（2）“新建组过滤器”按钮：创建一个图层过滤器，其中包含用户选定并添加到该过滤器的图层。

（3）“图层状态管理器”按钮：显示“图层状态管理器”对话框，如图 2-4 所示。从中可以将图层的当前特性设置保存到命名图层状态中，以后可以再恢复这些设置。

（4）“新建图层”按钮：建立新图层。单击此按钮，图层列表中会出现一个新的图层名称“图层 1”，用户可使用此名称，也可重命名。要想同时产生多个图层，可选中一个图层名后，输入多个名称，各名称之间以逗号分隔。图层的名称可以包含字母、数字、空格和特殊符号，AutoCAD 2014 支持长达 255 个字符的图层名称。新的图层继承了建立新图层时所选中的已有图层的所有特性（颜色、线型、ON/OFF 状态等），如果新建图层时没有图层被选中，则新图层具有默认的设置。

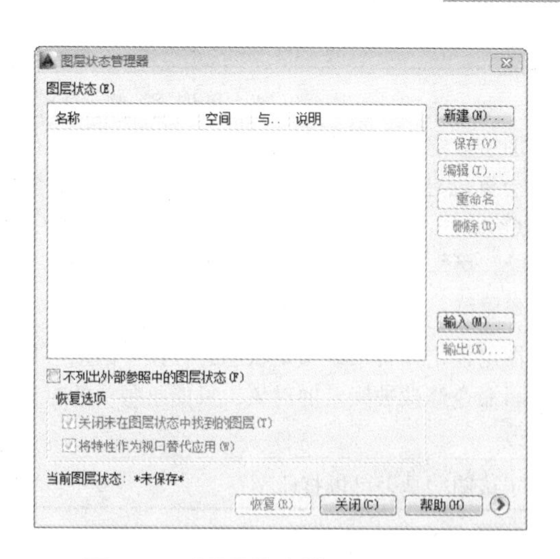

图 2-4　“图层状态管理器”对话框

（5）“删除图层”按钮：删除所选图层。在图层列表中选中某一图层，然后单击此按钮，可把该图层删除。

（6）“置为当前”按钮：设置当前图层。在图层列表中选中某一图层，然后单击此按钮，则把该图层设置为当前图层，并在“当前图层”一栏中显示其名称。当前图层的名称存储在系统变量 CLAYER 中。另外，双击图层名也可把该图层设置为当前图层。

（7）“搜索图层”文本框：输入字符时，按名称快速过滤图层列表。关闭“图层特性管理器”对话框时并不保存此过滤器。

（8）“反转过滤器”复选框：选中此复选框，显示所有不满足选定图层特性过滤器中条件的图层。

（9）图层列表区：显示已有的图层及其特性。要修改某一图层的某一特性，单击它所对应的图标即可。右击空白区域，利用右键快捷菜单可快速选中所有图层。图层列表区中各列的含义如下：

① 名称：显示满足条件的图层的名称。如果要对某图层进行修改，首先要选中该图层，使其逆反显示。

② 状态转换图标：在“图层特性管理器”对话框的“名称”栏前分别有一列图标，单击图标，可以打开或关闭该图标所代表的功能，或从详细数据区中选中或取消选中关闭（/）、锁定（/）、在所有视口内冻结（/）及不打印（/）等项目，各图标功能说明如表 2-1 所示。

表 2-1　各图标功能

图　　示	名　　称	功 能 说 明
/	打开/关闭	将图层设定为打开或关闭状态，当呈现关闭状态时，该图层上的所有对象将隐藏不显示，只有打开状态的图层会在屏幕上显示或由打印机中打印出来。因此，绘制复杂的视图时，先将不编辑的图层暂时关闭，可降低图形的复杂性。图 2-5（a）和图 2-5（b）所示分别表示中心线图层打开和关闭的情形

续表

图　示	名　称	功 能 说 明
☼/❄	解冻/冻结	将图层设定为解冻或冻结状态。当图层呈现冻结状态时，该图层上的对象均不会显示在屏幕上或由打印机打出，而且不会执行重生（REGEN）、缩放（ROOM）、平移（PAN）等命令的操作。因此，若将视图中不编辑的图层暂时冻结，可加快执行绘图编辑的速度。而 💡/💡（打开/关闭）功能只是单纯将对象隐藏，并不会加快执行速度
🔓/🔒	解锁/锁定	将图层设定为解锁或锁定状态。被锁定的图层仍然显示在画面上，但不能以编辑命令修改被锁定的对象，只能绘制新的对象，如此可防止重要的图形被修改
🖨/🖨	打印/不打印	设定该图层是否可以打印图形

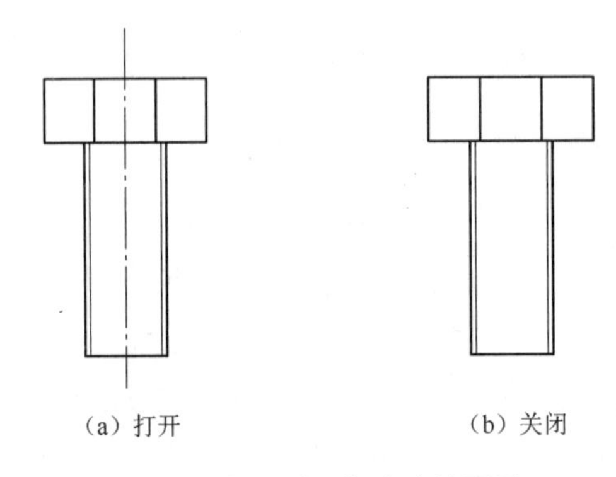

图 2-5　打开或关闭中心线图层

③ 颜色：显示和改变图层的颜色。如果要改变某一图层的颜色，单击其对应的颜色图标，将打开图 2-6 所示的“选择颜色”对话框，用户可从中选取需要的颜色。

④ 线型：显示和修改图层的线型。如果要修改某一图层的线型，单击该图层的“线型”按钮，可打开“选择线型”对话框，如图 2-7 所示，其中列出了当前可用的线型，用户可从中选取。

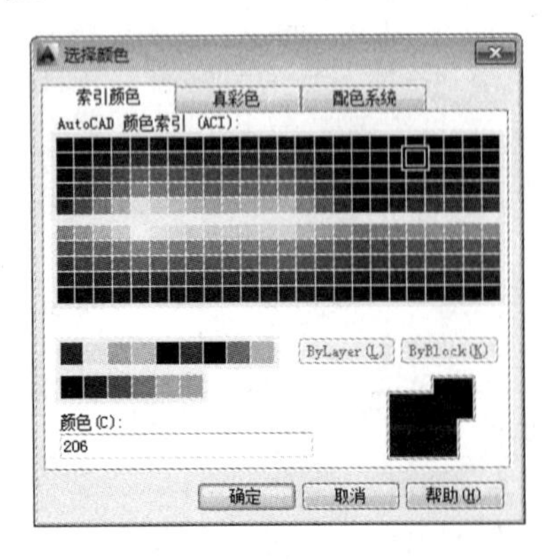

图 2-6　“选择颜色”对话框

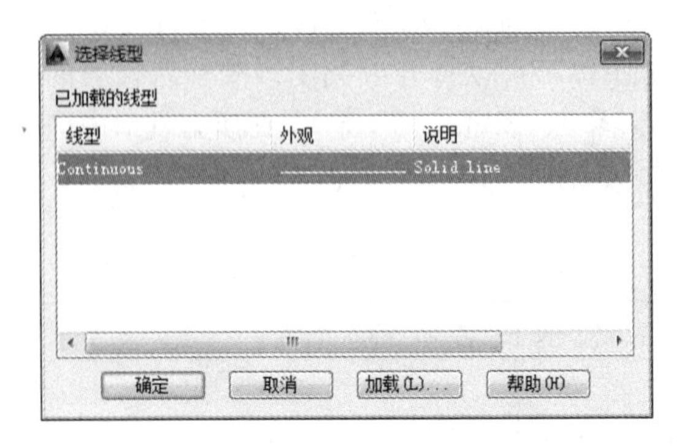

图 2-7　“选择线型”对话框

⑤ 线宽：显示和修改图层的线宽。如果要修改某一图层的线宽，单击该图层的“线宽”按钮，打开“线宽”对话框，如图 2-8 所示，其中列出了 AutoCAD 设定的线宽，用户可从中选取。其中，“线宽”列表框显示可以选用的线宽值，包括一些绘图中经常用到的线宽，用户可从中选取需要的线宽。“旧的”文本框显示前面赋予图层的线宽。当建立一个新图层时，采用默认线宽（其值为 0.01in，即 0.25 mm），默认线宽的值由系统变量 LWDEFAULT 设置。“新的”文本框显示赋予图层的新的线宽。

⑥ 打印样式：修改图层的打印样式。打印样式是指打印图形时各项属性的设置。

2. “特性”工具栏

AutoCAD 提供了一个“特性”工具栏，如图 2-9 所示。用户能够控制和使用工具栏中的工具图标快速地查看和改变所选对象的图层、颜色、线型和线宽等特性。“特性”工具栏中的图层颜色、线型、线宽和打印样式，增强了对图形进行查看和编辑对象属性的功能。在绘图屏幕上选择任何对象都将在工具栏中自动显示它所在的图层、颜色、线型等属性。

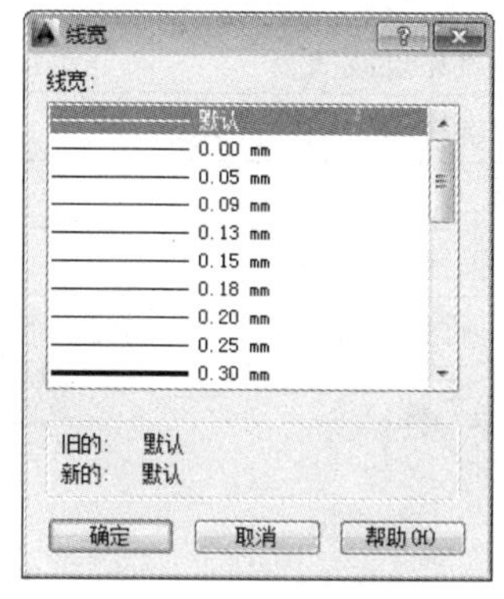

图 2-8　“线宽”对话框

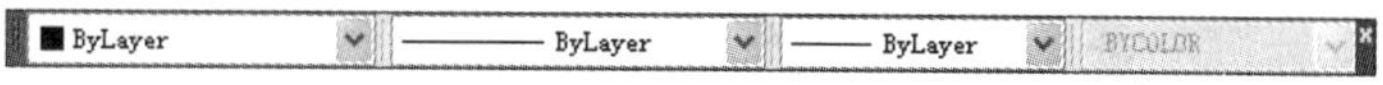

图 2-9　“特性”工具栏

下面简单介绍“特性”工具栏各部分的功能。

（1）“颜色控制”下拉列表：单击右侧的下拉按钮，打开下拉列表，用户可从中选择所需颜色。如果选择“选择颜色”命令，AutoCAD 将打开“选择颜色”对话框，以供用户选择其他颜色。修改当前颜色之后，不论在哪个图层上绘图都采用这种颜色，但对各个图层的颜色设置没有影响。

（2）“线型控制”下拉列表：单击右侧的下拉按钮，打开下拉列表，用户可从中选择某一线型使之成为当前线型。修改当前线型之后，不论在哪个图层上绘图都采用这种线型，但对各个图层的线型设置没有影响。

（3）“线宽”下拉列表：单击右侧的下拉按钮，打开下拉列表，用户可从中选择一个线宽使之成为当前线宽。修改当前线宽之后，不论在哪个图层上绘图都采用这种线宽，但对各个图层的线宽设置没有影响。

（4）“打印类型控制”下拉列表：单击右侧的下拉按钮，打开下拉列表，用户可从中选择一种打印样式使之成为当前打印样式。

3. 图层的线型

1）图线的形式

在《机械制图-图样画图》（GB/T4457.4—2002）中，对机械图样中使用的各种图线的名称、线型、线宽以及在图样中的应用作了规定，如表 2-2 所示，其中常用的图线有粗实线、细实线、虚线和细点画线。图线分为粗、细两种，粗线的宽度 b 应按图样的大小和图形的复杂程度，在 0.5～2mm 之间选择；细线的宽度约为 $b/2$。图线应用示例如图 2-10 所示。

表 2-2　图线的形式及应用

图线名称	线　型	线宽（mm）	主要用途
粗实线	————————	b=0.5～2	可见轮廓线、可见过渡线
细实线	————————	约 $b/2$	尺寸线、尺寸界线、剖面线、引出线、弯折线、牙底线、齿根线、辅助线等
细点画线	——·——·——·——	约 $b/2$	轴线、对称中心线、齿轮节线等
虚线	- - - - - - - - - - - -	约 $b/2$	不可见轮廓线、不可见过渡线
波浪线	～～～～	约 $b/2$	断裂处的边界线、剖视与视图的分界线
双折线	—\/—\/—\/—	约 $b/2$	断裂处的边界线
粗点画线	——·——·——·——	b	有特殊要求的线或面的表示线
双点画线	——··——··——	约 $b/2$	相邻辅助零件的轮廓线、极限位置的轮廓线、假想投影的轮廓线

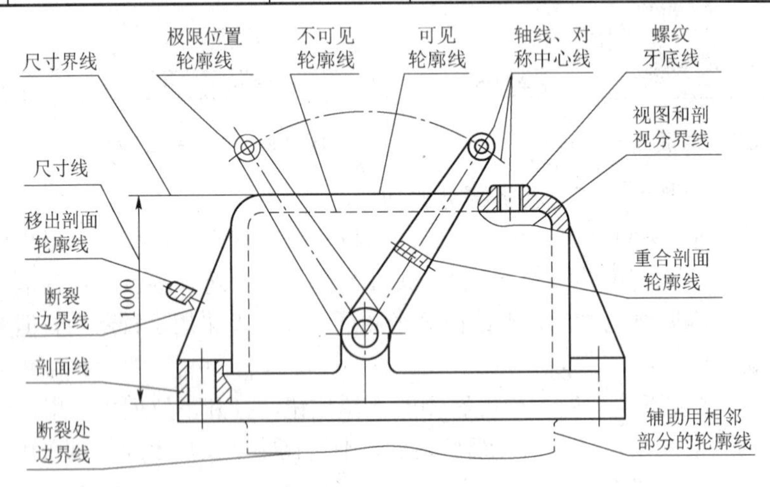

图 2-10　图线应用示例

2）图线的画法

（1）同一图样中，同类图线的宽度应基本一致。虚线、点画线及双点画线的线段和间隔应各自大致相等。

（2）两条平行线（包括剖面线）之间的距离应不小于粗实线的两倍宽度，其最小距离不得小于 0.7mm。

（3）绘制圆的对称中心线时，圆心应为线段的交点。点画线和双点画线的首末两端应是线段而不是短画。建议中心线超出轮廓线 2～5mm，如图 2-11 所示。

（4）在较小的图形上画点画线或双点画线有困难时，可用细实线代替。

为保证图形清晰，各种图线相交、相连时的习惯画法如图 2-12 所示。

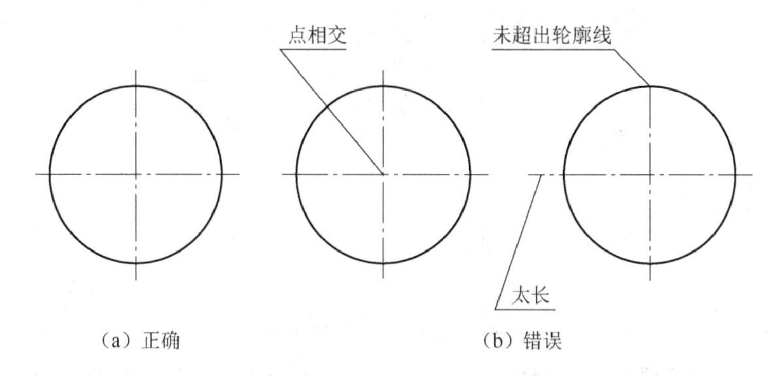

图 2-11　点画线画法

点画线、虚线与粗实线相交以及点画线、虚线彼此相交时，均应交于点画线或虚线的线段处。虚线与粗实线相连时，应留间隙；虚直线与虚半圆弧相切时，在虚直线处留间隙，而虚半圆弧画到对称中心线为止，如图 2-12（a）所示。

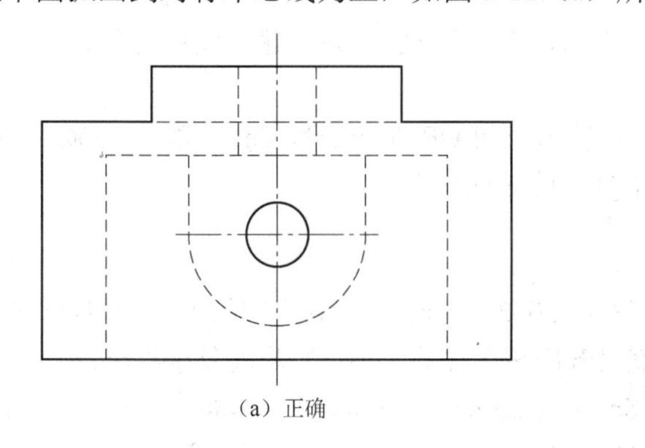

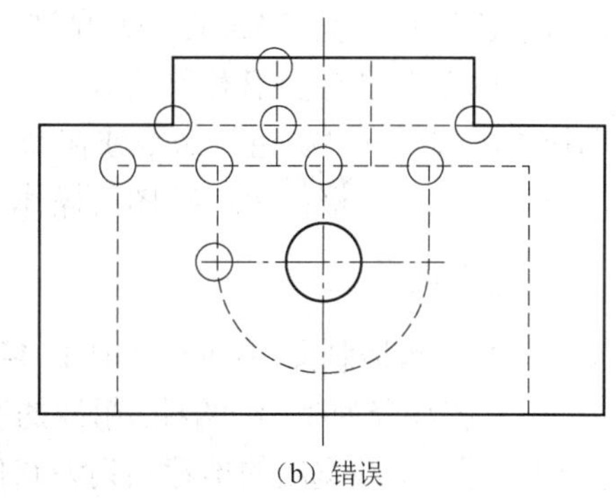

图 2-12　图线画法

（5）由于图样复制中所存在的困难，应尽量避免采用 0.18mm 的线宽。

按照前面讲述方法打开“图层特性管理器”对话框，在图层列表的“线型”中单击线型名，打开“选择线型”对话框，该对话框中各参数的含义如下：

（1）“已加载的线型”列表框：显示在当前绘图中加载的线型，可供用户选用，其右侧显示出线型的形式。

（2）“加载”按钮：单击此按钮，打开“加载或重载线型”对话框，如图 2-13 所示，用户可通过此对话框加载线型并将其添加到线型列表中，不过加载的线型必须在线型库（LIN）文件中定义过。标准线型都保存在 acad.lin 文件中。

设置图层线型的方法如下：

命令行：LINETYPE

在命令行输入上述命令后，打开“线型管理器”对话框，如图 2-14 所示。该对话框与前面讲述的相关知识相同，不再赘述。

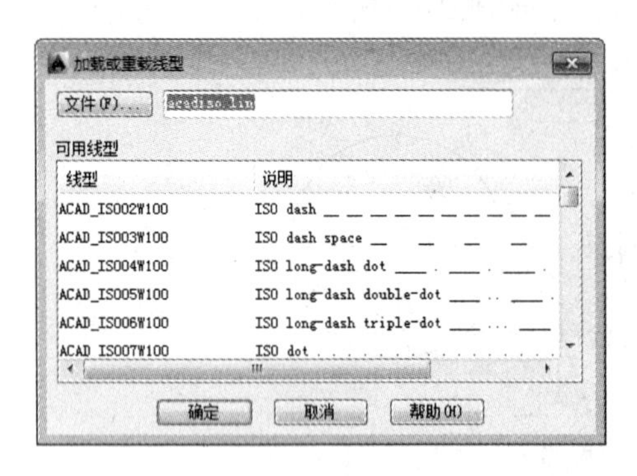

图 2-13 “加载或重载线型”对话框

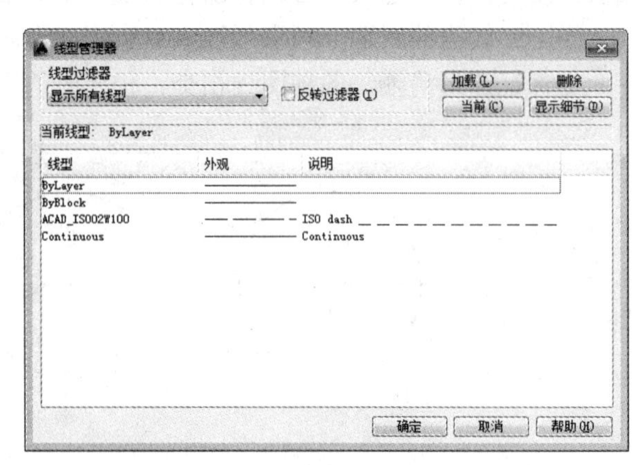

图 2-14 “线型管理器”对话框

4. 颜色的设置

AutoCAD 绘制的图形对象都具有一定的颜色，为使绘制的图形清晰明了，可把同一类的图形对象用相同的颜色绘制，而使不同类的对象具有不同的颜色，以示区分。为此，需要适当地对颜色进行设置。AutoCAD 允许用户为图层设置颜色，为新建的图形对象设置当前颜色，还可以改变已有图形对象的颜色。

选择“格式”→“颜色”命令或在命令行输入 COLOR 命令后按 Enter 键，AutoCAD 打开“选择颜色”对话框；也可在图层操作中打开此对话框。

5. 线宽的设置

国家标准《机械制图-图线》（GB/T 4457.4—2002）对电气工程图中使用的各种图线的线宽作了规定，图线分为粗、细两种，粗线的宽度 b 应按图样的大小和图形的复杂程度，在 0.5～2mm 之间选择，图线宽度的推荐系列为 0.18mm、0.25mm、0.35mm、0.5mm、0.7mm、1mm、1.4mm、2mm；细线的宽度约为 b/2。AutoCAD 提供了相应的工具帮助用户来设置线宽。

选择“格式”→“线宽”命令或在命令行输入 LINEWEIGHT 命令后，打开“线宽”对话框。该对话框与前面讲述的相关知识相同，这里不再赘述。

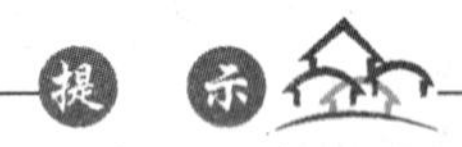

有的读者设置了线宽，但在图形中显示不出来，出现这种情况一般有两种原因：

（1）没有打开状态上的“显示线宽”按钮。

（2）线宽设置的宽度不够，AutoCAD 只能显示出 0.30mm 以上的线宽的宽度，如果宽度低于 0.30mm，就无法显示出线宽的效果。

6. 直线

直线是 AutoCAD 绘图中最简单、最基本的一种图形单元，连续的直线可以组成折线，直线与圆弧的组合又可以组成多段线。

选择“绘图”→“直线”命令，或单击“直线”工具栏中的“直线”按钮，或在命令行中直接输入“LINE”或“L”，命令行提示如下：

命令:LINE↙
指定第一点:(输入直线段的起点，用鼠标指定点或者给定点的坐标)
指定下一点或[放弃(U)]:(输入直线段的端点，也可以用鼠标指定一定角度后，直接输入直线的长度)
指定下一点或[放弃(U)]:(输入下一直线段的端点。输入“U”表示放弃前面的输入；右击或按Enter键，结束命令)
指定下一点或[闭合(C)/放弃(U)]:)输入下一直线段的端点，或输入“C”使图形闭合，结束命令)

命令行提示中各个选项含义如下：

（1）若采用按Enter键响应“指定第一个点”提示，系统会把上次绘制图线的终点作为本次图线的起始点。若上次操作为绘制圆弧，按Enter键响应后绘出通过圆弧终点并与该圆弧相切的直线段，该线段的长度为光标在绘图区指定的一点与切点之间线段的距离。

（2）在“指定下一点”提示下，用户可以指定多个端点，从而绘出多条直线段。但是，每一段直线是一个独立的对象，可以进行单独的编辑操作。

（3）绘制两条以上直线段后，若采用输入选项“C”响应“指定下一点”提示，系统会自动连接起始点和最后一个端点，从而绘出封闭的图形。

（4）若采用输入选项“U”响应提示，则删除最近一次绘制的直线段。

（5）若设置正交方式（单击状态栏中的“正交模式”按钮），只能绘制水平线段或垂直线段。

（6）若设置动态数据输入方式（单击状态栏中的“动态输入”按钮），则可以动态输入坐标或长度值，效果与非动态数据输入方式类似。除了特别需要，以后不再强调，而只按非动态数据输入方式输入相关数据。

任务实施

1. 设置图层

（1）在命令行中输入LAYER，或者选择“格式”→“图层”命令，或者单击“图层”工具栏中的按钮，打开“图层特性管理器”对话框，如图2-15所示。

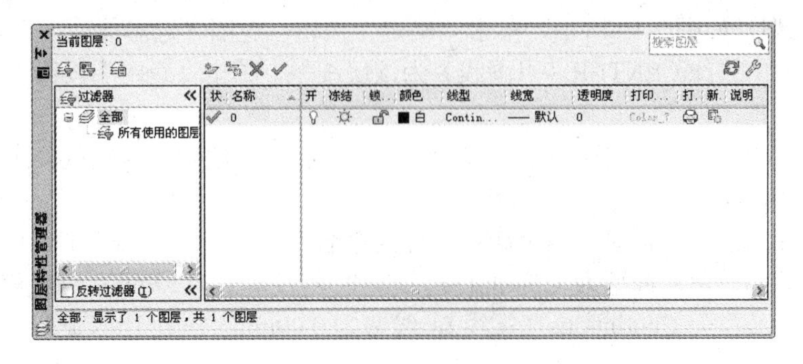

图2-15　“图层特性管理器”对话框

（2）单击“新建”按钮，创建一个新层，把该层的名字由默认的“图层 1”改为“中心线”，如图 2-16 所示。

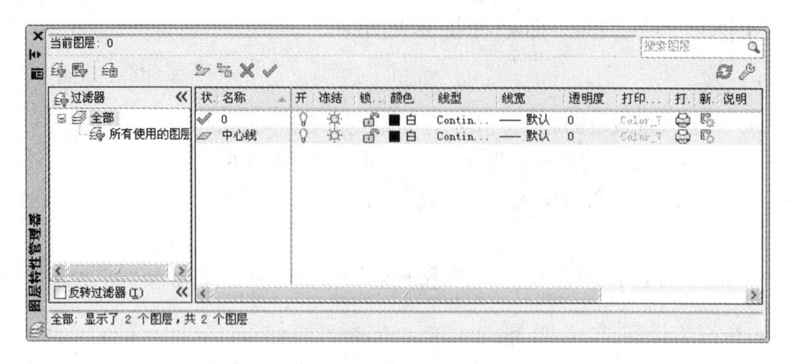

图 2-16　更改图层名

（3）单击“中心线”图层对应的“颜色”选项，打开“选择颜色”对话框，选择红色为该层颜色，如图 2-17 所示。单击“确定”按钮，返回“图层特性管理器”对话框。

（4）单击“中心线”图层对应的“线型”选项，打开“选择线型”对话框，如图 2-18 所示。

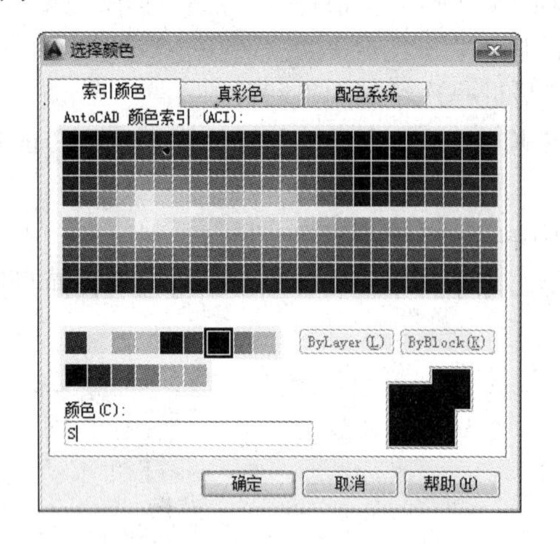

图 2-17　“选择颜色”对话框

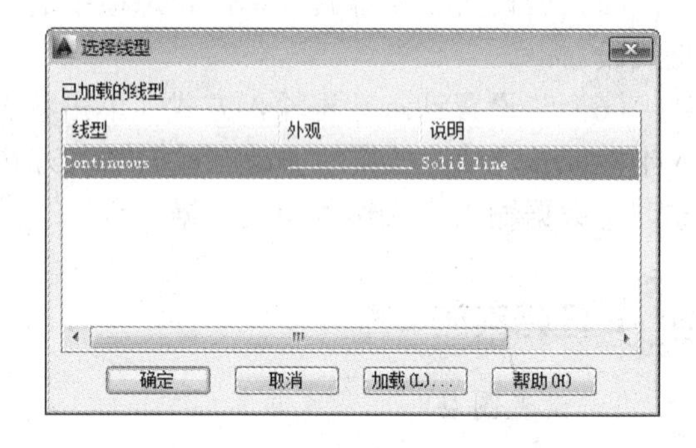

图 2-18　“选择线型”对话框

（5）在“选择线型”对话框中单击“加载”按钮，打开“加载或重载线型”对话框，选择 CENTER 线型，如图 2-19 所示，单击“确定”按钮，返回“选择线型”对话框。在“选择线型”对话框中选择 CENTER（点画线）为该层线型，单击“确定”按钮，返回“图层特性管理器”对话框。

（6）单击“中心线”图层对应的“线宽”选项，打开“线宽”对话框，选择 0.09mm 线宽，如图 2-20 所示，单击“确定”按钮。

（7）采用相同的方法再建立两个新层，分别命名为“轮廓线”和“细实线”。“轮廓线”图层的颜色设置为黑色，线型为 Continuous（实线），线宽为 0.30mm；“细实线”图层的颜色设置为蓝色，线型为 Continuous（实线），线宽为 0.09mm。同时让两个图层均处于打开、解冻和解锁状态，各项设置如图 2-21 所示。

图 2-19　“加载或重载线型”对话框

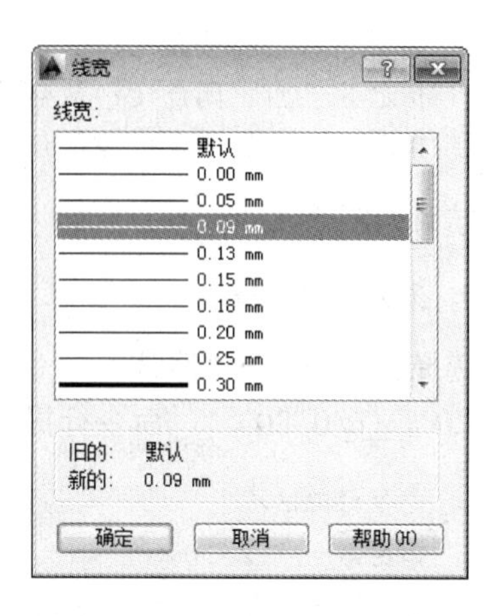

图 2-20　“线宽”对话框

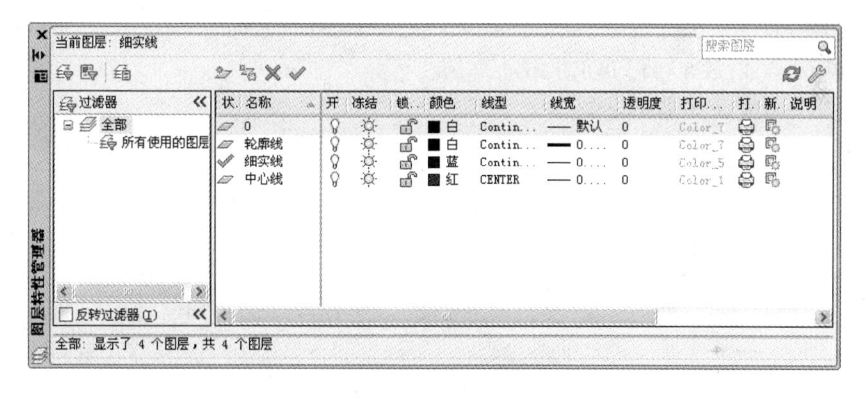

图 2-21　设置图层

（8）选择“中心线”图层，单击“置为当前”按钮✔，将其设置为当前层，关闭“图层特性管理器”对话框。

2. 绘制中心线

在命令行输入 LINE 命令，或者选择“绘图”→“直线”命令，或者单击“绘图”工具栏中的“直线”按钮╱，命令行提示与操作如下（按 Ctrl+9 组合键可调出或关闭命令行）：

```
命令:LINE↙
指定第一点:40，25↙
指定下一点或 [放弃(U)]:40,-145↙
```

3. 绘制螺帽外框

将“轮廓线”图层设置为当前层，选择“绘图”→“直线”命令，绘制螺帽的一条轮廓线，命令行提示与操作如下：

```
命令: LINE↙
指定第一点:0，0↙
指定下一点或[放弃(U)]: @80,0↙
```

```
指定下一点或[放弃(U)]: @0, -30↙
指定下一点或[闭合(C)/放弃(U)]:@80<180↙
指定下一点或[闭合(C)/放弃(U)]:C↙
```

结果如图 2-22 所示。

4. 完成螺帽绘制

选择“绘图”→“直线”命令，绘制另外两条线段，端点分别为{（25,0），（@0,-30）}、{（55,0），（@0,-30）}，命令行提示与操作如下：

```
命令:LINE↙
指定第一点:25,0↙
指定下一点或[放弃(U)]:@0,-30↙
命令:LINE↙
指定第一点:55,0↙
指定下一点或[放弃(U)]:@0,-30↙
指定下一点或[放弃(U)]: ↙
```

结果如图 2-23 所示。

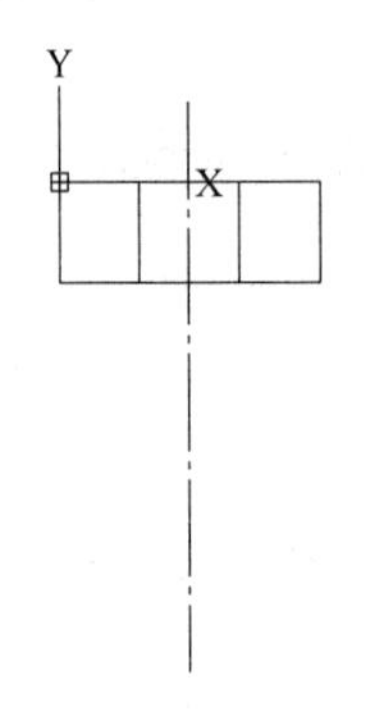

图 2-22　绘制螺帽外框

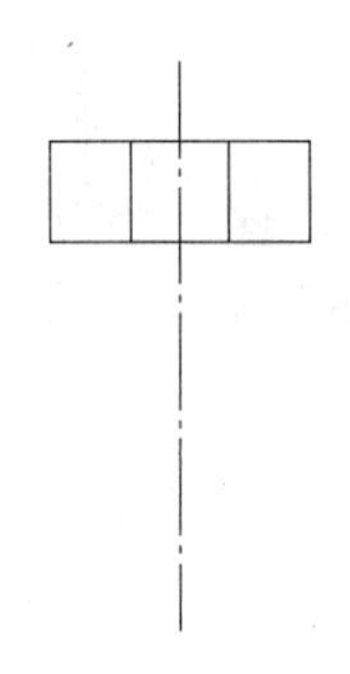

图 2-23　绘制线段

5. 绘制螺杆

选择“绘图”→“直线”命令，命令行提示与操作如下：

```
命令:LINE↙
指定第一点:20,-30↙
指定下一点或[放弃(U)]:@0,-100↙
指定下一点或[放弃(U)]:@40,0↙
指定下一点或[闭合(C)/放弃(U)]:@0,100↙
指定下一点或[闭合(C)/放弃(U)]:↙
```

结果如图 2-24 所示。

6. 绘制螺纹

将“细实线”图层设置为当前层，选择“绘图”→“直线”命令，绘制螺纹，端点分别为{（22.56,-30），（@0,-100）}、{（57.44,-30），（@0,-100）}，命令行提示与操作如下：

```
命令:LINE↙
指定第一点:22.56,-30↙
指定下一点或[放弃(U)]:@0,-100↙
指定下一点或[放弃(U)]:↙
命令:LINE↙
指定第一点:57.44,-30↙
指定下一点或[放弃(U)]:@0,-100↙
```

7. 显示线宽

单击状态栏上的“显示/隐藏线宽”按钮 +，显示图线线宽，最终结果如图 2-25 所示。

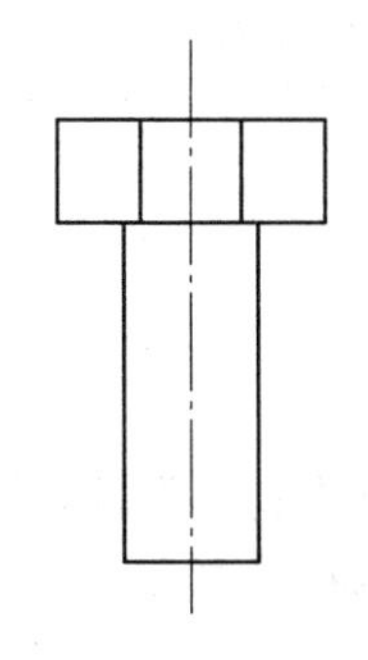

图 2-24　绘制螺杆

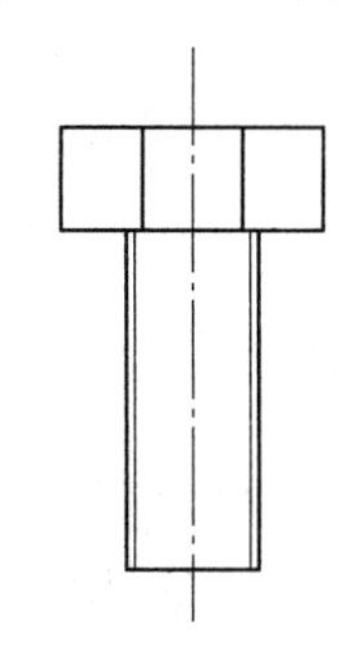

图 2-25　显示线宽

在 AutoCAD 中通常有两种输入数据的方法，即输入坐标值或用鼠标在屏幕上指定。输入坐标值很精确，但比较麻烦；鼠标指定比较快捷，但不太精确。用户可以根据需要选择。例如，本例所绘制的螺栓由于是对称的，所以最好用输入坐标值的方法输入数据。

任务二　绘制定位销

本任务绘制图 2-26 所示的定位销。

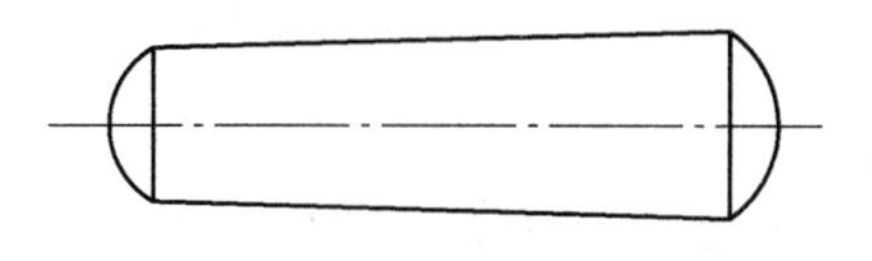

图 2-26　定位销

任务说明

定位销有圆锥形和圆柱形两种结构，为保证重复拆装时定位销与销孔的紧密性和便于定位销拆卸，应采用圆锥销。一般取定位销直径 d=(0.7 ~ 0.8)d_2，d_2 为箱盖箱座连接凸缘螺栓直径。其长度应大于上下箱连接凸缘的总厚度，并且装配成上、下两头均有一定长度的外伸量，以便装拆，如图 2-27 所示。

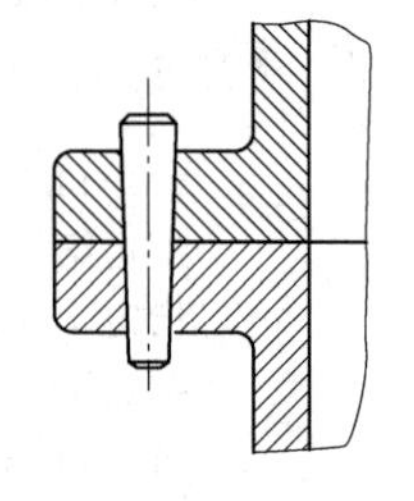
图 2-27　圆锥销

知识与技能目标

掌握"圆弧"命令的使用。

任务分析

本任务将通过定位销的绘制过程来熟练掌握"圆弧"命令的操作方法。由于图形中出现了两种不同的线型，所以需要设置图层来管理线型。

相关知识

圆弧是圆的一部分。在工程造型中，圆弧的使用比圆更普遍。

在命令行输入 ARC 命令，或者选择"绘图"→"圆弧"→"起点"，端点，方向"命令，或者单击"绘图"工具栏中的"圆弧"按钮，命令行提示与操作如下：

```
命令: ARC↙
圆弧创建方向:逆时针(按住 Ctrl 键可切换方向)。
指定圆弧的起点或[圆心(C)]:(指定起点)
指定圆弧的第二点或[圆心(C)/端点(E)]:(指定第二点)
指定圆弧的端点:(指定末端点)
```

命令行提示中的各个选项含义如下：

（1）用命令行方式绘制圆弧时，可以根据系统提示选择不同的选项，具体功能与"绘制"→"圆弧"子菜单提供的 11 种方式相似。这 11 种方式如图 2-28 所示。

（2）需要强调的是"继续"方式，绘制的圆弧与上一线段或圆弧相切，继续绘制圆弧段，因此提供端点即可。

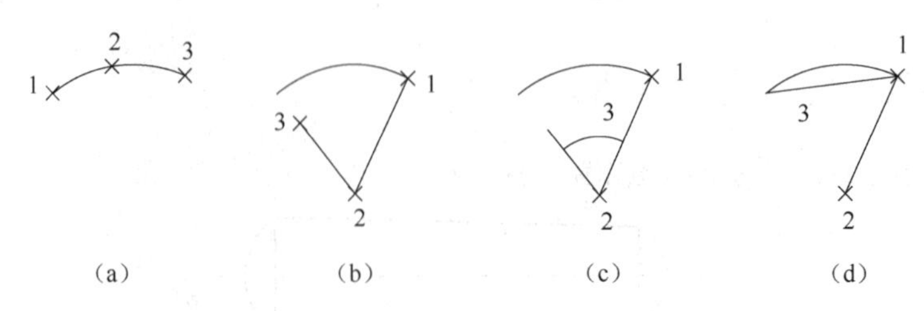

图 2-28　11 种绘制圆弧的方式

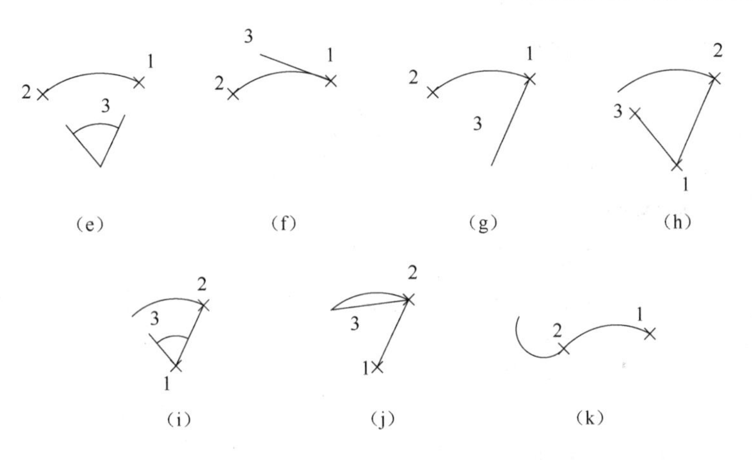

图 2-28　11 种绘制圆弧的方式（续）

任务实施

1. 设置图层

选择“格式”→“图层”命令，打开“图层特性管理器”对话框。新建“中心线”和“轮廓线”两个图层，如图 2-29 所示。

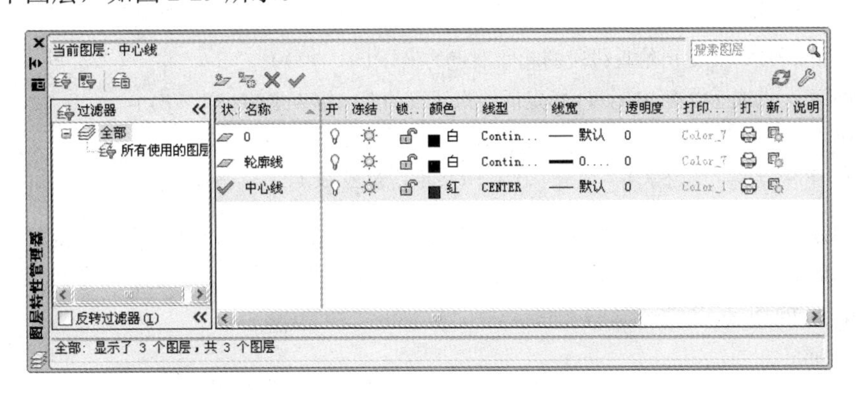

图 2-29　新建图层

2. 绘制中心线

将当前图层设置为“中心线”图层，选择“绘图”→“直线”命令，绘制中心线，端点坐标值为{（100,100），（138,100）}，结果如图 2-30 所示。

3. 绘制销侧面斜线

（1）将当前图层转换为“轮廓线”图层，选择“绘图”→“直线”命令，命令行提示与操作如下：

```
命令：LINE ↙
指定第一点:104,104↙
指定下一点或[放弃(U)]:@30<1.146↙
```

```
指定下一点或[放弃(U)]:↙
命令:LINE↙
指定第一点:104,96↙
指定下一点或[放弃(U)]:@30<-1.146↙
指定下一点或[放弃(U)]:↙
```

绘制的结果如图 2-30 所示。

（2）选择“绘图”→“直线”命令，分别连接两条斜线的两个端点，结果如图 2-31 所示。

图 2-30　绘制中心线和斜线　　　　图 2-31　连接端点

技巧荟萃

对于绘制直线，一般情况下都是采用笛卡儿坐标系下输入直线两端点的直角坐标来完成的。例如：

```
命令：LINE↙
指定第一点:(指定所绘直线段的起始端点的坐标(x1,y1))
指定下一点或 [放弃(U)] :(指定所绘直线段的另一端点坐标(x2,y2))
…
指定下一点或 [闭合(C) / 放弃(U)] :(按空格键或 Enter 键结束本次操作)
```

但是对于绘制与水平线倾斜某一特定角度的直线时，直线端点的笛卡儿坐标往往不能精确算出，此时需要使用极坐标模式，即输入相对于第一端点的水平倾角和直线长度“@直线长度<倾角”，如图 2-32 所示。

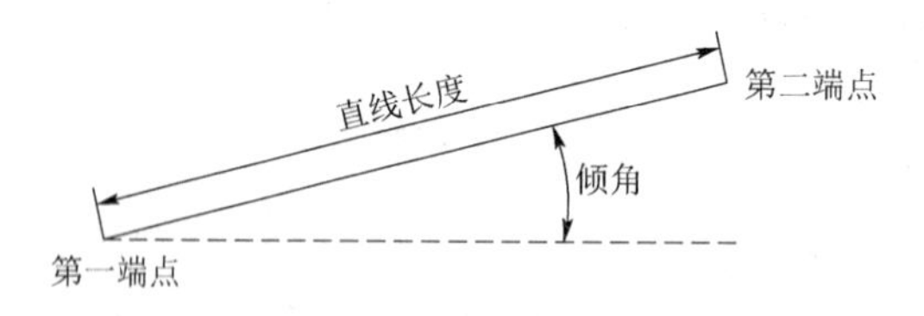

图 2-32　极坐标系下的“直线”命令

4. 绘制圆弧项

在命令行输入 ARC 命令，或者选择“绘图”→“圆弧”→“起点”，端点，方向”命令，或者单击“绘图”工具栏中的“圆弧”按钮，命令行提示与操作如下：

```
命令:_arc
指定圆弧的起点或[圆心(C)]:(捕捉左上斜线端点)
指定圆弧的第二个点或[圆心(C)/端点(E)]:（在中心线上适当位置捕捉一点，如图 2-33 所示）
指定圆弧的端点:（捕捉左下斜线端点，结果如图 2-34 所示）
```

命令：_arc
指定圆弧的起点或［圆心(C)］：(捕捉右下斜线端点)
指定圆弧的第二个点或［圆心(C)/端点(E)］：e↙
指定圆弧的端点：(捕捉右上斜线端点)
指定圆弧的圆心或［角度(A)/方向(D)/半径(R)］：a↙
指定包含角：(适当拖动鼠标，利用拖动线的角度指定包含角，如图 2-35 所示)

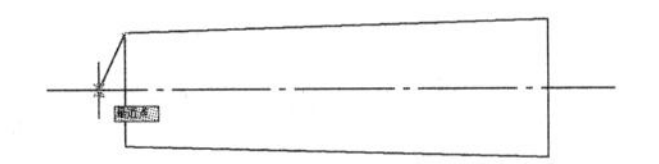

图 2-33　指定第二点

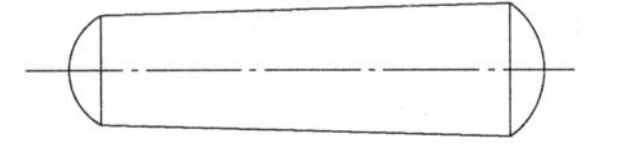

图 2-34　圆弧顶绘制结果

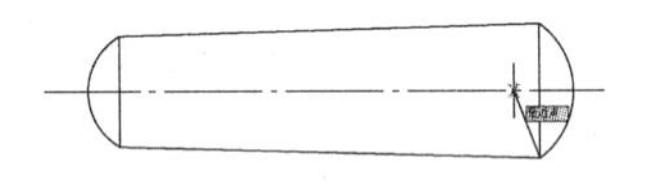

图 2-35　指定包含角

最终结果如图 2-26 所示。

注　意

系统默认圆弧的绘制方向为逆时针，即指定两点后，圆弧从第一点沿逆时针方向伸展到第二点，所以在指定端点时一定要注意点的位置顺序，否则将无法绘制出预想中的圆弧。

任务三　绘制方头平键三视图

任务引入

本任务绘制图 2-36 所示的方头平键三视图。

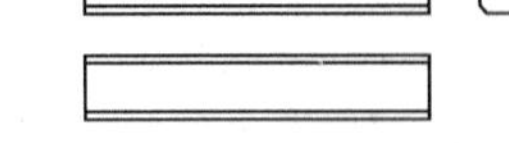

图 2-36　方头平键三视图

任务说明

键是一种常用的连接件，常用于轴与轴上零件的周向固定和导向。其中平键是最常用的一种键，也是一种标准件，平键分为圆头平键（A 型键）、方头平键（B 型键）和半圆头平键（C 型键）3 种，这里讲述其中的方头平键三视图的绘制方法。

知识与技能目标

1. 熟练掌握“矩形”和“构造线”命令的操作方法。
2. 灵活应用对象追踪工具。

任务分析

在本任务中，通过“矩形”和“构造线”命令来绘制方头平键的轮廓，通过构造线和对象追踪保持三视图之间“长对正，高平齐，宽相等”的对应尺寸关系。

相关知识

1. 矩形

矩形是最简单的封闭直线图形，在机械制图中常用来表达平行投影平面的面，在建筑制图中常用来表达墙体平面。

在命令行输入 RECTANG 命令，或者选择“绘图”→“矩形”命令，或者单击“绘图”工具栏中的“矩形”按钮，命令行提示与操作如下：

```
命令:RECTANG↙
指定第一个角点或[倒角(C)/标高(E)/圆角(F)/厚度(T)/宽度(W)]:指定角点
指定另一个角点或[面积(A)/尺寸(D)/旋转(R)]:
```

命令行提示中的各个选项含义如下：

（1）第一个角点：通过指定两个角点确定矩形，如图 2-37（a）所示。

（2）倒角（C）：指定倒角距离，绘制带倒角的矩形，如图 2-37（b）所示。每一个角点的逆时针和顺时针方向的倒角可以相同，也可以不同，其中第一个倒角距离是指角点逆时针方向倒角距离，第二个倒角距离是指角点顺时针方向倒角距离。

（3）标高（E）：指定矩形标高（*Z* 坐标），即把矩形绘制在标高为 *Z*，和 *XOY* 坐标面平行的平面上，并作为后续矩形的标高值。

（4）圆角（F）：指定圆角半径，绘制带圆角的矩形，如图 2-37（c）所示。

（5）厚度（T）：指定矩形的厚度，如图 2-37（d）所示。

（6）宽度（W）：指定线宽，如图 2-37（e）所示。

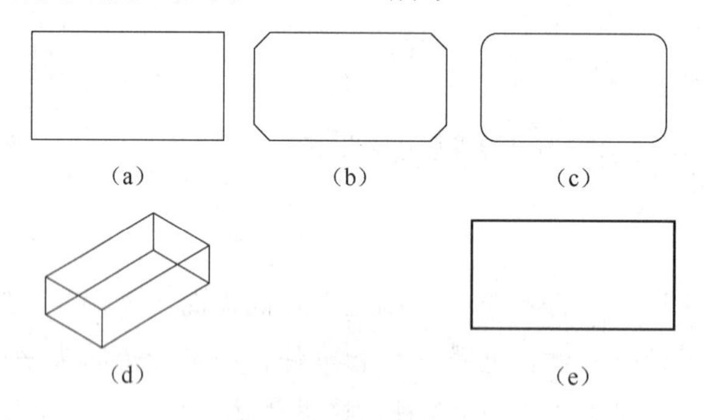

图 2-37 绘制矩形

（a）指令两个角点；（b）倒角矩形；（c）圆角矩形；（d）指定厚度；（e）指定线宽

（7）尺寸（D）：使用长和宽创建矩形。第二个指定点将矩形定位在与第一角点相关的四个位置之一内。

（8）面积（A）：指定面积和长或宽创建矩形。选择该项，命令行提示与操作如下：

```
输入以当前单位计算的矩形面积 <20.0000>: （输入面积值）
计算矩形标注时依据 [长度(L)/宽度(W)] <长度>:（按 Enter 键或输入 W）
输入矩形长度 <4.0000>: （指定长度或宽度）
```

指定长度或宽度后，系统自动计算另一个维度后绘制出矩形。如果矩形被倒角或圆角，则长度或宽度计算中会考虑此设置，如图 2-38 所示。

（9）旋转（R）：旋转所绘制的矩形的角度。选择该项，命令行提示与操作如下：

```
指定旋转角度或 [拾取点(P)] <135>: （指定角度）
指定另一个角点或 [面积(A)/尺寸(D)/旋转(R)]: （指定另一个角点或选择其他选项）
```

指定旋转角度后，系统按指定角度创建矩形，如图 2-39 所示。

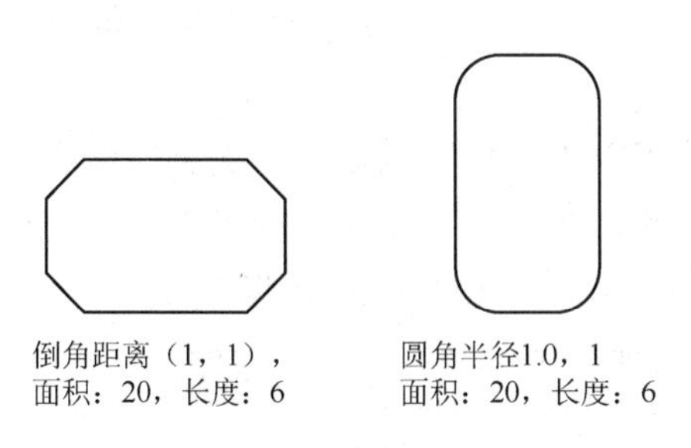

图 2-38　按面积绘制矩形

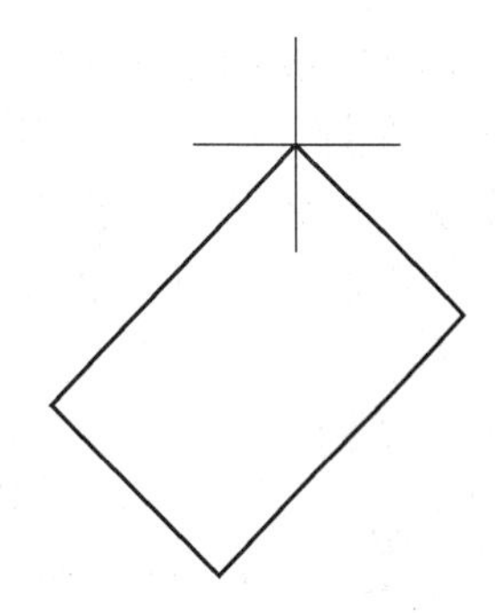

图 2-39　按指定旋转角度创建矩形

2. 对象捕捉

在绘制 AutoCAD 图形时，有时需要指定一些特殊位置的点，如圆心、端点、中点、平行线上的点等，这些点如表 2-3 所示。可以通过对象捕捉功能来捕捉这些点。

表 2-3　特殊位置点捕捉

捕捉模式	命　令	功　能
临时追踪点	TT	建立临时追踪点
两点之间的中点	M2P	捕捉两个独立点之间的中点
捕捉自	FROM	建立一个临时参考点，作为指出后继点的基点
点过滤器	. X (Y、Z)	由坐标选择点
端点	ENDP	线段或圆弧的端点
中点	MID	线段或圆弧的中点
交点	INT	线、圆弧或圆等的交点
外观交点	APPINT	图形对象在视图平面上的交点
延长线	EXT	指定对象的延伸线
圆心	CEN	圆或圆弧的圆心
象限点	QUA	距光标最近的圆或圆弧上可见部分的象限点，即圆周上 0°、90°、180°、270° 位置上的点
切点	TAN	最后生成的一个点到选中的圆或圆弧上引切线的切点位置
垂足	PER	在线段、圆、圆弧或它们的延长线上捕捉一个点，使之与最后生成的点的连线与该线段、圆或圆弧正交
平行线	PAR	绘制与指定对象平行的图形对象

续表

捕捉模式	命　　令	功　　能
节点	NOD	捕捉用 Point 或 DIVIDE 等命令生成的点
插入点	INS	文本对象和图块的插入点
最近点	NEA	离拾取点最近的线段、圆、圆弧等对象上的点
无	NON	关闭对象捕捉模式
对象捕捉设置	OSNAP	设置对象捕捉

AutoCAD 提供了命令行、工具栏和右键快捷菜单 3 种执行特殊点对象捕捉的方法。

（1）命令行。绘图时，当在命令行中提示输入一点时，输入相应特殊位置点命令，如表 2-3 所示，然后根据提示操作即可。

（2）工具栏。使用图 2-40 所示的“对象捕捉”工具栏可以使用户更方便地实现捕捉点的目的。当命令行提示输入一点时，从“对象捕捉”工具栏上单击相应的按钮。当把鼠标指针放在某一图标上时，会显示出该图标功能的提示，然后根据提示操作即可。

图 2-40　“对象捕捉”工具栏

（3）右键快捷菜单。快捷菜单可通过同时按 Shift 键和鼠标右键来激活，右键快捷菜单中列出了 AutoCAD 提供的对象捕捉模式，如图 2-41 所示。操作方法与工具栏相似，只要在 AutoCAD 提示输入点时单击快捷菜单上相应的菜单项，然后按提示操作即可。

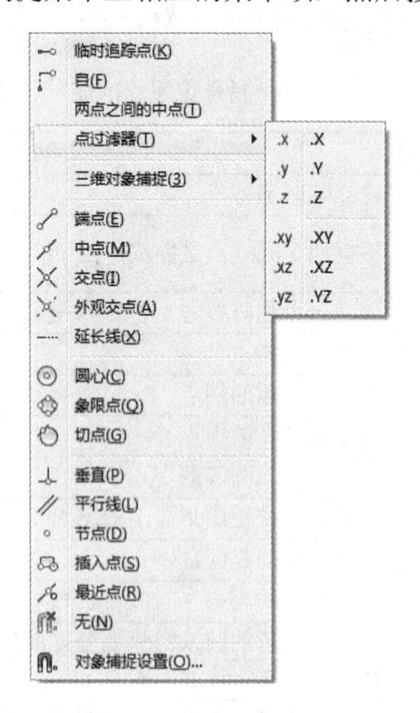

图 2-41　对象捕捉右键快捷菜单

3. 对象捕捉功能的设置

在图 2-42 所示“草图设置”对话框“对象捕捉”选项卡中，各选项含义如下：

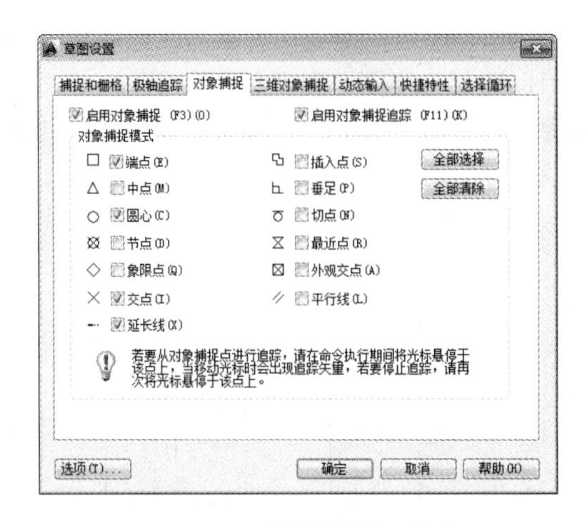

图 2-42　“草图设置”对话框

（1）“启用对象捕捉”复选框：打开或关闭对象捕捉方式。当选中此复选框时，在“对象捕捉模式”选项组中选中的捕捉模式处于激活状态。

（2）“启用对象捕捉追踪”复选框：打开或关闭自动追踪功能。

（3）“对象捕捉模式”选项组：列出各种捕捉模式的复选框，选中则该模式被激活。单击“全部清除”按钮，则所有模式均被清除；单击“全部选择”按钮，则所有模式均被选中。

另外，在该对话框的左下角有一个“选项”按钮，单击该按钮可打开“选项”对话框的“草图”选项卡，利用该对话框可决定捕捉模式的各项设置。

4. 对象捕捉追踪

“对象捕捉追踪”是指以捕捉到的特殊位置点为基点，按指定的极轴角或极轴角的倍数对齐要指定点的路径。

“对象捕捉追踪”必须配合“对象捕捉”功能一起使用，即同时打开状态栏上的“对象捕捉”开关和“对象捕捉追踪”开关。

5. 极轴追踪

按照上面执行方式操作或者在“极轴追踪”开关处右击，在弹出的快捷菜单中选择“设置”命令，系统打开图 2-42 所示的“草图设置”对话框，选择“极轴追踪”选项卡。其中各选项功能如下：

（1）“启用极轴追踪”复选框：选中该复选框，即启用极轴追踪功能。

（2）“极轴角设置”选项组：设置极轴角的值。可以在“增量角”下拉列表中选择一种角度值；也可选中“附加角”复选框，单击“新建”按钮设置任意附加角，系统在进行极轴追踪时，同时追踪增量角和附加角，可以设置多个附加角。

（3）“对象捕捉追踪设置”和“极轴角测量”选项组：按界面提示设置相应单选按钮。

6. 构造线

构造线就是无穷长度的直线，用于模拟手工作图中的辅助作图线。构造线用特殊的线型显示，在图形输出时可不作输出。应用构造线作为辅助线绘制机械图中的三视图是构造线的最主要用途，构造线的应用保证了三视图之间“主、俯视图长对正，主、左视图高平齐，俯、左视图宽相等”的对应关系。图 2-43 所示为应用构造线作为辅助线绘制机械图中三视图的绘图示例，构造线的应用保证了三视图之间“主、俯视图长对正，主、左视图高平齐，俯、左视图宽相等”的对应关系。图中细线为构造线，粗线为三视图轮廓线。

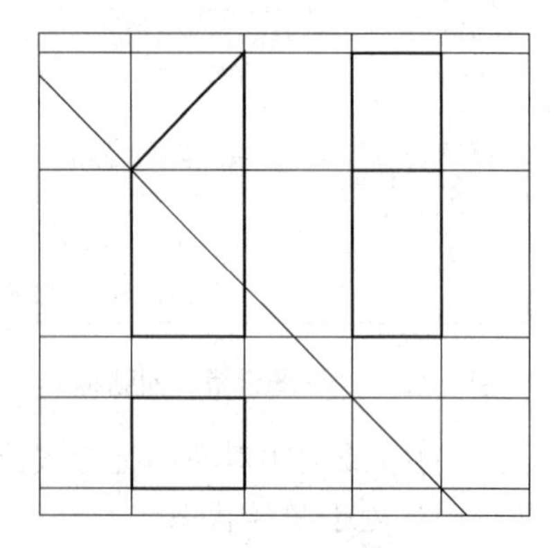

图 2-43　构造线辅助绘制三视图

在命令行输入 XLINE，或者选择“绘图”→“构造线”命令，或者单击“绘图”工具栏中的“构造线”按钮，命令行提示如下：

```
命令:XLINE↙
指定点或 [水平(H)/垂直(V)/角度(A)/二等分(B)/偏移(O)]:(指定起点)
指定通过点:(指定通过点，绘制一条双向无限长直线)
指定通过点:(继续指定点，继续绘制直线，按 Enter 键结束命令)
```

命令行提示中的各个选项含义如下：

（1）执行选项中有“指定点”“水平”“垂直”“角度”“二等分”和“偏移”6 种绘制构造线的方式，分别如图 2-44（a）～图 2-44（f）所示。

（2）这种线模拟手工作图中的辅助作图线，用特殊的线型显示，在绘图输出时可不作输出，其常用于辅助作图。

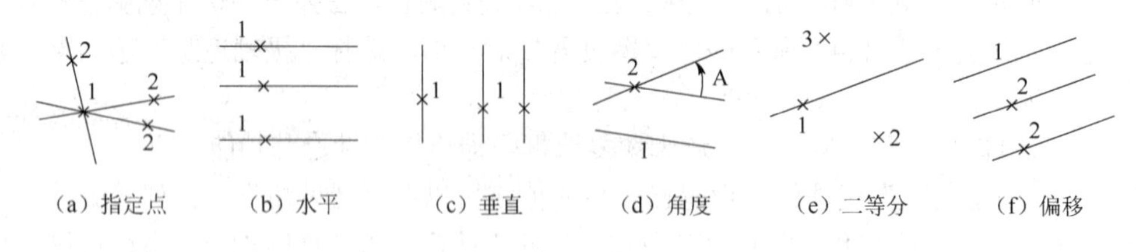

（a）指定点　（b）水平　（c）垂直　（d）角度　（e）二等分　（f）偏移

图 2-44　构造线

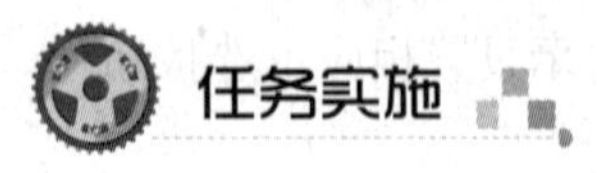

任务实施

1. 绘制主视图外形

在命令行输入 RECTANG 命令，或者选择“绘图”→“矩形”命令，或者单击“绘图”

工具栏中的“矩形”按钮▭，命令行提示与操作如下：

```
命令: RETANG↙
指定第一个角点或 [倒角(C)/标高(E)/圆角(F)/厚度(T)/宽度(W)]: 0,30 ↙
指定另一个角点或 [面积(A)/尺寸(D)/旋转(R)]: @100,11 ↙
```

结果如图 2-45 所示。

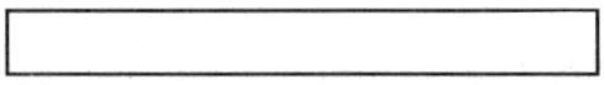

图 2-45　绘制主视图外形

2. 设置对象捕捉

单击状态栏中的“对象捕捉”按钮□，在该按钮上右击，弹出快捷菜单，如图 2-46 所示。选择“设置”命令，或者单击“对象捕捉”工具栏中的“对象捕捉设置”按钮，打开“草图设置”对话框，单击“全部选择”按钮，将所有特殊位置点设置为可捕捉状态，如图 2-47 所示。

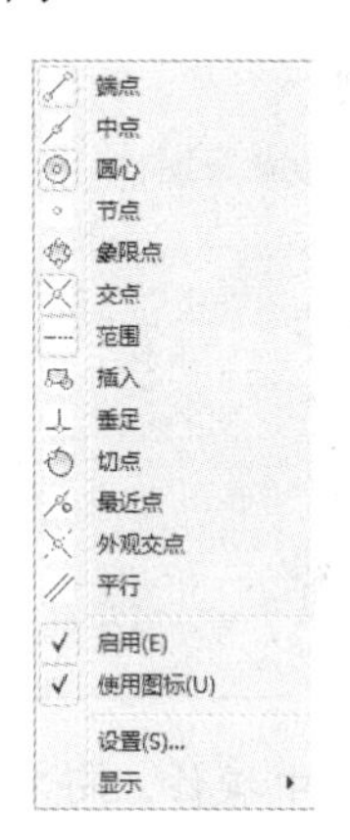

图 2-46　快捷菜单

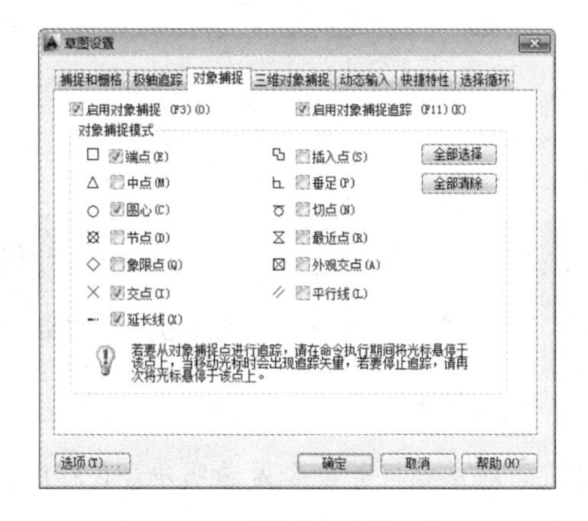

图 2-47　“草图设置”对话框

3. 绘制主视图棱线

同时单击状态栏上的“对象捕捉”和“对象捕捉追踪”按钮，启动对象捕捉追踪功能。单击“绘图”工具栏中的“直线”按钮╱，绘制直线，命令行提示与操作如下：

```
命令:LINE↙
指定第一点:FROM↙
基点:(捕捉矩形左上角点，如图 2-48 所示)
<偏移>:@0,-2↙
指定下一点或 [放弃(U)]:(鼠标指针右移，捕捉矩形右边上的垂足，如图 2-49 所示)
```

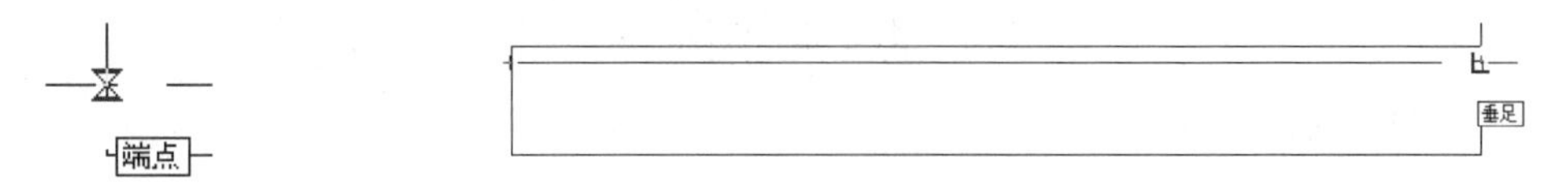

图 2-48　捕捉角点　　图 2-49　捕捉垂足

使用相同的方法，以矩形左下角点为基点，向上偏移两个单位，利用基点捕捉绘制下边的另一条棱线，结果如图 2-50 所示。

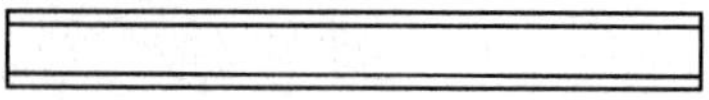

图 2-50　绘制主视图棱线

4. 设置捕捉

打开图 2-51 所示的“草图设置”对话框的“极轴追踪”选项卡，将增量角设置为 90，将对象捕捉追踪设置为“仅正交追踪”。

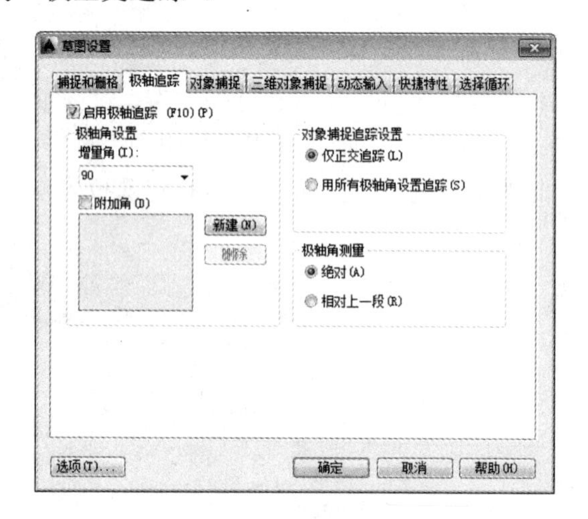

图 2-51　“极轴追踪”选项卡

正交、对象捕捉等命令是透明命令，可以在其他命令执行过程中操作，而不中断原命令操作。

5. 绘制俯视图外形

单击“绘图”工具栏中的“矩形”按钮，捕捉所绘制矩形的左下角点，系统显示追踪线，沿追踪线向下在适当位置指定一点为矩形角点，如图 2-52 所示。另一角点坐标为（@100,18），结果如图 2-53 所示。

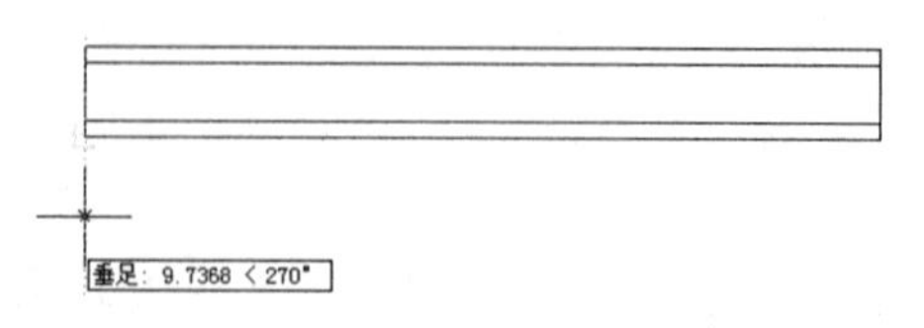

图 2-52　追踪对象

6. 绘制俯视图棱线

单击“绘图”工具栏中的“直线”按钮，结合基点捕捉功能绘制俯视图棱线，偏移距离为 2mm，结果如图 2-54 所示。

图 2-53　绘制俯视图外形

图 2-54　绘制俯视图棱线

7. 绘制左视图构造线

在命令行输入 XLINE 命令，或者选择“绘图”→“构造线”命令，或者单击“绘图”工具栏中的“构造线”按钮，首先指定适当一点绘制-45° 构造线，继续绘制构造线，命令行提示与操作如下：

命令:XLINE↙

指定点或 [水平(H)/垂直(V)/角度(A)/二等分(B)/偏移(O)]:(捕捉俯视图右上角点，在水平追踪线上指定一点，如图 2-55 所示)

指定通过点:(打开状态栏上的“正交”开关，指定水平方向一点指定斜线与第 4 条水平线的交点)

使用同样的方法绘制另一条水平构造线，再捕捉两条水平构造线与斜构造线交点为指定点，绘制两条竖直构造线，如图 2-56 所示。

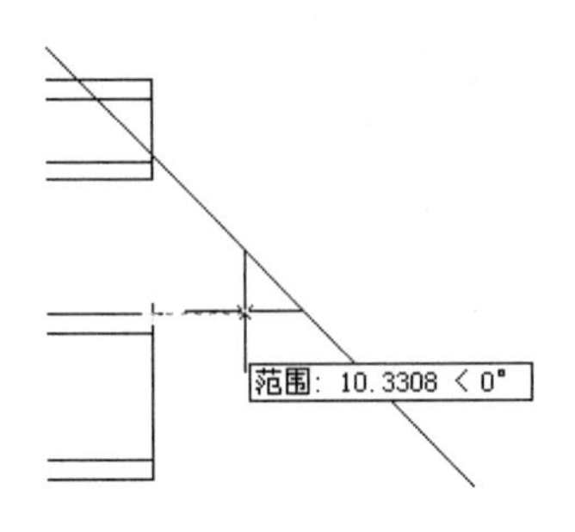

图 2-55　绘制左视图构造线

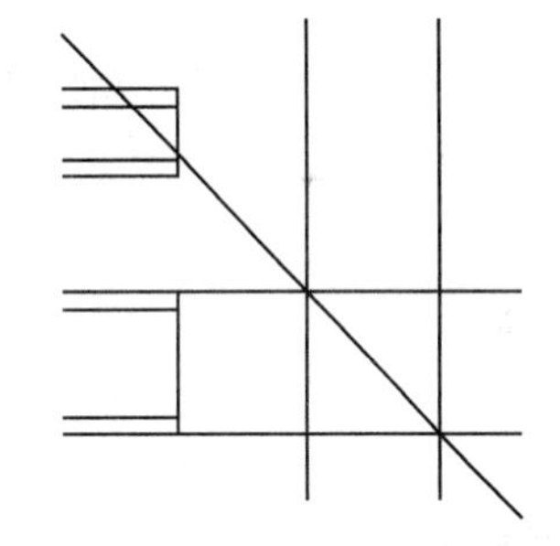

图 2-56　完成左视图构造线

8. 绘制左视图

单击“绘图”工具栏中的“矩形”按钮，绘制矩形，命令行提示与操作如下：

命令:_rectang↙

指定第一个角点或 [倒角(C)/标高(E)/圆角(F)/厚度(T)/宽度(W)]: C↙

指定矩形的第一个倒角距离 <0.0000>: 2

指定矩形的第一个倒角距离 <0.0000>:2

指定第一个角点或 [倒角(C)/标高(E)/圆角(F)/厚度(T)/宽度(W)]:(捕捉主视图矩形上边延长线与第一条竖直构造线交点，如图 2-57 所示)

指定另一个角点或 [尺寸(D)]:(捕捉主视图矩形下边延长线与第二条竖直构造线交点)

完成上述操作后结果如图 2-58 所示。

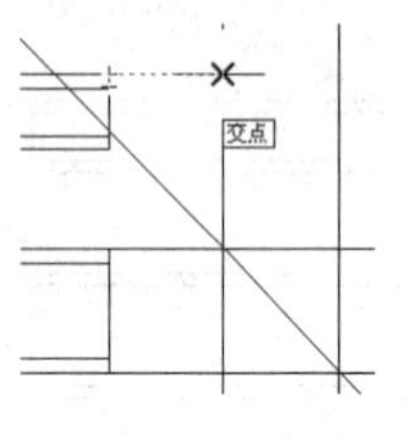

图 2-57　捕捉对象

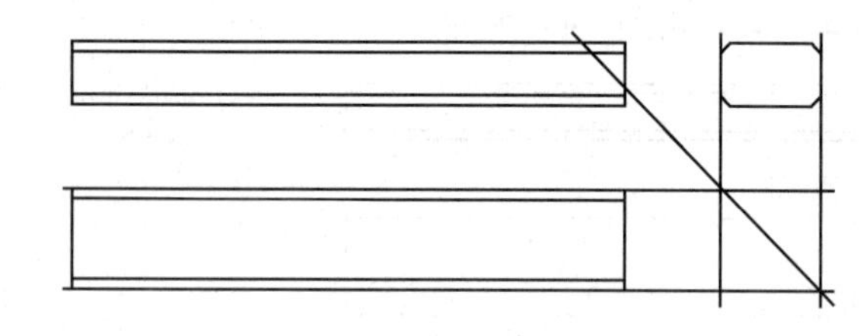

图 2-58　绘制左视图

9. 删除辅助线

单击“修改”工具栏中的“删除”按钮，删除构造线，最终结果如图 2-36 所示。

任务四　绘 制 螺 母

任务引入

本任务绘制图 2-59 所示的螺母。

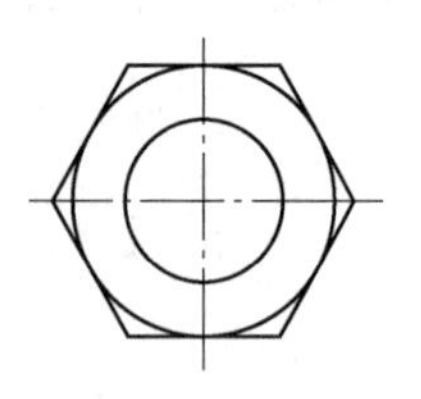

图 2-59　螺母

任务说明

螺母属于螺纹零件中的一种，是一种典型的连接件，也是标准件，和螺栓一起用于固定可拆卸的机械零件，在机械设计工程中非常常见。

知识与技能目标

熟练掌握“圆”和“多边形”命令的操作方法。

任务分析

本任务绘制的螺母主视图主要利用“多边形”“圆”“直线”命令。首先利用“直线”命令绘制螺母的中心线，然后利用“多边形”和“圆”命令绘制螺母的轮廓。

相关知识

1. 圆

圆是最简单的封闭曲线，也是绘制工程图形时经常用到的图形单元。在 AutoCAD 中绘制圆的方法共有 6 种。

在命令行输入 CIRCLE 命令，或者选择“绘图”→“圆”命令，或者单击“绘图”工具栏中的“圆”按钮，命令行提示与操作如下：

```
命令:CIRCLE↙（输入绘制圆命令）
```

指定圆的圆心或[三点(3P)/两点(2P)/切点、切点、半径(T)]:（输入圆心）
指定圆的半径或[直径(D)]<75.3197>:(输入圆的半径)

命令行提示中的各个选项含义如下：

（1）三点（3P）：用指定圆周上三点的方法绘制圆。

（2）两点（2P）：指定直径的两端点绘制圆。

（3）切点、切点、半径（T）：按先指定两个相切对象，后给出半径的方法绘制圆。图 2-60 所示给出了以“切点、切点、半径”方式绘制圆的各种情形（其中加黑的圆为最后绘制的圆）。

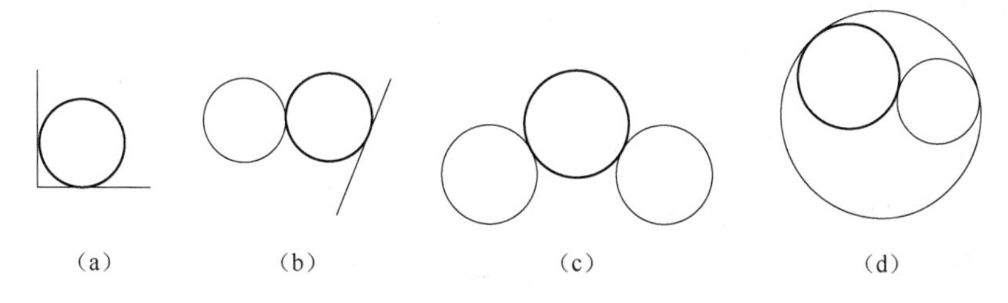

图 2-60　圆与另外两个对象相切的各种情形

（a）圆与直线相切；（b）圆与直线和圆相切；（c）圆与两圆相切；（d）圆与两圆分别内切和外切

（4）选择“绘图”→“圆”命令，菜单中多了一种“相切、相切、相切”的方法，当选择此方式时（图 2-61），系统提示：

指定圆上的第一个点：_tan 到：（指定相切的第 1 个圆弧）
指定圆上的第二个点：_tan 到：（指定相切的第 2 个圆弧）
指定圆上的第三个点：_tan 到：（指定相切的第 3 个圆弧）

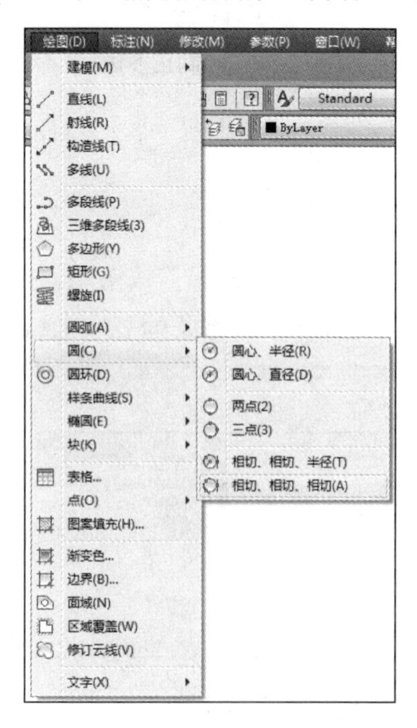

图 2-61　绘制圆的菜单方法

2. 多边形

正多边形是相对复杂的一种平面图形，人类曾经为准确找到手工绘制正多边形的方法而长期求索。

在命令行输入 POLYGON 命令，或者选择“绘图”→“多边形”命令，或者单击“绘图”工具栏中的“多边形”按钮⬠，命令行提示与操作如下：

```
命令:POLYGON↙
输入侧面数<4>:指定多边形的边数，默认值为 4
指定正多边形的中心点或 [边(E)]:指定中心点
输入选项[内接于圆(I)/外切于圆(C)]<I>:指定是内接于圆或外切于圆
指定圆的半径:指定外接圆或内切圆的半径
```

命令行提示中的各个选项含义如下：

（1）边（E)：选择该选项，则只要指定多边形的一条边，系统就会按逆时针方向创建该正多边形，如图 2-62（a）所示。

（2）内接于圆（I)：选择该选项，绘制的多边形内接于圆，如图 2-62（b）所示。

（3）外切于圆（C)：选择该选项，绘制的多边形外切于圆，如图 2-62（c）所示。

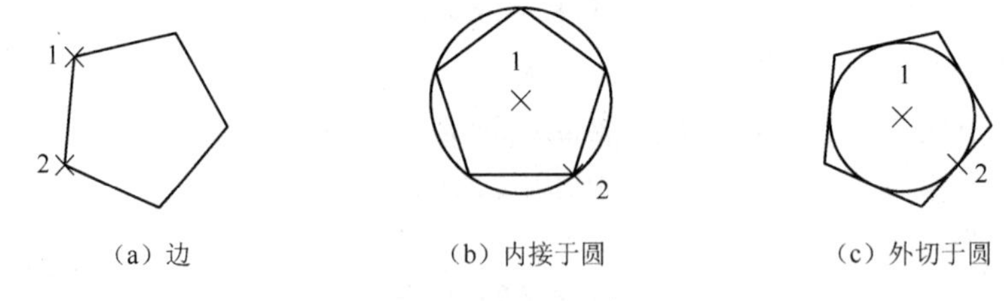

（a）边　　（b）内接于圆　　（c）外切于圆

图 2-62　绘制正多边形

任务实施

1. 设置图层

单击“图层”工具栏中的“图层特性管理器”按钮，打开“图层特性管理器”对话框。新建“中心线”和“轮廓线”两个图层，如图 2-63 所示。

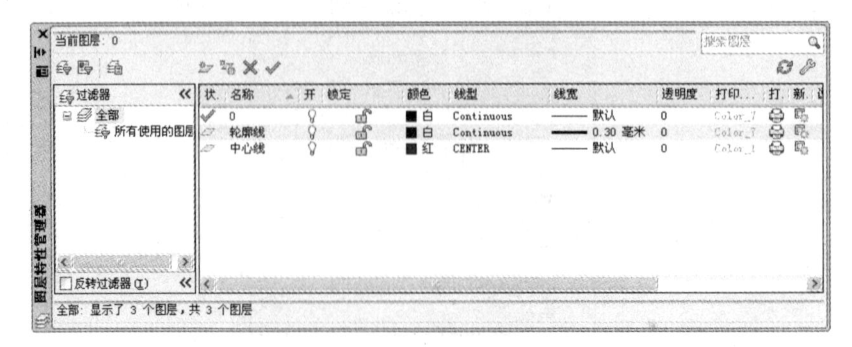

图 2-63　新建图层

2. 绘制中心线

将当前图层设置为“中心线”层，单击“绘图”工具栏中的“直线”按钮，绘制中心线，端点坐标值为{（90，150），（210，150）}、{（150，90），（150，210）}，结果如图 2-64 所示。

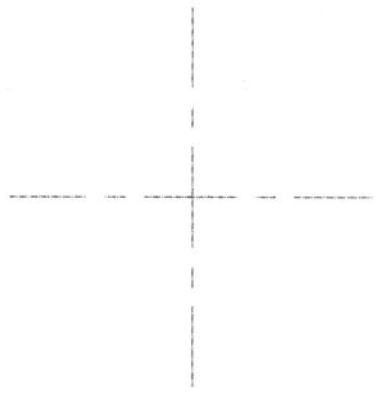

图 2-64　绘制中心线

3. 绘制螺母轮廓

（1）将当前图层设置为“轮廓线”层。单击“绘图”工具栏中的“圆”按钮，以（150,150）为圆心，绘制半径为 50mm 的圆。命令行提示与操作如下：

```
命令: CIRCLE↙（输入绘制圆命令）
指定圆的圆心或 [三点(3P)/两点(2P)/切点、切点、半径(T)]: 150,150↙
指定圆的半径或 [直径(D)] <75.3197>: 50↙
```

结果如图 2-65 所示。

（2）绘制正六边形。在命令行输入 POLYGON 命令，或者选择“绘图”→“多边形”命令，或者单击“绘图”工具栏中的“多边形”按钮，命令行提示与操作如下：

```
命令:POLYGON↙
输入侧面数<4>:6
指定正多边形的中心点或 [边(E)]: 150,150↙
输入选项 [内接于圆(I)/外切于圆(C)] <I>: c↙
指定圆的半径:50↙
```

得到的结果如图 2-66 所示。

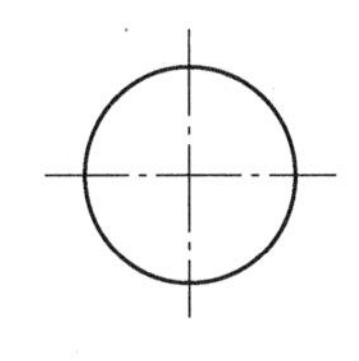

图 2-65　绘制圆

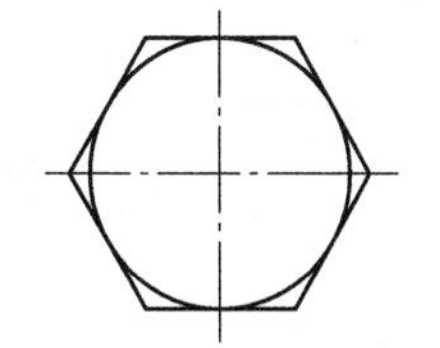

图 2-66　绘制正六边形

（3）同样以（150，150）为中心，以 30mm 为半径绘制另一个圆，结果如图 2-59 所示。

任务五　绘 制 棘 轮

任务引入

本任务绘制图 2-67 所示的棘轮。

任务说明

如图 2-68 所示，在曲柄摇杆机构中，曲柄匀速连续转动带动摇杆左右摆动。当摇杆左摆时，棘爪 1 插入棘轮的齿内推动棘轮转过某一角度，当摇杆右摆时，棘爪 1 滑过棘轮，而棘轮静止不动，往复循环。棘爪 2 防止棘轮反转。

这种有齿的棘轮，其进程的变化最少是 1 个齿距，且工作时有响声。

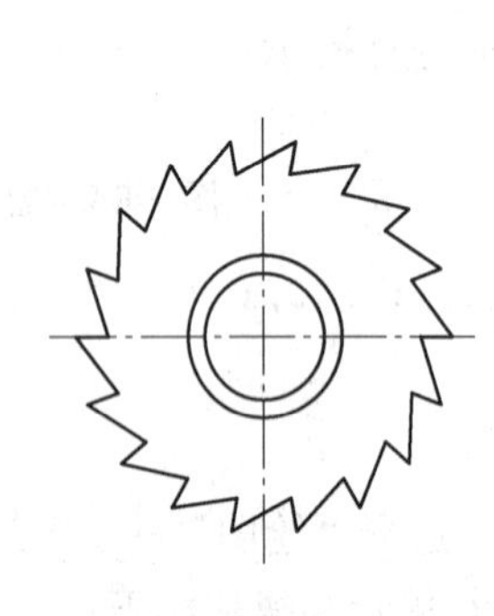

图 2-67　棘轮

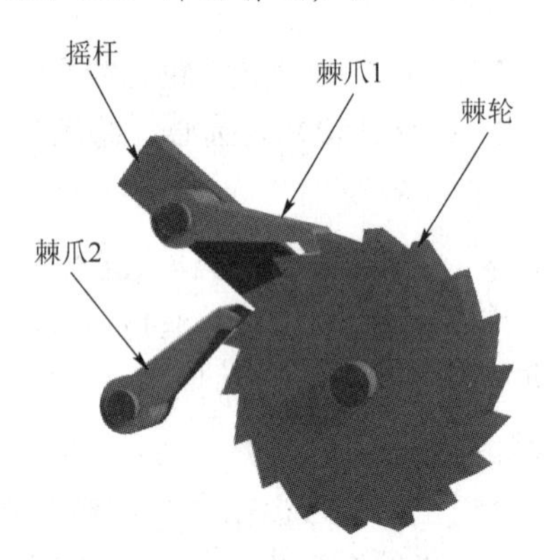

图 2-68　棘轮工作原理

知识与技能目标

1. 掌握点样式的修改方法。
2. 掌握等分图线的方法。

任务分析

首先利用“直线”命令绘制中心线，然后利用“圆”命令绘制棘轮内孔及轮齿内外圆，最后利用“定数等分”和“直线”命令绘制齿廓。

相关知识

1. 点

通常认为，点是最简单的图形单元。在工程图形中，点通常用来标定某个特殊的坐标位置，或者作为某个绘制步骤的起点和基础。

在命令行中输入 POINT 命令，或者选择的“绘图”→“点”命令，或者单击“绘图”工具栏中的“点”按钮 ，命令行提示或操作如下：

```
命令: POINT↙
指定点:指定点所在的位置
```

（1）通过菜单方法操作时（图 2-69），“单点”命令表示只输入一个点，“多点”命令表示可输入多个点。

（2）可以单击状态栏中的“对象捕捉”按钮，设置点捕捉模式，帮助用户选择点。

2. 点样式

为了使点更显眼，AutoCAD 为点设置了各种样式，用户可以根据需要来选择。

在命令行中输入 DDPTYPE 命令，或者选择“格式”→“点样式”命令，打开图 2-70 所示的“点样式”对话框。在其中可以设置点的样式，以及点的大小等。点在图形中的表示样式共有 20 种。

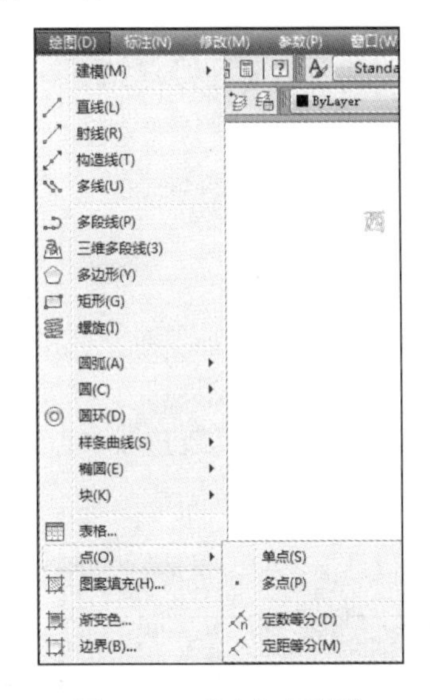

图 2-69　“点”子菜单

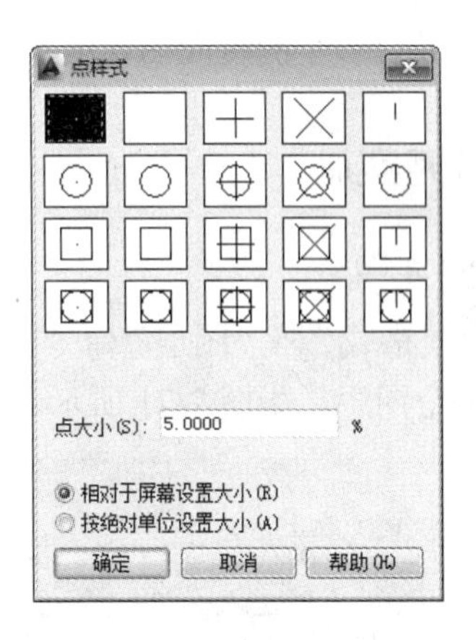

图 2-70　“点样式”对话框

3. 定数等分

有时需要把某个线段或曲线按一定的份数进行等分。这一点在手工绘图中很难实现，但在 AutoCAD 中，可以通过相关命令轻松完成。

在命令行中输入 DIVIDE 命令，或者选择“绘图”→“点”→“定数等分”命令，命令行提示或操作如下：

```
命令：DIVIDE↙
选择要定数等分的对象：
输入线段数目或 [块(B)]：指定实体的等分数
```

命令行提示中的各个选项含义如下：

（1）等分数范围为 2～32767。

（2）在等分点处，按当前点样式设置绘制出等分点。

（3）在第二提示行选择“块(B)”选项时，表示在等分点处插入指定的块（BLOCK）。

4. 定距等分

和定数等分类似，有时需要把某个线段或曲线按给定的长度为单元进行等分。在 AutoCAD 中，可以通过相关命令来完成。

在命令行中输入 MEASURE 命令，或者选择“绘图”→“点”→“定距等分”命令，命令行提示或操作如下：

```
命令:MEASURE↙
选择要定距等分的对象:选择要设置测量点的实体
指定线段长度或[块(B)]:指定分段长度
```

命令行提示中的各个选项含义如下：

（1）设置的起点一般是指定线的绘制起点。

（2）在第二提示行选择“块(B)”选项时，表示在测量点处插入指定的块。

（3）在等分点处，按当前点样式设置绘制测量点。

（4）最后一个测量段的长度不一定等于指定分段长度。

任务实施

1. 设置图层

选择“格式”→“图层”命令，打开“图层特性管理器”对话框。新建“中心线”和“轮廓线”两个图层，如图 2-71 所示。

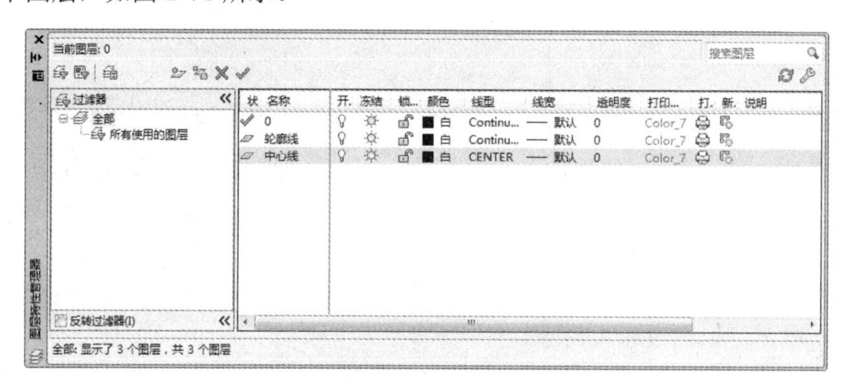

图 2-71　新建图层

2. 绘制棘轮中心线

将当前图层设置为“中心线”图层，选择“绘图”→“直线”命令，绘制中心线，命令行提示与操作如下：

```
命令:LINE↙
指定第一点:-120,0↙
指定下一点或[放弃(U)]:@240,0↙
指定下一点或[放弃(U)]:↙
```

同样方法，选择“绘图”→“直线”命令绘制线段，端点坐标为（0,120）和（@0,-240）。

3. 绘制棘轮内孔及轮齿内外圆

将当前图层设置为“粗实线”图层，选择“绘图”→“圆”命令，绘制棘轮内孔，命令行提示与操作如下：

```
命令:CIRCLE↙
指定圆的圆心或[三点(3P)/两点(2P)/切点、切点、半径(T)]:0,0↙
指定圆的半径或[直径(D)]:35↙
```

同样方法，选择“绘图”→“圆”命令，圆心坐标为（0,0），半径分别为45mm、90mm和110mm。绘制结果如图2-72所示。

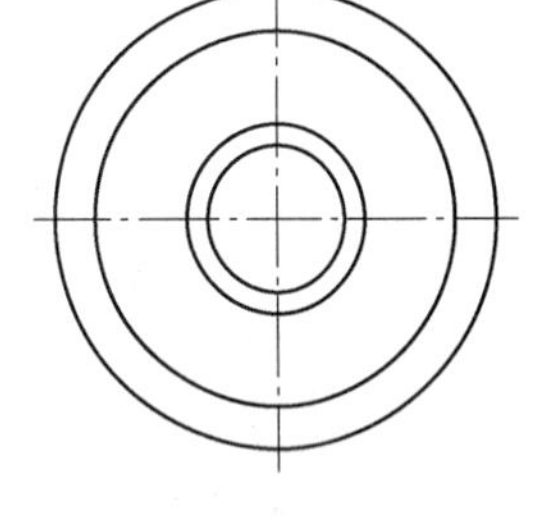

图 2-72　绘制圆

4. 等分圆形

（1）在命令行中输入DDPTYPE命令，或者选择“格式”→“点样式”命令，打开图2-73所示的“点样式”对话框。单击其中的☒样式，将点大小设置为相对于屏幕设置大小的5%，单击“确定”按钮。

（2）在命令行中输入DIVIDE命令，或者选择“绘图”→“点”→“定数等分”命令，将半径分别为90mm与110mm的圆18等分，命令行提示与操作如下：

```
命令:DIVIDE↙
选择要定数等分的对象：(指定圆)
输入线段数目或[块(B)]:18↙
```

绘制结果如图2-74所示。

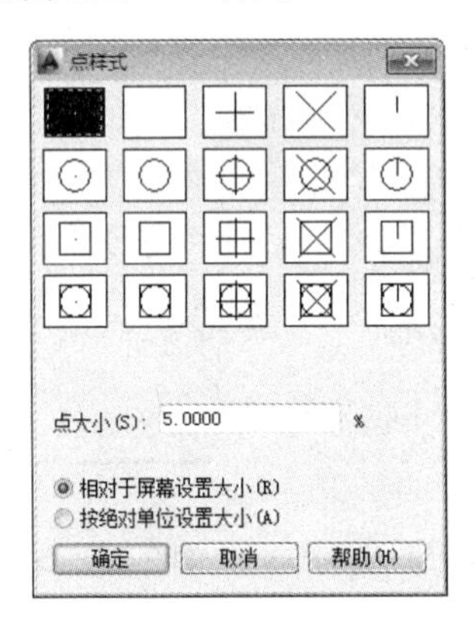

图 2-73　“点样式”对话框

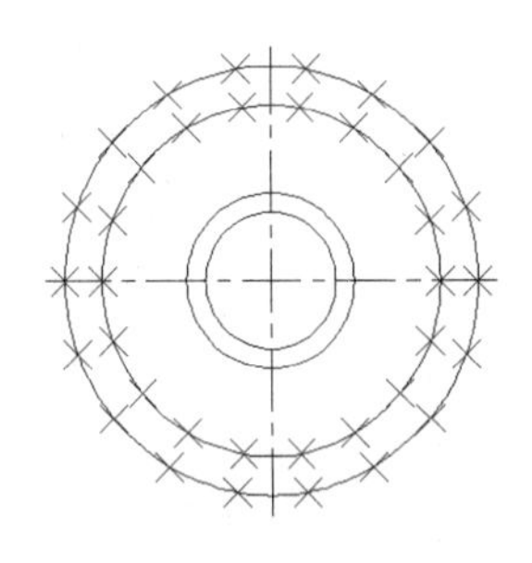

图 2-74　定数等分圆

5. 绘制齿廓

选择“绘图”→“直线”命令，绘制齿廓，命令行提示与操作如下：

```
命令: LINE↙
指定第一点:
指定下一点或[放弃(廓U)]:(捕捉A点)
指定下一点或[放弃(U)]:(捕捉B点)
指定下一点或[放弃(U)]:(捕捉C点)
```

结果如图 2-75 所示。同理绘制其他直线，结果如图 2-76 所示。

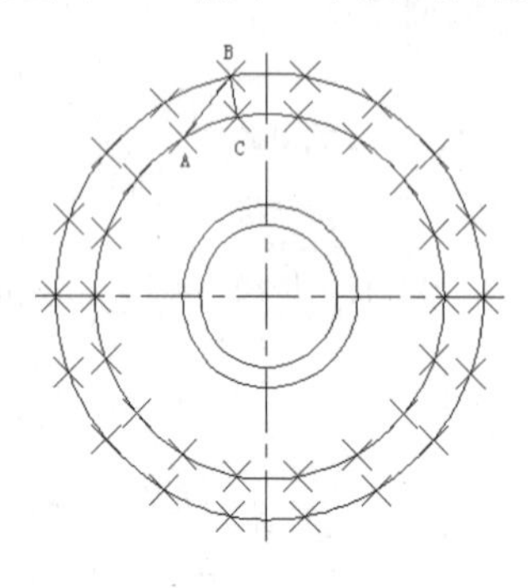

图 2-75 绘制直线

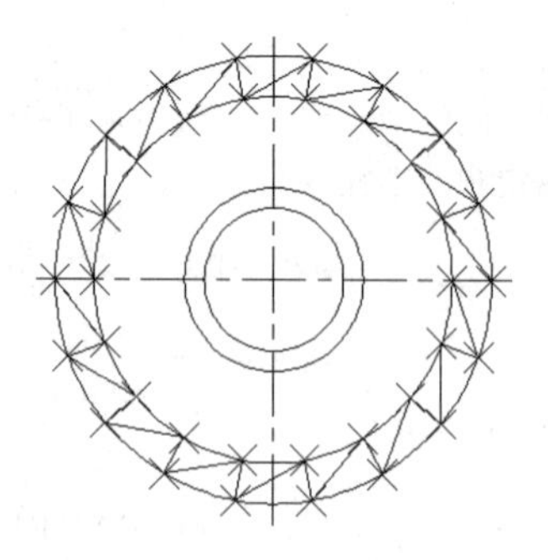

图 2-76 绘制轮廓

6. 删除多余的点和线

选中半径分别为 90mm 与 110mm 的圆和所有的点，按 Delete 键，将选中的点和线删除，结果如图 2-67 所示。

任务六 绘制滚花轴头

任务引入

本任务绘制图 2-77 所示的滚花轴头零件。

任务说明

在绘制机械图形时，有时会碰到类似于剖面线的规则重复的图线绘制，这时再用前面学的绘图命令绘制就很麻烦。为了解决这个问题，AutoCAD 提供了“图案填充”命令。

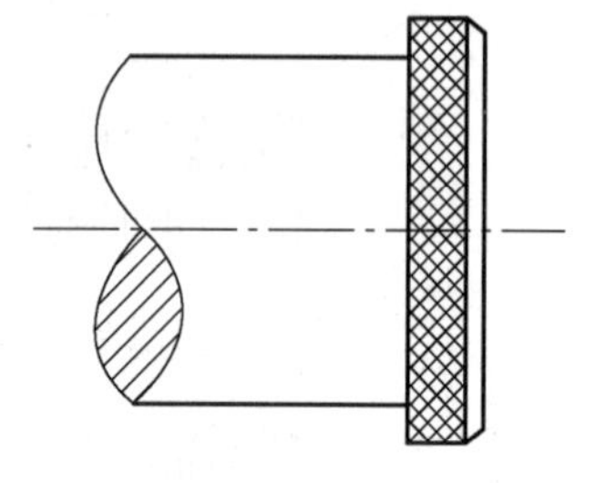

图 2-77 滚花轴头

知识与技能目标

1. 熟练掌握“图案填充”命令的操作方法。
2. 掌握样条曲线的绘制方法。

任务分析

利用“直线”“圆弧”命令绘制零件轮廓，并利用“图案填充”命令填充断面和滚花部分。

相关知识

1. 样条曲线

样条曲线可用于创建形状不规则的曲线，如地理信息系统（GIS）应用或汽车设计绘制轮廓线。

AutoCAD 使用一种称为非一致有理 B 样条（NURBS）曲线的特殊样条曲线类型。NURBS 曲线在控制点之间产生一条光滑的曲线，如图 2-78 所示。

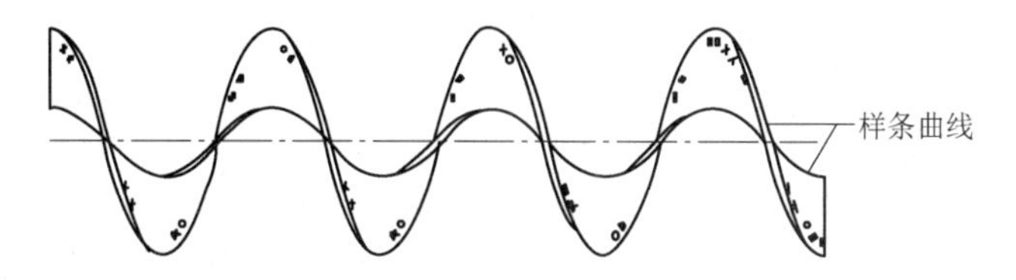

图 2-78　样条曲线

在命令行输入 SPLINE 命令，或者选择“绘图”→“样条曲线”命令，或者单击“绘图”工具栏中的“样条曲线”按钮，命令行提示与操作如下：

```
命令:SPLINE↙
当前设置:方式=拟合　　节点=弦
指定第一个点或[方式(M)/节点(K)/对象(O)]:(指定一点或选择"对象(O)"选项)
输入下一个点或[起点切向(T)/公差(L)]:(指定第二点)
输入下一个点或[端点相切(T)/公差(L)/放弃(U)]:(指定第三点)
输入下一个点或[端点相切(T)/公差(L)/放弃(U)/闭合(C)]:c
```

命令行提示中的各个选项含义如下：

（1）方式（M）：控制是使用拟合点还是使用控制点来创建样条曲线。选项会因用户选择的是使用拟合点创建样条曲线的选项还是使用控制点创建样条曲线的选项而异。

（2）节点（K）：指定节点参数化，它会影响曲线在通过拟合点时的形状。

（3）对象（O）：将二维或三维的二次或三次样条曲线拟合多段线转换为等价的样条曲线，然后删除该多段线（根据 DELOBJ 系统变量的设置）。

（4）起点切向（T）：定义样条曲线的第一点和最后一点的切向。如果在样条曲线的两端都指定切向，可以输入一个点或使用“切点”和“垂足”对象捕捉模式使样条曲线与已有的对象相切或垂直。如果按 Enter 键，系统将计算默认切向。

（5）端点相切（T）：停止基于切向创建曲线。可通过指定拟合点继续创建样条曲线。

（6）公差（L）：指定距样条曲线必须经过的指定拟合点的距离。公差应用于除起点和端点外的所有拟合点。

（7）闭合（C）：将最后一点定义与第一点一致，并使其在连接处相切，以闭合样条曲线。选择该项，命令行提示与操作如下：

```
指定切向:指定点或按 Enter 键
```

如果在样条曲线的两端都指定切向，可以通过输入一个点或者使用“切点”和“垂足”对象来捕捉模式使样条曲线与已有的对象相切或垂直。如果按 Enter 键，AutoCAD 将计算默认切向。

2. 编辑样条曲线

在命令行输入 SPLINEDIT 命令，或者选择“修改”→“对象”→“样条曲线”命令，或者单击“修改II”工具栏中的“样条曲线”按钮，命令行提示与操作如下：

命令：SPLINEDIT↙
选择样条曲线:(选择不闭合的样条曲线)
输入选项[打开(O)/拟合数据(F)/编辑顶点(E)/转换为多段线(P)/反转(R)/放弃(U)/退出(X)] <退出>:
选择样条曲线:(选择不闭合的样条曲线)
输入选项 [闭合(C)/合并(J)/拟合数据(F)/编辑顶点(E)/转换为多段线(P)/反转(R)/放弃(U)/退出(X)] <退出>:

命令行提示中的各个选项含义如下：

（1）闭合（C）：通过定义与第一个点重合的最后一个点，闭合开放的样条曲线。在默认情况下，闭合的样条曲线是周期性的，沿整个曲线保持曲率连续性（C2）。

（2）打开（O）：通过删除最初创建样条曲线时指定的第一个和最后一个点之间的最终曲线段可打开闭合的样条曲线。

（3）合并（J）：选定的样条曲线、直线和圆弧在重合端点处合并到现有样条曲线。选择有效对象后，该对象将合并到当前样条曲线，合并点处将具有一个折点。

（4）拟合数据（F）：编辑近似数据。选择该项后，创建该样条曲线时指定的各点以小方格的形式显示出来。

（5）编辑顶点（E）：精密调整样条曲线定义。

（6）转换为多段线（P）：将样条曲线转换为多段线。精度值决定多段线与源样条曲线拟合的精确程度。有效值为介于0～99之间的任意整数。

（7）反转（R）：翻转样条曲线的方向。该项操作主要用于应用程序。

（8）放弃（U）：取消上一编辑操作。

3. 图案填充

当用户需要用一个重复的图案（pattern）填充一个区域时，可以使用 BHATCH 命令建立一个相关联的填充阴影对象，即所谓的图案填充。

在命令行输入 BHATCH 命令，或者选择“绘图”→“图案填充”命令，或者单击“绘图”工具栏中的“图案填充”按钮，打开图 2-79 所示的“图案填充和渐变色”对话框，各选项组和按钮含义如下。

1）“图案填充”选项卡

此选项卡下各选项用来确定图案及其参数。其中各个选项含义如下：

（1）类型：此选项用于确定填充图案的类型及图案。单击“类型”下拉按钮，弹出一个下拉列表，在该列表中，“用户定义”选项表示用户要临时定义填充图案，与命令行方式中的“U”选项作用一样；“自定义”选项表示选用 ACAD.PAT 图案文件或其他图案文件（.PAT 文件）中的图案填充；“预定义”选项表示用 AutoCAD 标准图案文件（ACAD.PAT 文件）中的图案填充。

（2）图案：此选项用于确定标准图案文件中的填充图案。单击“图案”下拉按钮，用户可从在弹出的下拉列表中选取填充图案。选取所需要的填充图案后，在“样例”中的图像框内会显示出该图案。只有用户在“类型”中选择了“预定义”，此项才以正常亮度显示，即允许用户从自己定义的图案文件中选取填充图案。

如果选择的图案类型是“预定义”，单击“图案”下拉列表右边的□按钮，会打开类似图 2-80 所示的对话框，该对话框中显示出所选类型所具有的图案，用户可从中确定需要的图案。

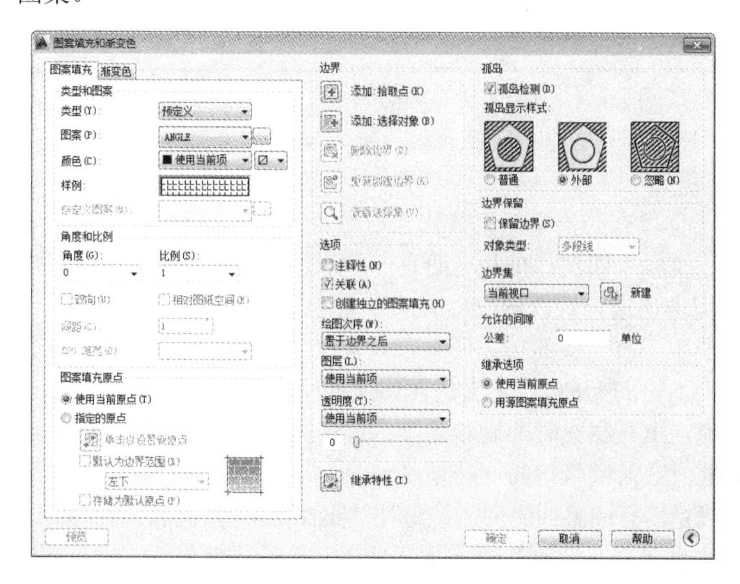

图 2-79　“图案填充和渐变色”对话框

图 2-80　图案列表

国家标准（GB/T 4457.5—2013）规定，在剖视和剖面图中，应采用表 2-4 规定的剖面符号。

表 2-4　剖面符号

剖面区域	剖面符号	剖面区域	剖面符号
金属材料（已有规定剖面符号除外）		纤维材料	
绕圈绕组元件		基础周围的泥土	
转子、电枢、变压器和电抗器等叠钢片		混凝土	
非金属材料（已有规定剖面符号者除外）		钢筋混凝土	
型砂、填砂、粉末冶金、砂轮、陶瓷刀片、硬质合金刀片等		砖	
玻璃及供观察用的其他透明材料		格网(筛网、过滤网等)	

续表

剖面区域		剖面符号	剖面区域	剖面符号
木材	纵剖面		液体	
	横剖面			

注：1. 剖面符号仅表示材料类别，材料的名称和代号必须另行注明。

2. 叠钢片的剖面线方向，应与束装中叠钢片的方向一致。

3. 液面用细实线绘制。

（3）颜色：使用填充图案和实体填充的指定颜色替代当前颜色。

（4）样例：此选项用来给出一个样本图案。在其右面有一方形图像框，显示出当前用户所选用的填充图案。可以单击该图像迅速查看或选取已有的填充图案。

（5）自定义图案：此下拉列表用于自定义的填充图案。只有在“类型”中选择了“自定义”，该项才以正常亮度显示，即允许用户从自己定义的图案文件中选取填充图案。

（6）角度：此下拉列表用于确定填充图案时的旋转角度。每种图案在定义时的旋转角度为0°，用户可在“角度”文本框内输入所希望的旋转角度。

（7）比例：此下拉列表用于确定填充图案的比例值。每种图案在定义时的初始比例为1，用户可以根据需要放大或缩小，方法是在“比例”文本框内输入相应的比例值。

（8）双向：用于确定用户临时定义的填充线是一组平行线，还是相互垂直的两组平行线。只有在“类型”中选择了“用户定义”，该项才可以使用。

（9）相对于图纸空间：确定是否相对于图纸空间单位确定填充图案的比例值。选择此选项，可以按适合于版面布局的比例方便地显示填充图案。该选项仅适用于图形版面编排。

（10）间距：指定线之间的间距，在“间距”文本框内输入值即可。只有当在“类型”中选择了“用户定义”，该项才可以使用。

（11）ISO 笔宽：此下拉列表告诉用户根据所选择的笔宽确定与 ISO 有关的图案比例。只有选择了已定义的 ISO 填充图案后，才可确定它的内容。

（12）图案填充原点：控制填充图案生成的起始位置。一些图案填充（如砖块图案）需要与图案填充边界上的一点对正。默认情况下，所有图案填充原点都对应于当前的 UCS 原点。也可以选择“指定的原点”及下面一级的选项重新指定原点。

2）“渐变色”选项卡

渐变色是指从一种颜色到另一种颜色的平滑过渡。渐变色能产生光的效果，可为图形添加视觉效果。选择“渐变色”选项卡，如图 2-81 所示，可以设置各种颜色效果。

3）边界

（1）“添加：拾取点”：以点取点的形式自动确定填充区域的边界。在填充的区域内任意点取一点，系统会自动确定出包围该点的封闭填充边界，并且高亮度显示（图 2-82）。

（2）“添加：选择对象”：以选取对象的方式确定填充区域的边界。可以根据需要选取构成填充区域的边界。同样，被选择的边界也会以高亮度显示（图 2-83）。

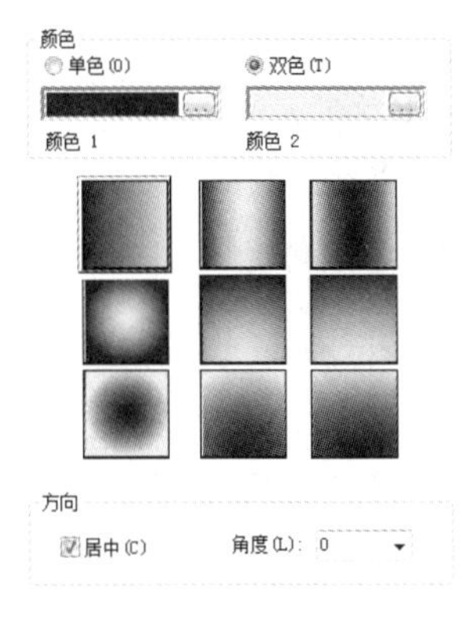

图 2-81　“渐变色”选项卡

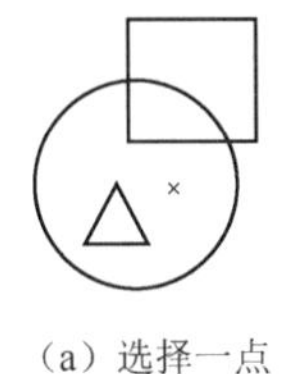

(a) 选择一点

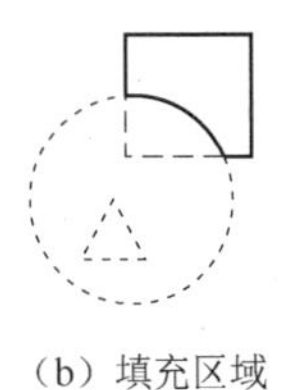

(b) 填充区域

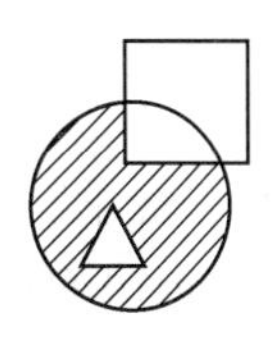

(c) 填充结果

图 2-82　确定边界

(a) 原始图形　(b) 选取边界对象　(c) 填充结果

图 2-83　选取边界对象

(3) 删除边界：从边界定义中删除以前添加的任何对象（图 2-84）。

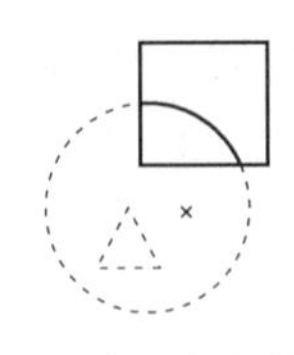

(a) 选取边界对象

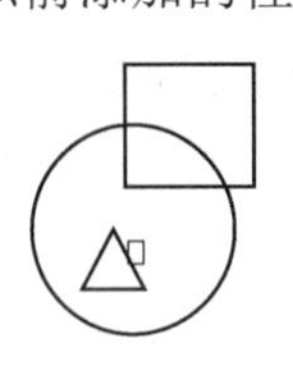

(b) 删除边界

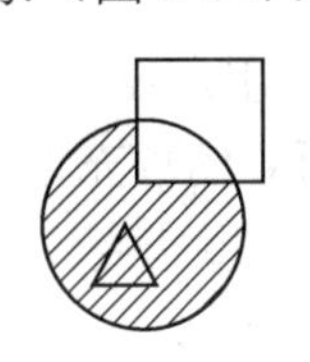

(c) 填充结果

图 2-84　删除边界

(4) 重新创建边界：围绕选定的图案填充或填充对象创建多段线或面域。

(5) 查看选择集：观看填充区域的边界。点取该按钮，AutoCAD 临时切换到作图屏幕，将所选择的作为填充边界的对象以高亮度方式显示。只有通过“拾取点”按钮或“选择对象”按钮选取了填充边界，“查看选择集”按钮才可以使用。

4) 选项

(1) 关联：此复选框用于确定填充图案与边界的关系。若选中此复选框，那么填充的图案与填充边界保持着关联关系，即图案填充后，当用钳夹（Grips）功能对边界进行拉伸等编辑操作时，AutoCAD 会根据边界的新位置重新生成填充图案。

(2) 创建独立的图案填充：当指定了几个独立的闭合边界时，控制是创建单个图案填充对象，还是创建多个图案填充对象，如图 2-85 所示。

(3) 绘图次序：指定图案填充的绘图顺序。图案填充可以放在所有其他对象之后、所有其他对象之前、图案填充边界之后或图案填充边界之前。

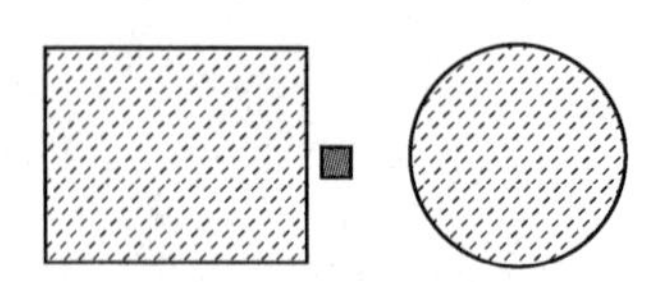
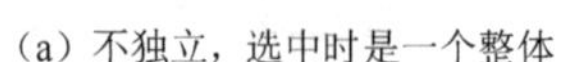
（a）不独立，选中时是一个整体

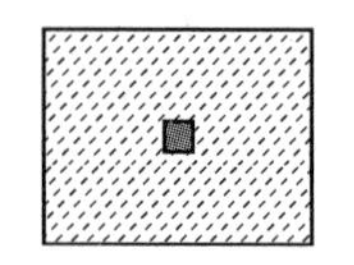
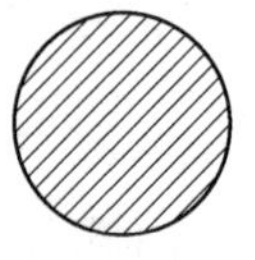
（b）独立，选中时不是一个整体

图 2-85　独立与不独立

5）继承特性

此按钮的作用是继承特性，即选用图中已有的填充图案作为当前的填充图案。

6）孤岛

（1）孤岛显示样式：该选项组用于确定图案的填充方式。位于总填充域内的封闭区域称为孤岛，如图 2-86 所示。

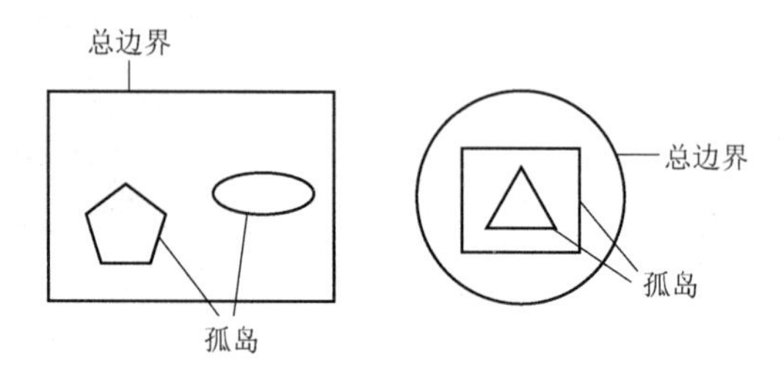

图 2-86　孤岛

AutoCAD 系统为用户设置了图 2-87 所示的 3 种填充方式，以实现对填充范围的控制。用户可以从中选取所要的填充方式，默认的填充方式为“普通”。用户也可以在右键快捷菜单中选择填充方式。

（a）普通方式

（b）最外层方式

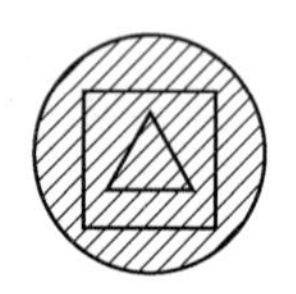
（c）忽略方式

图 2-87　填充方式

（2）孤岛检测：确定是否检测孤岛。

7）边界保留

指定是否将边界保留为对象，并确定应用于这些对象的对象类型是多段线还是面域。

4. 编辑图案填充

在命令行输入 HATCHEDIT 命令，或者选择“修改”→“对象”→“图案填充”命令，或者单击“修改 II”工具栏中的“编辑图案填充”按钮，可以对现有图案填充进行编辑，如现有图案填充或填充的图案、比例和角度。

执行上述命令后，AutoCAD 会给出下面提示：

选择图案填充对象：

输入图案填充选项 [解除关联(DI)/样式(S)/特性(P)/绘图次序(DR)/添加边界(AD)/删除边界(R)/重新创建边界(B)/关联(AS)/独立的图案填充(H)/原点(O)/注释性(AN)/ 图案填充颜色(CO)/图层(LA)/ Transparency(T)] <特性>: 输入选项或按 Enter 键

选取图案填充物体后，打开图 2-88 所示的“图案填充编辑”对话框。

在图 2-88 中，只有正常显示的选项才可以对其进行操作。该对话框中各选项的含义与“图案填充和渐变色”对话框中各选项的含义相同。利用该对话框，可以对已弹出的图案进行一系列的编辑修改。

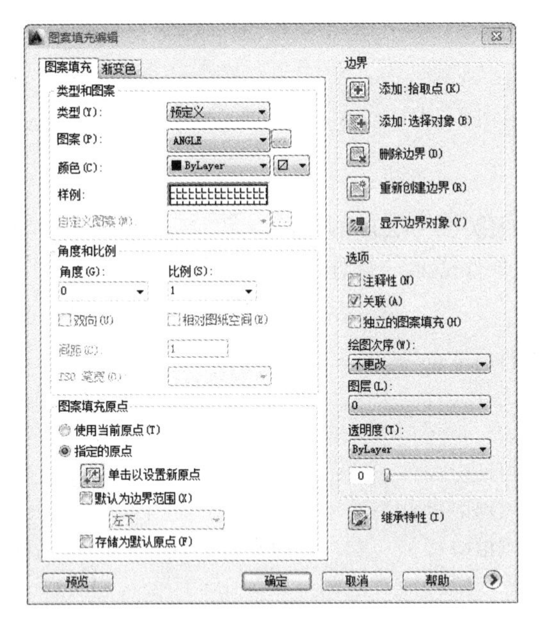

图 2-88　“图案填充编辑”对话框

任务实施

1. 设置图层

单击“图层”工具栏中的“图层特性管理器”按钮，打开“图层特性管理器”对话框。新建“中心线”“轮廓线”“细实线” 3 个图层，如图 2-89 所示。

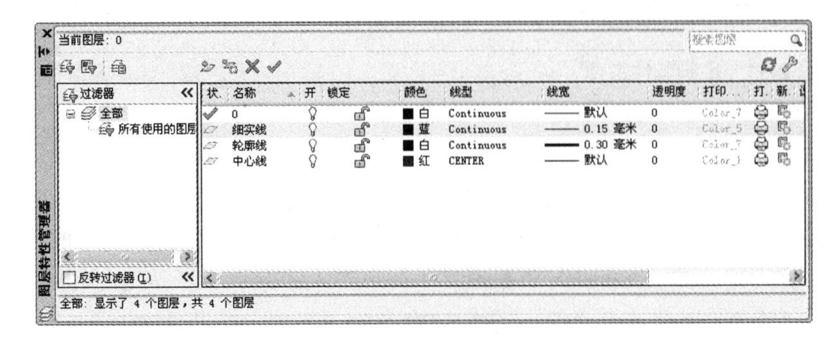

图 2-89　新建图层

2. 绘制中心线

将当前图层设置为“中心线”层，单击“绘图”工具栏中的“直线”按钮，绘制水平中心线，结果如图 2-90 所示。

图 2-90 绘制水平中心线

3. 绘制零件主体

将当前图层设置为“轮廓线”层，单击“绘图”工具栏中的“矩形”按钮和“直线”按钮，绘制零件主体，如图 2-91 所示。

4. 绘制断裂线

将当前图层设置为“细实线”层，单击“绘图”工具栏中的“样条曲线”按钮，绘制零件断裂部分示意线，命令行提示与操作如下：

```
命令:_spline
当前设置:方式=拟合    节点=弦
指定第一个点或[方式(M)/节点(K)/对象(O)]:(捕捉上端直线左端点)
输入下一个点或[起点切向(T)/公差(L)]:(在适当位置单击)
输入下一个点或[端点相切(T)/公差(L)/放弃(U)]:(捕捉中心线上适当位置单击)
输入下一个点或[端点相切(T)/公差(L)/放弃(U)/闭合(C)]:(在适当位置单击)
输入下一个点或[端点相切(T)/公差(L)/放弃(U)/闭合(C)]:(捕捉下端直线左端点)
输入下一个点或[端点相切(T)/公差(L)/放弃(U)/闭合(C)]:
```

结果如图 2-92 所示。

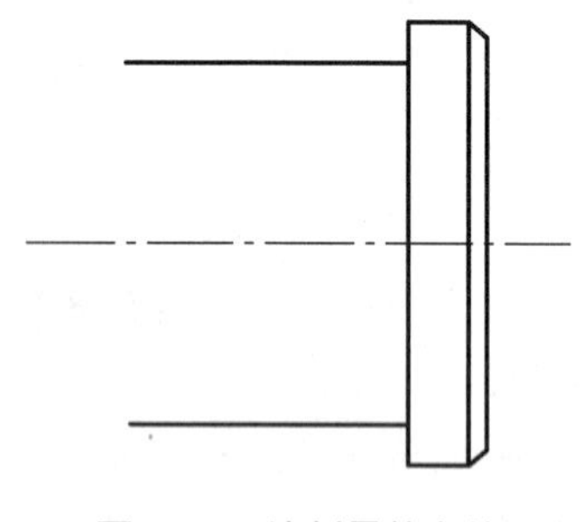

图 2-91 绘制零件主体

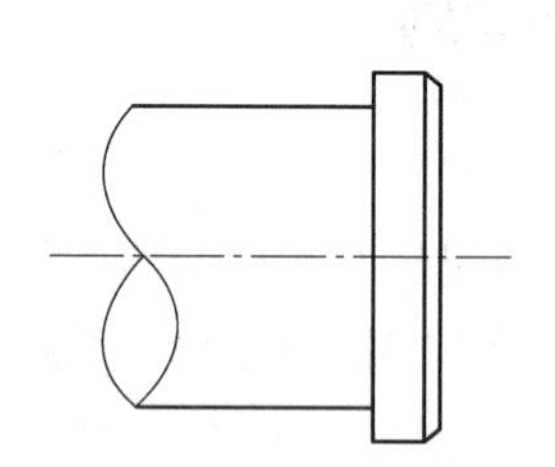

图 2-92 绘制断裂线

5. 填充断面

（1）在命令行输入 BHATCH 命令，或者选择“绘图”→“图案填充”命令，或者单击“绘图”工具栏中的“图案填充”按钮，打开“图案填充和渐变色”对话框，在“类型”下拉列表中选择“用户定义”选项，“角度”为 45°，“间距”设置为 2，如图 2-93 所示。

（2）单击“添加：拾取点”按钮，系统切换到绘图平面，在断面处拾取一点，如图 2-94 所示。右击，弹出快捷菜单，选择“确认”命令，如图 2-95 所示。系统回到“图案填充和渐变色”对话框，单击“确定”按钮确认退出。填充结果如图 2-96 所示。

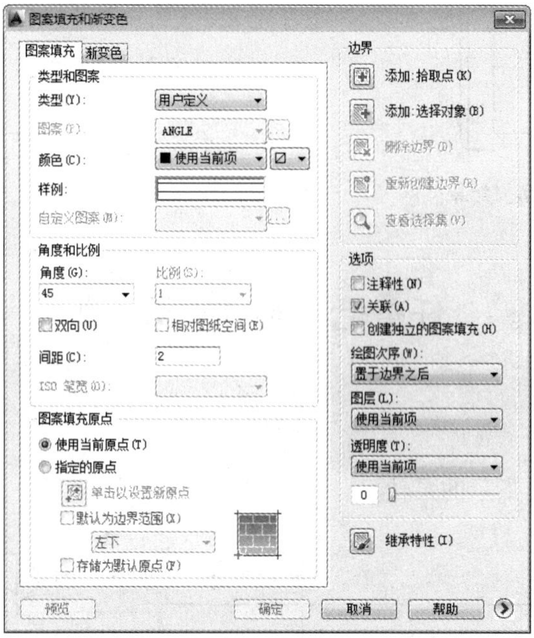

图 2-93　图案填充设置

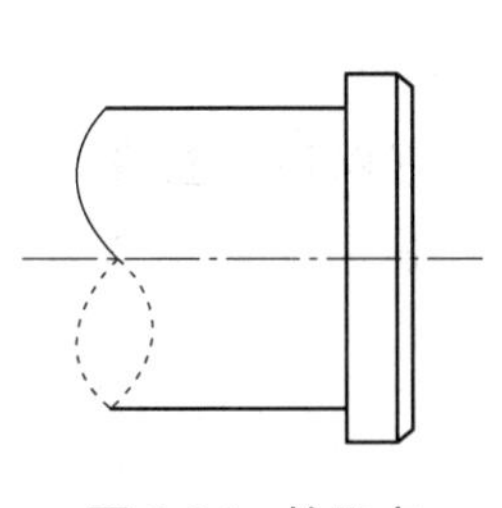

图 2-94　拾取点

图 2-95　右键快捷菜单

6. 绘制滚花表面

重新输入图案填充命令，打开“图案填充和渐变色”对话框，在“类型”下拉列表中选择“用户定义”选项，“角度”设置为 45°，“间距”设置为 2，选中“双向”复选框。单击“添加：选择对象”按钮，系统切换到绘图平面，选择边界对象，选中的对象亮显，如图 2-97 所示。右击，弹出快捷菜单，选择“确认”命令，系统回到“图案填充和渐变色”对话框，单击“确定”按钮确认退出。最终绘制的图形如图 2-77 所示。

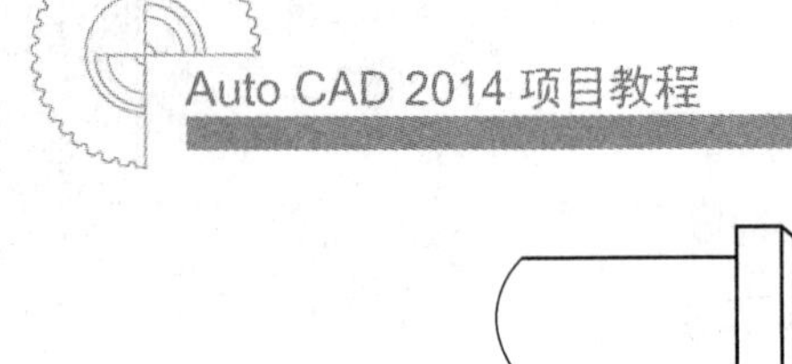

图 2-96 填充结果

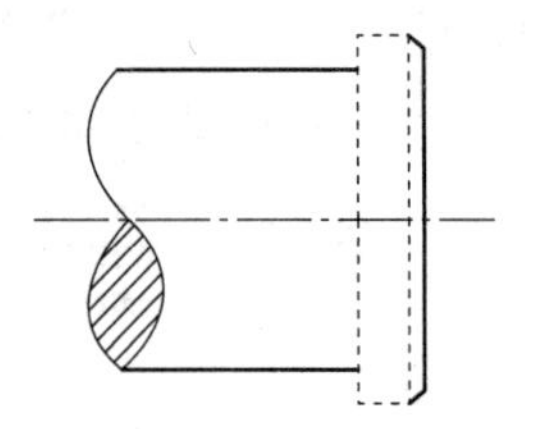

图 2-97 选择边界对象

任务七 绘制泵轴

任务引入

本任务绘制图 2-98 所示的泵轴。

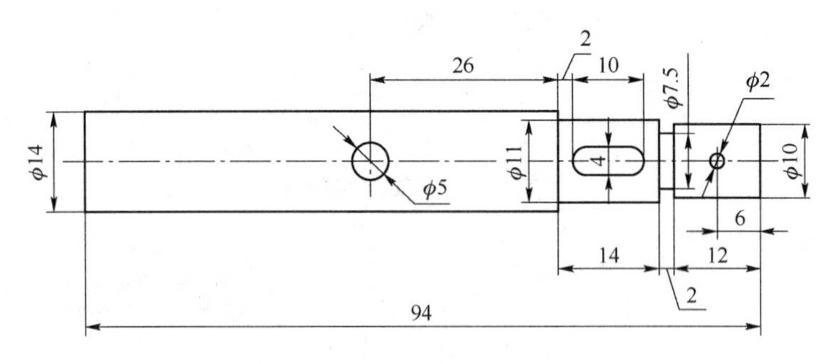

图 2-98 泵轴

任务说明

本任务绘制的泵轴主要由直线、圆及圆弧组成，因此，可以用“直线”“圆”及“圆弧”命令来绘制完成。在绘制过程中，灵活应用对象约束功能来提高绘图效率，保持图形精确程度。

知识与技能目标

1. 掌握几何约束和尺寸约束的综合运用。
2. 利用 AutoCAD 参数化绘制图形。

任务分析

在上一个任务绘制滚花轴头的过程中，读者可能有个疑问，大部分图线关于轴线对称，除了利用准确的坐标输入法绘制方法外，还可以怎样保持这种对称关系呢？

在绘制机械图形时，有些图线之间有一定的对应几何关系，如相切、垂直、平行等，为了在绘图时严格保持这种对应的几何关系，AutoCAD 提供了几何约束功能。另外，在绘制机械图形时，有时需要修改图线的长度等尺寸参数来得到系列不同的零件或修改错误的设计，这时可以利用尺寸约束功能进行自动修改。

相关知识

1. 几何约束

几何约束建立起草图对象的几何特性（如要求某一直线具有固定长度）或是两个或更多草图对象的关系类型（如要求两条直线垂直或平行，或是几个弧具有相同的半径）。在图形区用户可以使用“参数化”选项卡内的“全部显示”“全部隐藏”或“显示”来显示有关信息，并显示代表这些约束的直观标记（如图 2-99 所示的水平标记 和共线标记 ）。

使用几何约束，可以指定草图对象必须遵守的条件，或是草图对象之间必须维持的关系。“几何约束”面板及工具栏（面板在“参数化”标签内的“几何”面板中）如图 2-100 所示，其主要几何约束模式及功能如表 2-5 所示。

图 2-99　“几何约束”示意图　　　图 2-100　“几何约束”面板及工具栏

表 2-5　几何约束模式及功能

约束模式	功　能
重合	约束两个点使其重合，或者约束一个点使其位于曲线（或曲线的延长线）上。可以使对象上的约束点与某个对象重合，也可以使其与另一对象上的约束点重合
共线	使两条或多条直线段沿同一直线方向
同心	将两个圆弧、圆或椭圆约束到同一个中心点。结果与将重合约束应用于曲线的中心点所产生的结果相同
固定	将几何约束应用于一对对象时，选择对象的顺序以及选择每个对象的点可能会影响对象彼此间的放置方式
平行	使选定的直线位于彼此平行的位置。平行约束在两个对象之间应用
垂直	使选定的直线位于彼此垂直的位置。垂直约束在两个对象之间应用
水平	使直线或点对位于与当前坐标系的 X 轴平行的位置。默认选择类型为对象
竖直	使直线或点对位于与当前坐标系的 Y 轴平行的位置
相切	将两条曲线约束为保持彼此相切或其延长线保持彼此相切。相切约束在两个对象之间应用
平滑	将样条曲线约束为连续，并与其他样条曲线、直线、圆弧或多段线保持 G2 连续性

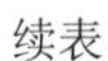

续表

约 束 模 式	功　　能
对称	使选定对象受对称约束，相对于选定直线对称
相等	将选定圆弧和圆的尺寸重新调整为半径相同，或将选定直线的尺寸重新调整为长度相同

绘图中可指定二维对象或对象上的点之间的几何约束，之后编辑受约束的几何图形时，将保留约束。因此，通过使用几何约束，可以在图形中包括设计要求。

在命令行输入 CONSTRAINTSETTINGS 命令，或者选择“参数”→“约束设置”命令，或者单击“参数化”工具栏中的“约束设置”按钮，或者在功能区选择“参数化”→“几何”→“几何约束设置”命令，打开“约束设置”对话框，在该对话框中选择“几何”选项卡，如图 2-101 所示。利用此对话框可以控制约束栏中约束类型的显示。各选项功能如下：

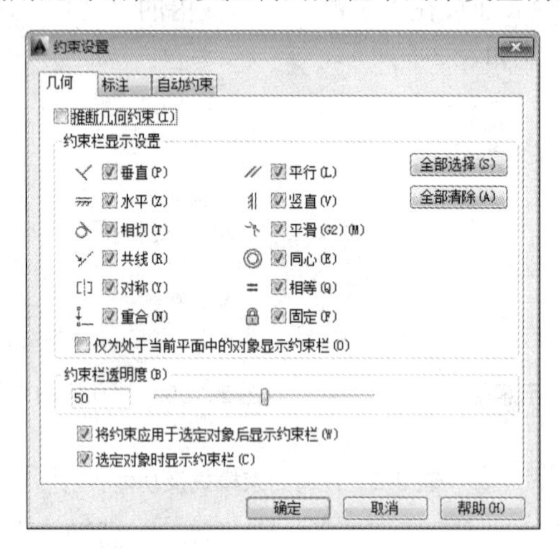

图 2-101　“约束设置”对话框

（1）“约束栏显示设置”此选项组控制图形编辑器中是否为对象显示约束栏或约束点标记。

（2）“全部选择”按钮：选择几何约束类型。

（3）“全部清除”按钮：清除选定的几何约束类型。

（4）“仅为处于当前平面中的对象显示约束栏”复选框：选中此复选框，仅为当前平面上受几何约束的对象显示约束栏。

（5）“约束栏透明度”选项组：设置图形中约束栏的透明度。

（6）“将约束应用于选定对象后显示约束栏”复选框：手动应用约束后或使用 AUTOCONSTRAIN 命令时显示相关约束栏。

2. 尺寸约束

在命令行输入 CONSTRAINTSETTINGS 命令，或者选择“参数”→“约束设置”命令，或者单击“参数化”工具栏中的“约束设置”按钮，或者在功能区选择“参数化”→“几何”→“几何约束设置”命令。打开“约束设置”对话框，在该对话框中选择“标注”选项卡，如图 2-102 所示。利用此对话框可以控制约束栏上约束类型的显示。

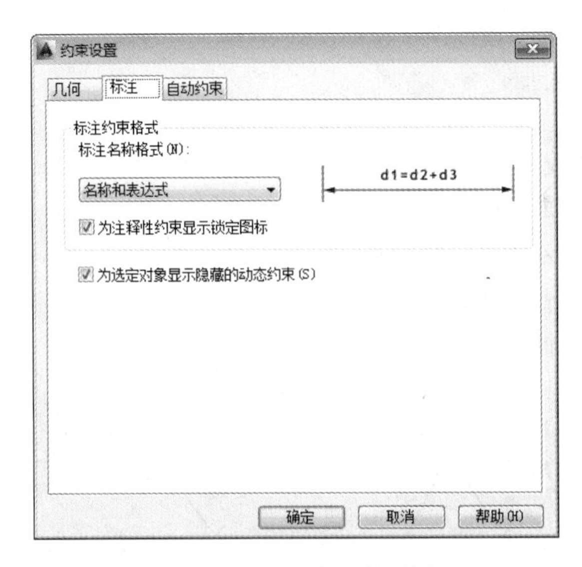

图 2-102　“约束设置”对话框

（1）“标注约束格式”选项组：该选项组内可以设置标注名称格式和锁定图标的显示。

（2）“标注名称格式”下拉列表：为应用标注约束时显示的文字指定格式。将名称格式设置为显示名称、值或名称和表达式，如宽度=长度/2。

（3）“为注释性约束显示锁定图标”复选框：针对已应用注释性约束的对象显示锁定图标。

（4）“为选定对象显示隐藏的动态约束”复选框：显示选定时已设置为隐藏的动态约束。

3. 多段线

在命令行中输入 PLINE，或者选择→“绘图”→“多段线”命令，或者单击“绘图”工具栏中的“多段线”按钮，命令行提示或操作如下：

```
命令:PLINE↙
指定起点:(指定多段线的起点)
当前线宽为 0.0000
指定下一个点或[圆弧(A)/半宽(H)/长度(L)/放弃(U)/宽度(W)]:(指定多段线的下一点)
```

命令行提示中的各个选项含义如下：

（1）圆弧（A）：将绘制直线的方式转变为绘制圆弧的方式，这种绘制圆弧的方式与用 ARC 命令绘制圆弧的方法类似。

（2）半宽（H）：用于指定多段线的半宽值，AutoCAD 将提示输入多段线的起点半宽值与终点半宽值。

（3）长度（L）：定义下一条多段线的长度，AutoCAD 将按照上一条直线的方向绘制这一条多段线。如果上一段是圆弧，则将绘制与此圆弧相切的直线。

（4）宽度（W）：设置多段线的宽度值。

4. 编辑多段线

在命令行中输入 PEDIT，或者选择“绘图”→“对象”→“多段线”命令，或者单击“修改 II”工具栏中的“编辑多段线”按钮，命令行提示或操作如下：

命令：PEDIT↙

选择多段线或［多条(M)]：(选择一条要编辑的多段线)

输入选项［闭合(C)/合并(J)/宽度(W)/编辑顶点(E)/拟合(F)/样条曲线(S)/非曲线化(D)/线型生成(L)/反转(R)/放弃(U)]：

命令行提示中的各个选项含义如下：

(1) 合并 (J)：以选中的多段线为主体，合并其他直线段、圆弧和多段线，使其成为一条多段线。能合并的条件是各段端点首尾相连，如图 2-103 所示。

(a) 合并前　　(b) 合并后

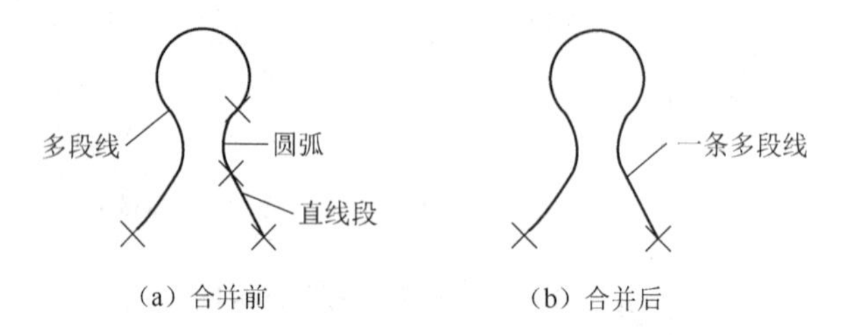

图 2-103　合并多段线

(2) 宽度 (W)：修改整条多段线的线宽，使其具有同一线宽，如图 2-104 所示。

(3) 编辑顶点 (E)：选择该项后，在多段线起点处出现一个斜的十字叉“×”，它为当前顶点的标记，并在命令行出现进行后续操作的提示：

［下一个(N)/上一个(P)/打断(B)/插入(I)/移动(M)/重生成(R)/拉直(S)/切向(T)/宽度(W)/退出(X)] <N>:

这些选项允许用户进行移动、插入顶点和修改任意两点间的线宽等操作。

(4) 拟合 (F)：将指定的多段线生成由光滑圆弧连接的圆弧拟合曲线，该曲线经过多段线的各顶点，如图 2-105 所示。

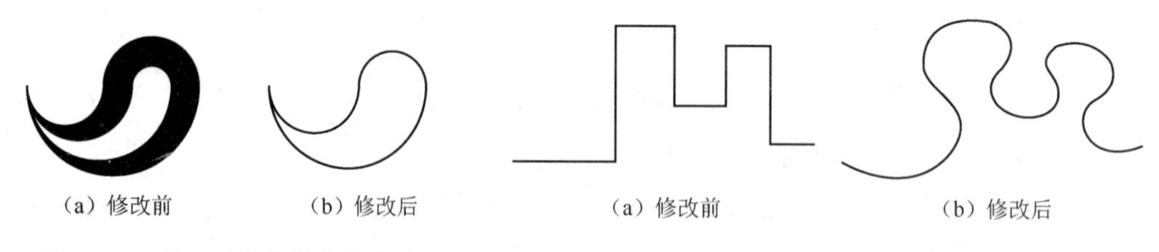

(a) 修改前　　(b) 修改后

图 2-104　修改整条多段线的线宽

(a) 修改前　　(b) 修改后

图 2-105　生成圆弧拟合曲线

(5) 样条曲线 (S)：将指定的多段线以各顶点为控制点生成 B 样条曲线，如图 2-106 所示。

(6) 非曲线化 (D)：将指定的多段线中的圆弧由直线代替。对于选用“拟合 (F)”或“样条曲线 (S)”选项后生成的圆弧拟合曲线或样条曲线，则删除生成曲线时新插入的顶点，恢复成由直线段组成的多段线。

(7) 线型生成 (L)：当多段线的线型为点画线时，控制多段线的线型生成方式开关。选择此项，系统提示：

```
输入多段线线型生成选项 [开(ON)/关(OFF)] <关>:
```

选择“开（ON）”选项时，将在每个顶点处允许以短画开始和结束生成线型；选择“关（OFF）”选项时，将在每个顶点处以长画开始和结束生成线型。“线型生成”不能用于带变宽线段的多段线，如图 2-107 所示。

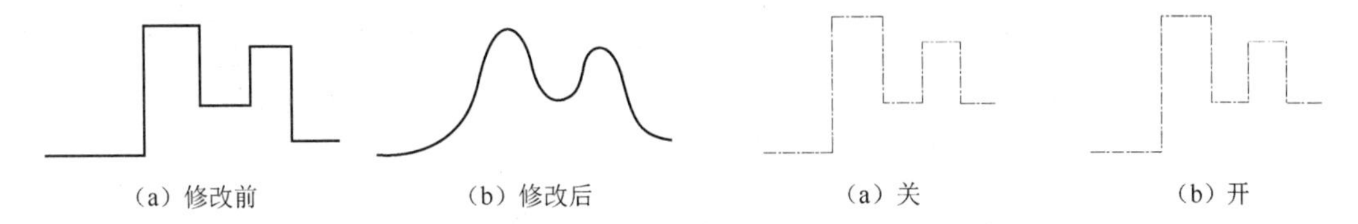

图 2-106　生成 B 样条曲线　　　图 2-107　控制多段线的线型（线型为点画线时）

（8）反转（R）：反转多段线顶点的顺序。使用此选项可反转使用包含文字线型的对象的方向。例如，根据多段线的创建方向，线型中的文字可能会倒置显示。

任务实施

1. 图层设置

单击“图层”工具栏中的“图层特性管理器”按钮，新建 3 个图层：

（1）“轮廓线”层：线宽属性为 0.3mm，其余属性默认。

（2）“中心线”层：颜色设为红色，线型加载为 CENTER2，其余属性默认。

（3）“尺寸线”层：颜色设为蓝色，线型为 Continuous，其余属性默认。

设置完成后，使 3 个图层均处于打开、解冻和解锁状态。

2. 绘制中心线

将“中心线”图层置为当前图层，单击“绘图”工具栏中的“直线”按钮，绘制两点坐标为（65,130），（170,130）的泵轴的中心线。重复“直线”命令，单击“绘图”工具栏中的“直线”按钮，绘制ϕ5mm 圆与ϕ2mm 圆的竖直中心线，端点坐标分别为{（110,135），（110,125）}和{（158,133），（158,127）}。

3. 绘制泵轴的外轮廓线

将“轮廓线”图层置为当前图层，单击“绘图”工具栏中的“直线”按钮，按照图 2-108 所示绘制外轮廓线直线，尺寸不需精确。

4. 几何约束

（1）在命令行输入 GcHorizontal 命令，或者选择“参数”→“几何约束”→“水平”命令，或者单击“几何约束”工具栏中的“水平”按钮，使各水平方向上的直线建立水平的几何约束，命令行提示与提示如下：

```
命令: _GcHorizontal
选择对象或 [两点(2P)] <两点>:（选择左侧上方直线）
```

按照图 2-108 所示，采用相同的方法分别创建竖直、对称、重合、固定的几何约束。

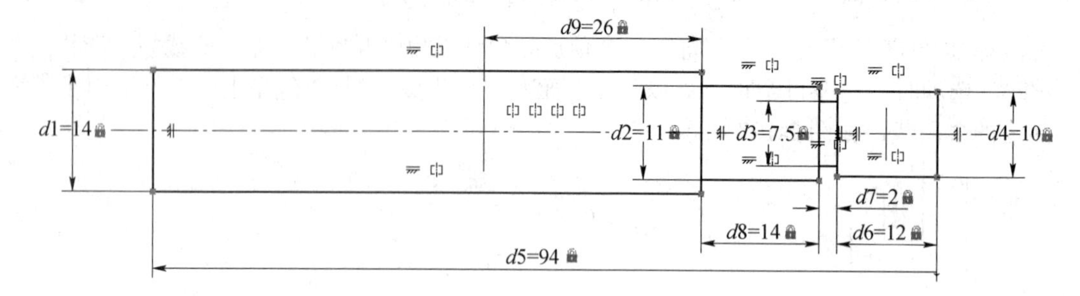

图 2-108　泵轴的外轮廓线

（2）在命令行输入 DcVertical 命令，或者选择“参数”→“标注约束”→“竖直”命令，或者单击“标注约束”工具栏中的“竖直”按钮，按照图 2-108 所示的尺寸对泵轴外轮廓尺寸进行约束设置，命令行提示与操作如下：

命令：_DcVertical
指定第一个约束点或 [对象(O)] <对象>:指定第一个约束点
指定第二个约束点：指定第二个约束点
指定尺寸线位置:指定尺寸线的位置
标注文字 = 7.5

（3）在命令行输入 DcHorizontal 命令，或者选择“参数”→“标注约束”→“水平”命令，或者单击“标注约束”工具栏中的“水平”按钮，按照图 2-108 所示的尺寸对泵轴外轮廓尺寸进行约束设置，命令行提示与操作如下：

命令：_DcHorizontal
指定第一个约束点或 [对象(O)] <对象>:指定第一个约束点
指定第二个约束点：指定第二个约束点
指定尺寸线位置：指定尺寸线的位置
标注文字 = 12

执行上述命令后，系统自动将长度进行调整，绘制结果如图 2-108 所示。

5. 绘制泵轴的键槽

单击“绘图”工具栏中的“多段线”按钮，绘制多段线，命令行提示与操作如下：

命令：_pline
指定起点：140,132↙
当前线宽为 0.0000
指定下一个点或 [圆弧(A)/半宽(H)/长度(L)/放弃(U)/宽度(W)]：@6,0↙
指定下一点或 [圆弧(A)/闭合(C)/半宽(H)/长度(L)/放弃(U)/宽度(W)]：A↙（绘制圆弧）
指定圆弧的端点或[角度(A)/圆心(CE)/闭合(CL)/方向(D)/半宽(H)/直线(L)/半径(R)/第二个点(S)/放弃(U)/宽度(W)]：@0,-4↙
指定圆弧的端点或[角度(A)/圆心(CE)/闭合(CL)/方向(D)/半宽(H)/直线(L)/半径(R)/第

二个点(S)/放弃(U)/宽度(W)]：L↙

指定下一点或 [圆弧(A)/闭合(C)/半宽(H)/长度(L)/放弃(U)/宽度(W)]：@-6,0↙

指定下一点或 [圆弧(A)/闭合(C)/半宽(H)/长度(L)/放弃(U)/宽度(W)]：(单击"对象捕捉"工具栏中的"捕捉到端点"按钮)A↙

指定圆弧的端点或[角度(A)/圆心(CE)/闭合(CL)/方向(D)/半宽(H)/直线(L)/半径(R)/第二个点(S)/放弃(U)/宽度(W)]：_endp 于：选择绘制的上面直线段的左端点，绘制左端的圆弧

指定圆弧的端点或[角度(A)/圆心(CE)/闭合(CL)/方向(D)/半宽(H)/直线(L)/半径(R)/第二个点(S)/放弃(U)/宽度(W)]：↙

6. 绘制孔

单击“绘图”工具栏中的“圆”按钮，以左端中心线的交点为圆心，以任意直径绘制圆；采用相同的方法，单击“绘图”工具栏中的“圆”按钮，以右端中心线的交点为圆心，以任意直径绘制圆。

7. 更改直径

单击“标注约束”工具栏中的“直径”按钮，更改左端圆的直径为 5mm，右端圆的直径为 2mm。最终绘制的结果如图 2-98 所示。

课后练习

一、选择题

1. 可以有宽度的线有（　　）。

A. 构造线　　B. 多段线　　C. 直线　　D. 样条曲线

2. 执行“样条曲线”命令后，某选项用来输入曲线的偏差值。值越大，曲线越远离指定的点；值越小，曲线离指定的点越近。该选项是（　　）。

A. 闭合　　B. 端点切向　　C. 拟合公差　　D. 起点切向

3. 以同一点作为正五边形的中心,圆的半径为 50mm，分别用 I 和 C 方式绘制的正五边形的间距为（　　）。

A. 455.5309　　B. 16512.9964　　C. 910.9523　　D. 261.0327

4. 利用“ARC”命令刚刚结束绘制一段圆弧，现在执行 LINE 命令，提示“指定第一点:”时直接按 Enter 键，结果是（　　）。

A. 继续提示“指定第一点:　　B. 提示“指定下一点或 [放弃(U)]:”

C. LINE 命令结束　　D. 以圆弧端点为起点绘制圆弧的切线

5. 重复使用刚执行的命令，按（　　）键盘。

A. Ctrl　　B. Alt　　C. Enter　　D. Shift

6. 动手试操作一下，进行图案填充时，下面图案类型中不需要同时指定角度和比例的有（　　）。

A. 预定义　　B. 用户定义　　C. 自定义

7. 根据图案填充创建边界时，边界类型不可能是（　　）。

A．多段线　　B．样条曲线　　C．三维多段线　　D．螺旋线

8．在标注约束中，圆 a 和圆 b 的距离值 d_1 为 30mm，圆 b 与圆 c 的值 d_2 为 80mm，圆 a 和圆 c 的距离为 $d_3=d_1+d_2$，则它们的距离值为（　　）mm。

A．80　　B．50　　C．30　　D．110

9．有 3 个不共圆心的圆，然后单击“同心”几何约束，首先选择 a，将圆 a 和圆 b 共圆心，然后继续单击“同心”几何约束，选择 c，则 a、b、c 共圆圆心的坐标是（　　）。

A．圆 a 的圆心　　B．圆 b 的圆心

C．圆 c 的圆心　　D．第二次首先单击的圆心

二、上机操作题

1．绘制图 2-109 所示的圆头平键。

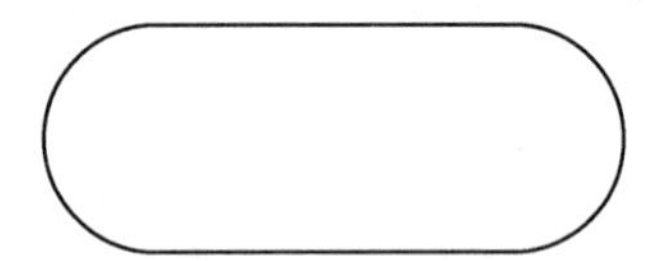

图 2-109　圆头平键

2．绘制图 2-110 所示的螺杆头部。

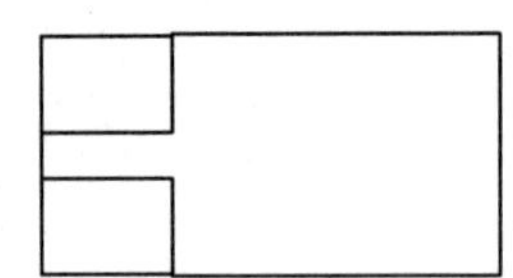

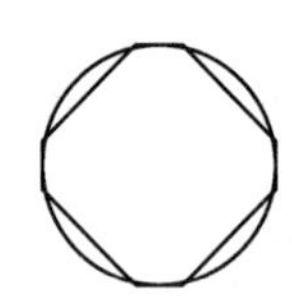

图 2-110　螺杆头部

3．绘制图 2-111 所示的带轮截面。

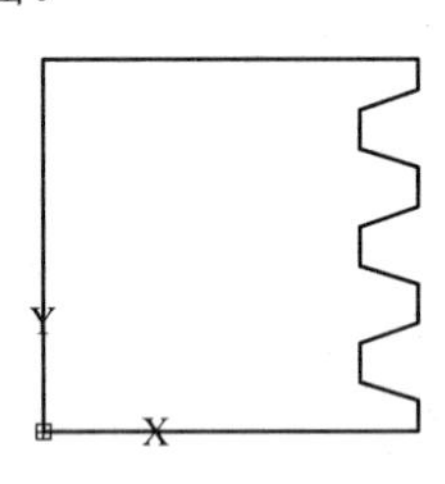

图 2-111　带轮截面

项目三　绘制复杂图形

任务一　绘 制 压 盖

任务引入

本任务绘制图 3-1 所示的压盖。

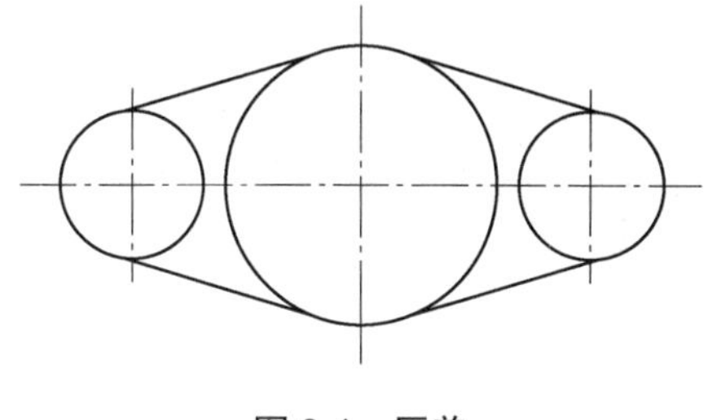

图 3-1　压盖

任务说明

在绘制机械图形时，如果图形中出现了对称的图线需要绘制，可以利用“镜像”命令来迅速完成。“镜像”命令是一种最简单的编辑命令，镜像对象是指把选择的对象围绕一条镜像线作对称复制。镜像操作完成后，可以保留原对象，也可以将其删除。

知识与技能目标

掌握镜像特征，绘制对称结构图形。

任务分析

本任务利用“直线”和“圆”命令绘制一侧的图形，再利用“镜像”命令创建另一侧的图形，以此完成压盖的绘制。

相关知识

（1）镜像对象是指把选择的对象围绕一条镜像线作对称复制。镜像操作完成后，可以保留原对象，也可以将其删除。

（2）在命令行输入 MIRROR 命令，或者选择“修改”→“镜像”命令，或者单击“修改”工具栏中的“镜像”按钮，命令行提示与操作如下：

命令：MIRROR↙
选择对象：(选择要镜像的对象)
指定镜像线的第一点：(指定镜像线的第一个点)
指定镜像线的第二点：(指定镜像线的第二个点)
要删除源对象吗？[是(Y)/否(N)] <N>：(确定是否删除原对象)

（3）这两点确定一条镜像线，被选择的对象以该线为对称轴进行镜像。包含该线的镜像平面与用户坐标系统的 *XY* 平面垂直，即镜像操作工作在与用户坐标系统的 *XY* 平面平行的平面上。

任务实施

1. 设置图层

选择“格式”→“图层”命令，打开“图层特性管理器”对话框。在该对话框中依次创建两个图层：第一个图层命名为“轮廓线”，线宽设置为 0.3mm，其余属性默认；第二个图层命名为“中心线”，颜色设置为红色，线型加载为 CENTER，其余属性默认。

2. 绘制中心线

设置“中心线”图层为当前层，然后在屏幕上的适当位置指定直线端点坐标，绘制一条水平中心线和两条竖直中心线，如图 3-2 所示。

3. 绘制半径

将“轮廓线”图层设置为当前层，然后单击“绘图”工具栏中的“圆”按钮，分别捕捉两中心线交点为圆心，指定适当的半径，绘制两个圆，如图 3-3 所示。

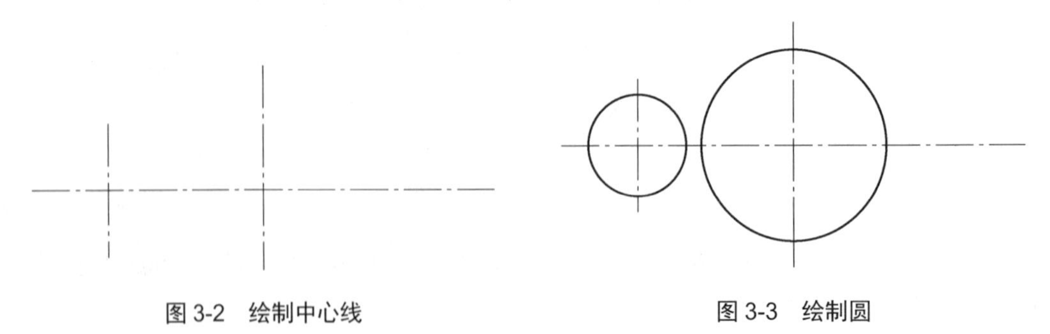

图 3-2　绘制中心线　　　　图 3-3　绘制圆

4. 绘制切线

单击“绘图”工具栏中的“直线”按钮，结合对象捕捉功能，绘制一条切线，如图 3-4 所示。

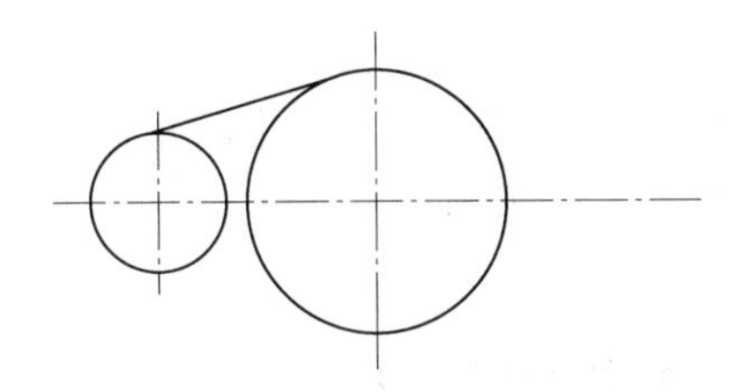

图 3-4　绘制切线

在绘制圆公切线时，要单击“对象捕捉”工具栏上的“捕捉到切点”按钮。指定圆上那一点作为切点，系统会自动根据圆的半径和指定的大致位置确定准确的切点，并且根据大致指定点与内外切点的距离依据距离趋近原则判断是绘制外切线还是内切线，如图 3-5 和图 3-6 所示。

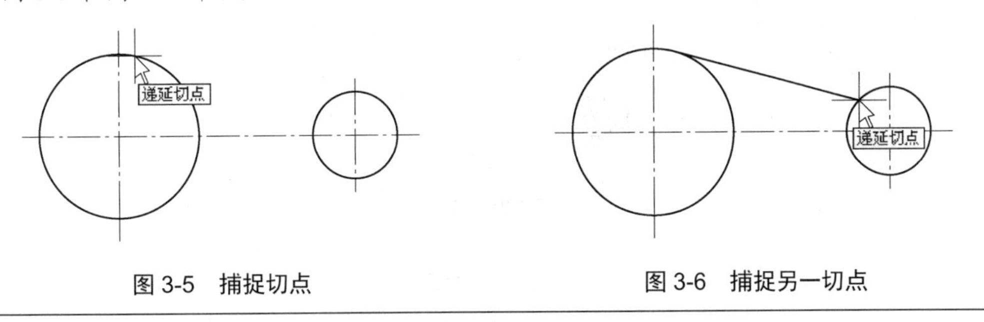

图 3-5　捕捉切点　　图 3-6　捕捉另一切点

5. 镜像切线

在命令行输入 MIRROR 命令，或者选择“修改”→“镜像”命令，或者单击“修改”工具栏中的“镜像”按钮，以水平中心线为对称线镜像刚绘制的切线，命令行提示与操作如下：

```
命令:MIRROR↙
选择对象:(选择切线)
选择对象:↙
指定镜像线的第一点:指定镜像线的第二点:(在中间的中心线上选取两点)
要删除源对象吗?[是(Y)/否(N)] <N>:↙
```

结果如图 3-7 所示。

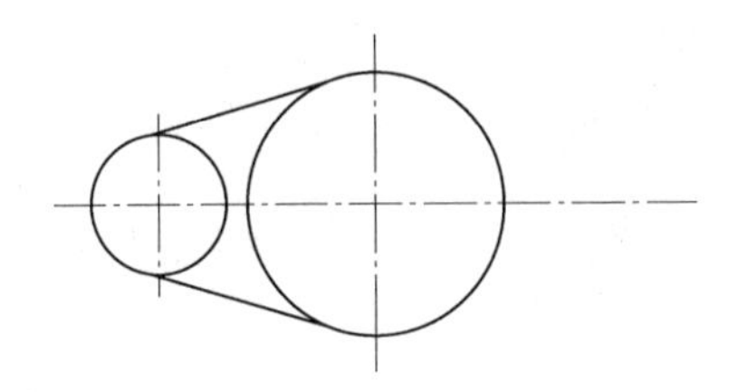

图 3-7　镜像切线

6. 镜像对象

单击“修改”工具栏中的“镜像”按钮，以中间竖直中心线为对称线，选择对称线左边的图形对象进行镜像，结果如图 3-1 所示。

任务二 绘制弹簧

任务引入

本任务绘制图 3-8 所示的弹簧。

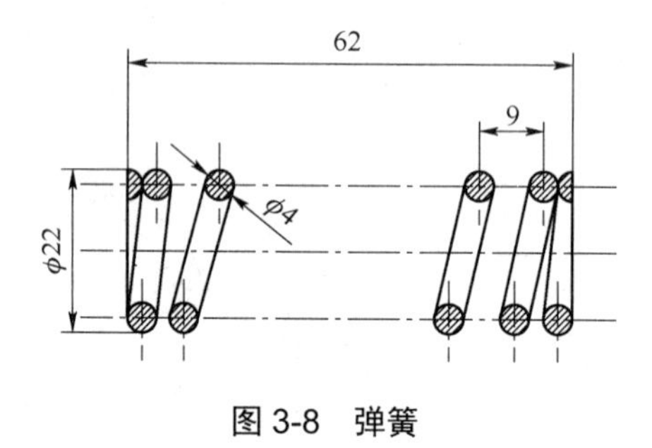

图 3-8 弹簧

任务说明

弹簧是一种常用件，应用很广，它可以用来减振、夹紧、储存能量和测力等。它的特点是当外力解除以后能立即恢复原状。弹簧可以分为压缩弹簧、拉伸弹簧、扭转弹簧和平面涡卷弹簧等，如图 3-9 所示。

(a) 压缩弹簧

(b) 拉伸弹簧

(c) 扭转弹簧

(d) 平面涡卷弹簧

(e) 碟形弹簧

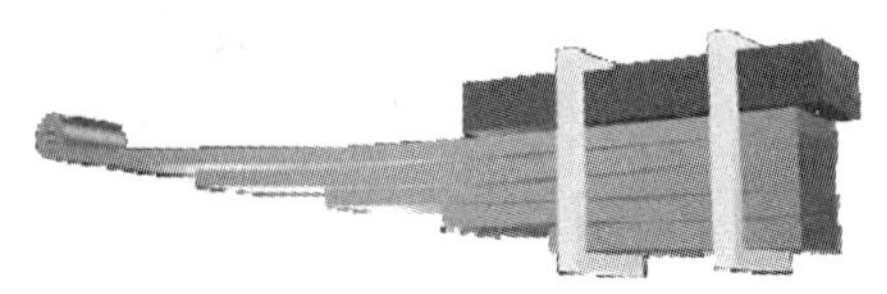
(f) 板簧

图 3-9 弹簧

知识与技能目标

1. 掌握“偏移”命令的使用。
2. 掌握“复制”命令的使用。
3. 掌握弹簧类零件的绘制。

任务分析

本任务利用“直线”命令绘制基本的图线，再利用“偏移”命令和“复制”命令完成重复图线的绘制，最后利用“删除”命令删除多余的图线。

相关知识

1. 单个弹簧的画法

（1）在平行螺旋弹簧轴线的视图上，各圈的轮廓线绘制成直线。

（2）有效圈数在 4 圈以上的弹簧，可只绘制出两端的 1～2 圈（不含支承圈），中间用通过弹簧钢丝中心的点画线连起来。

（3）在图样上当弹簧的旋向不作规定时，螺旋弹簧一律绘制成右旋，左旋弹簧应加注“左”字。

2. “偏移”命令

偏移对象是指保持选择的对象的形状，在不同的位置以不同的尺寸大小新建一个对象。

在命令行输入 OFFSET 命令，或者选择“修改”→“偏移”命令，或者单击“修改”工具栏中的“偏移”按钮，命令行提示与操作如下：

```
命令:OFFSET↙
当前设置:删除源=否  图层=源  OFFSETGAPTYPE=0
指定偏移距离或[通过(T)/删除(E)/图层(L)]<通过>:(指定距离值)
选择要偏移的对象,或[退出(E)/放弃(U)]<退出>:(选择要偏移的对象。按 Enter 键会结束操作)
指定要偏移的那一侧上的点，或[退出(E)/多个(M)/放弃(U)]<退出>:(指定偏移方向)
选择要偏移的对象，或[退出(E)/放弃(U)]<退出>:
```

命令行提示中的各个选项含义如下：

（1）指定偏移距离：输入一个距离值，或直接按 Enter 键使用当前的距离值，系统把该距离值作为偏移距离，如图 3-10（a）所示。

（2）通过（T）：指定偏移的通过点。选择该选项后出现如下提示：

```
选择要偏移的对象或 <退出>:（选择要偏移的对象。按 Enter 键会结束操作）
指定通过点:（指定偏移对象的一个通过点）
```

操作完毕后，系统根据指定的通过点绘出偏移对象，如图 3-10（b）所示。

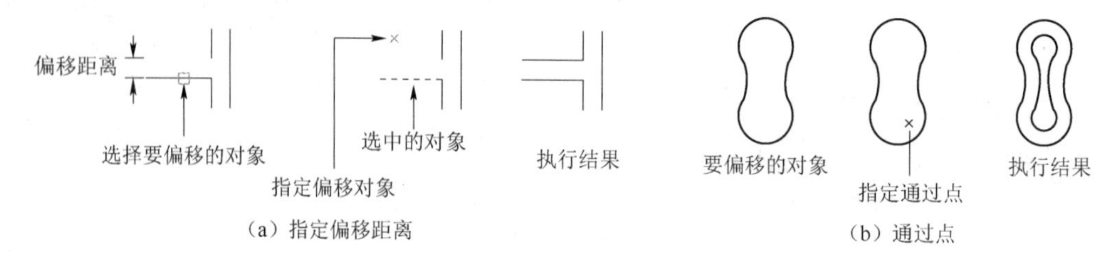

图 3-10　偏移选项说明（一）

（3）删除（E）：偏移源对象后将其删除，如图 3-11（a）所示。选择该项，系统提示：

要在偏移后删除源对象吗？ [是(Y)/否(N)] <当前>：（输入 Y 或 N）

（4）图层（L）：确定将偏移对象创建在当前图层上还是源对象所在的图层上，这样就可以在不同图层上偏移对象。选择该项，系统提示：

输入偏移对象的图层选项 [当前(C)/源(S)] <当前>：（输入选项）

如果偏移对象的图层选择为当前层，则偏移对象的图层特性与当前图层相同，如图 3-11（b）所示。

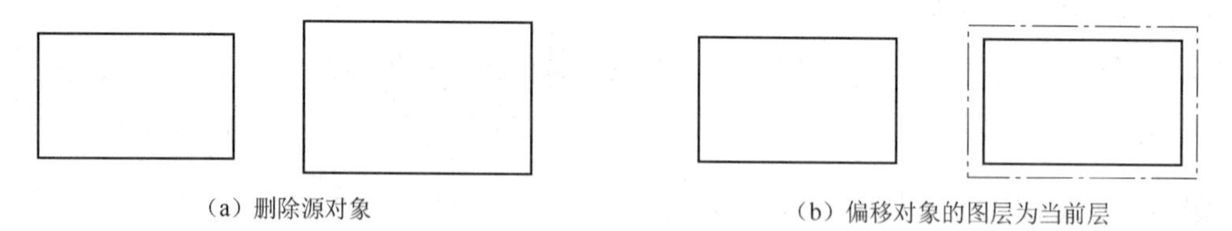

图 3-11　偏移选项说明（二）

（5）多个（M）：使用当前偏移距离重复进行偏移操作，并接受附加的通过点，如图 3-12 所示。

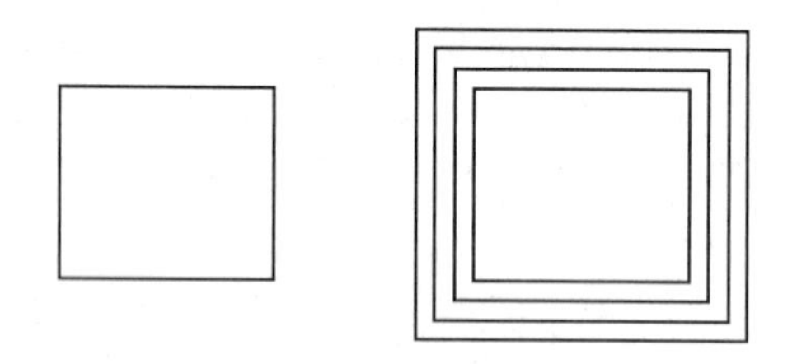

图 3-12　偏移选项说明（三）

可以使用“偏移”命令对指定的直线、圆弧、圆等对象作定距离偏移复制。在实际应用中，常利用“偏移”命令的特性创建平行线或等距离分布图形，效果与“阵列”命令相同。默认情况下，需要指定偏移距离，再选择要偏移复制的对象，然后指定偏移方向，以复制出对象。

3. “复制”命令

在命令行输入 COPY 命令，或者选择“修改”→“复制”命令，或者单击“修改”工具栏中的“复制”按钮，复制圆，命令行提示与操作如下：

命令:COPY
选择对象:
指定基点或[位移（D）/模式（O）]<位移>:
指定第二个点或[阵列（A）]<使用第一个点作为位移>:
指定第二个点或[阵列（A）/退出（E）/放弃（U）]<退出>:（分别选择竖直中心线和水平中心线的交点）

命令行提示中的各个选项含义如下：

（1）指定基点：指定一个坐标点后，AutoCAD 把该点作为复制对象的基点，并提示：

指定第二个点或 [阵列(A)] <使用第一个点作为位移>:

指定第二个点后，系统将根据这两点确定的位移矢量把选择的对象复制到第二点处。如果此时直接按 Enter 键，即选择默认的“用第一点作位移”，则第一个点被当作相对于 *X*、*Y*、*Z* 的位移。例如，如果指定基点为（2，3）并在下一个提示下按 Enter 键，则该对象从它当前的位置开始在 *X* 方向上移动 2 个单位，在 *Y* 方向上移动 3 个单位。复制完成后，系统会继续提示：

指定第二个点或 [阵列(A)/退出(E)/放弃(U)] <退出>:

这时，可以不断指定新的第二点，从而实现多重复制。

（2）位移（D）：直接输入位移值，表示以选择对象时的拾取点为基准，以纵横比移动指定位移后确定的点为基点。例如，选择对象时拾取点坐标为（2，3），输入位移为 5，则表示以（2，3）点为基准，沿纵横比为 3∶2 的方向移动 5 个单位所确定的点为基点。

（3）模式（O）：控制是否自动重复该命令。该设置由 COPYMODE 系统变量控制。

任务实施

1. 新建图层

单击“图层”工具栏中的“图层特性管理器”按钮，新建如下 3 个图层：

（1）第 1 图层命名为“粗实线”图层，线宽 0.3mm，其余属性默认。

（2）第 2 图层命名为“中心线”图层，颜色红色，线型 CENTER，其余属性默认。

（3）第 3 图层命名为“细实线”图层，属性保持默认。

2. 绘制中心线

将“中心线”图层置为当前图层。单击“绘图”工具栏中的“直线”按钮，以坐标点{(150, 150), (230, 150)}、{(160, 164), (160, 154)}、{(162, 146), (162, 136)}绘制中心线，修

改线型比例为 0.5，结果如图 3-13 所示。

3. 偏移中心线

在命令行输入 OFFSET 命令，或者选择“修改”→“偏移”命令，或者单击“修改”工具栏中的“偏移”按钮，将绘制的水平中心线向两侧偏移，偏移距离为 9，命令行提示与操作如下：

命令：_OFFSET
当前设置：删除源=否　图层=源　OFFSETGAPTYPE=0
指定偏移距离或 [通过(T)/删除(E)/图层(L)] <通过>:9 ↙
选择要偏移的对象，或 [退出(E)/放弃(U)] <退出>:（选择水平中心线）
指定要偏移的那一侧上的点，或 [退出(E)/多个(M)/放弃(U)] <退出>:（向上指定一点）
选择要偏移的对象，或 [退出(E)/放弃(U)] <退出>:（仍然选择原来的水平中心线）
指定要偏移的那一侧上的点，或 [退出(E)/多个(M)/放弃(U)] <退出>:（向下指定一点）
选择要偏移的对象，或 [退出(E)/放弃(U)] <退出>:↙

同样方法，将图 3-13 中的竖直中心线 *A* 向右偏移，偏移距离为 4、13、49、58、62；将图 3-13 中的竖直中心线 *B* 向右偏移，偏移距离为 6、43、52、58。结果如图 3-14 所示。

图 3-13　绘制中心线　　　　图 3-14　偏移中心线

4. 绘制圆

将“粗实线”图层置为当前图层。单击“绘图”工具栏中的“圆”按钮，以左边第 2 根竖直中心线与最上水平中心线交点为圆心，绘制半径为 2mm 的圆，结果如图 3-15 所示。

5. 复制圆

在命令行输入 COPY 命令，或者选择“修改”→“复制”命令，或者单击“修改”工具栏中的“复制”按钮，复制圆，命令行提示与操作下：

命令:COPY↙
选择对象:（选择圆↙）
指定基点或[位移（D）/模式（O）]<位移>:（捕捉圆心为基点）
指定第二个点或[阵列（A）]<使用第一个点作为位移>:（选择左边第 3 根竖直中心线与最上水平中心线交点）
指定第二个点或[阵列（A）/退出（E）/放弃（U）]<退出>:（分别选择竖直中心线和水平中心线的交点）

复制完成后效果如图 3-16 所示。

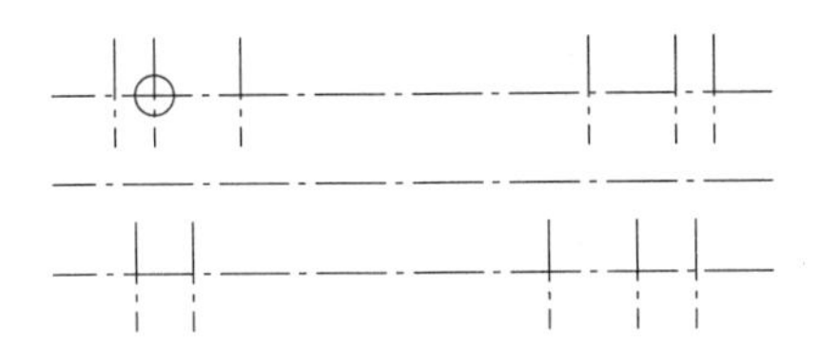

图 3-15　绘制圆

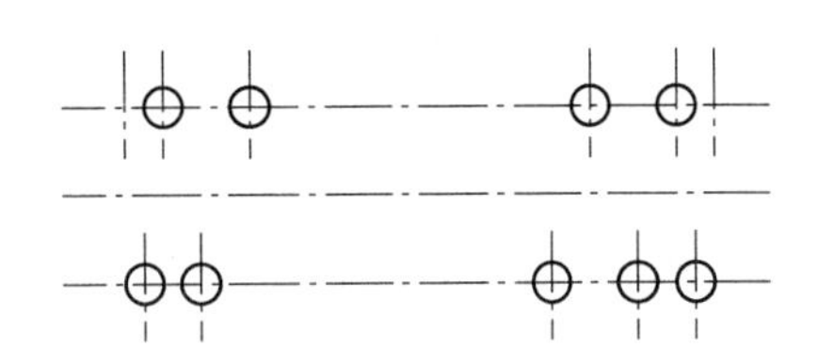

图 3-16　复制完效果

6. 绘制圆弧

单击“绘图”工具栏中的“圆弧”按钮，绘制圆弧，命令行提示与操作如下：

```
命令: _ARC
指定圆弧的起点或 [圆心(C)]: c↙
指定圆弧的圆心:（指定最左边竖直中心线与最上水平中心线交点）
指定圆弧的起点: @0,-2↙
指定圆弧的端点或 [角度(A)/弦长(L)]: @0,4↙
```

重复“圆弧”命令，绘制另一段圆弧，结果如图 3-17 所示。

7. 绘制连接线

单击“绘图”工具栏中的“直线”按钮，绘制连接线，结果如图 3-18 所示。

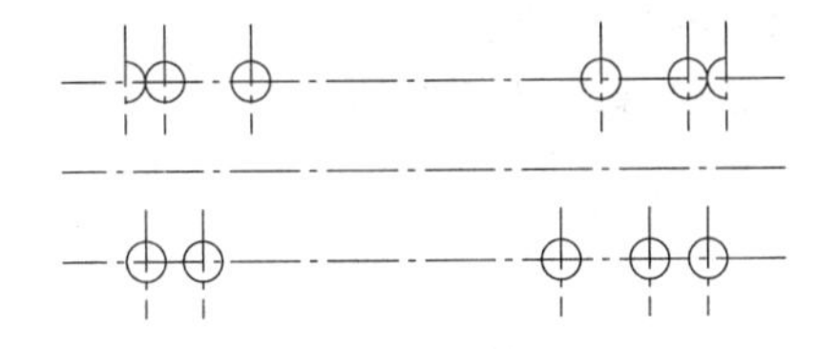

图 3-17　绘制圆弧

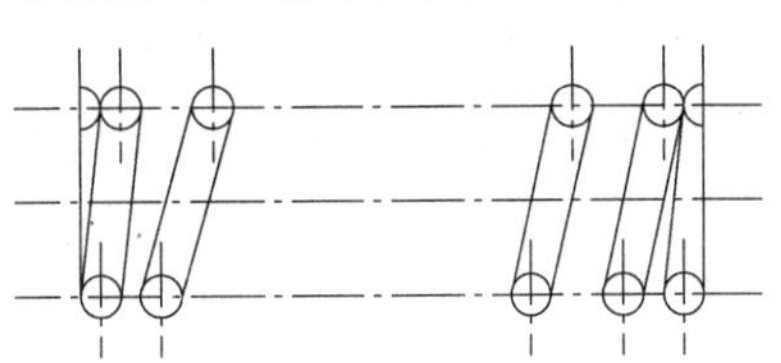

图 3-18　绘制连接线

8. 填充弹簧图案

将“细实线”图层置为当前图层，单击“绘图”工具栏中的“图案填充”按钮，设置填充图案为“ANST31”，角度为 0，比例为 0.2，单击状态栏上的“线宽”按钮。结果如图 3-19 所示。

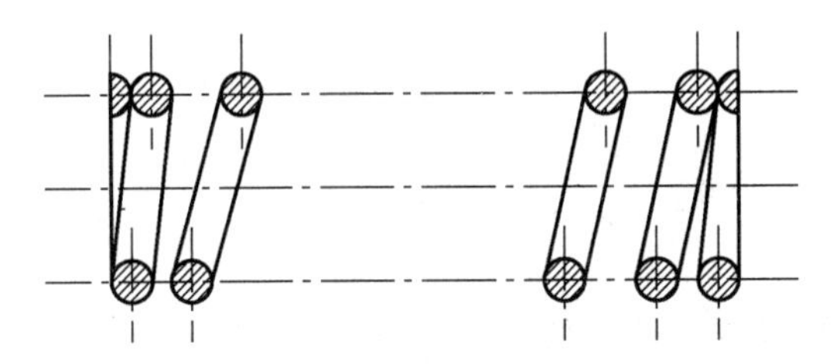

图 3-19　填充弹簧图案

任务三　绘制花键截面

任务引入

本任务绘制图 3-20 所示的花键截面。

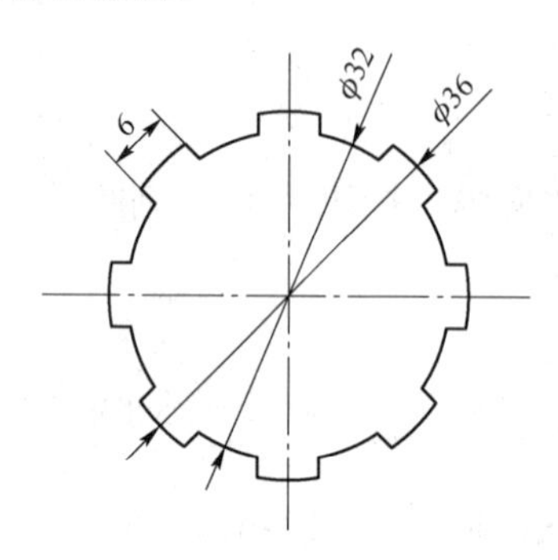

图 3-20　花键截面

任务说明

轴和轮毂孔周向均布的多个键齿构成的连接称为花键连接。齿的侧面是工作面。由于是多齿传递载荷，因此花键连接比平键连接具有承载能力高、对轴削弱程度小，以及定心好和导向性能好等优点，适用于定心精度要求高、载荷大或经常滑移的连接。

知识与技能目标

1. 掌握“环形阵列”命令的使用。
2. 掌握“修剪”命令的使用。

任务分析

本任务首先设置图层，然后利用“圆”和“直线”命令绘制基本的图线，再利用“偏移”和“修剪”命令绘制单个键齿，最后利用“环形阵列”命令和“修剪”命令完成重复图线的绘制。

相关知识

1. 修剪

在命令行输入 TRIM 命令，或者选择“修改”→“修剪”命令，或者单击“修改”工具栏中的“修剪”按钮，命令行提示与操作如下：

```
命令：_TRIM
当前设置:投影=UCS，边=无
```

选择剪切边.....

选择对象或 <全部选择>：（选择一个或多个对象并按 Enter 键，或者按 Enter 键选择所有显示的对象）

选择对象：↙

选择要修剪的对象，或按住 Shift 键选择要延伸的对象，或[栏选(F)/窗交(C)/投影(P)/边(E)/删除(R)/放弃(U)]：

......

命令行提示中的各个选项含义如下：

（1）在选择对象时，如果按住 Shift 键，系统就自动将“修剪”命令转换成“延伸”命令。

（2）选择“边”选项时，可以选择对象的修剪方式，包括延伸和不延伸两种。

① 延伸（E）：延伸边界进行修剪。在此方式下，如果剪切边没有与要修剪的对象相交，系统会延伸剪切边直至与对象相交，然后修剪，如图 3-21 所示。

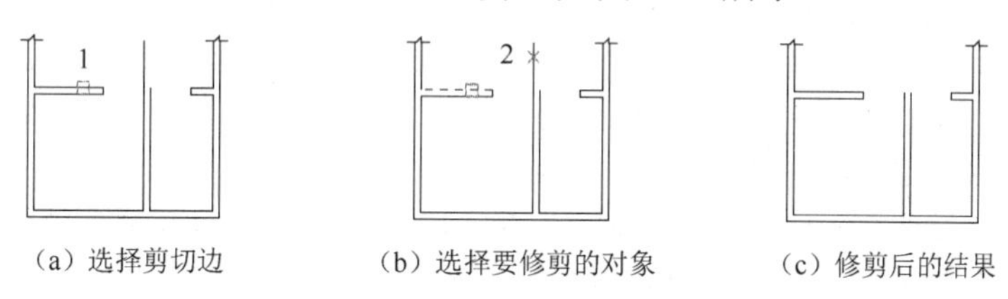

（a）选择剪切边　（b）选择要修剪的对象　（c）修剪后的结果

图 3-21　延伸方式修剪对象

② 不延伸（N）：不延伸边界修剪对象，只修剪与剪切边相交的对象。

（3）选择“栏选（F）”选项时，系统以栏选的方式选择被修剪对象，如图 3-22 所示。

（4）选择“窗交（C）”选项时，系统以窗交的方式选择被修剪对象，如图 3-23 所示。

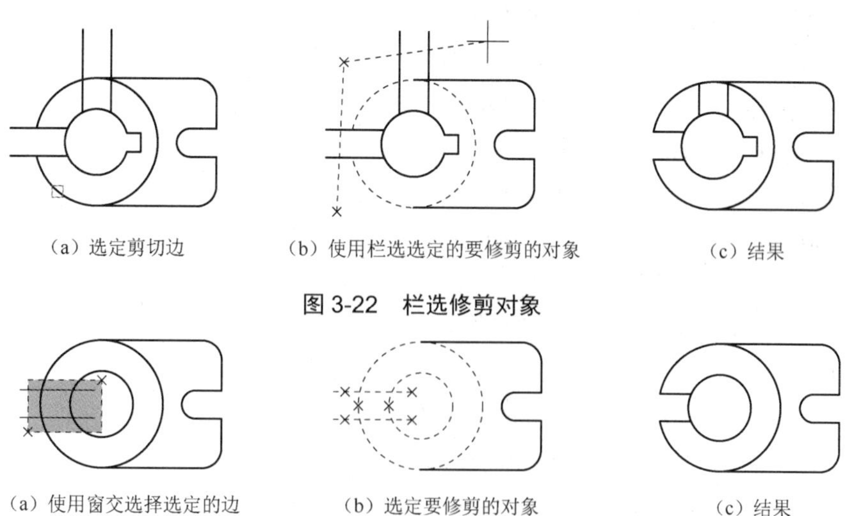
（a）选定剪切边　（b）使用栏选选定的要修剪的对象　（c）结果

图 3-22　栏选修剪对象

（a）使用窗交选择选定的边　（b）选定要修剪的对象　（c）结果

图 3-23　窗交选择修剪对象

（5）被选择的对象可以互为边界和被修剪对象，此时系统会在选择的对象中自动判断边界。

2. 环形阵列

建立阵列是指多重复制选择的对象，并把这些副本按矩形、路径或环形排列。把副本按矩形排列称为建立矩形阵列，把副本按路径排列称为建立路径阵列，把副本按环形排列称为建立极阵列。建立极阵列时，应该控制复制对象的次数和对象是否被旋转；建立矩形阵列时，应该控制行和列的数量以及对象副本之间的距离。

在命令行输入 ARRAY 命令，或者选择“修改”→“阵列”→“环形阵列”命令，或者单击“修改”工具栏中的“环形阵列”按钮，命令行提示与操作如下：

```
命令：ARRAY↙
选择对象：
输入阵列类型 [矩形(R)/路径(PA)/极轴(PO)] <矩形>:PO↙
类型 = 极轴  关联 = 是
指定阵列的中心点或[基点(B)/旋转轴(A)]:
选择夹点以编辑阵列或 [关联(AS)/基点(B)/项目(I)/项目间角度(A)/填充角度(F)/行(ROW)/层(L)/旋转项目(ROT)/退出(X)] <退出>: i↙
输入阵列中的项目数或 [表达式(E)] <6>:↙
选择夹点以编辑阵列或 [关联(AS)/基点(B)/项目(I)/项目间角度(A)/填充角度(F)/行(ROW)/层(L)/旋转项目(ROT)/退出(X)] <退出>: f↙
指定填充角度(+=逆时针、-=顺时针)或 [表达式(EX)] <360>:↙
选择夹点以编辑阵列或 [关联(AS)/基点(B)/项目(I)/项目间角度(A)/填充角度(F)/行(ROW)/层(L)/旋转项目(ROT)/退出(X)] <退出>:↙
```

命令行提示中的各个选项含义如下：

（1）矩形（R）：选择矩形阵列的方式。

（2）路径（PA）：选择路径阵列的方式。

（3）极轴（PO）：选择环形阵列的方式。

（4）基点（B）：指定阵列的基点。

（5）旋转轴（A）：指定阵列的旋转轴进行三维空间的阵列。

（6）关联（AS）：指定是否在阵列中创建项目作为关联阵列对象，或作为独立对象。

（7）项目（I）：指定阵列的数目。

（8）项目间角度（A）：指定阵列对象间的间隔角度。

（9）填充角度（F）：指定所有阵列对象总的间隔角度。

（10）行（ROW）：指定阵列中的行数和行间距。

（11）层（L）：指定阵列中的层数和层间距。

（12）旋转项目（ROT）：指定是否在阵列的同时旋转对象。

（13）表达式（E）：使用数学公式或方程式获取值。

（14）退出（X）：退出命令。

任务实施

1. 新建文件

选择“文件”→“新建”命令，打开“选择样板”对话框，单击“打开”按钮，创建一个新的图形文件。

2. 设置图层

选择“格式”→“图层”命令，打开“图层特性管理器”对话框。在该对话框中依次创建“轮廓线”“中心线”和“剖面线”3 个图层，并设置“轮廓线”图层的线宽为 0.5mm，设置“中心线”图层的线型为 CENTER2。

3. 绘制中心线

将“中心线”图层设置为当前层，单击“绘图”工具栏中的“直线”按钮，分别沿水平方向和竖直方向绘制中心线，效果如图 3-24 所示。

4. 绘制轮廓线

将“轮廓线”图层设置为当前层，单击“绘图”工具栏中的“圆”按钮，选择图 3-24 中两中心线的交点为圆心，绘制半径为 16mm 和 18mm 的两个圆，效果如图 3-25 所示。

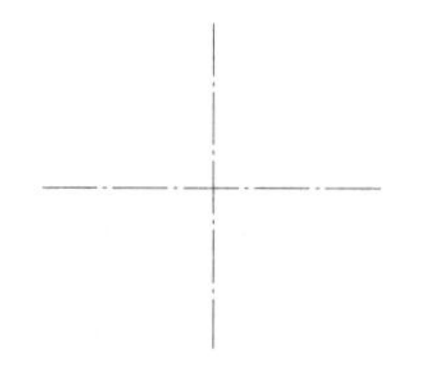

图 3-24　绘制中心线

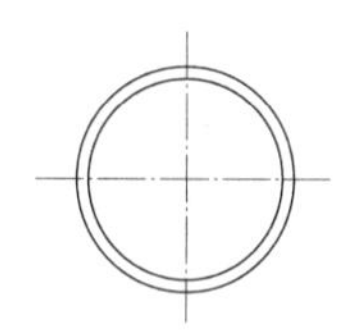

图 3-25　绘制圆

5. 偏移直线

单击“修改”工具栏中的“偏移”按钮，将图 3-25 中竖直中心线向左、右各偏移 3mm，并将偏移后的直线转换到“轮廓线”层，效果如图 3-26 所示。

6. 修剪多余的直线

在命令行输入 TRIM 命令，或者选择“修改”→“修剪”命令，或者单击“修改”工具栏中的“修剪”按钮，修剪掉多余的直线，命令行提示与操作如下：

```
命令: _TRIM
当前设置:投影=UCS，边=无
选择剪切边.....
选择对象或 <全部选择>: (选择两个圆和偏移生成的两条竖线)
选择对象: ↙
选择要修剪的对象，或按住 Shift 键选择要延伸的对象，或[栏选(F)/窗交(C)/投影(P)/边(E)/删除(R)/放弃(U)]:(选择需要修剪的部分)
```

……

选择要修剪的对象，或按住 Shift 键选择要延伸的对象，或 [栏选(F)/窗交(C)/投影(P)/边(E)/删除(R)/放弃(U)]：↙

结果如图 3-27 所示。

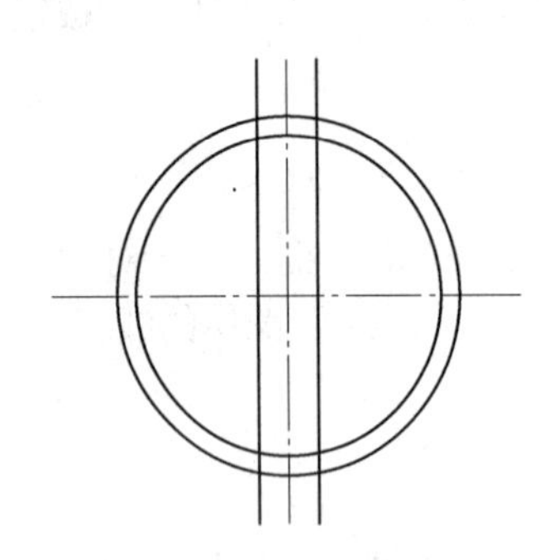

图 3-26　偏移直线

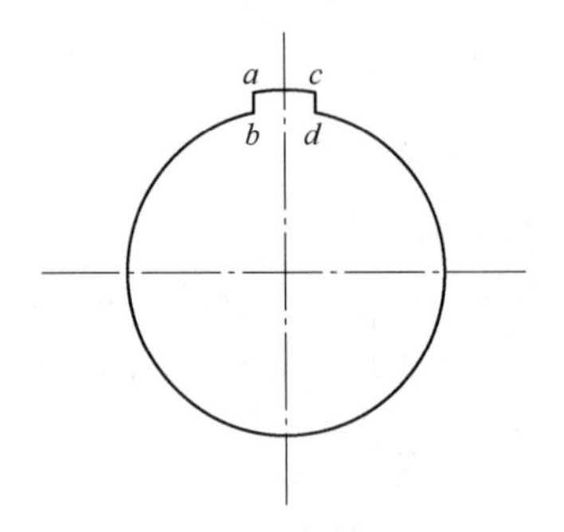

图 3-27　修剪结果

这里选择的 4 个对象互为参考边界和修剪对象。采取这种选择方法可以提高修剪操作的效率。

7. 阵列

在命令行输入 ARRAY 命令，或者选择“修改”→“阵列”→“环形阵列”命令，或者单击“修改”工具栏中的“环形阵列”按钮，设置项目总数为 8，填充角度为 360°，选取图 3-27 中心线的交点为中心点，选取图 3-27 中线段 *ab*、*cd* 以及弧线 *ac* 为阵列对象，命令行提示与操作如下：

命令：ARRAY↙

选择对象：(选择图 3-20 中线段 *ab*、*cd* 以及弧线 *ac*)

输入阵列类型 [矩形(R)/路径(PA)/极轴(PO)] <矩形>:PO↙

类型 = 极轴　关联 = 是

指定阵列的中心点或[基点 (B) /旋转轴 (A)]：(捕捉中心线的交点)

选择夹点以编辑阵列或 [关联(AS)/基点(B)/项目(I)/项目间角度(A)/填充角度(F)/行(ROW)/层(L)/旋转项目(ROT)/退出(X)] <退出>: i↙

输入阵列中的项目数或 [表达式(E)] <6>:8↙

选择夹点以编辑阵列或 [关联(AS)/基点(B)/项目(I)/项目间角度(A)/填充角度(F)/行(ROW)/层(L)/旋转项目(ROT)/退出(X)] <退出>: f↙

指定填充角度(+=逆时针、-=顺时针)或 [表达式(EX)] <360>:↙

选择夹点以编辑阵列或 [关联(AS)/基点(B)/项目(I)/项目间角度(A)/填充角度(F)/行(ROW)/层(L)/旋转项目(ROT)/退出(X)] <退出>:↙

结果如图 3-28 所示。

8. 修剪多余的直线

单击“修改”工具栏中的“修剪”按钮，修剪掉多余的直线，效果如图 3-29 所示。

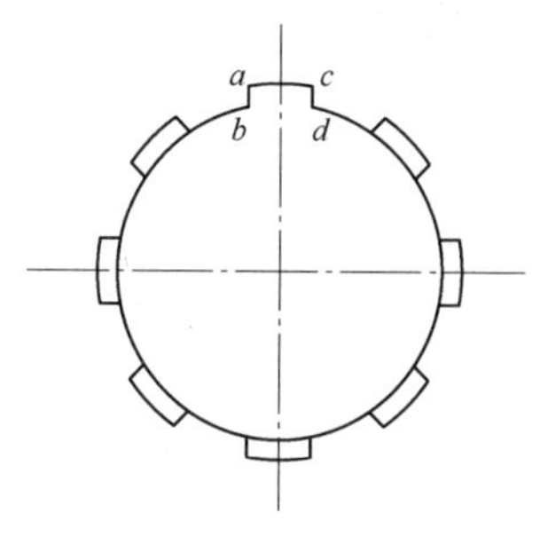

图 3-28　阵列结果

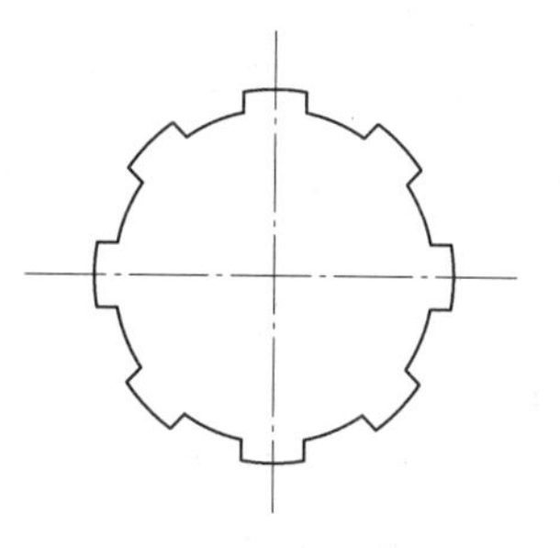

图 3-29　修剪结果

任务四　绘 制 曲 柄

任务引入

本任务绘制图 3-30 所示的曲柄。

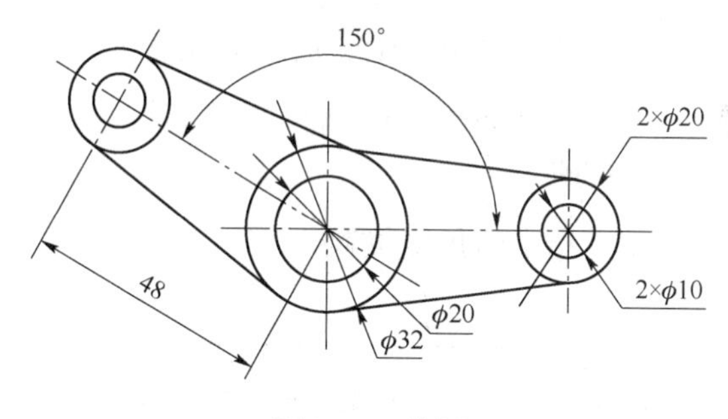

图 3-30　曲柄

任务说明

在绘制机械图形时，有时需要按照指定要求改变当前图形或图形的某部分的位置，这时可以利用“旋转”等命令来完成绘图。

知识与技能目标

掌握“旋转“命令的使用。

任务分析

本任务主要是利用“直线”“偏移”和“圆”等命令绘制曲柄的一部分，然后进行旋转复制，绘制另一半。

相关知识

在命令行输入 ROTATE 命令，或者选择“修改”→“旋转”命令，或者单击“修改”工具栏中的“旋转”按钮，命令行提示与操作如下：

```
命令：ROTATE↙
UCS 当前的正角方向： ANGDIR=逆时针  ANGBASE=0
选择对象：(选择要旋转的对象)
指定基点：(指定旋转的基点。在对象内部指定一个坐标点
指定旋转角度，或 [复制(C)/参照(R)] <0>：(指定旋转角度或其他选项)
```

命令行提示中的各个选项含义如下：

（1）复制（C）：选择该选项，旋转对象的同时保留原对象，如图 3-31 所示。

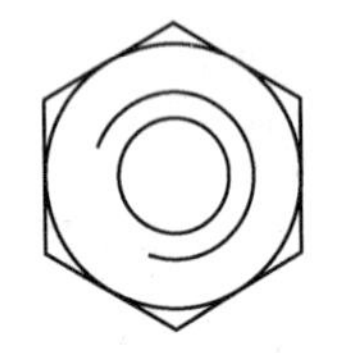

（a）旋转前

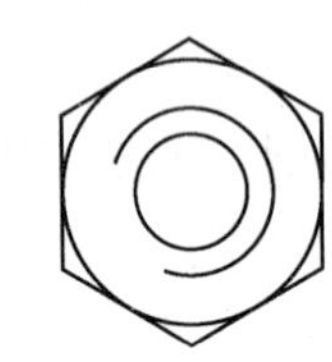

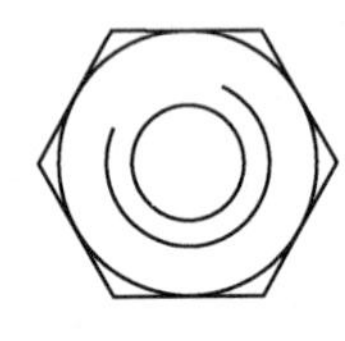

（b）旋转后

图 3-31　复制旋转

（2）参照（R）：采用“参照”方式旋转对象时，系统提示：

```
指定参照角 <0>：（指定要参考的角度，默认值为 0）
指定新角度：（输入旋转后的角度值）
```

操作完毕后，对象被旋转至指定的角度位置。

注　意

可以用拖动鼠标的方法旋转对象。选择对象并指定基点后，从基点到当前光标位置会出现一条连线，移动鼠标，选择的对象会动态地随着该连线与水平方向的夹角的变化而旋转，按 Enter 键可确认旋转操作，如图 3-32 所示。

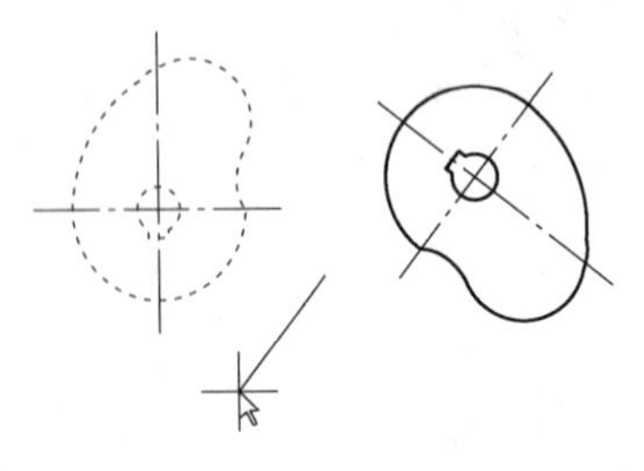

图 3-32　拖动鼠标旋转对象

任务实施

1. 设置图层

选择“格式”→“图层”命令，打开“图层特性管理器”对话框。在该对话框中依次创建两个图层：“中心线”图层，线型为 CENTER，其余属性默认；“粗实线”图层，线宽为 0.30mm，其余属性默认。

2. 绘制中心线

（1）将“中心线”图层设置为当前层，然后单击“绘图”工具栏中的“直线”按钮，分别沿水平和垂直方向绘制中心线，坐标分别为{(100,100)，(180,100)}和{(120,120)，(120,80)}，效果如图 3-33 所示。

（2）单击“修改”工具栏中的“偏移”按钮，绘制另一条中心线，偏移距离为 48mm，效果如图 3-34 所示。

图 3-33　绘制中心线　　图 3-34　偏移中心线

3. 绘制轴孔

转换到“粗实线”图层，单击“绘图”工具栏中的“圆”按钮，以水平中心线与左边竖直中心线交点为圆心，以 32mm 和 20mm 为直径绘制同心圆；以水平中心线与右边竖直中心线交点为圆心，以 20mm 和 10mm 为直径绘制同心圆，效果如图 3-35 所示。

4. 绘制连接线

单击“绘图”工具栏中的“直线”按钮，分别捕捉左、右外圆的切点为端点，绘制上、下两条连接线（即切线），效果如图 3-36 所示。

图 3-35　绘制轴孔　　图 3-36　绘制连接线

5. 旋转轴孔及连接线

在命令行输入 ROTATE 命令，或者选择“修改”→“旋转”命令，或者单击“修改”工具栏中的“旋转”按钮，将所绘制的图形进行复制旋转。命令行提示与操作如下：

```
命令：ROTATE↙
```

UCS 当前的正角方向： ANGDIR=逆时针 ANGBASE=0
选择对象：(如图 3-37 所示，选择图形中要旋转的部分)
找到 1 个，总计 6 个
选择对象：↙
指定基点： _int 于（捕捉左边中心线的交点）
指定旋转角度，或 [复制(C)/参照(R)] <0.00>:C↙
旋转一组选定对象。
指定旋转角度，或 [复制(C)/参照(R)] <0.00>: 150↙

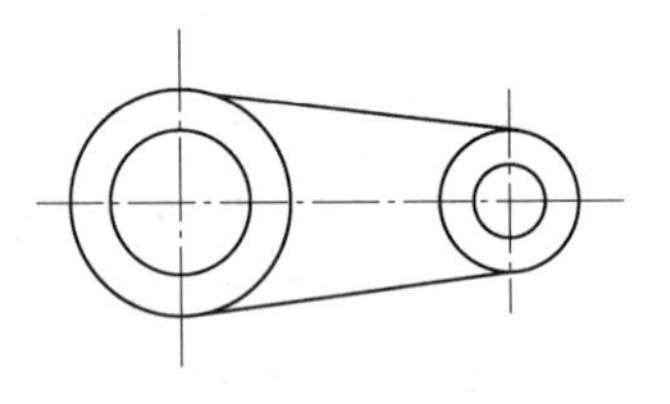
图 3-37 选择复制对象

最终效果如图 3-30 所示。

任务五 绘制挂轮架

任务实施

本任务绘制图 3-38 所示的挂轮架。

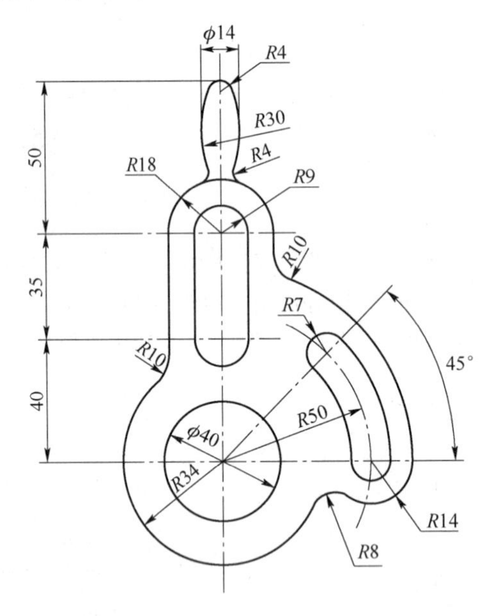

图 3-38 挂轮架

任务说明

铣床附件就是轴，安装在挂轮架上，齿轮再安装在轴上，用来传动分度头，使工件做复合运动。

知识与技能目标

1. 掌握“圆角“命令的使用。
2. 掌握“拉长“命令的使用。

任务分析

由图 3-38 可知，该挂轮架主要由直线、相切的圆及圆弧组成。因此，可以用“直线”“圆”及“圆弧”命令，并配合“修剪”命令来绘制；挂轮架的上部是对称的结构，因此可以使用“镜像”命令对其进行操作；对于其中的圆角如 R10、R8、R4 等均可以采用“圆角”命令来绘制。

相关知识

1. 圆角

圆角是指用指定的半径决定的一段平滑的圆弧连接两个对象。系统规定可以圆滑连接一对直线段、非圆弧的多段线、样条曲线、双向无限长线、射线、圆、圆弧和真椭圆。可以在任何时刻圆滑连接多段线的每个节点。

在命令中输入 FILLET，或者单击“修改”工具栏中的“圆角”按钮，命令行提示与操作如下：

命令：FILLET↙

当前设置：模式 = 修剪，半径 = 0.0000

选择第一个对象或 [放弃(U)/多段线(P)/半径(R)/修剪(T)/多个(M)]：(选择第一个对象或别的选项)

选择第二个对象，或按住 Shift 键选择对象以应用角点或 [半径(R)]：(选择第二个对象)

命令行提示中的各个选项含义如下：

（1）多段线（P）：在一条二维多段线的两段直线段的节点处插入圆滑的弧。选择多段线后，系统会根据指定的圆弧半径把多段线各顶点用圆滑的弧连接起来。

（2）修剪（T）：决定在圆滑连接两条边时，是否修剪这两条边，如图 3-39 所示。

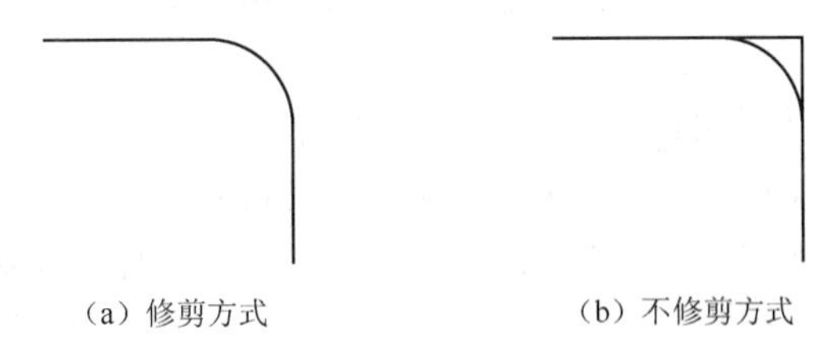

（a）修剪方式　　（b）不修剪方式

图 3-39　圆角连接

（3）多个（M）：同时对多个对象进行圆角编辑，而不必重新调用命令。

（4）按住 Shift 键并选择两条直线，可以快速创建零距离倒角或零半径圆角。

2. 拉长

在命令行输入 LENGTHEN 命令，或者选择“修改”→“拉长”命令，命令行提示与操作如下：

```
命令:LENGTHEN↙
选择对象或 [增量(DE)/百分数(P)/全部(T)/动态(DY)]:(选定对象)
```

命令行提示中的各个选项含义如下：

（1）增量（DE）：用指定增量的方法改变对象的长度或角度。

（2）百分数（P）：用指定占总长度的百分比的方法改变圆弧或直线段的长度。

（3）全部（T）：用指定新的总长度或总角度值的方法来改变对象的长度或角度。

（4）动态（DY）：打开动态拖拉模式。在这种模式下，可以使用拖动鼠标的方法来动态地改变对象的长度或角度。

任务实施

1. 设置绘图环境

（1）利用 LIMITS 命令设置图幅：297mm×210mm。

（2）选择“格式”→“图层”命令，创建 CSX 及 XDHX 图层。其中，CSX 图层线型为实线，线宽为 0.30mm，其他默认；XDHX 图层线型为 CENTER，线宽为 0.09mm，其他默认。

2. 绘制对称中心线

（1）将 XDHX 图层设置为当前图层，单击“绘图”工具栏中的“直线”按钮，命令行提示与操作如下：

```
命令: LINE↙  （绘制最下面的水平对称中心线）
指定第一点: 80,70↙
指定下一点或 [放弃(U)]: 210,70↙
指定下一点或 [放弃(U)]:↙
```

（2）同样，利用 LINE 命令绘制另两条线段，端点分别为{（140,210），（140,12）}、{（中心线的交点），（@70<45）}。

（3）单击“修改”工具栏中的“偏移”按钮，将水平中心线分别向上偏移 40mm、35mm、50mm、4mm，依次以偏移形成的水平对称中心线为偏移对象。

（4）单击“绘图”工具栏中的“圆”按钮，以下部中心线的交点为圆心绘制半径为 50mm 的中心线圆，如图 3-40 所示。

3. 绘制挂轮架中部

将 CSX 图层设置为当前图层。

（1）单击“绘图”工具栏中的“圆”按钮，以下部中心线的交点为圆心，分别绘制半径为 20mm 和 34mm 的同心圆。

（2）单击“修改”工具栏中的“偏移”按钮，将竖直中心线分别向两侧偏移 9mm、18mm。

（3）单击“绘图”工具栏中的“直线”按钮，分别捕捉竖直中心线与水平中心线的交点绘制 4 条竖直线。

（4）单击“修改”工具栏中的“删除”按钮，删除偏移的竖直对称中心线，结果如图 3-41 所示。

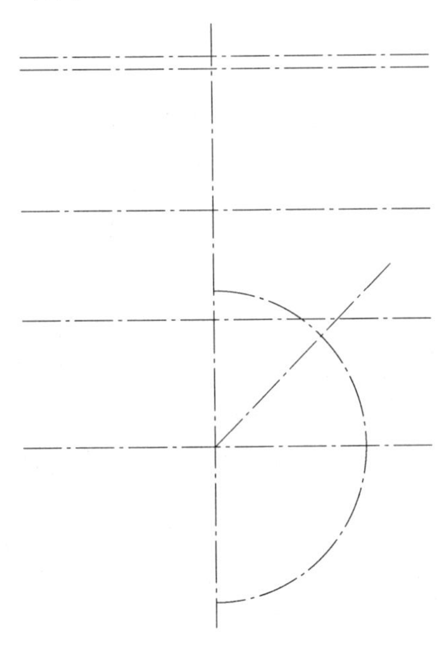

图 3-40　修剪后的图形

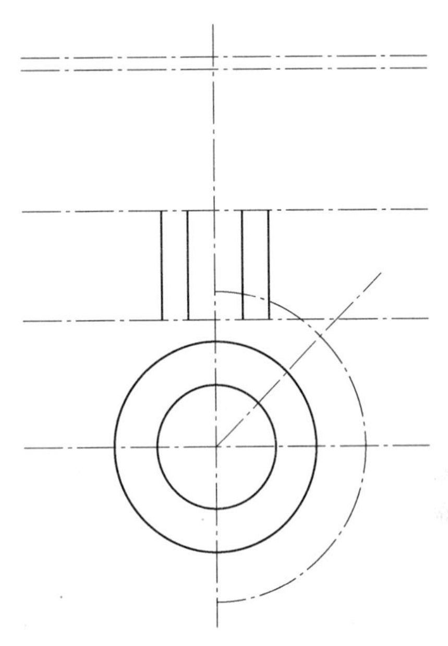

图 3-41　绘制中间的竖直线

（5）单击“绘图”工具栏中的“圆弧”按钮，在偏移的中心线上方绘制圆弧，命令行提示与操作如下：

```
命令:ARC↙ (绘制 R18mm 圆弧)
指定圆弧的起点或 [圆心(C)]: C↙
指定圆弧的圆心:(捕捉中心线的交点)
指定圆弧的起点:(捕捉左侧中心线的交点)
指定圆弧的端点或 [角度(A)/弦长(L)]: A↙
指定包含角: -180↙
命令: ARC ("圆弧"命令,绘制上部 R9mm 圆弧)
指定圆弧的起点或 [圆心(C)]: c
指定圆弧的圆心:
指定圆弧的起点:
指定圆弧的端点或 [角度(A)/弦长(L)]: a
指定包含角: -180
```

同理，绘制下部 *R*9mm 圆弧和左端 *R*10mm 圆角，命令行提示与操作如下：

```
命令: _ARC (按空格键继续执行"圆弧"命令,绘制下部 R9mm 圆弧)
指定圆弧的起点或 [圆心(C)]: c
指定圆弧的圆心:
```

指定圆弧的起点：

指定圆弧的端点或 [角度(A)/弦长(L)]: a

指定包含角: 180

命令: _FILLET↙("圆角"命令,绘制左端 R10mm 圆角)

当前设置：模式 = 修剪，半径 = 0.0000

选择第一个对象或 [放弃(U)/多段线(P)/半径(R)/修剪(T)/多个(M)]: R

指定圆角半径 <0.0000>: 10

选择第一个对象或 [放弃(U)/多段线(P)/半径(R)/修剪(T)/多个(M)]: T

输入修剪模式选项 [修剪(T)/不修剪(N)] <修剪>: T

选择第一个对象或 [放弃(U)/多段线(P)/半径(R)/修剪(T)/多个(M)]: (选择中间最左侧的竖直线的下部)

选择第二个对象，或按住 Shift 键选择对象以应用角点或 [半径(R)]: (选择下部 R34mm 圆)

选择第二个对象，或按住 Shift 键选择对象以应用角点或 [半径(R)]:

（6）单击“修改”工具栏中的“修剪”按钮，修剪 R34mm 圆，结果如图 3-42 所示。

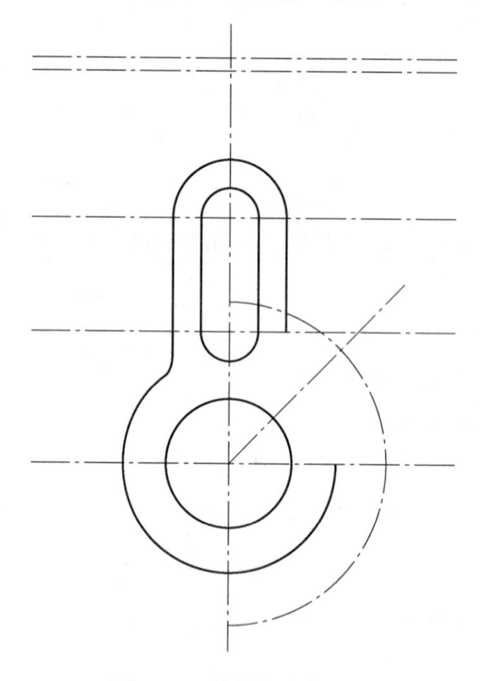

图 3-42 挂轮架中部图形

4. 绘制挂轮架右部

（1）同样，分别捕捉圆弧 R50mm 与倾斜中心线、水平中心线的交点为圆心，以 7mm 为半径绘制圆。捕捉 R34mm 圆的圆心，分别绘制半径为 43mm、57mm 的圆弧，命令行提示与操作如下：

命令:CIRCLE↙ （绘制 R7 圆弧）

指定圆的圆心或 [三点(3P)/两点(2P)/切点、切点、半径(T)]: _int 于(捕捉圆弧 R50mm 与

倾斜中心线的交点）

指定圆的半径或 [直径(D)]: 7↙

命令: _CIRCLE

指定圆的圆心或 [三点(3P)/两点(2P)/切点、切点、半径(T)]:（捕捉圆弧 R50mm 与水平中心线的交点）

指定圆的半径或 [直径(D)] <7.0000>:↙

命令:ARC↙（绘制 R43mm 圆弧）

指定圆弧的起点或 [圆心(C)]: C↙

指定圆弧的圆心:（捕捉 R34mm 圆弧的圆心）

指定圆弧的起点:（捕捉下部 R7mm 圆与水平对称中心线的左交点）

指定圆弧的端点或 [角度(A)/弦长(L)]: _int 于 （捕捉上部 R7mm 圆与倾斜对称中心线的左交点）

命令: ARC↙ （绘制 R57mm 圆弧）

指定圆弧的起点或 [圆心(C)]: C↙

指定圆弧的圆心:（捕捉 R34mm 圆弧的圆心）

指定圆弧的起点:（捕捉下部 R7mm 圆与水平对称中心线的右交点）

指定圆弧的端点或 [角度(A)/弦长(L)]:（捕捉上部 R7mm 圆与倾斜对称中心线的右交点）

（2）单击“修改”工具栏中的“修剪”按钮，修剪 *R*7mm 圆。

（3）单击“绘图”工具栏中的“圆”按钮，以 *R*34mm 圆弧的圆心为圆心，绘制半径为 64mm 的圆。

（4）单击“修改”工具栏中的“圆角”按钮，绘制上部 *R*10mm 圆角。

（5）单击“修改”工具栏中的“修剪”按钮，修剪 *R*64mm 圆。

（6）单击“绘图”工具栏中的“圆弧”按钮，绘制 *R*14mm 的圆弧，命令行提示与操作如下：

命令:ARC↙（绘制下部 R14mm 圆弧）

指定圆弧的起点或 [圆心(C)]: C↙

指定圆弧的圆心: _cen 于 （捕捉下部 R7mm 圆的圆心）

指定圆弧的起点: _int 于 （捕捉 R64mm 圆与水平对称中心线的交点）

指定圆弧的端点或 [角度(A)/弦长(L)]: A↙

指定包含角: -180

（7）在命令中输入 FILLET，或者单击“修改”工具栏中的“圆角”按钮，绘制下部 *R*8mm 圆角。结果如图 3-43 所示，命令行提示与操作如下：

命令: FILLET

当前设置: 模式 = 修剪,半径 = 10.0000

选择第一个对象或 [放弃(U)/多段线(P)/半径(R)/修剪(T)/多个(M)]: r

指定圆角半径 <10.0000>: 8

选择第一个对象或 [放弃(U)/多段线(P)/半径(R)/修剪(T)/多个(M)]: t

输入修剪模式选项 [修剪(T)/不修剪(N)] <修剪>: t

选择第一个对象或 [放弃(U)/多段线(P)/半径(R)/修剪(T)/多个(M)]:

选择第二个对象,或按住 Shift 键选择对象以应用角点或 [半径(R)]:

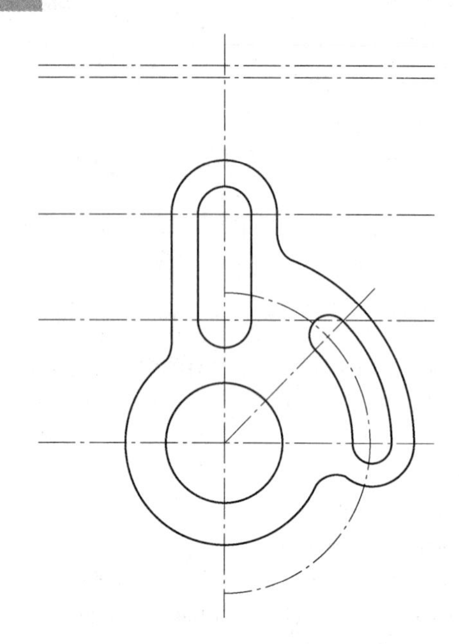

图 3-43　绘制完成挂轮架右部图形

5. 绘制挂轮架上部

（1）单击“修改”工具栏中的“偏移”按钮，将竖直对称中心线向右偏移 22mm。

（2）将 0 图层设置为当前图层，单击“绘图”工具栏中的“圆”按钮，第二条水平中心线与竖直中心线的交点为圆心，绘制 *R*26mm 辅助圆。

（3）将 CSX 图层设置为当前图层，单击“绘图”工具栏中的“圆”按钮，以 *R*26mm 圆与偏移的竖直中心线的交点为圆心，绘制 *R*30mm 圆，结果如图 3-44 所示。

（4）单击“修改”工具栏中的“删除”按钮，分别选择偏移形成的竖直中心线及 *R*26mm 圆。

（5）单击“修改”工具栏中的“修剪”按钮，修剪 *R*30mm 圆。

（6）单击“修改”工具栏中的“镜像”按钮，以竖直中心线为镜像轴，镜像所绘制的 *R*30mm 圆弧，结果如图 3-45 所示。单击“修改”工具栏中的“圆角”按钮，绘制 *R*4mm 圆角，命令行提示与操作如下：

命令:FILLET↙　(绘制最上部 *R*4mm 圆弧)

当前设置: 模式 = 修剪,半径 = 8.0000

选择第一个对象或[放弃(U)/多段线(P)/半径(R)/修剪(T)/多个(M)]: R↙

指定圆角半径 <8.0000>: 4↙

选择第一个对象或 [放弃(U)/多段线(P)/半径(R)/修剪(T)/多个(M)]: t

输入修剪模式选项 [修剪(T)/不修剪(N)] <修剪>: t

选择第一个对象或[放弃(U)/多段线(P)/半径(R)/修剪(T)/多个(M)]:(选择左侧 *R*30mm 圆弧的上部)

选择第二个对象,或按住 Shift 键选择对象以应用角点或 [半径(R)]:(选择右侧 *R*30mm 圆弧的上部)

命令: FILLET↙ (绘制左边 *R*4mm 圆角)

当前设置: 模式 = 修剪,半径 = 4.0000

选择第一个对象或[放弃(U)/多段线(P)/半径(R)/修剪(T)/多个(M)]：T↙　(更改修剪模式)

输入修剪模式选项 [修剪(T)/不修剪(N)] <修剪>：N↙　(选择修剪模式为不修剪)

选择第一个对象或[放弃(U)/多段线(P)/半径(R)/修剪(T)/多个(M)]：(选择左侧 $R30$mm 圆弧的下端)

选择第二个对象,或按住 Shift 键选择对象以应用角点或 [半径(R)]：(选择 $R18$mm 圆弧的左侧)

命令：FILLET↙ (绘制右边 $R4$mm 圆角)

当前设置：模式 = 不修剪,半径 = 4.0000

选择第一个对象或[放弃(U)/多段线(P)/半径(R)/修剪(T)/多个(M)]：(选择右侧 $R30$mm 圆弧的下端)

选择第二个对象,或按住 Shift 键选择对象以应用角点或 [半径(R)]：(选择 $R18$mm 圆弧的右侧)

(7) 单击“修改”工具栏中的“修剪”按钮，修剪 $R30$mm 圆。结果如图 3-46 所示。

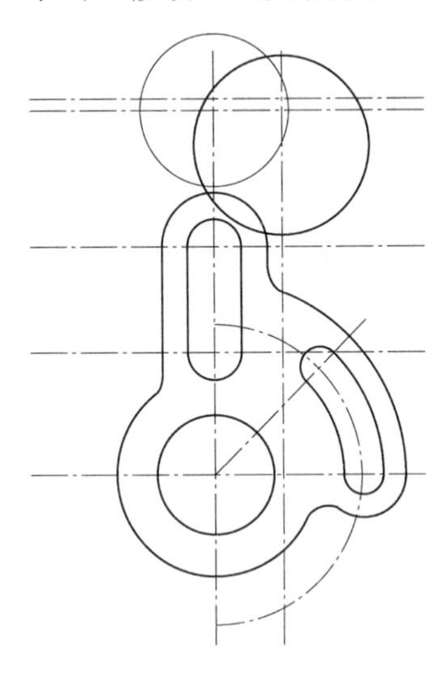

图 3-44　绘制 $R30$mm 圆

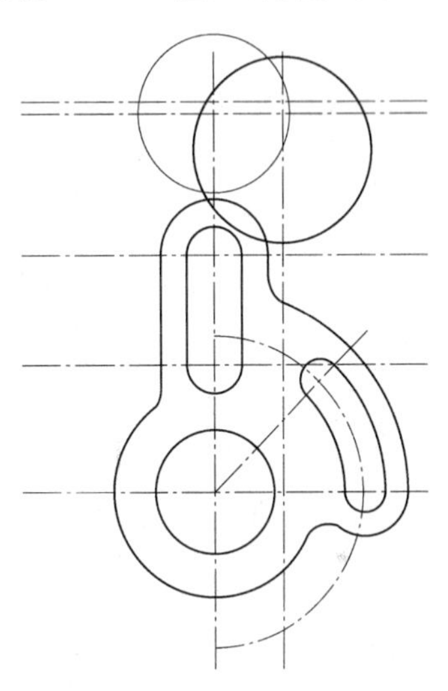

图 3-45　镜像 $R30$mm 圆

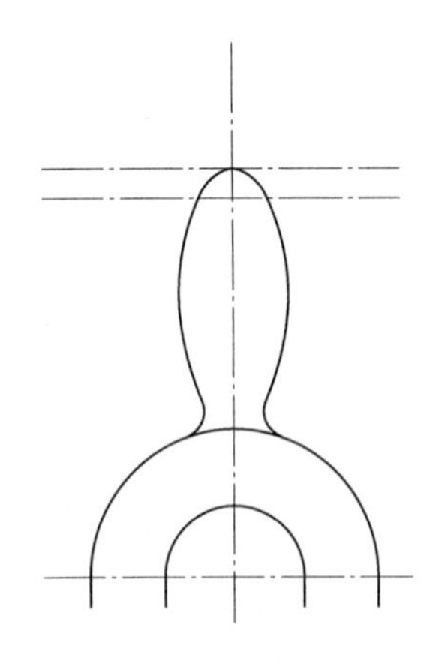

图 3-46　挂轮架的上部

6. 整理并保存图形

选择“修改”→“拉长”命令，调整中心线长度；单击“标准”工具栏中的“保存”按

钮🖫，保存文件，命令行提示与操作如下：

```
命令：LENGTHEN↙
选择对象或 [增量(DE)/百分数(P)/全部(T)/动态(DY)]：DY↙  (选择动态调整)
选择要修改的对象或 [放弃(U)]：(分别选择欲调整的中心线)
指定新端点：(将选择的中心线调整到新的长度)
命令：EARSE↙ (删除多余的中心线)
选择对象：(选择最上边的两条水平中心线)
…… 找到 1 个，总计 2 个
命令：SAVEAS↙  (将绘制完成的图形以"挂轮架.dwg"为文件名保存在指定的路径中)
```

提示与点拨

使用"圆角"命令操作时，需要注意设置圆角半径，否则圆角操作后看起来好像没有效果，因为系统默认的圆角半径是 0。

任务六 绘制扳手

任务引入

本任务绘制图 3-47 所示的扳手。

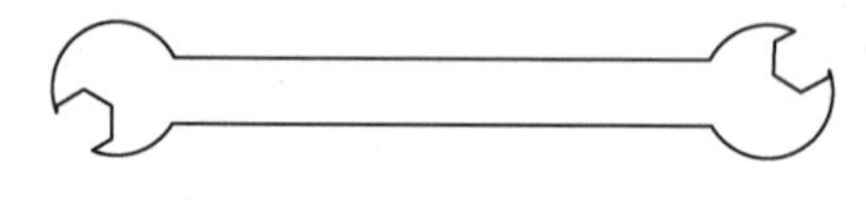

图 3-47 扳手

任务说明

在绘制机械图形时，有时候可以巧妙地运用布尔运算工具来进行绘图。布尔运算是数学中的一种逻辑运算，用在 AutoCAD 绘图中，能够极大地提高绘图效率。

知识与技能目标

1. 掌握移动命令的使用。
2. 掌握面域命令的使用。
3. 熟练运用布尔运算。

任务分析

首先利用二维基本绘图命令绘制各子图部分，然后利用移动命令 MOVE、面域命令 REGION 和布尔运算的差集命令 SUBTRACT 完成图形的绘制。

相关知识

1. 面域

面域是具有边界的平面区域，内部可以包含孔，面域是一个整体图形单元。在 AutoCAD 中，用户可以将由某些对象围成的封闭区域转变为面域，这些封闭区域可以是圆、椭圆、封闭二维多段线和封闭的样条曲线等对象，也可以是由圆弧、直线、二维多段线和样条曲线等对象构成的封闭区域。

在命令行输入 REGION 命令，或者选择“绘图”→“面域”命令，或者单击“绘图”工具栏中的“面域”按钮，命令行提示与操作如下：

```
命令:REGION↙
选择对象:
```

选择对象后，系统自动将所选择的对象转换成面域。

2. 布尔运算

布尔运算的对象只包括实体和共面的面域，对于普通的线条图形对象无法使用布尔运算。通常的布尔运算包括并集、交集和差集 3 种，操作方法类似，布尔运算的结果如图 3-48 所示。

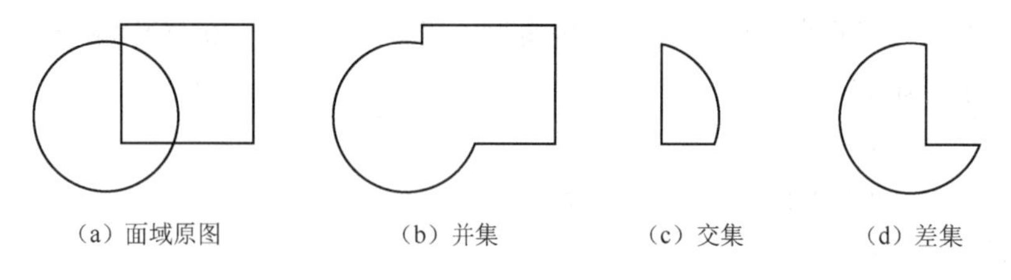

(a) 面域原图　(b) 并集　(c) 交集　(d) 差集

图 3-48　布尔运算的结果

3. 移动

在命令行输入 MOVE 命令，或者选择“修改”→“移动”命令，或者单击“修改”工具栏中的“移动”按钮，命令行提示与操作如下：

```
命令:MOVE↙
选择对象:(选择对象)
选择对象:
指定基点或[位移(D)] <位移>:(指定基点或移至点)
指定第二个点或 <使用第一个点作为位移>:
```

各选项功能与 COPY 命令相关选项功能相同，所不同的是对象被移动后，原位置处的对象消失。

任务实施

1. 绘制矩形

单击“绘图”工具栏中的“矩形”按钮▭，以坐标点（50,50）(90,40）为角点绘制矩形，结果如图 3-49 所示。

2. 绘制圆

单击“绘图”工具栏中的“圆”按钮⊙，以坐标点（50,45）为圆心位置半径为 9mm 的圆，结果如图 3-50 所示。

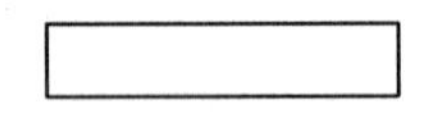

图 3-49　绘制矩形

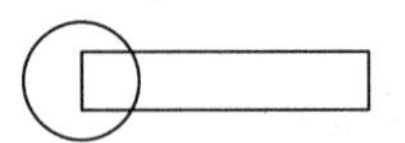

图 3-50　绘制圆

3. 绘制正六边形

单击“绘图”工具栏中的“多边形”按钮⬠，以坐标点（50,45）为中心点绘制半径为 5mm 的正六边形，结果如图 3-51 所示。

4. 旋转正六边形

单击“修改”工具栏中的“旋转”按钮，将六边形以（50,45）为基点旋转 30°，命令行提示与操作如下：

```
命令：ROTATE↙
UCS 当前的正角方向： ANGDIR=逆时针  ANGBASE=0
选择对象:(选择正六边形)
找到 1 个
指定基点：50,45↙
指定旋转角度,或 [复制(C)/参照(R)] <0>:30↙
```

结果如图 3-52 所示。

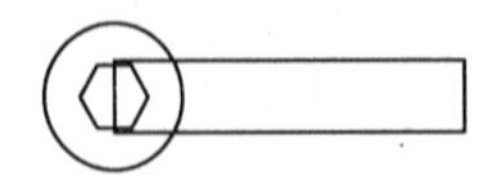

图 3-51　绘制正六边形

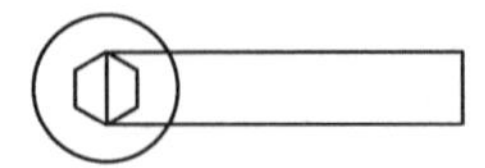

图 3-52　旋转正六边形

5. 镜像处理

单击“修改”工具栏中的“镜像”按钮，将圆、正多边形和矩形以坐标点(90,50)(90,40)为镜像点进行镜像处理，结果如图 3-53 所示。

6. 选取面域对象

在命令行输入 REGION 命令，或者选择“绘图”→“面域”命令，或者单击“绘图”

工具栏中的“面域”按钮，选取所有创建面域对象，命令行提示与操作如下：

```
命令: REGION↙
选择对象: 指定对角点: 找到 6 个↙(用鼠标选中 6 个对象)
选择对象:↙
已提取 6 个环
已创建 6 个面域
```

7. 并集处理

在命令行输入 UNION 命令，或者选择“修改”→“实体编辑”→“并集”命令，或者单击“实体编辑”工具栏中的“并集”按钮，将矩形分别与两个圆进行并集处理，命令行提示与操作如下：

```
命令: UNION↙
选择对象:指定对角点:找到 2 个(2 个重复),总计 4 个(用鼠标选中圆和矩形)
选择对象:↙
```

结果如图3-54所示。

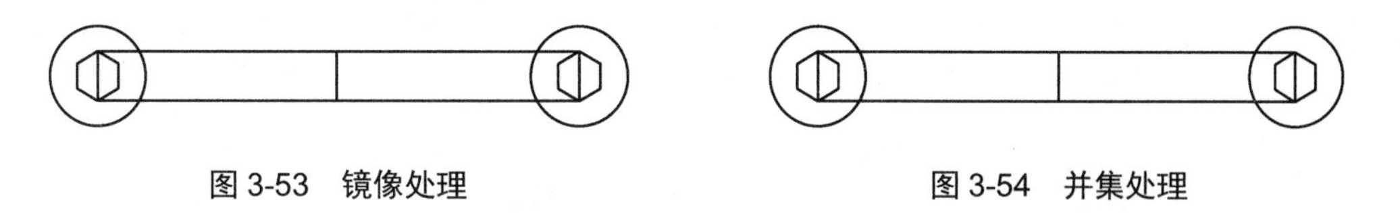

图 3-53　镜像处理　　图 3-54　并集处理

8. 移动正六边形

单击“修改”工具栏中的“移动”按钮，选中右侧的正六边形，以（130,45）为基点移动到坐标点（135,50），命令行提示与操作如下：

```
命令: MOVE↙
选择对象:(选择右侧的正六边形)
找到 1 个
选择对象:↙
指定基点或 [位移(D)] <位移>: 130,45↙
指定第二个点或 <使用第一个点作为位移>:135,50↙
```

结果如图 3-55 所示。重复上述命令移动左侧的六边形面域，结果如图 3-56 所示。

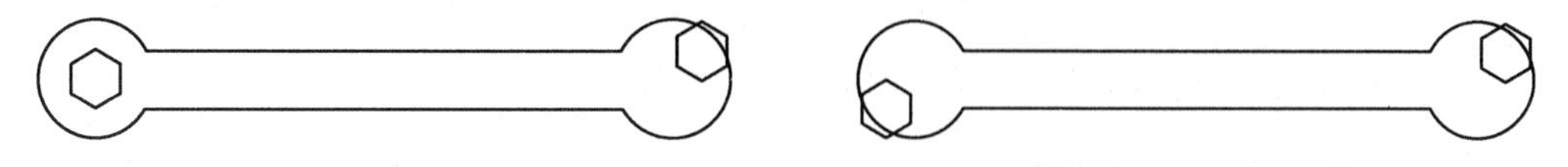

图 3-55　移动右侧正六边形　　图 3-56　移动左侧正六边形

9. 差集处理

在命令行输入 SUBTRACT 命令，或者选择“修改”→“实体编辑”→“差集”命令，或者单击“实体编辑”工具栏中的“差集”按钮◎，将外部轮廓线与六边形面域进行差集处理，命令行提示与操作如下：

```
命令：SUBTRACT↙
选择要从中减去的实体、曲面和面域...
选择对象：(选择外部轮廓线)
选择对象：↙
选择要减去的实体、曲面和面域...
选择对象：(选择六边形面域)
选择对象：↙
```

结果如图 3-47 所示。

课后练习

一、选择题

1．使用“复制”命令时，正确的情况是（　　）。

A．复制一个就退出命令　　B．最多可复制 3 个

C．复制时，选择放弃，则退出命令　　D．可复制多个，直到选择退出，才结束复制

2．已有一个绘制好的圆，绘制一组同心圆可以用（　　）来实现。

A．LENGTHEN 拉长　　B．OFFSET 偏移

C．EXTEND 延伸　　D．MOVE 移动

3．下面图形不能偏移的是（　　）。

A．构造线　　B．多线　　C．多段线　　D．样条曲线

4．如果对图 3-57 中的正方形沿两个点打断，打断之后的长度为（　　）mm。

A．150　　B．100　　C．150 或 50　　D．随机

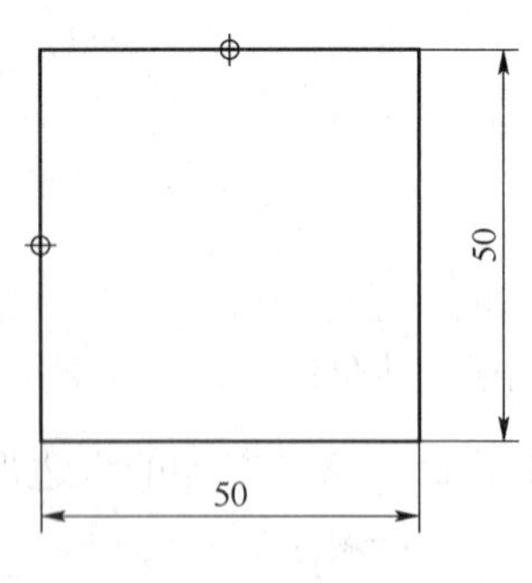

图 3-57　矩形

5．关于分解命令（Explode）的描述正确的是（　　）。

A．对象分解后颜色、线型和线宽不会改变

B．图案分解后图案与边界的关联性仍然存在

C．多行文字分解后将变为单行文字

D．构造线分解后可得到两条射线

6．对两条平行的直线倒圆角（Fillet），圆角半径设置为 20mm，其结果是（　　）。

A．不能倒圆角

B．按半径 20mm 倒圆角

C．系统提示错误

D．倒出半圆，其直径等于直线间的距离

7．使用“偏移”命令时，下列说法正确的是（　　）。

A．偏移值可以小于 0，这是向反向偏移

B．可以框选对象进行一次偏移多个对象

C．一次只能偏移一个对象

D．“偏移”命令执行时不能删除原对象

8．使用 COPY 复制一个圆，指定基点为（0,0），再提示指定第二个点时按 Enter 键，以第一个点作为位移，则下面说法正确的是（　　）。

A．没有复制图形

B．复制的图形圆心与（“0,0”）重合

C．复制的图形与原图形重合

D．操作无效

9．对于一个多段线对象中的所有角点进行圆角，可以使用“圆角”命令中的（　　）命令选项。

A．多段线（P）　B．修剪（T）　C．多个（U）　D．半径（R）

二、上机操作题

1．绘制图 3-58 所示的图形 1。

2．绘制图 3-59 所示的图形 2。

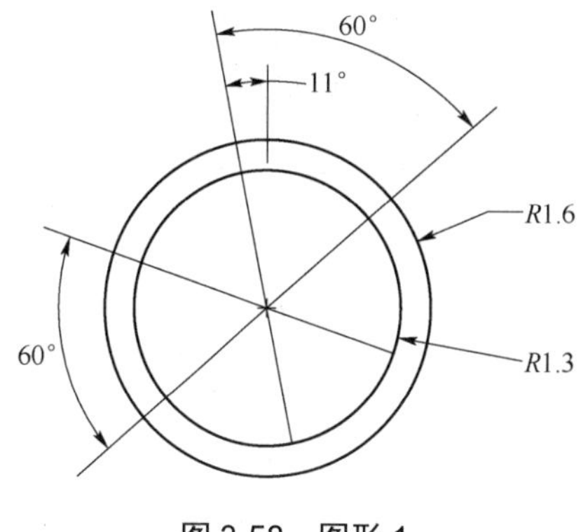

图 3-58　图形 1

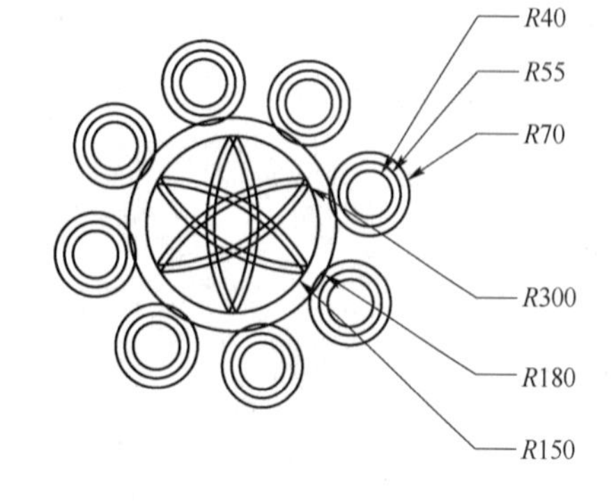

图 3-59　图形 2

3．绘制图 3-60 所示的垫片。

4．绘制图 3-61 所示的轴承座。

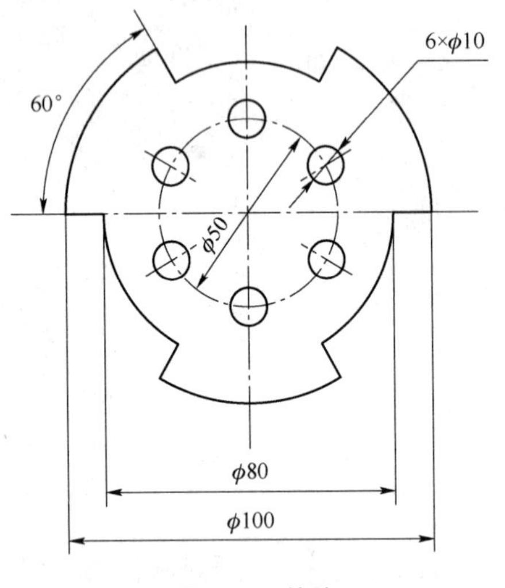

图 3-60　垫片

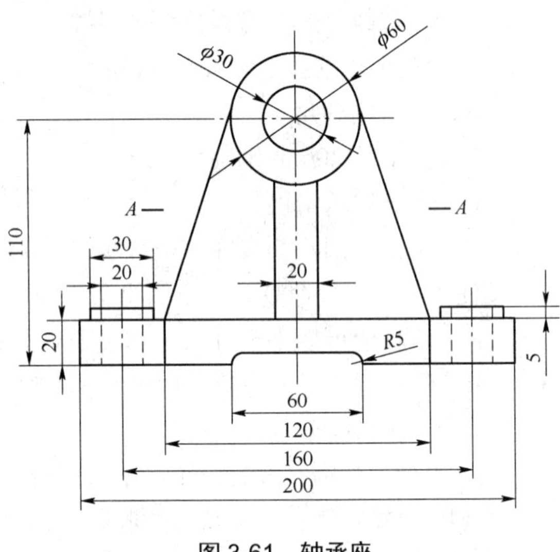

图 3-61　轴承座

5．绘制图 3-62 所示的三角铁。

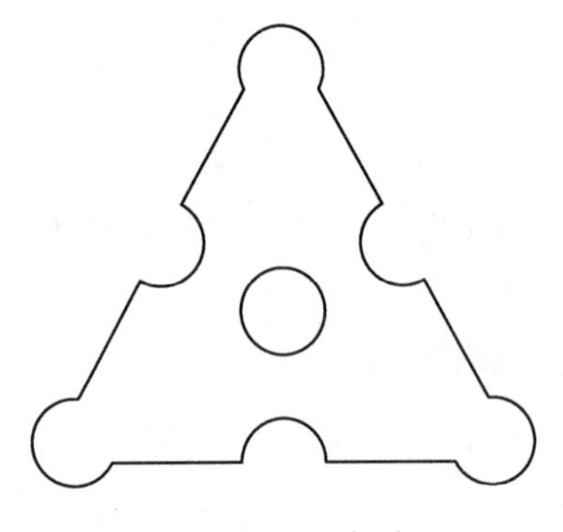

图 3-62　三角铁

项目四　标注机械图形

任务一　标注技术要求

任务实施

本任务绘制图 4-1 所示的技术要求。

技术要求
1. 热处理硬度HRC32～37
2. 未注全角*C*1

图 4-1　技术要求

任务说明

技术要求是机械图形的重要组成部分，包含一些图形本身无法反映的重要信息，如表面粗糙度、尺寸公差、几何公差（形位公差）、材料热处理和表面处理、细节尺寸等。本实验通过技术要求的标注讲述 AutoCAD 文字标注相关功能。

知识与技能目标

1. 掌握文字样式的设置。
2. 熟练使用“多行文字”命令。
3. 了解单行文字和多行文字的区别。

任务分析

本任务将通过机械制图中常见的技术要求的标注过程来熟练掌握文字相关功能，包括文字样式设置、文字标注、特殊字符输入等。

相关知识

1. 文字样式

在命令行输入 STYLE 命令，或者选择“格式”→“文字样式”命令，或者单击“文字”工具栏中的“文字样式”按钮A，打开图 4-2 所示的“文字样式”对话框，各选项含义如下：

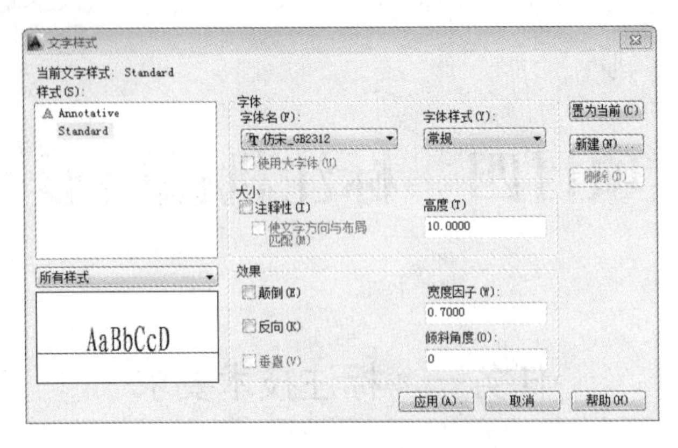

图 4-2 “文字样式”对话框

1）“样式名”选项组

“样式名”选项组主要用于命名新样式名或对已有样式名进行相关操作。单击“新建”按钮，打开图 4-3 所示的“新建文字样式”对话框，单击“确定”按钮，即可新建样式。双击选中的文字样式，将其修改为所需名称，如图 4-4 所示。

图 4-3 “新建文字样式”对话框　　图 4-4 文字样式重命名

2）“字体”选项组

“字体”选项组确定字体式样。在 AutoCAD 中，除了它固有的 SHX 字体外，还可以使用 TrueType 字体（如宋体、楷体、Italic 等）。一种字体可以设置不同的效果，从而被多种文字样式使用，图 4-5 所示的就是同一种字体（宋体）的不同样式。

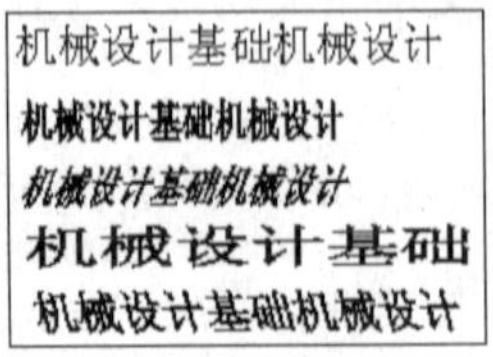

机械设计基础机械设计
机械设计基础机械设计
机械设计基础机械设计
机械设计基础
机械设计基础机械设计

图 4-5 同一字体的不同样式

“字体”选项组用来确定文字样式使用的字体文件、字体风格及字高等。如果在“高度”文本框中输入一个数值，则它将作为创建文字时的固定字高，在用 TEXT 命令输入文字时，AutoCAD 不再提示输入字高参数；如果在此文本框中设置字高为 0，AutoCAD 则会在每一次创建文字时提示输入字高。所以，如果不想固定字高就可以将其设置为 0。

3）“大小”选项组

（1）“注释性”复选框：指定文字为注释性文字。

（2）“使文字方向与布局匹配”复选框：指定图纸空间视口中的文字方向与布局方向匹配。如果取消选中“注释性”复选框，则该复选框不可用。

（3）“高度”复选框：设置文字高度。如果输入 0.0，则每次用该样式输入文字时，文字默认值为 0.2 高度。

4）“效果”选项组

“效果”选项组用于设置字体的特殊效果。

（1）“颠倒”复选框：选中此复选框，表示将文本文字倒置标注，如图 4-6（a）所示。

（2）“反向”复选框：确定是否将文本文字反向标注。图 4-6（b）给出了这种标注效果。

（3）“垂直”复选框：确定文本是水平标注还是垂直标注。选中此复选框时为垂直标注，否则为水平标注，如图 4-7 所示。

ABCDEFGHIJKLMN

ABCDEFGHIJKLMN

（a）颠倒标注

ABCDEFGHIJKLMN

ABCDEFGHIJKLMN

（b）反向标注

图 4-6　文字颠倒标注与反向标注

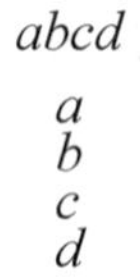

abcd

a
b
c
d

图 4-7　垂直标注文字

（4）宽度因子：设置宽度系数，确定文本字符的宽高比。当比例系数为 1 时，表示将按字体文件中定义的宽高比标注文字。当此系数小于 1 时字会变窄，反之变宽。

（5）倾斜角度：用于确定文字的倾斜角度。角度为 0 时不倾斜，为正时向右倾斜，为负时向左倾斜。

2. 单行文本输入

在命令行输入 TEXT(或 DTEXT)命令，或者选择“绘图”→“文字”→“单行文字”命令，或者单击“文字”工具栏中的“单行文字”按钮 AI，命令行提示与操作如下：

```
命令: _TEXT
当前文字样式: "Standard" 文字高度: 10.0000 注释性: 否 对正: 左
指定文字的起点 或 [对正(J)/样式(S)]:(适当指定一点,此点为输入文字的左下角点)
指定文字的旋转角度 <0>:
```

命令行提示中的各个选项含义如下：

1）指定文字的起点

在此提示下直接在作图屏幕上点取一点作为文本的起始点，AutoCAD 提示：

```
指定高度 <0.2000>:(确定字符的高度)
指定文字的旋转角度 <0>:(确定文本行的倾斜角度)
```

在此提示下输入一行文本后按 Enter 键，可继续输入文本，待全部输入完成后在此提示下直接按 Enter 键，则退出 TEXT 命令。可见，由 TEXT 命令也可创建多行文本，只是这种多行文本每一行是一个对象，因此不能对多行文本同时进行操作，但可以单独修改每一单行的文字样式、字高、旋转角度和对正方式等。

2）对正（J）

在上面的提示下输入 J，用来确定文本的对正方式，对正方式决定文本的哪一部分与所选的插入点对正。执行此选项，AutoCAD 提示：

输入选项 [对正(A)/布满(F)/居中(C)/中间(M)/右对正(R)/左上(TL)/中上(TC)/右上(TR)/左中(ML)/正中(MC)/右中(MR)/左下(BL)/中下(BC)/右下(BR)]:

在此提示下选择一个选项作为文本的对正方式。当文本串水平排列时，AutoCAD 为标注文本串定义了图 4-8 所示的顶线、中线、基线和底线，各种对正方式如图 4-9 所示，图中大写字母对应上述提示中的各命令。

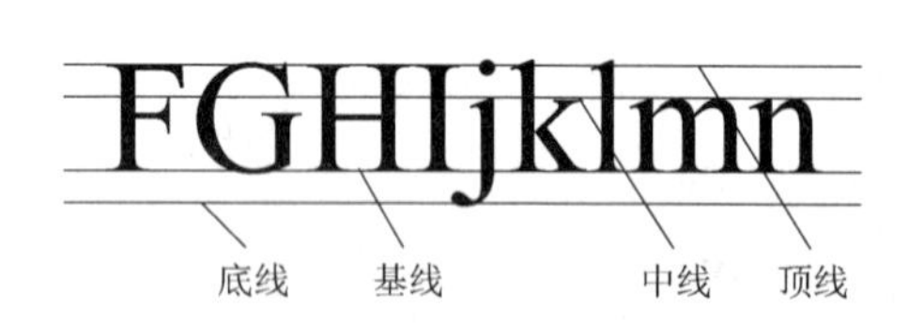

图 4-8　文本行的底线、基线、中线和顶线

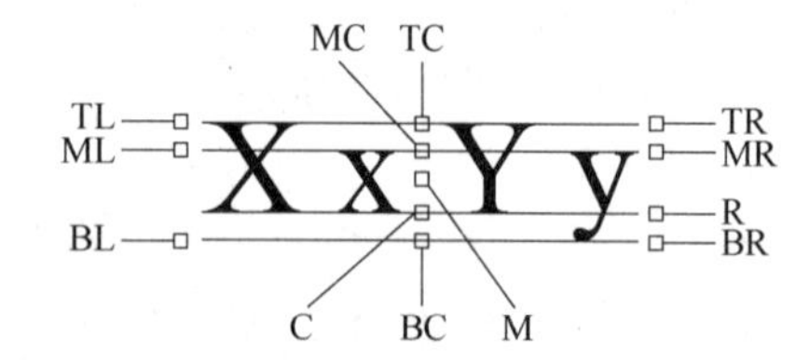

图 4-9　文本的对正方式

下面以“对正”为例进行简要说明。选择此选项，要求用户指定文本行基线的起始点与终止点的位置，AutoCAD 提示：

指定文字基线的第一个端点：(指定文本行基线的起点位置)
指定文字基线的第二个端点：(指定文本行基线的终点位置)

执行结果：所输入的文本字符均匀地分布于指定的两点之间，如果两点间的连线不水平，则文本行倾斜放置，倾斜角度由两点间的连线与 X 轴夹角确定；字高、字宽根据两点间的距离、字符的多少以及文字样式中设置的宽度系数自动确定。指定了两点之后，每行输入的字符越多，字宽和字高越小。

其他选项与“对正”类似，不再赘述。

实际绘图时，有时需要标注一些特殊字符，如直径符号、上画线或下画线、温度符号等，由于这些符号不能直接从键盘上输入，因此 AutoCAD 提供了一些控制码，用来实现这些要求。控制码用两个百分号（%%）加一个字符构成，常用的控制码如表 4-1 所示。

表 4-1　AutoCAD 常用控制码

符号	功能	符号	功能
%%O	上画线	\u+0278	电相位
%%U	下画线	\u+E101	流线
%%D	“度”符号	\u+2261	标识
%%P	正负符号	\u+E102	界碑线
%%C	直径符号	\u+2260	不相等
%%%	百分号%	\u+2126	欧姆
\u+2248	几乎相等	\u+03A9	欧米加

续表

符号	功能	符号	功能
\u+2220	角度	\u+214A	低界线
\u+E100	边界线	\u+2082	下标 2
\u+2104	中心线	\u+00B2	上标 2
\u+0394	差值		

其中，%%O 和%%U 分别是上画线和下画线的开关，第一次出现此符号时开始画上画线和下画线，第二次出现此符号上画线和下画线终止。例如，输入“I want to %%U go to Beijing%%U”，则得到图 4-10 中（a）所示的文本行，输入“50%%D+%%C75%%P12”，则得到图 4-10 中（b）所示的文本行。

I want to go to Beijing.（a）
50°+ϕ75±12　　（b）

图 4-10　文本行

用 TEXT 命令可以创建一个或若干个单行文本，也就是说用此命令可以标注多行文本。在输入一行文本后按 Enter 键，用户可输入第二行文本，依次类推，直到文本全部输完，再在此提示下直接按 Enter 键，结束文本输入命令。每按一次按 Enter 键就结束一个单行文本的输入，每一个单行文本是一个对象，可以单独修改其文本样式、字高、旋转角度和对正方式等。

用 TEXT 命令创建文本时，在命令行输入的文字同时显示在屏幕上，而且在创建过程中可以随时改变文本的位置，只要将光标移到新的位置后单击，则当前行结束，随后输入的文本出现在新的位置上。用这种方法可以把多行文本标注到屏幕的任何地方。

3. 多行文本输入

在命令行输入 MTEXT 命令，或者选择“绘图”→“文字→多行文字”命令，或者单击“绘图”工具栏中的“多行文字”按钮 A，命令行提示与操作如下：

```
命令： _MTEXT
当前文字样式： "Standard"  文字高度： 2.5  注释性： 否
指定第一角点：
指定对角点或 [高度(H)/对正(J)/行距(L)/旋转(R)/样式(S)/宽度(W)/栏(C)]：
```

命令行提示中的各选项含义如下：

（1）指定对角点：直接在屏幕上点取一个点作为矩形框的第二个角点，AutoCAD 以这两个点为对角点形成一个矩形区域，其宽度作为将来要标注的多行文本的宽度，而且第一个点作为第一行文本顶线的起点。响应后 AutoCAD 打开图 4-11 所示的多行文字编辑器，可利用此编辑器输入多行文本并对其格式进行设置。关于编辑器中各项的含义与编辑器功能，稍后再详细介绍。

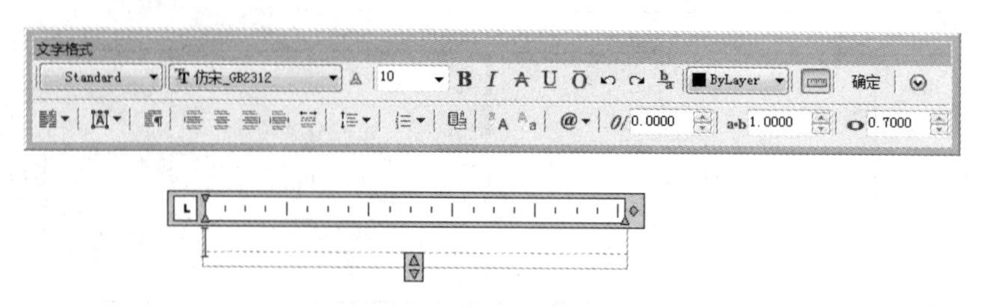

图 4-11　多行文字编辑器

（2）对正（J）：确定所标注文本的对正方式。选取此选项，AutoCAD 提示：

输入对正方式 [左上(TL)/中上(TC)/右上(TR)/左中(ML)/正中(MC)/右中(MR)/左下(BL)/中下(BC)/右下(BR)] <左上(TL)>:

这些对正方式与 TEXT 命令中的各对正方式相同，不再重复。选取一种对正方式后按 Enter 键，AutoCAD 回到上一级提示。

（3）行距（L）：确定多行文本的行间距，这里所说的行间距是指相邻两文本行的基线之间的垂直距离。选择此选项，AutoCAD 提示：

输入行距类型 [至少(A)/精确(E)] <至少(A)>:

在此提示下有两种方式确定行间距，"至少"方式和"精确"方式。"至少"方式下 AutoCAD 根据每行文本中最大的字符自动调整行间距。"精确"方式下 AutoCAD 给多行文本赋予一个固定的行间距。可以直接输入一个确切的间距值，也可以输入"nx"的形式，其中 n 是一个具体数，表示行间距设置为单行文本高度的 *n* 倍，而单行文本高度是本行文本字符高度的 1.66 倍。

（4）旋转（R）：确定文本行的倾斜角度。执行此选项，AutoCAD 提示：

指定旋转角度 <0>: (输入倾斜角度)

输入角度值后按 Enter 键，AutoCAD 返回"指定对角点或[高度（H）/对正（J）/行距（L）/旋转（R）/样式（S）/宽度（W）/栏（C）]"提示。

（5）样式（S）：确定当前的文字样式。

（6）宽度（W）：指定多行文本的宽度。可在屏幕上选取一点，将其与前面确定的第一个角点组成的矩形框的宽度作为多行文本的宽度，也可以输入一个数值，精确设置多行文本的宽度。

在创建多行文本时，只要给定了文本行的起始点和宽度后，AutoCAD 就会打开图 4-11 所示的多行文字编辑器，该编辑器包含一个"文字格式"工具栏和一个右键快捷菜单。用户可以在编辑器中输入和编辑多行文本，包括设置字高、文字样式以及倾斜角度等。

该编辑器与 Microsoft 的 Word 编辑器界面类似，事实上该编辑器与 Word 编辑器在某些功能上趋于一致。这样既增强了多行文字编辑功能，又使用户更熟悉和方便，效果很好。

（7）栏（C）：指定多行文字对象的栏选项。

4. “文字格式”工具栏

“文字格式”工具栏用来控制文本的显示特性。可以在输入文本之前设置文本的特性，也可以改变已输入文本的特性。要改变已有文本的显示特性，首先应选中要修改的文本，选择文本有以下 3 种方法：

（1）将光标定位到文本开始处，按住鼠标左键，将光标拖到文本末尾。

（2）单击某一个字，则该字被选中。

（3）三击鼠标则选全部内容。

下面介绍“文字格式”工具栏中部分选项的功能。

1）“堆叠”按钮：该按钮为层叠/非层叠文本按钮，用于层叠所选的文本，也就是创建分数形式。当文本中某处出现“/”、“^”或“#”这 3 种层叠符号之一时可层叠文本，方法是选中需层叠的文字，然后单击此按钮，则符号左边文字作为分子，右边文字作为分母。AutoCAD 提供了 3 种分数形式，如选中“abcd/efgh”后单击此按钮，则得到图 4-12（a）所示的分数形式；如果选中“abcd^efgh”后单击此按钮，则得到图 4-12（b）所示的形式，此形式多用于标注极限偏差；如果选中“abcd # efgh”后单击此按钮，则创建斜排的分数形式，如图 4-12（c）所示。如果选中已经层叠的文本对象后单击此按钮，则文本恢复到非层叠形式。

abcd efgh	abcd efgh	abcd/efgh
（a）形式一	（b）形式二	（c）形式三

图 4-12　文本层叠

（2）“符号”按钮@：用于输入各种符号。单击该按钮，系统打开符号列表，如图 4-13 所示。用户可以从中选择符号输入文本中。

（3）“插入字段”按钮：插入一些常用或预设字段。单击该命令，系统打开“字段”对话框，如图 4-14 所示。用户可以从中选择字段插入标注文本中。

符号	代码
度数(D)	%%d
正/负(P)	%%p
直径(I)	%%c
几乎相等	\U+2248
角度	\U+2220
边界线	\U+E100
中心线	\U+2104
差值	\U+0394
电相角	\U+0278
流线	\U+E101
恒等于	\U+2261
初始长度	\U+E200
界碑线	\U+E102
不相等	\U+2260
欧姆	\U+2126
欧米加	\U+03A9
地界线	\U+214A
下标 2	\U+2082
平方	\U+00B2
立方	\U+00B3
不间断空格(S)	Ctrl+Shift+Space
其他(O)...	

图 4-13　符号列表

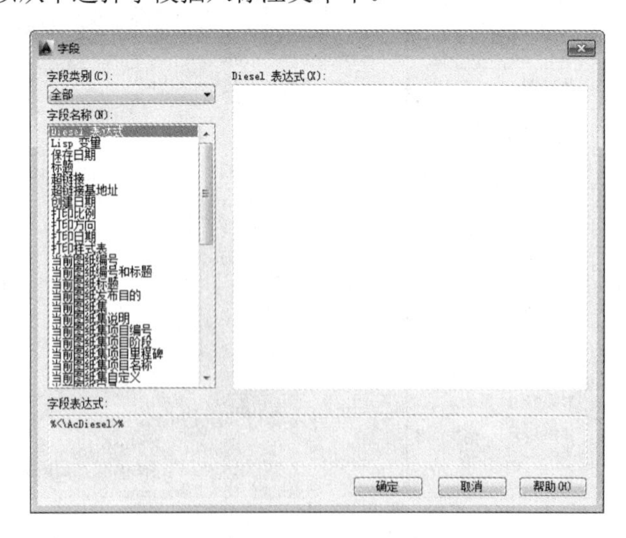

图 4-14　“字段”对话框

（4）“追踪”微调框：增大或减小选定字符之间的距离。1.0 设置是常规间距。设置为大于 1.0 可增大间距，设置为小于 1.0 可减小间距。

（5）“宽度比例”微调框：扩展或收缩选定字符。1.0 设置代表此字体中字母的常规宽度，可以增大该宽度或减小该宽度。

（6）“栏”下拉列表：显示栏弹出菜单，该菜单提供 5 个栏选项：“不分栏”“静态栏”“插入分栏符 Alt+Enter”“分栏设置”“动态栏”。

（7）“多行文字对正”下拉列表：显示“多行文字对正”菜单，并且有 9 个对正选项可用。“左上”为默认。

5. *右键快捷菜单*

在多行文字绘制区域，右击，系统弹出右键快捷菜单，如图 4-15 所示。部分选项功能如下：

（1）符号：在光标位置插入列出的符号或不间断空格。也可以手动插入符号。

（2）输入文字：打开“选择文件”对话框，如图 4-16 所示。选择任意 ASCII 或 RTF 格式的文件。输入的文字保留原始字符格式和样式特性，但可以在多行文字编辑器中编辑和格式化输入的文字。选择要输入的文本文件后，可以在文字编辑框中替换选定的文字或全部文字，或在文字边界内将插入的文字附加到选定的文字中。输入文字的文件必须小于 32KB。

（3）改变大小写：改变选定文字的大小写。可以选择“大写”或“小写”。

（4）自动大写：将所有新输入的文字转换成大写。自动大写不影响已有的文字。要改变已有文字的大小写，请选择文字，右击，然后在弹出的快捷菜单中选择“改变大小写”命令。

（5）删除格式：清除选定文字的粗体、斜体或下划线格式。

（6）合并段落：将选定的段落合并为一段并用空格替换每段的回车换行符。

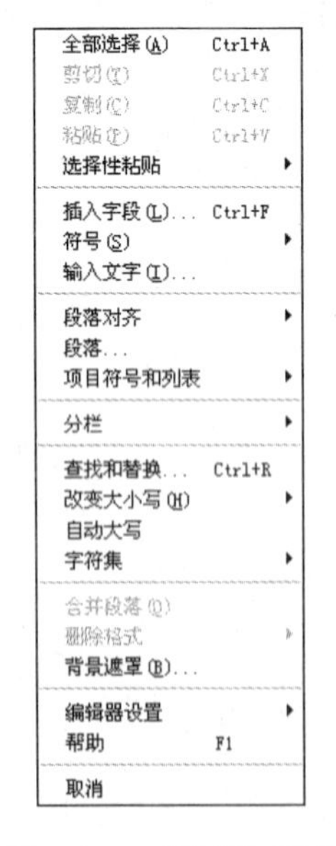

图 4-15 “选项”菜单

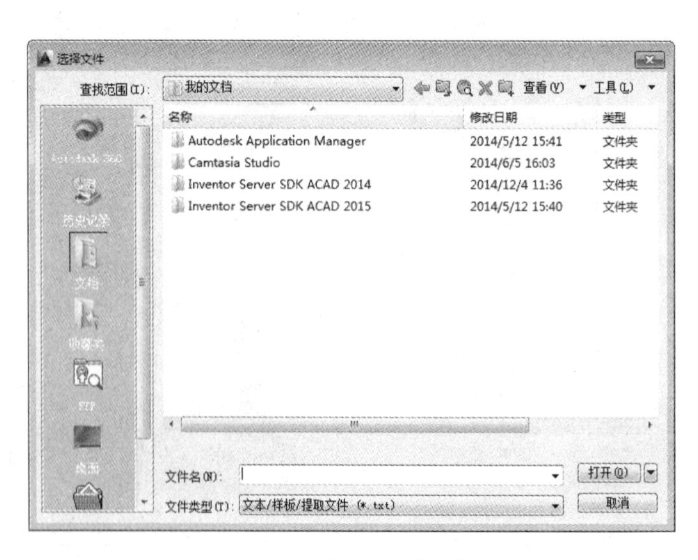

图 4-16 “选择文件”对话框

（7）背景遮罩：用设定的背景对标注的文字进行遮罩。选择该命令，系统打开“背景遮罩”对话框，如图 4-17 所示。

（8）查找和替换：打开“查找和替换”对话框，如图 4-18 所示。在该对话框中可以进行替换操作，操作方式与 Word 编辑器中替换操作类似，不再赘述。

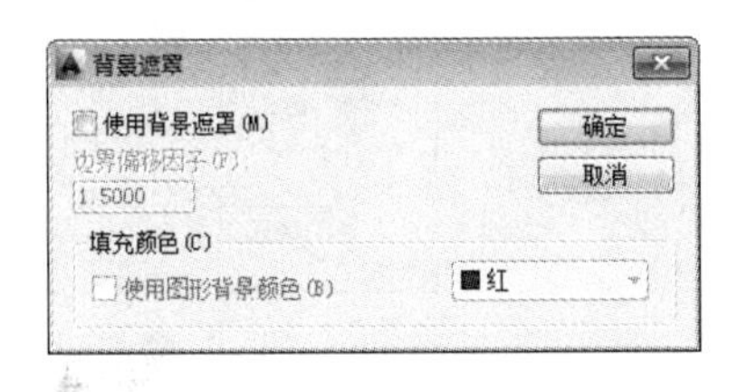

图 4-17　“背景遮罩”对话框

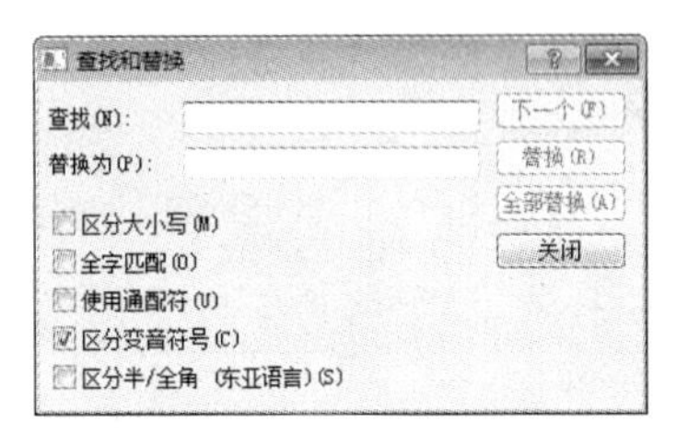

图 4-18　“查找和替换”对话框

（9）字符集：显示代码页菜单。选择一个代码页并将其应用到选定的文字。

6. 国家标准对文字的规定

国家标准 GB / T14691—2013、GB / T14665—2013 中对文字的规定如下：

（1）图样中书写字体必须做到：字体工整、笔画清楚、间隔均匀、排列整齐。

（2）汉字应写成长仿宋体，并应采用国家正式公布推行的简化字。汉字的高度不应小于 3.5mm，其字宽一般为 $h/\sqrt{2}$（表示字高）。

（3）字号即字体的高度，其公称尺寸系列为 1.8mm、2.5mm、3.5mm、5mm、7mm、10mm、14mm、20mm。如需书写更大的字，其字高应按 $\sqrt{2}$ 的比例递增。

（4）字母和数字分为 A 型和 B 型。A 型字体的笔画宽度 d 为字高 h 的 1/14；B 型字体对应为 1/10。同一图样上，只允许使用一种形式。

（5）字母和数字可写成斜体或直体。斜体字字头向右倾斜，与水平基准线成 75°。

（6）用作指数、分数、极限偏差、注脚等的数字及字母，一般应采用小一号字体。

（7）图样中的数字符号、物理量符号、计量单位符号以及其他符号、代号应分别符合有关规定。

任务实施

1. 设置文字样式

在命令行输入 STYLE 命令，或者选择“格式”→“文字样式”命令，或者单击“文字”工具栏中的“文字样式”按钮，打开“文字样式”对话框，如图 4-19 所示，设置字体名为“T 仿宋_GB2312”，高度为 10，宽度因子为 0.7，单击“置为当前”按钮，打开系统提示框，如图 4-20 所示，单击“是”按钮，“文字样式”对话框上的“取消”按钮变为“关闭”按钮，单击该按钮，完成文字样式设置。

机械制图标准规定文字的高宽比为 0.7，所以这里设置宽度因子为 0.7。

图 4-19　“文字样式”对话框

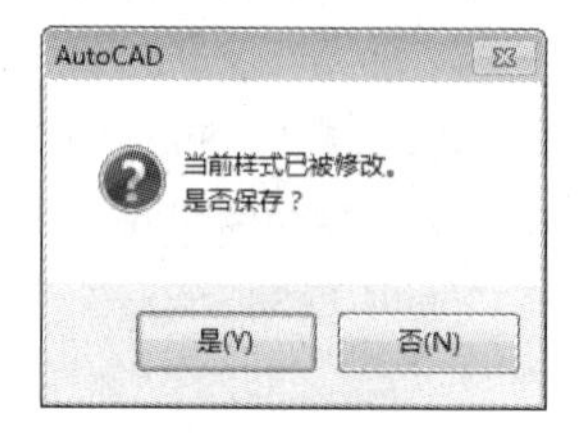

图 4-20　提示框

2. 输入文字

在命令行输入 MTEXT 命令，或者选择“绘图”→“文字→多行文字”命令，或者单击“绘图”工具栏中的“多行文字”按钮A，在空白处单击，指定第一角点，向右下角拖动出适当距离，单击，指定第二点，打开“文字格式”编辑器，在制表位下输入技术要求文字，如图 4-21 所示。

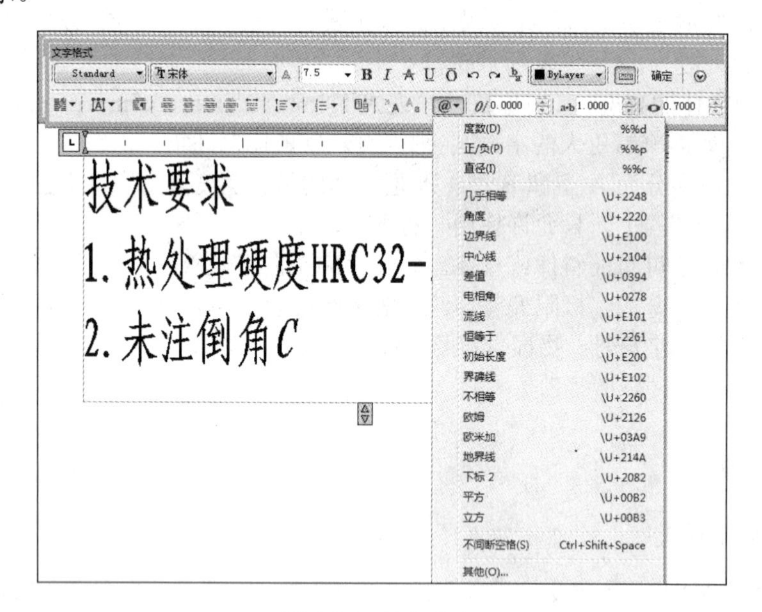

图 4-21　输入文字

任务二　创建明细表

任务引入

本任务绘制图 4-22 所示的零件明细表。

11	hu11	橡胶密封圈	1	
10	hu10	橡胶密封圈	1	
9	hu9	卡环	1	
8	hu8	卡环	1	
7	hu7	离合器压板	1	
6	hu6	外齿摩擦片	7	
5	hu5	弹簧	20	
4	hu4	离合器活塞	1	
3	hu3	CNL变速器缸体	1	
2	hu2	弹簧座总成	1	
1	hu1	内齿摩擦片总成	7	
序号	代号	名称	数量	备注

图 4-22　零件明细表

任务说明

明细表是装配图所有零件的详细目录。明细表由下向上填写。装配明细表可采用国际标准规定的格式，也可采用自定义格式。

知识与技能目标

1. 掌握表格样式的设置。
2. 熟练使用表格命令绘制表格。

任务分析

明细表是工程制图中常用的表格。本任务将通过零件明细表的绘制过程来熟练掌握表格相关命令的操作方法，也进一步掌握多行文字的使用。

相关知识

1. 表格样式

和文字样式一样，所有 AutoCAD 图形中的表格都有和其相对应的表格样式。当插入表格对象时，AutoCAD 使用当前设置的表格样式。表格样式是用来控制表格基本形状和间距的一组设置。模板文件 ACAD.DWT 和 ACADISO.DWT 中定义了名为 Standard 的默认表格样式。

在命令行中输入 TABLESTYLE，或者选择“格式”→“表格样式”命令，或者单击“样式”工具栏中的“表格样式管理器”按钮，打开图 4-23 所示的“表格样式”对话框。

1）“新建”按钮单击“新建”按钮，打开“创建新的表格样式”对话框，如图 4-24 所示。输入新的表格样式名后，单击“继续”按钮，打开“新建表格样式”对话框，如图 4-25 所示，从中可以定义新的表格样式。

“新建表格样式”对话框中有 3 个选项卡：“常规”“文字”和“边框”选项卡，分别控制表格中数据、表头和标题的有关参数，如图 4-26 所示。

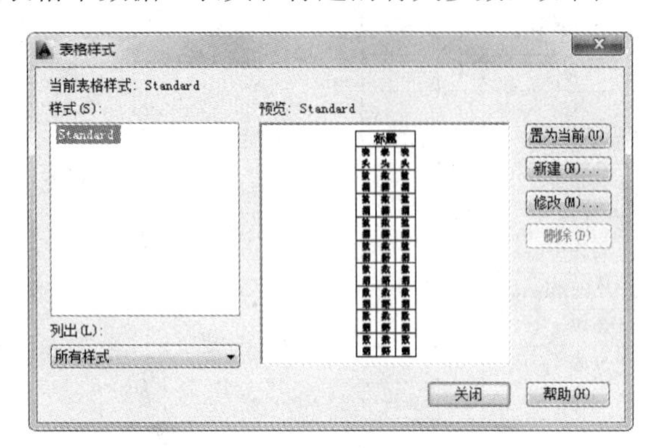

图 4-23 “表格样式”对话框

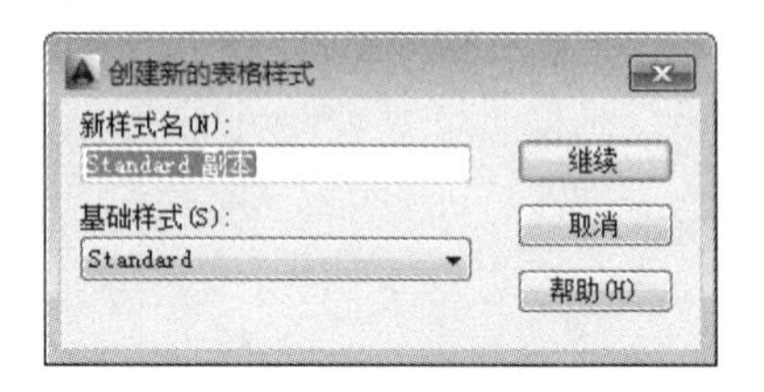

图 4-24 “创建新的表格样式”对话框

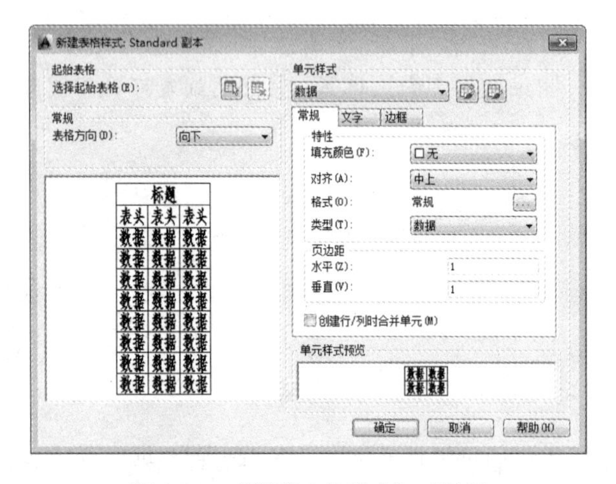

图 4-25 “新建表格样式”对话框

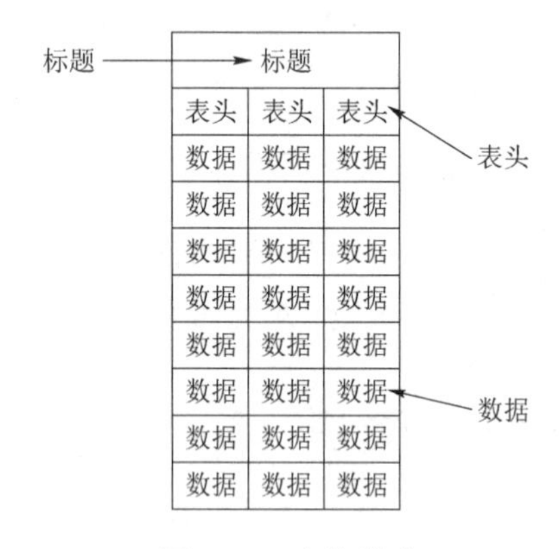

图 4-26 表格样式

（1）“常规”选项卡。

① “特性”选项组。

a.填充颜色：指定填充颜色。

b.对齐：为单元内容指定一种对正方式。

c.格式：设置表格中各行的数据类型和格式。

d.类型：将单元样式指定为标签或数据，在包含起始表格的表格样式中插入默认文字时使用；也用于在工具选项板上创建表格工具的情况。

② “页边距”选项组。

a.水平：设置单元中的文字或块与左右单元边界之间的距离。

b.垂直：设置单元中的文字或块与上下单元边界之间的距离。

（3）“创建行/列时合并单元”复选框：将使用当前单元样式创建的所有新行或列合并到一个单元中。

（2）“文字”选项卡。

① 文字样式：指定文字样式。

② 文字高度：指定文字高度。

③ 文字颜色：指定文字颜色。

④ 文字角度：设置文字角度。

(3)“边框”选项卡。

① 线宽：设置要用于显示边界的线宽。

② 线型：通过单击边框按钮，设置线型以应用于指定边框。

③ 颜色：指定颜色以应用于显示的边界。

④ 双线：指定选定的边框为双线型。

2)“修改”按钮

对当前表格样式进行修改，方法与新建表格样式相同。

2. 创建表格

在命令行中输入 TABLESTYLE 命令，或者选择“绘图”→“表格”命令，打开“插入表格”对话框，如图 4-27 所示。

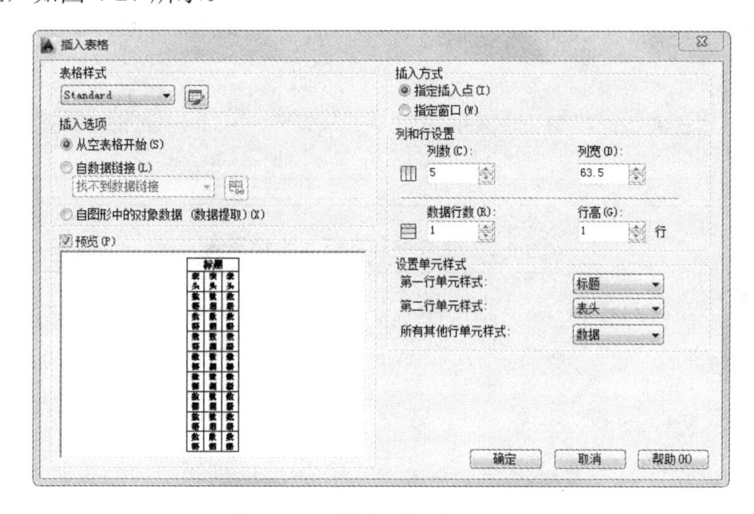

图 4-27　“插入表格”对话框

(1)“表格样式”选项组。可以在“表格样式”下拉列表中选择一种表格样式，也可以通过单击后面的…按钮新建或修改表格样式。

(2)“插入选项”选项组。

① “从空表格开始”单选按钮：创建可以手动填充数据的空表格。

② “自数据链接”单选按钮：通过启动数据链接管理器来创建表格。

③ “自图形中的对象数据”单选按钮：通过启动“数据提取”向导来创建表格。

(3)“插入方式”选项组。

① “指定插入点”单选按钮：指定表格的左上角的位置。可以使用定点设备，也可以在命令行中输入坐标值。如果表格样式将表格的方向设置为由下而上读取，则插入点位于表格的左下角。

② “指定窗口”单选钮：指定表的大小和位置。可以使用定点设备，也可以在命令行

中输入坐标值。选中此单选按钮时，行数、列数、列宽和行高取决于窗口的大小以及列和行的设置。

（4）“列和行设置”选项组。指定列和数据行的数目以及列宽与行高。

（5）“设置单元样式”选项组。指定“第一行单元样式”“第二行单元样式”和“所有其他行单元样式”分别为标题、表头或者数据样式。

一个单位行高的高度为文字高度与垂直边距的和。列宽设置必须不小于文字宽度与水平边距的和，如果列宽小于此值，则实际列宽以文字宽度与水平边距的和为准。

在“插入表格”对话框中进行相应的设置后，单击“确定”按钮，系统在指定的插入点或窗口自动插入一个空表格，并显示多行文字编辑器，用户可以逐行逐列输入相应的文字或数据，如图 4-28 所示。

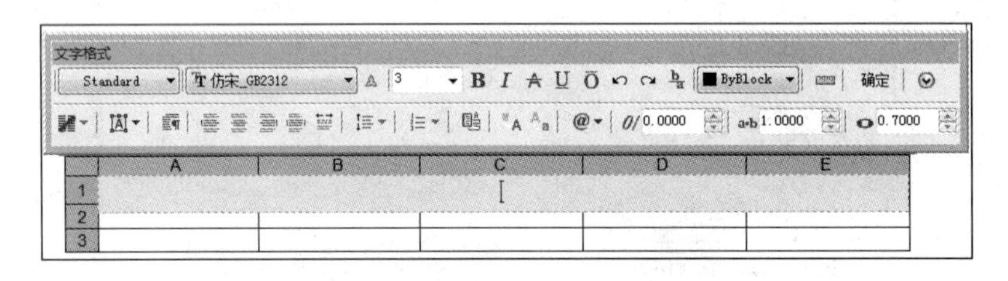

图 4-28 空表格和多行文字编辑器

任务实施

1. 设置表格样式

（1）选择“格式”→“表格样式”命令，打开“表格样式”对话框，如图 4-29 所示。

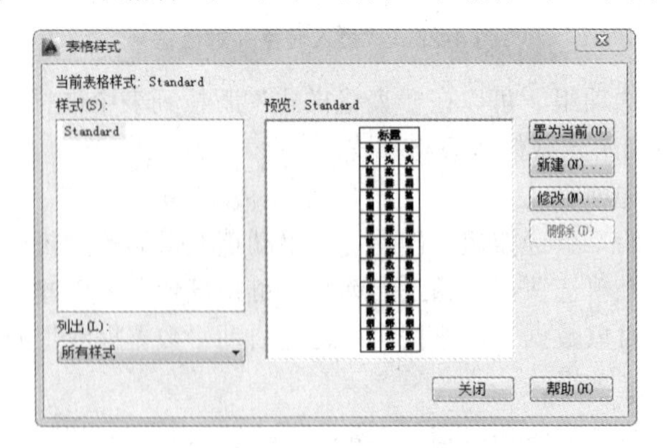

图 4-29 “表格样式”对话框

（2）单击“修改”按钮，打开“修改表格样式”对话框，如图 4-30 所示。在该对话框中进行如下设置：将“数据”单元的文字样式设置为 Standard，文字高度为 5，文字颜色为

“红色”，填充颜色为“无”，对齐方式为“左中”，边框颜色为“绿色”，水平页边距和垂直页边距均为1.5；将“标题”单元的文字样式设置为Standard，文字高度为5，文字颜色为“蓝色”，填充颜色为“无”，对齐方式为“正中”；表格方向为“向上”。

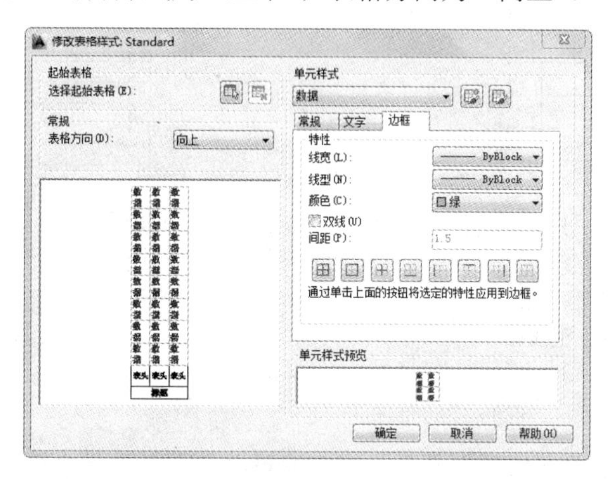

图 4-30　“修改表格样式”对话框

（3）设置好表格样式后，单击“确定”按钮退出。

2. 创建表格

（1）选择“绘图”→“表格”命令，打开“插入表格”对话框，如图 4-31 所示。设置插入方式为“指定插入点”，数据行数和列数设置为11行5列，列宽为10，行高为1行。

（2）单击“确定”按钮后，会在绘图平面指定插入点，插入图 4-32 所示的空表格，并显示多行文字编辑器，不输入文字，直接在多行文字编辑器中单击“确定”按钮退出。

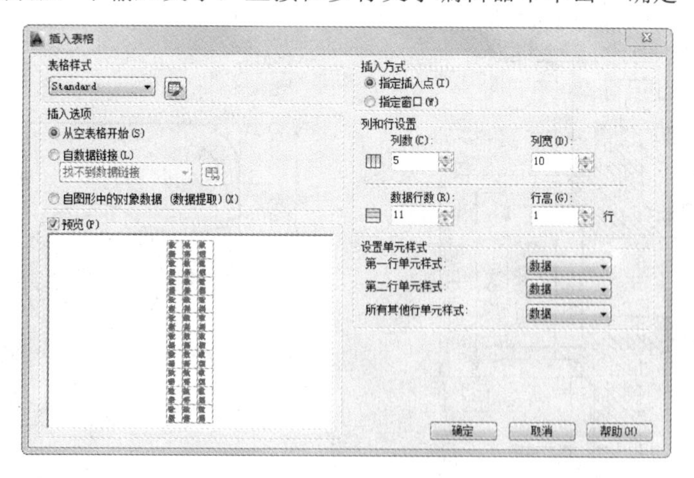

图 4-31　“插入表格”对话框

3. 改变列宽

单击表格第2列中的任意一个单元格，出现钳夹点后，将右边钳夹点向右拖动，将列宽设定为30。使用同样方法，将第3列和第5列的列宽设置为40和20，结果如图4-33所示。

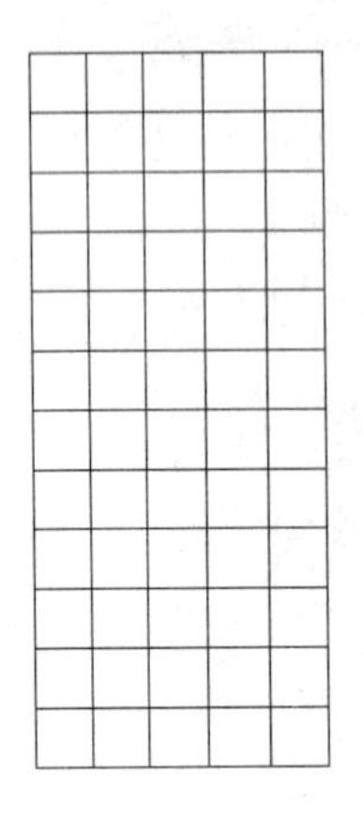

图 4-32　空表格

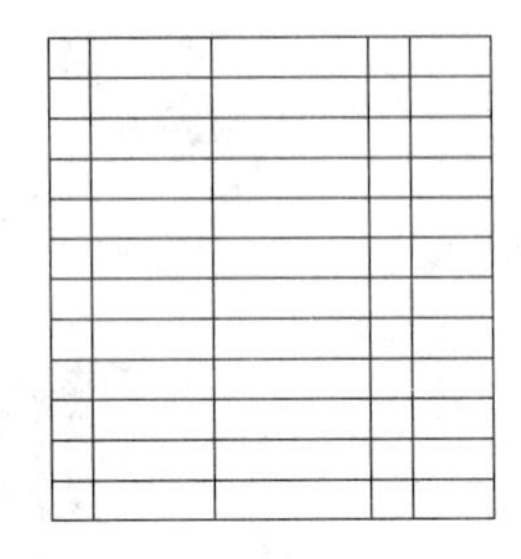

图 4-33　改变列宽

4. 输入表格内容

双击要输入文字的单元格，打开多行文字编辑器，在各单元中输入相应的文字或数据，最终结果如图 4-22 所示。

任务三　标注阀盖尺寸

任务引入

本任务标注阀盖尺寸，如图 4-34 所示。

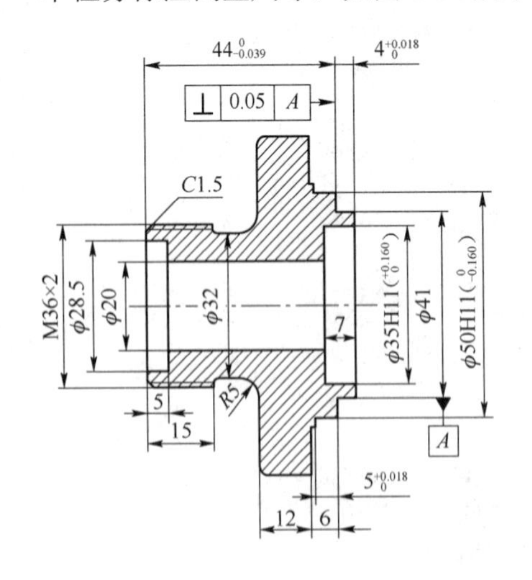

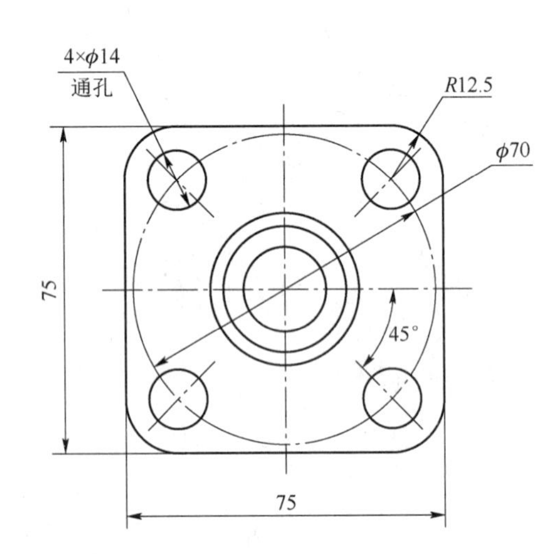

图 4-34　阀盖尺寸

任务说明

尺寸标注是机械制图设计过程中相当重要的一个环节。由于图形的主要作用是表达物体的形状，而物体各部分的真实大小和各部分之间的确切位置只能通过尺寸标注来表达。因此，没有正确的尺寸标注，绘制出的图纸对于加工制造和设计安装就没有意义。

知识与技能目标

1. 掌握表格样式的设置。
2. 熟练使用各种尺寸标注命令。
3. 掌握利用引线命令标注几何公差。

任务分析

阀盖图形中共有 3 种尺寸标注类型：线性尺寸、直径尺寸和角度尺寸，我们可以逐步标注。

相关知识

1. 设置尺寸样式

在进行尺寸标注之前，要建立尺寸标注的样式。如果用户不建立尺寸样式而直接进行标注，则系统使用默认的名称为 Standard 的样式。用户如果认为使用的标注样式某些设置不合适，也可以修改标注样式。

1）“标注样式管理器”对话框

在命令行输入 DIMSTYLE 命令或者选择“格式”→“标注样式”命令，或者单击“标注”工具栏中的“标注样式”按钮，打开图 4-35 所示的“标注样式管理器”对话框。

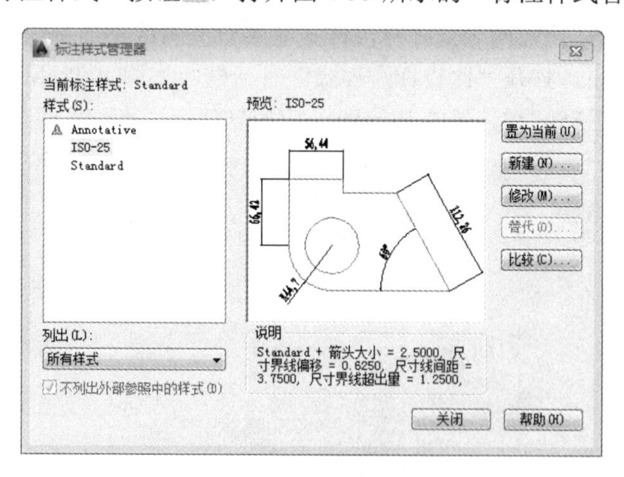

图 4-35　“标注样式管理器”对话框

（1）“置为当前”按钮：单击此按钮，把在“样式”列表框中选中的样式设置为当前样式。

（2）“新建”按钮：定义一个新的尺寸标注样式。单击此按钮，AutoCAD 打开“创建新标注样式”对话框，如图 4-36 所示，利用此对话框可创建一个新的尺寸标注样式，单击“继续”按钮，打开“新建标注样式”对话框，如图 4-37 所示，利用此对话框可对新样式的各项特性进行设置。该对话框中各部分的含义和功能将在后面介绍。

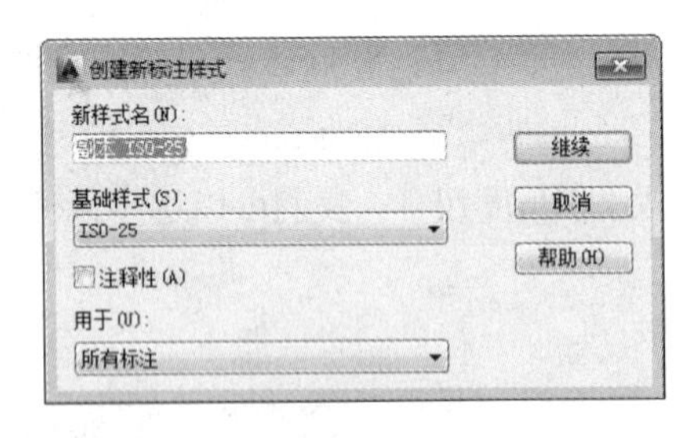

图 4-36 “创建新标注样式”对话框

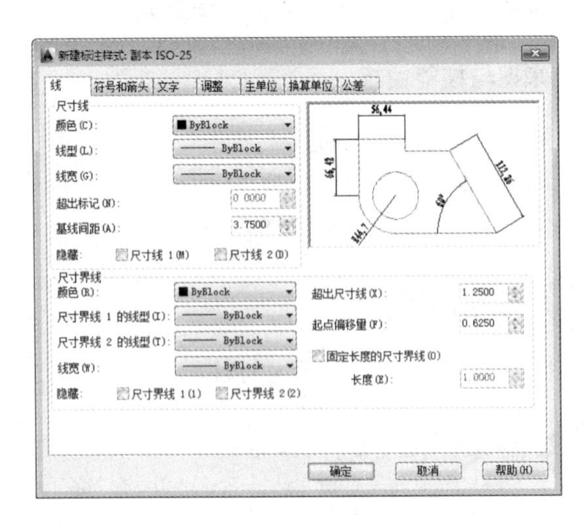

图 4-37 “新建标注样式”对话框

（3）“修改”按钮：修改一个已存在的尺寸标注样式。单击此按钮，打开“修改标注样式”对话框，该对话框中的各选项与“新建标注样式”对话框完全相同，可以对已有标注样式进行修改。

（4）“替代”按钮：设置临时覆盖尺寸标注样式。单击此按钮，打开“替代当前样式”对话框，该对话框中各选项与“新建标注样式”对话框完全相同，用户可改变选项的设置覆盖原来的设置，但这种修改只对指定的尺寸标注起作用，而不影响当前尺寸变量的设置。

（5）“比较”按钮：比较两个尺寸标注样式在参数上的区别或浏览一个尺寸标注样式的参数设置。单击此按钮，打开“比较标注样式”对话框，如图 4-38 所示。可以把比较结果复制到剪切板上，然后粘贴到其他的 Windows 应用软件上。

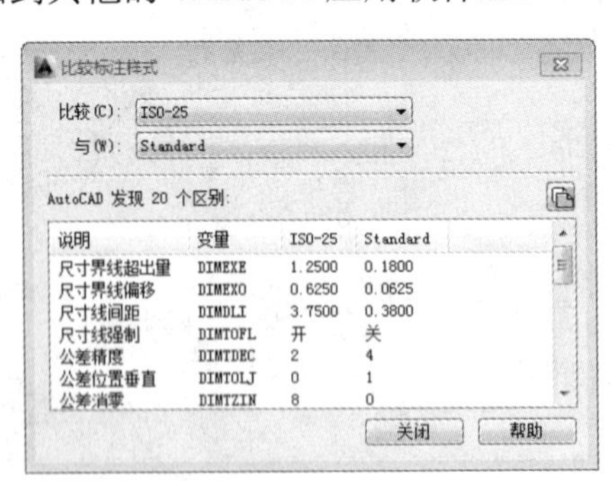

图 4-38 “比较标注样式”对话框

2）“新建标注样式”对话框

在“新建标注样式”对话框中有 7 个选项卡，分别说明如下：

（1）“线”选项卡：该选项卡对尺寸的尺寸线和尺寸界线的各个参数进行设置。其包括尺寸线的颜色、线型、线宽、超出标记、基线间距、隐藏等参数，尺寸界线的颜色、线宽、超出尺寸线、起点偏移量、隐藏等参数。

2）“符号和箭头”选项卡：该选项卡对箭头、圆心标记、弧长符号和半径折弯标注的各个参数进行设置，如图 4-39 所示。其包括箭头的大小、引线、形状等参数，圆心标记的类型、大小等参数，弧长符号位置，半径折弯标注的折弯角度，线性折弯标注的折弯高度因子以及折断标注的折断大小等参数。

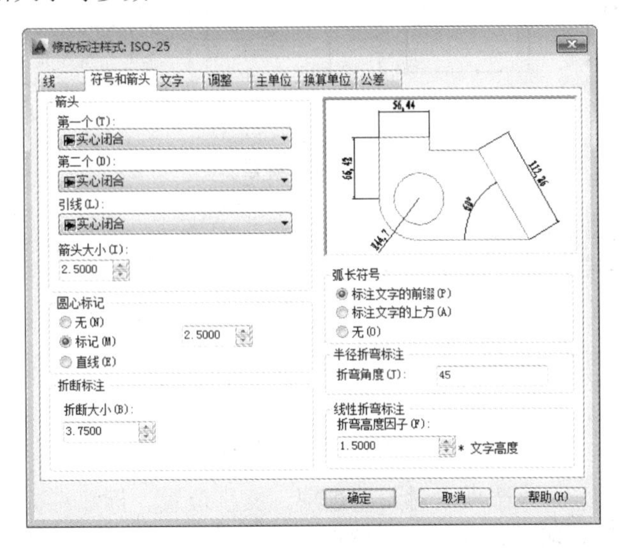

图 4-39　“符号和箭头”选项卡

（3）“文字”选项卡：该选项卡对文字的外观、位置、对齐方式等各个参数进行设置，如图 4-40 所示。其包括文字外观的文字样式、颜色、填充颜色、文字高度、分数高度比例、是否绘制文字边框等参数，文字位置的垂直、水平和从尺寸线偏移量等参数。对齐方式有水平、与尺寸线对齐和 ISO 标准 3 种方式。图 4-41 所示为尺寸在垂直方向放置的 4 种不同情形，图 4-42 所示为尺寸在水平方向放置的 5 种不同情形。

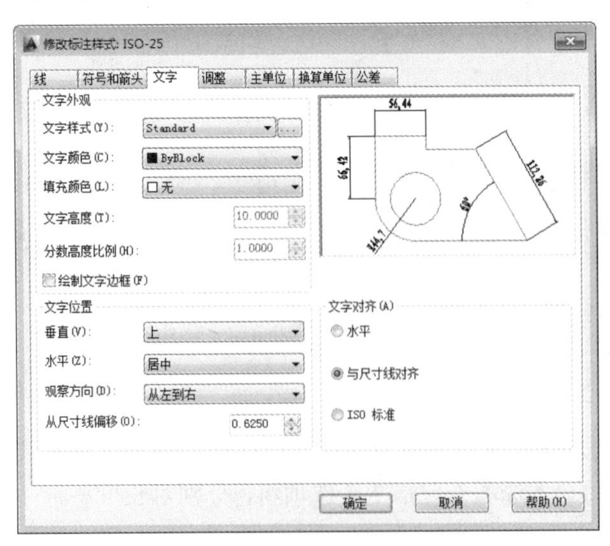

图 4-40　“文字”选项卡

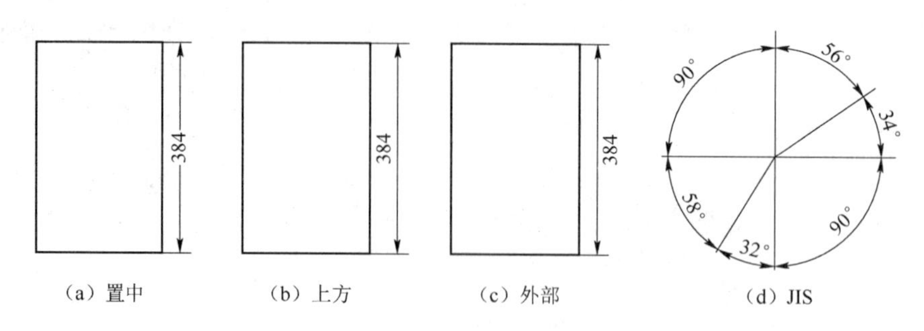

图 4-41　尺寸文本在垂直方向的放置

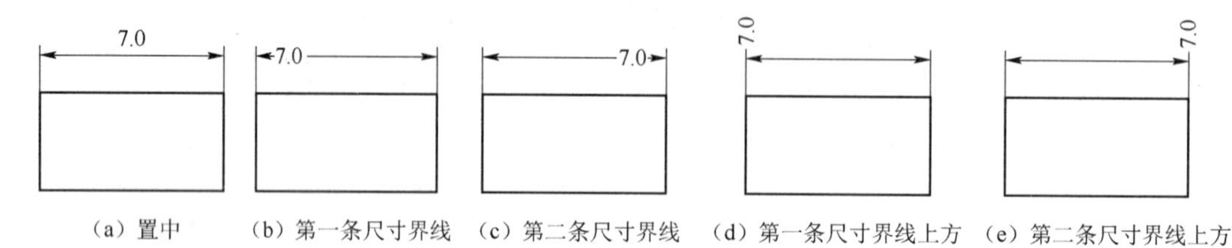

图 4-42　尺寸文本在水平方向的放置

（4）“调整”选项卡：该选项卡对调整选项、文字位置、标注特征比例、优化等各个参数进行设置，如图 4-43 所示。其包括调整选项选择，文字不在默认位置时的放置位置，标注特征比例选择以及调整尺寸要素位置等参数。图 4-44 所示为文字不在默认位置时的放置位置的 3 种不同情形。

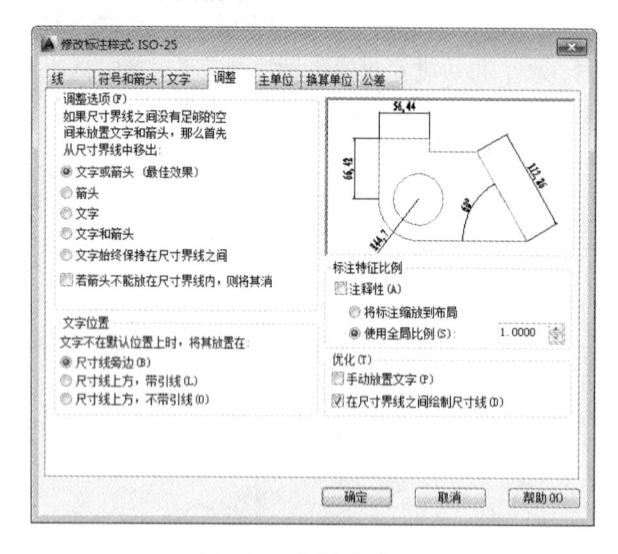

图 4-43　“调整”选项卡

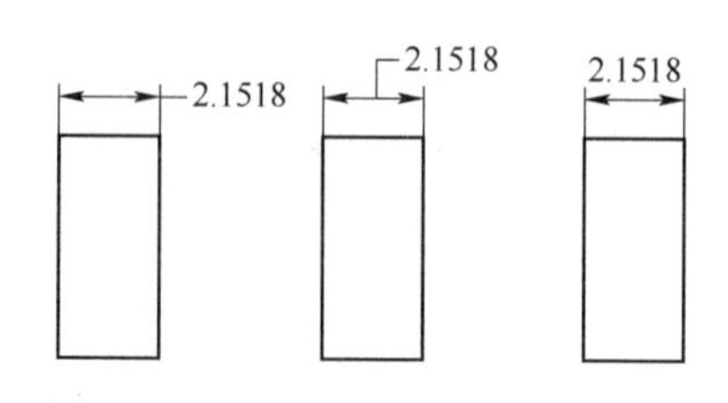

图 4-44　尺寸文本的位置

（5）“主单位”选项卡：该选项卡用来设置尺寸标注的主单位和精度，以及给尺寸文本添加固定的前缀或后缀。本选项卡包括 2 个选项组，分别对长度型标注和角度型标注进行设置，如图 4-45 所示。

（6）“换算单位”选项卡：该选项卡用于设置换算单位，如图 4-46 所示。

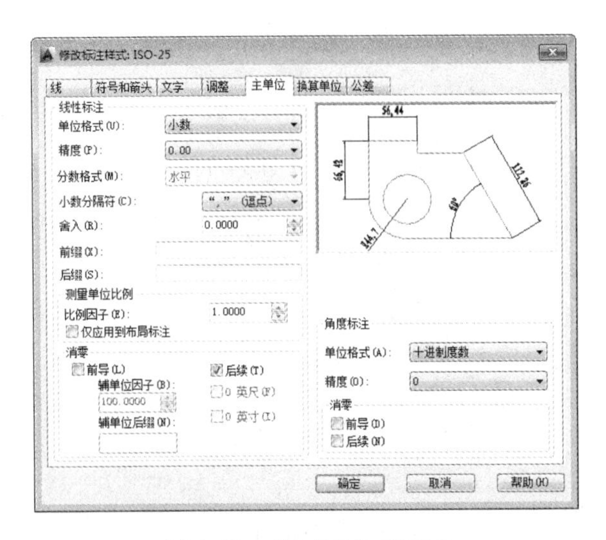

图 4-45 “主单位”选项卡

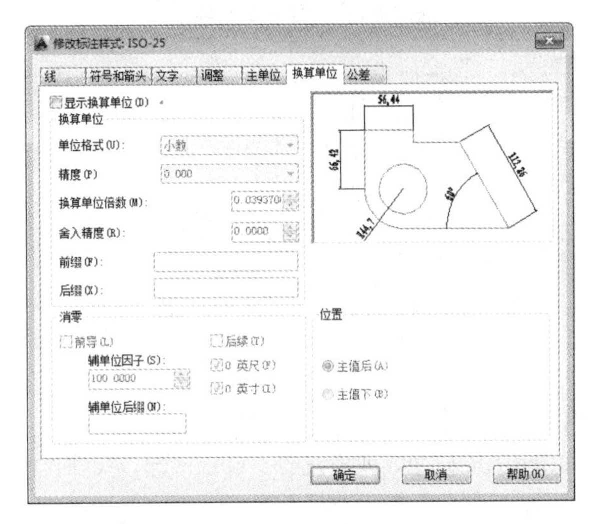

图 4-46 “换算单位”选项卡

(7)“公差”选项卡：该选项卡用于对尺寸公差进行设置，如图 4-47 所示。其中“方式”下拉列表列出了 AutoCAD 提供的 5 种标注公差的形式，用户可从中选择。这 5 种形式分别是“无”“对称”“极限偏差”“极限尺寸”和“基本尺寸”，其中“无”表示不标注公差，即通常标注情形，其余 4 种标注情况如图 4-48 所示。在“精度”“上偏差”“下偏差”“高度比例”“垂直位置”等文本框中输入或选择相应的参数值。

注意

系统自动在上偏差数值前加一“+”号，在下偏差数值前加一“-”号。如果上偏差是负值或下偏差是正值，都需要在输入的偏差值前加负号。如下偏差是+0.005，则需要在“下偏差”微调框中输入−0.005。

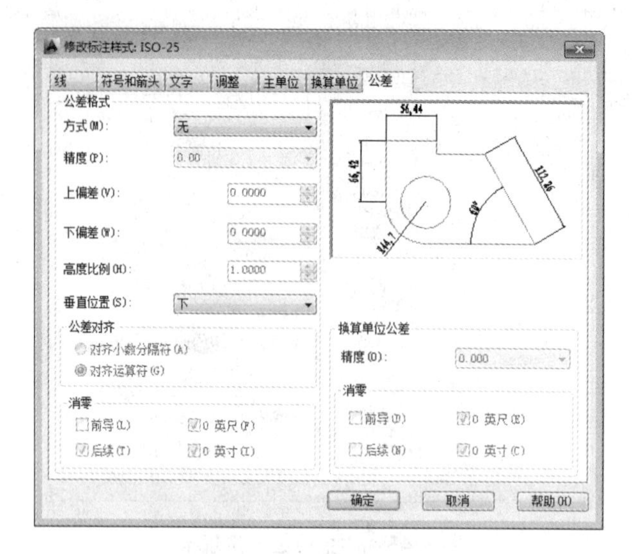

图 4-47　“公差”选项卡

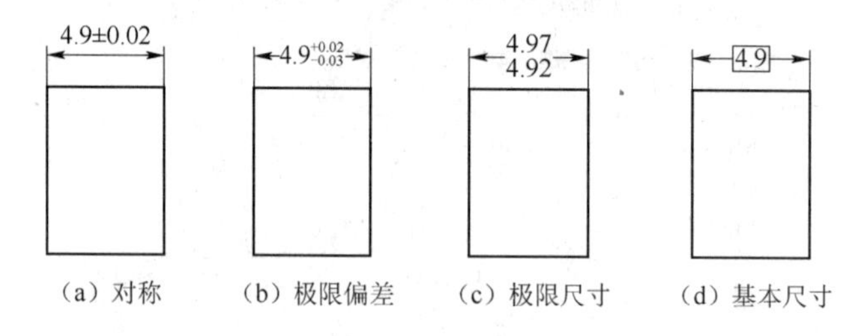

（a）对称　（b）极限偏差　（c）极限尺寸　（d）基本尺寸

图 4-48　公差标注的形式

2. 线性标注

线性尺寸是最简单的一种尺寸。

在命令行输入 DIMLINEAR 命令，或者选择“标注”→“线性”命令，或者单击“标注”工具栏中的“线性”按钮，命令行提示与操作如下：

```
命令:DIMLIN↙
指定第一个尺寸界线原点或 <选择对象>:
选择标注对象:
指定尺寸线位置或[多行文字(M)/文字(T)/角度(A)/水平(H)/垂直(V)/旋转(R)]:
```

命令行提示中的各个选项含义如下：

（1）指定尺寸线位置：确定尺寸线的位置。用户可移动鼠标选择合适的尺寸线位置，然后按 Enter 键或单击，AutoCAD 则自动测量所标注线段的长度并标注出相应的尺寸。

（2）多行文字（M）：用多行文本编辑器确定尺寸文本。

（3）文字（T）：在命令行提示下输入或编辑尺寸文本。选择此选项后，AutoCAD 提示：

输入标注文字 <默认值>:

其中的默认值是 AutoCAD 自动测量得到的被标注线段的长度，直接按 Enter 键即可采用此长度值，也可输入其他数值代替默认值。当尺寸文本中包含默认值时，可使用尖括号“< >”表示默认值。

（4）角度（A）：确定尺寸文本的倾斜角度。

（5）水平（H）：水平标注尺寸，不论标注什么方向的线段，尺寸线均水平放置。

（6）垂直（V）：垂直标注尺寸，不论被标注线段沿什么方向，尺寸线总保持垂直。

（7）旋转（R）：输入尺寸线旋转的角度，旋转标注尺寸。

3. 角度标注

在命令行输入 DIMANGULAR 命令，或者选择“标注”→“角度”命令，或者单击“标注”工具栏中的“角度”按钮，命令行提示与操作如下：

```
命令:DIMANGULAR↙
选择圆弧、圆、直线或 <指定顶点>:
```

命令行提示中的各个选项含义如下：

（1）选择圆弧（标注圆弧的中心角）：当用户选取一段圆弧后，AutoCAD 提示：

```
指定标注弧线位置或[多行文字(M)/文字(T)/角度(A)  /象限点(Q)]:(确定尺寸线的位置或选取某一项)
```

在此提示下确定尺寸线的位置，AutoCAD 按自动测量得到的值标注出相应的角度，在此之前用户可以选择“多行文字（M）”项、“文字（T）”项、“角度（A）”项或“象限点（Q）”，通过多行文本编辑器或命令行来输入或定制尺寸文本以及指定尺寸文本的倾斜角度。

（2）选择圆（标注圆上某段弧的中心角）：当用户点取圆上一点选择该圆后，AutoCAD 提示选取第二点：

```
指定角的第二个端点:(选取另一点,该点可在圆上,也可不在圆上)
指定标注弧线位置或 [多行文字(M)/文字(T)/角度(A)  /象限点(Q)]:
```

确定尺寸线的位置，AutoCAD 标出一个角度值，该角度以圆心为顶点，两条尺寸界线通过所选取的两点，第二点可以不必在圆周上。用户还可以选择“多行文字（M）”项、“文字（T）”项、“角度（A）”或“象限点（Q）”项编辑尺寸文本和指定尺寸文本的倾斜角度，如图 4-49 所示。

（3）选择直线（标注两条直线间的夹角）：当用户选取一条直线后，AutoCAD 提示选取另一条直线：

```
选择第二条直线:(选取另外一条直线)
指定标注弧线位置或 [多行文字(M)/文字(T)/角度(A)  /象限点(Q)]:
```

在此提示下确定尺寸线的位置，AutoCAD 标出这两条直线之间的夹角。该角以两条直线的交点为顶点，以两条直线为尺寸界线，所标注角度取决于尺寸线的位置，如图 4-50 所示。用户还可以利用“多行文字(M)”项、“文字(T)”项、“角度(A)” 或“象限点（Q）”项编辑尺寸文本和指定尺寸文本的倾斜角度。

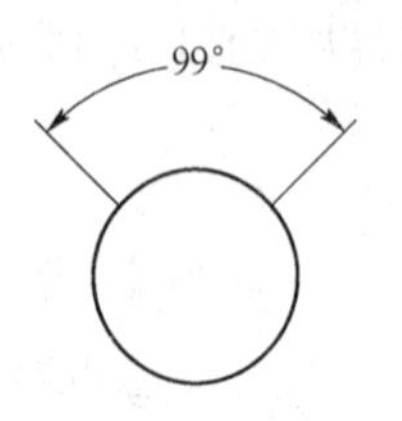

图 4-49　标注角度

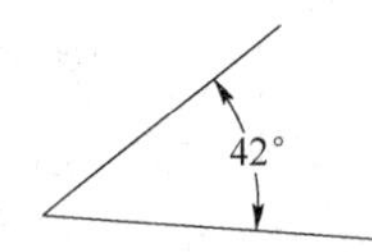

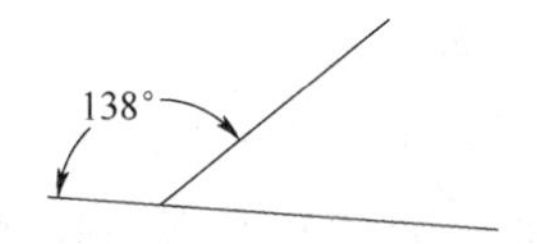

图 4-50　标注两直线的夹角

（4）<指定顶点>：直接按 Enter 键，AutoCAD 提示：

```
指定角的顶点：(指定顶点)
指定角的第一个端点：(输入角的第一个端点)
指定角的第二个端点：(输入角的第二个端点)
创建了无关联的标注。
指定标注弧线位置或 [多行文字(M)/文字(T)/角度(A) /象限点(Q)]：(输入一点作为角的顶点)
```

在此提示下给定尺寸线的位置，AutoCAD 根据给定的三点标注出角度，如图 4-51 所示。另外，用户还可以用“多行文字（M）”项、“文字（T）”项、“角度（A）”或“象限点（Q）”项编辑尺寸文本和指定尺寸文本的倾斜角度。

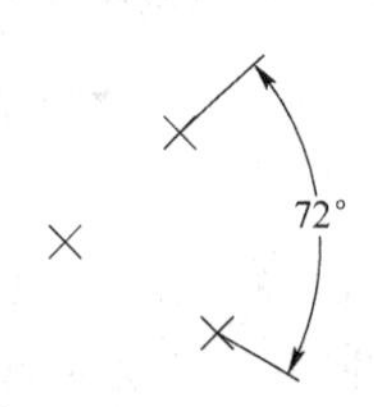

图 4-51　标注三点确定的角度

4. 直径标注

在标注圆或大于半圆的圆弧时，要用到“直径”命令。

在命令行输入 DIMDIAMETER 命令，或者选择“标注”→“直径”命令，或者单击“标注”工具栏中的“直径”按钮，命令行提示与操作如下：

```
命令：DIMDIAMETER↙
选择圆弧或圆：(选择要标注直径的圆或圆弧)
指定尺寸线位置或 [多行文字(M)/文字(T)/角度(A)]：(确定尺寸线的位置或选择某一选项)
```

用户可以选择“多行文字(M)”项、“文字(T)”项或“角度(A)”项来输入、编辑尺寸文本或确定尺寸文本的倾斜角度，也可以直接确定尺寸线的位置标注出指定圆或圆弧的直径。

5. 引线标注

利用 LEADER 命令可以创建灵活多样的引线标注形式，可根据需要把指引线设置为折线或曲线，指引线可带箭头，也可不带箭头，注释文本可以是多行文本，也可以是几何公差，也可以从图形其他部位复制，还可以是一个图块。

在命令行输入 LEADER 命令，命令行提示与操作如下：

```
命令：LEADER↙
指定引线起点：(输入指引线的起始点)
指定下一点：(输入指引线的另一点)
指定下一点或 [注释(A)/格式(F)/放弃(U)] <注释>：
```

命令行提示中的各个选项含义如下：

1）指定下一点

直接输入一点，AutoCAD 根据前面的点绘制出折线作为指引线。

2）<注释>

输入注释文本，为默认项。在上面提示下直接按 Enter 键，AutoCAD 提示：

输入注释文字的第一行或 <选项>:

（1）输入注释文本：在此提示下输入第一行文本后按 Enter 键，用户可继续输入第二行文本，如此反复执行，直到输入全部注释文本，然后在此提示下直接按 Enter 键，AutoCAD 会在指引线终端标注出所输入的多行文本，并结束 LEADER 命令。

（2）直接按 Enter 键：如果在上面的提示下直接按 Enter 键，AutoCAD 提示：

输入注释选项 [公差(T)/副本(C)/块(B)/无(N)/多行文字(M)] <多行文字>:

在此提示下选择一个注释选项或直接按 Enter 键选择“多行文字”选项。其中各个选项含义如下：

① 公差（T）：标注几何公差。

② 副本（C）：把已由 LEADER 命令创建的注释复制到当前指引线的末端。执行该选项，AutoCAD 提示：

选择要复制的对象:

在此提示下选取一个已创建的注释文本，则 AutoCAD 把它复制到当前指引线的末端。

③ 块（B）：插入块，把已经定义好的图块插入指引线末端。执行该选项，系统提示：

输入块名或 [?]:

在此提示下输入一个已定义好的图块名，AutoCAD 把该图块插入指引线的末端；或输入“？”列出当前已有图块，用户可从中选择。

④ 无（N）：不进行注释，没有注释文本。

⑤ <多行文字>：用多行文本编辑器标注注释文本并定制文本格式，为默认选项。

3）格式（F）

“格式”确定指引线的形式。选择该项，AutoCAD 提示：

输入引线格式选项 [样条曲线(S)/直线(ST)/箭头(A)/无(N)] <退出>:

选择指引线形式，或直接按 Enter 键回到上一级提示。

（1）样条曲线（S）：设置指引线为样条曲线。

（2）直线（ST）：设置指引线为折线。

（3）箭头（A）：在指引线的起始位置绘制箭头。

（4）无（N）：在指引线的起始位置不绘制箭头。

（5）<退出>：此项为默认选项，选取该项退出“格式”选项，返回“指定下一点或[注释（A）/格式（F）/放弃（U）]<注释>:”提示，并且指引线形式按默认方式设置。

6. 快速引线标注

利用 QLEADER 命令可快速生成指引线及注释，而且可以通过命令行优化对话框进行用户自定义，由此可以消除不必要的命令行提示，取得更高的工作效率。

在命令行转行中输入 QLEADER 命令，命令行中的提示和操作如下：

```
命令:QLEADER↙
指定第一个引线点或 [设置(S)] <设置>:
```

命令行提示中的各个选项含义如下：

1）指定第一个引线点

在上面的提示下确定一点作为指引线的第一点，AutoCAD 提示：

```
指定下一点:(输入指引线的第二点)
指定下一点:(输入指引线的第三点)
```

AutoCAD 提示用户输入的点的数目由“引线设置”对话框确定。输入完指引线的点后 AutoCAD 提示：

```
指定文字宽度 <0.0000>:(输入多行文本的宽度)
输入注释文字的第一行 <多行文字(M)>:
```

此时，有两种命令输入选择，含义如下：

（1）输入注释文字的第一行：在命令行输入第一行文本，AutoCAD 继续提示：

```
输入注释文字的下一行:(输入另一行文本)
输入注释文字的下一行:(输入另一行文本或按 Enter 键)
```

（2）<多行文字(M)>：打开多行文字编辑器，输入编辑多行文字。

输入全部注释文本后，在此提示下直接按 Enter 键，AutoCAD 结束 QLEADER 命令并把多行文本标注在指引线的末端附近。

2）<设置>

在上面提示下直接按 Enter 键或输入 S，AutoCAD 打开“引线设置”对话框，允许对引线标注进行设置。该对话框包含“注释”“引线和箭头”和“附着”3 个选项卡，下面分别进行介绍。

（1）“注释”选项卡（图 4-52）：用于设置引线标注中注释文本的类型、多行文本的格式并确定注释文本是否多次使用。

（2）“引线和箭头”选项卡（图 4-53）：用于设置引线标注中指引线和箭头的形式。其中“点数”选项组设置执行 QLEADER 命令时 AutoCAD 提示用户输入的点的数目。例如，设置点数为 3，执行 QLEADER 命令时当用户在提示下指定 3 个点后，AutoCAD 自动提示用户输入注释文本。注意设置的点数要比用户希望的指引线的段数多 1。可利用微调框进行设置，如果选中“无限制”复选框，AutoCAD 会一直提示用户输入点直到连续按 Enter 键两次为止。“角度约束”选项组设置第一段和第二段指引线的角度约束。

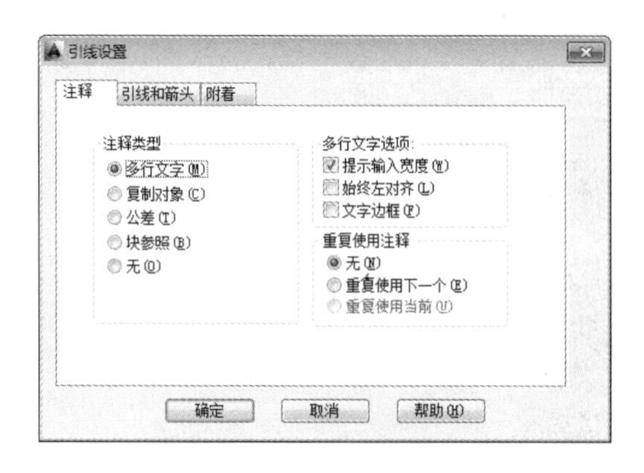

图 4-52　“注释”选项卡

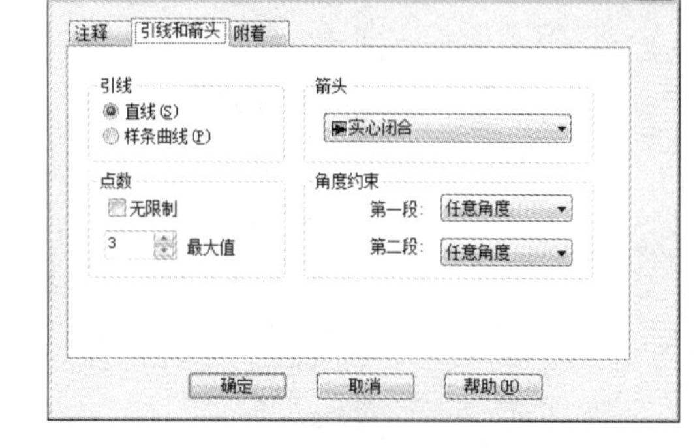

图 4-53　“引线和箭头”选项卡

（3）“附着”选项卡（图 4-54）：设置注释文本和指引线的相对位置。如果最后一段指引线指向右边，AutoCAD 自动把注释文本放在右侧；如果最后一段指引线指向左边，AutoCAD 自动把注释文本放在左侧。利用本选项卡中左侧和右侧的单选按钮分别设置位于左侧和右侧的注释文本与最后一段指引线的相对位置，二者可相同也可不相同。

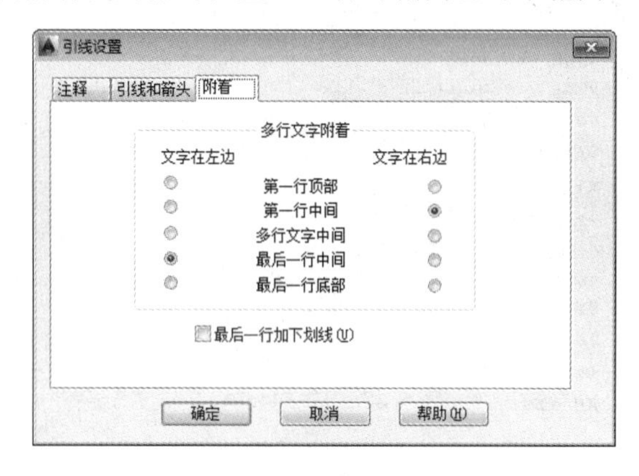

图 4-54　“附着”选项卡

任务实施

1．设置文字样式

选择“格式”→“文字样式”命令设置文字样式。

2．标注样式

选择“格式”→“标注样式”命令设置标注样式。在打开的“标注样式管理器”对话框中单击“新建”按钮，创建新的标注样式并命名为“机械设计”，用于标注图样中的尺寸。单击“继续”按钮，对打开的“新建标注样式：机械设计”对话框中的各个选项卡进行设置，如图 4-55 和图 4-56 所示。设置完成后，单击“确定”按钮，返回“标注样式管理器”对话框。

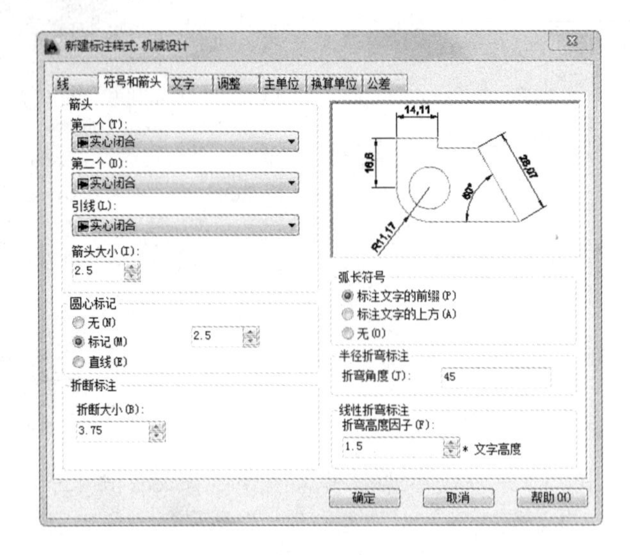

图 4-55 “符号和箭头”选项卡

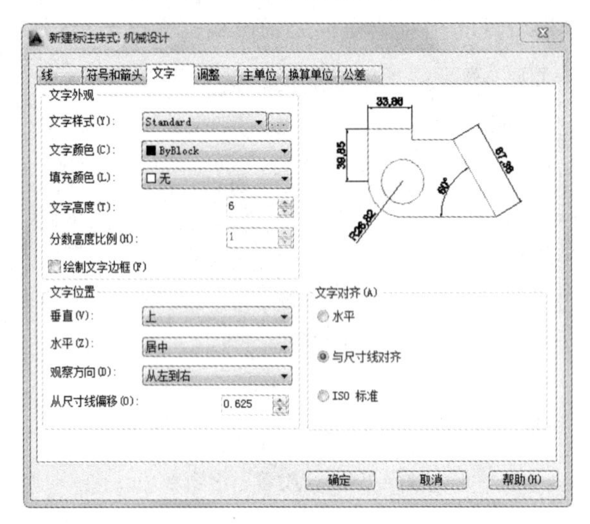

图 4-56 “文字”选项卡

3. 新建标注

利用“标注样式”命令，打开“标注样式管理器”对话框，在“样式”列表框中选择“机械设计”选项，单击“新建”按钮，分别设置直径、半径及角度标注样式。其中，在直径及半径标注样式的“调整”选项卡中选中“手动放置文字”复选框，如图 4-57 所示；在角度标注样式的“文字”选项卡的“文字对齐”选项组中选中“水平”单选按钮，如图 4-58 所示，其他选项卡的设置均保持默认。

4. 设置标注

在“标注样式管理器”对话框中选择“机械设计”标注样式，单击“置为当前”按钮，将其设置为当前标注样式。

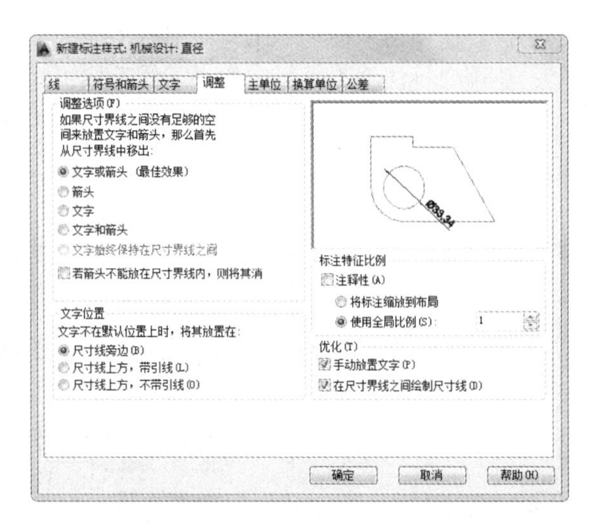

图 4-57　直径及半径标注样式的“调整”选项卡

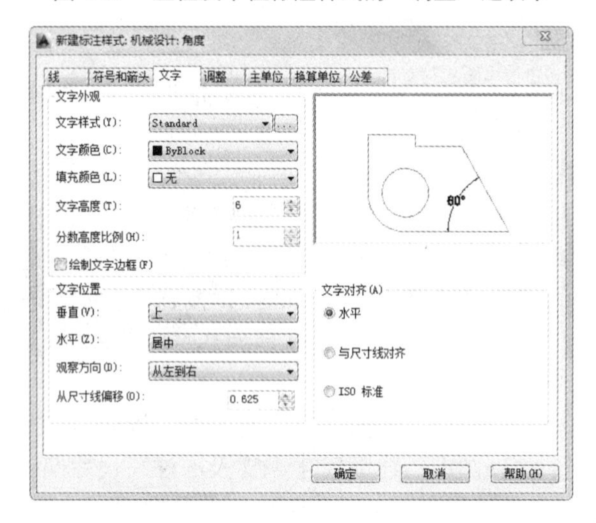

图 4-58　角度标注样式的“文字”选项卡

5. 标注阀盖主视图中的线性尺寸

利用“线性”命令从左至右，依次标注阀盖主视图中的竖直线性尺寸为 M36×2、ϕ28.5、ϕ20、ϕ32、ϕ35、ϕ41、ϕ50 及ϕ53。在标注尺寸ϕ35 时，需要输入标注文字“%%C35H11（{\H0.7x;\S+0.160^0;}）”；在标注尺寸ϕ50 时，需要输入标注文字“%%C50H11（{\H0.7x;\S0^–0.160;}）”，结果如图 4-59 所示。

6. 线性标注

在命令行输入 DIMLINEAR 命令，或者选择“标注”→“线性”命令，或者单击“标注”工具栏中的“线性”按钮，标注阀盖主视图上部的线性尺寸 44；单击“标注”工具栏中的“连续”按钮，标注连续尺寸 4；单击“标注”工具栏中的“线性”按钮，标注阀盖主视图中部的线性尺寸 7 和阀盖主视图下部左边的线性尺寸 5；单击“标注”工具栏中的“基线”按钮，标注基线尺寸 15；单击“标注”工具栏中的“线性”按钮，标注阀盖主视图下部右边的线性尺寸 5；单击“标注”工具栏中的“基线”按钮，标注基线尺寸 6；单击“标注”工具栏中的“连续”按钮，标注连续尺寸 12，结果如图 4-60 所示。

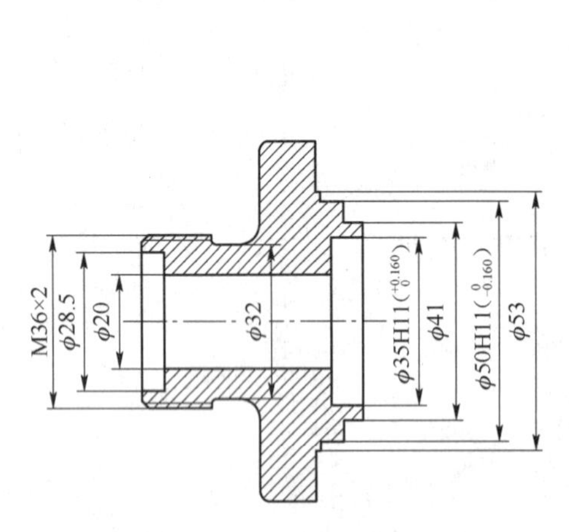

图 4-59　标注主视图竖直线性尺寸

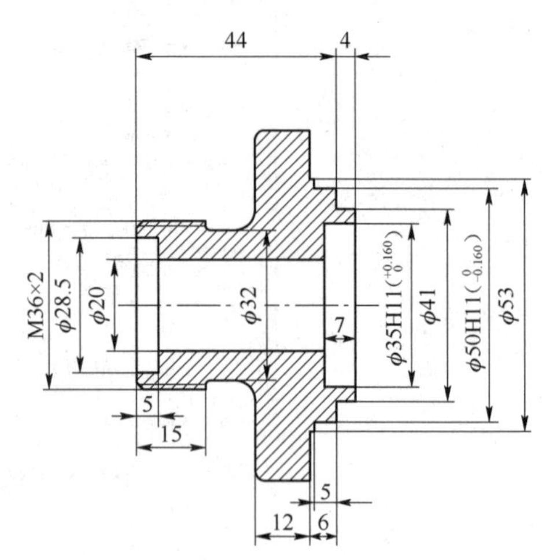

图 4-60　标注主视图水平线性尺寸

7. 设置样式

利用“标注样式”命令，打开“标注样式管理器”对话框，在“样式”列表框中选择“机械设计”选项，单击“替代”按钮。打开“替代当前样式”对话框。切换到“主单位”选项卡，将“线性标注”选项组中的精度设置为 0.00；切换到“公差”选项卡，在“公差格式”选项组中将方式设置为“极限偏差”，设置上偏差为 0，下偏差为 0.39，高度比例为 0.7，设置完成后单击“确定”按钮。

执行“标注更新”命令，选取主视图上线性尺寸 44，即可为该尺寸添加尺寸偏差。

按同样的方式分别为主视图中的线性尺寸 4、7 及 5 注写尺寸偏差，结果如图 4-61 所示。

8. 标注阀盖主视图中的倒角及圆角半径

（1）在命令行转行中输入 QLEADER 命令，标注主视图中的倒角尺寸 1.5×45°。

（2）单击“标注”工具栏中的“半径”按钮，标注主视图中的半径尺寸 *R*5。

9. 标注阀盖左视图中的尺寸

（1）单击“标注”工具栏中的“线性”按钮，标注阀盖左视图中的线性尺寸 75。

（2）单击“标注”工具栏中的“直径”按钮，标注阀盖左视图中的直径尺寸*ϕ*70 及 4×*ϕ*14。在标注尺寸 4×*ϕ*14 时，需要输入标注文字“4×<>”。

（3）单击“标注”工具栏中的“半径”按钮，标注左视图中的半径尺寸 *R*12.5。

（4）单击“标注”工具栏中的“角度”按钮，标注左视图中的角度尺寸 45°。

（5）选择“格式”→“文字样式”命令，创建新文字样式“HZ”，用于书写汉字。该标注样式的字体名为“仿宋_GB2312”，宽度比例为 0.7。在命令行中输入 TEXT，设置文字样式为 HZ，在尺寸 4×*ϕ*14 的引线下部输入文字“通孔”，结果如图 4-62 所示。

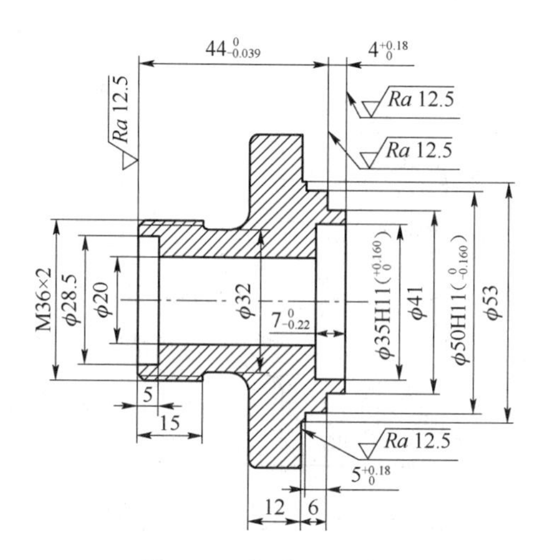

图 4-61　标注尺寸偏差

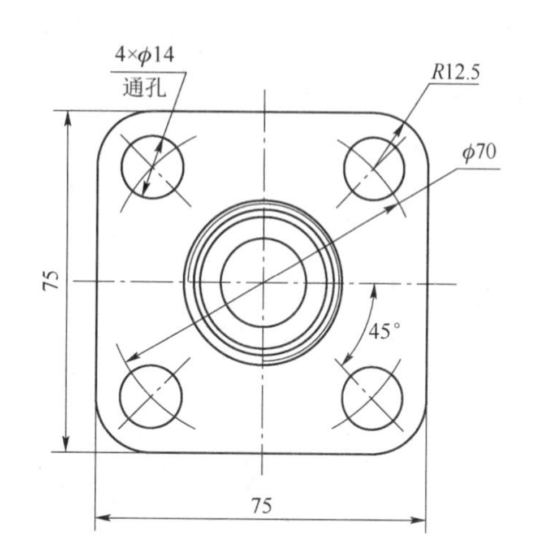

图 4-62　标注左视图中的尺寸

10. 标注阀盖主视图中的几何公差

命令行提示与操作如下：

命令：QLEADER↙（利用“快速引线”命令，标注几何公差）

指定第一个引线点或 [设置(S)] <设置>:↙（按 Enter 键，在打开的“引线设置”对话框中设置各个选项卡，如图 4-63 和图 4-64 所示。设置完成后单击“确定”按钮）

指定第一个引线点或 [设置(S)] <设置>:（捕捉阀盖主视图尺寸 44 右端延伸线上的最近点）

指定下一点：（向左移动鼠标，在适当位置处单击，打开“形位公差”对话框，对其进行设置，如图 4-65 所示，单击“确定”按钮）

结果如图 4-66 所示。

图 4-63　“注释”选项卡

图 4-64　“引线和箭头”选项卡

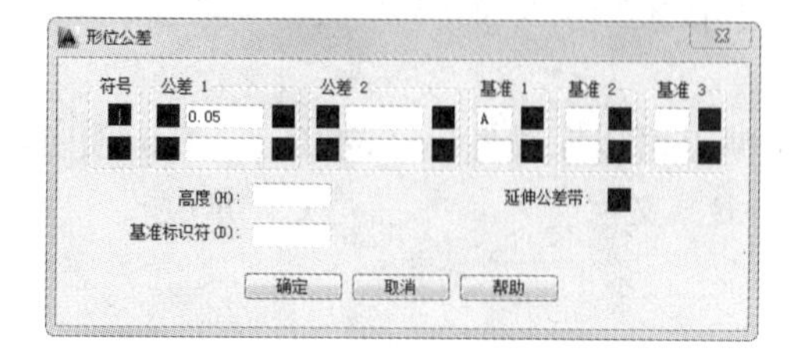

图 4-65　“形位公差”对话框

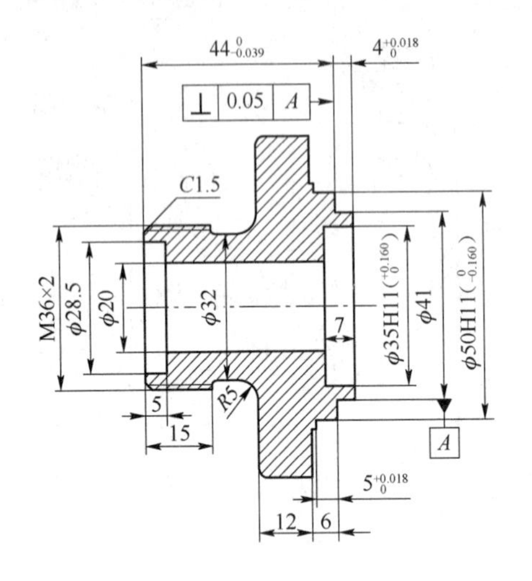

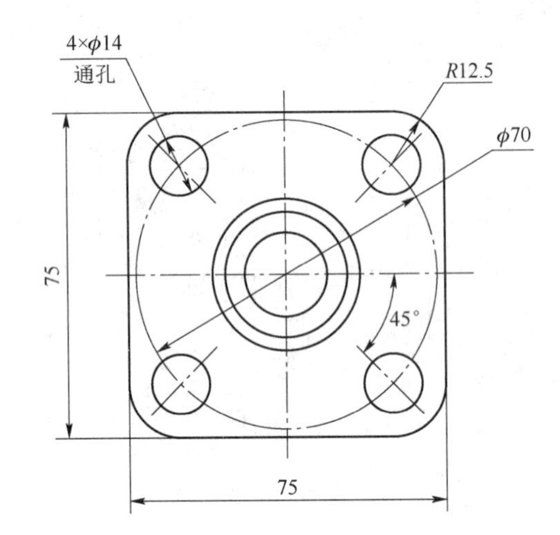

图 4-66　标注几何公差

11. 利用相关绘图命令绘制基准符号，结果如图 4-34 所示。

课后练习

一、选择题

1. 在设置文字样式时，设置了文字的高度，其效果是（　　）。

A. 输入单行文字时，可以改变文字高度

B. 输入单行文字时，不可以改变文字高度

C. 输入多行文字时，不能改变文字高度

D. 都能改变文字高度

2. 将尺寸标注对象如尺寸线、尺寸界线、箭头和文字作为单一的对象，必须将（　　）尺寸标注变量设置为 ON。

A. DIMASZ　　B. DIMASO　　C. DIMON　　D. DIMEXO

3. 下列尺寸标注中共用一条基线的是（）。

A. 基线标注　　B. 连续标注　　C. 公差标注　　D. 引线标注

4. 将图和已标注的尺寸同时放大 2 倍,其结果是（　　）。

A. 尺寸值是原尺寸的 2 倍

B. 尺寸值不变,字高是原尺寸的 2 倍

C. 尺寸箭头是原尺寸的 2 倍

D. 原尺寸不变

5. 尺寸公差中的上下偏差可以在线性标注的（　　）选项中堆叠起来。

A. 多行文字　　B. 文字　　C. 角度　　D. 水平

二、上机操作题

1. 标注图 4-67 所示的技术要求。

1.当无标准齿轮时，允许检查下列3项代替检查径向综合公差和一齿径向综合公差：
a. 齿圈径向跳动公差Fr为0.056.
b. 齿形公差f_f为0.016。
c. 基节极限偏差±f_{pb}为0.018。
2. 未注倒角$C1$。

图 4-67　技术要求

2．绘制图 4-68 所示的变速箱组装图明细表。

14	端盖	1	HT150	
13	端盖	1	HT150	
12	定距环	1	Q235A	
11	大齿轮	1	40	
10	键16×70	1	Q275	GB 1095—2003
9	轴	1	45	
8	轴承	2		3D208
7	端盖	1	HT200	
6	轴承	2		3D211
5	轴	1	45	
4	键8×50	1	Q275	GB 1095—1979
3	端盖	1	HT200	
2	调整垫片	2组	DIF	
1	减速器箱体	1	HT200	
序号	名称	数量	材料	备注

图 4-68　变速箱组装图明细表

3．绘制并标注图 4-69 所示的连接盘。

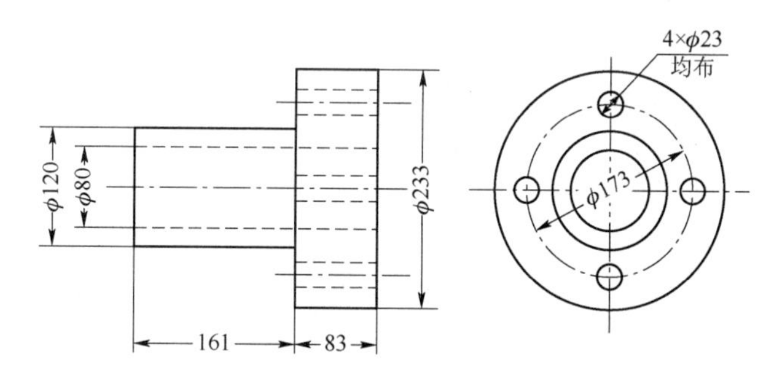

图 4-69　连接盘

项目五　灵活应用辅助绘图工具

任务一　标注阀盖表面粗糙度

任务引入

本任务标注阀盖表面粗糙度，如图 5-1 所示。

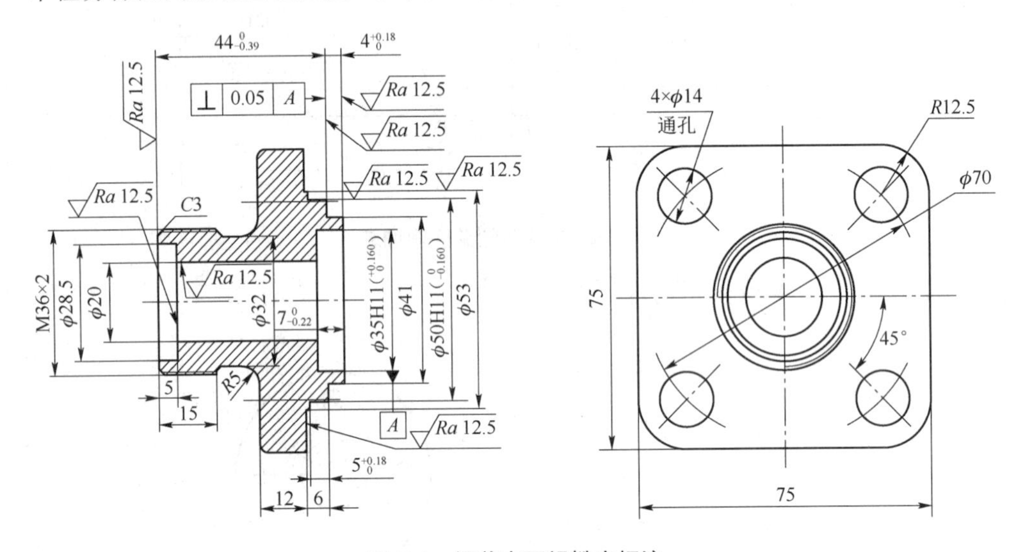

图 5-1　阀盖表面粗糙度标注

任务说明

在机械制图的过程中，可能会遇到需要重复绘制的单元，尤其是在不同的图形中都要重复用到的单元，为了提高绘图效率，避免重复劳动，AutoCAD 提供了图块功能。

知识与技能目标

1. 掌握图块的创建方法。
2. 利用创建块和插入块命令更加快速地绘制图形。

任务分析

在本任务中，利用“直线”命令绘制粗糙度符号，并利用“写块”命令创建图块，最后利用插入块命令以及多行文字命令添加表面粗糙度。

相关知识

1. 图块存盘

用 BLOCK 命令定义的图块保存在其所属的图形当中，该图块只能在该图中插入，不能插入其他的图中。但是有些图块在许多图中要经常用到，这时可以用 WBLOCK 命令把图块以图形文件的形式（扩展名为.dwg）写入磁盘，图形文件可以在任意图形中用 INSERT 命令插入。

在命令行中输入 WBLOCK 命令，打开图 5-2 所示的“写块”对话框。

图 5-2　“写块”对话框

（1）“源”选项组：确定要保存为图形文件的图块或图形对象。选中“块”单选按钮，单击右侧的向下按钮，在下拉列表中选择一个图块，将其保存为图形文件；选中“整个图形”单选按钮，则把当前的整个图形保存为图形文件；选中“对象”单选按钮，则把不属于图块的图形对象保存为图形文件。对象的选取通过“对象”选项组来完成。

（2）“目标”选项组：用于指定图形文件的名字、保存路径和插入单位等。

2. 图块的插入

在用 AutoCAD 绘图的过程中，可根据需要随时把已经定义好的图块或图形文件插入当前图形的任意位置，在插入的同时还可以改变图块的大小，旋转一定角度或把图块分解等。

在命令行输入 INSERT 命令，或者选择“插入”→“块”命令，或者单击“绘图”工具栏中的“插入”按钮，打开图 5-3 所示的“插入”对话框。

（1）“路径”文本框：指定图块的保存路径。

（2）“插入点”选项组：指定插入点，插入图块时该点与图块的基点重合。可以在屏幕上指定该点，也可以通过其下的文本框输入该点坐标值。

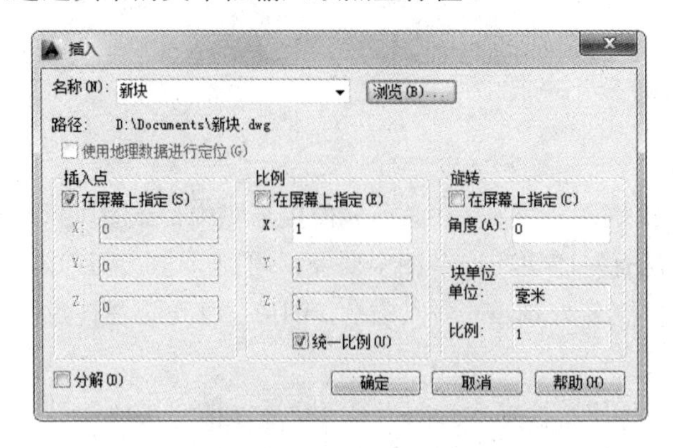

图 5-3　“插入”对话框

（3）“比例”选项组：确定插入图块时的缩放比例。图块被插入当前图形中时，可以以任意比例放大或缩小。如图 5-4 所示，图 5-4（a）是被插入的图块，图 5-4（b）为取比例系数为 1.5 插入该图块的结果，图 5-4（c）是取比例系数为 0.5 的结果。*X* 轴方向和 *Y* 轴方向的比例系数也可以取不同值，如图 5-4（d）所示，*X* 轴方向的比例系数为 1，*Y* 轴方向的比例系数为 1.5。另外，比例系数还可以是一个负数，当为负数时表示插入图块的镜像，其效果如图 5-5 所示。

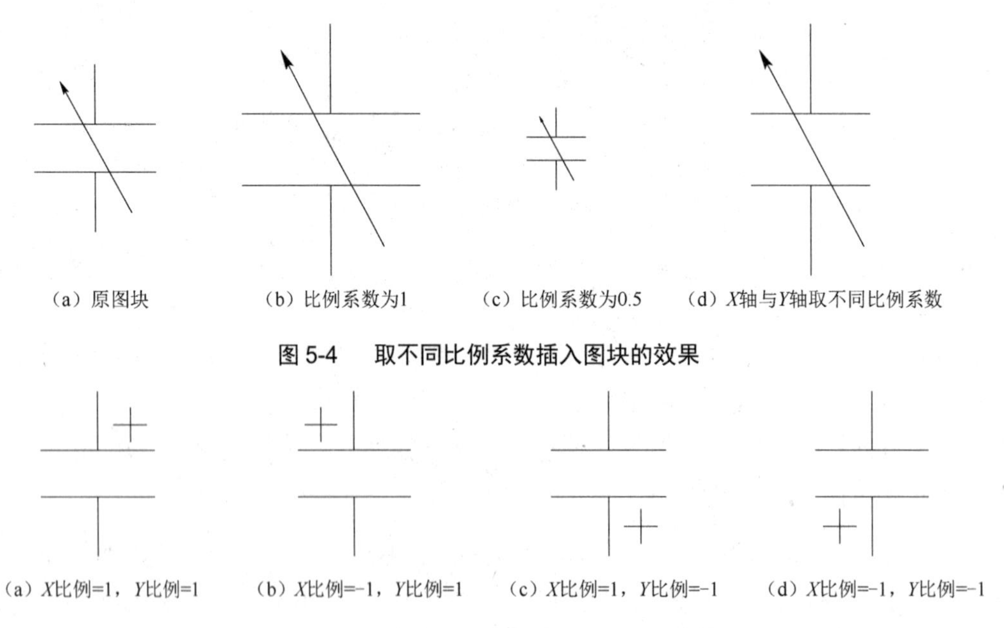

（a）原图块　（b）比例系数为1　（c）比例系数为0.5　（d）*X*轴与*Y*轴取不同比例系数

图 5-4　取不同比例系数插入图块的效果

（a）*X*比例=1，*Y*比例=1　（b）*X*比例=−1，*Y*比例=1　（c）*X*比例=1，*Y*比例=−1　（d）*X*比例=−1，*Y*比例=−1

图 5-5　取比例系数为负数时插入图块的效果

（4）“旋转”选项组：指定插入图块时的旋转角度。图块被插入当前图形中时，可以绕其基点旋转一定的角度，角度可以是正数（表示沿逆时针方向旋转），也可以是负数（表示沿顺时针方向旋转）。图 5-6（b）是图 5-6（a）所示的图块旋转 30° 插入的效果，图 5-6（c）

是旋转-30°插入的效果。

（a）原图块　（b）旋转30°　（c）旋转-30°

图 5-6　以不同旋转角度插入图块的效果

如果选中“在屏幕上指定”复选框，系统切换到作图屏幕，在屏幕上拾取一点，AutoCAD 自动测量插入点与该点连线和 X 轴正方向之间的夹角，并把它作为块的旋转角。也可以在“角度”文本框中直接输入插入图块时的旋转角度。

（5）“分解”复选框：选中此复选框，则在插入块的同时把其炸开，插入图形中的组成块的对象不再是一个整体，可对每个对象单独进行编辑操作。

3. 属性定义

在使用图块属性前，要对其属性进行定义。

在命令行中输入 ATTDEF 命令，或者选择“绘图”→“块”→“定义属性”命令，打开图 5-7 所示的“属性定义”对话框。

图 5-7　“属性定义”对话框

（1）“模式”选项组：确定属性的模式。

①“不可见”复选框：选中此复选框则属性为不可见显示方式，即插入图块并输入属性值后，属性值在图中并不显示出来。

②“固定”复选框：选中此复选框则属性值为常量，即属性值在属性定义时给定，在插入图块时系统不再提示输入属性值。

③“验证”复选框：选中此复选框，当插入图块时系统重新显示属性值，让用户验证该值是否正确。

④ “预设”复选框：选中此复选框，当插入图块时系统自动把事先设置好的默认值赋予属性，而不再提示输入属性值。

⑤ “锁定位置”复选框：选中此复选框，当插入图块时系统锁定块参照中属性的位置。解锁后，属性可以相对于使用夹点编辑的块移动，并且可以调整多行属性的大小。

⑥ “多行”复选框：指定属性值可以包含多行文字。

(2)“属性”选项组：用于设置属性值。在每个文本框中系统允许输入不超过 256 个字符。

① “标记”文本框：输入属性标签。属性标签可由除空格和感叹号以外的所有字符组成，系统自动把小写字母改为大写字母。

② “提示”文本框：输入属性提示。属性提示是插入图块时系统要求输入属性值的提示，如果不在此文本框内输入文本，则以属性标签作为提示。如果在“模式”选项组选中“固定”复选框，即设置属性为常量，则不需要设置属性提示。

③ “默认”文本框：设置默认的属性值，可把使用次数较多的属性值作为默认值，也可不设置默认值。

(3)“插入点”选项组：确定属性文本的位置。可以在插入时由用户在图形中确定属性文本的位置，也可在 X、Y、Z 文本框中直接输入属性文本的位置坐标。

(4)“文字设置”选项组：设置属性文本的对齐方式、文本样式、字高和旋转角度。

(5)“在上一个属性定义下对齐”复选框：选中此复选框，表示把属性标签直接放在前一个属性的下面，而且该属性继承前一个属性的文本样式、字高和旋转角度等特性。

在动态块中，由于属性的位置包括在动作的选择集中，因此必须将其锁定。

任务实施

单击“绘图”工具栏中的“直线”按钮，绘制图 5-8 所示的图形。

下面介绍两种方法来标注表面粗糙度符号

方法一：

(1) 在命令行中输入 WBLOCK 命令，打开“写块”对话框，如图 5-9 所示。单击“拾取点”按钮，拾取图 5-8 的尖点为基点，如图 5-10 所示。单击“选择对象”按钮，选择图 5-8 为对象，如图 5-11 所示。单击“文件名和路径”后的按钮，打开“浏览图形文件”对话框，如图 5-12 所示。输入图块名称并指定路径，确认后返回“写块”对话框，确认退出。

(2) 在命令行输入 INSERT 命令，或者选择“插入”→“块”命令，或者单击“绘图”工具栏中的“插入”按钮，打开图 5-13 所示的“插入”对话框。单击“浏览”按钮，打开“选择图形文件”对话框，如图 5-14 所示，找到刚才保存的图块，进行图 5-13 所示的设置，指定统一的比例为 1，在屏幕上指定插入点，旋转角度也在屏幕上指定，将该图块插入图形中，用鼠标指定插入基点并拉出旋转角度。插入后的图形如图 5-15 所示。

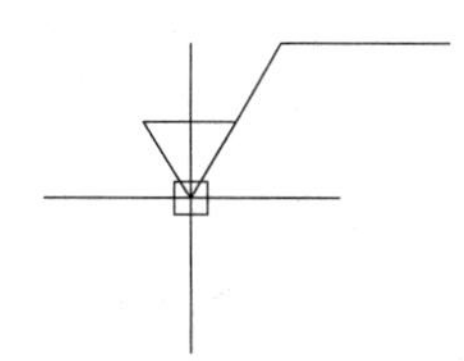

图 5-8　绘制表面粗糙度符号　　图 5-9　“写块”对话框　　图 5-10　拾取基点

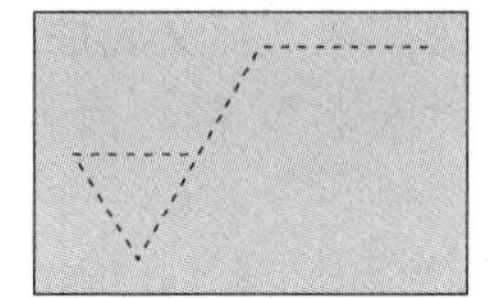

图 5-11　选择对象

图 5-12　“浏览图形文件”对话框

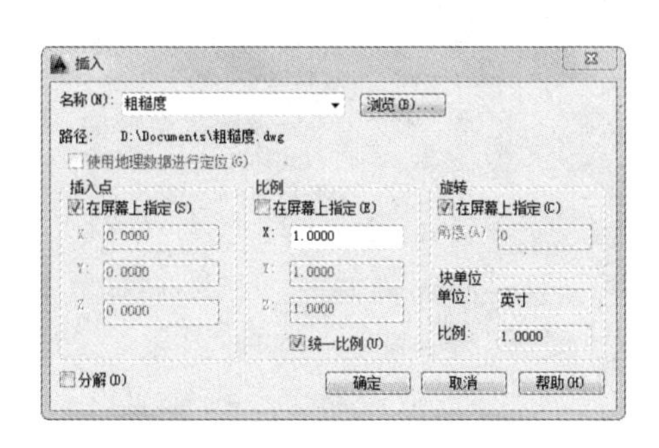

图 5-13　“插入”对话框

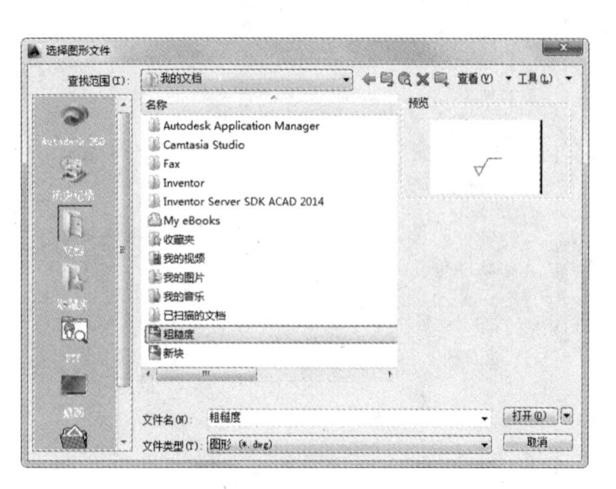

图 5-14　“选择图形文件”对话框

（3）单击“绘图”工具栏中的“文字”按钮A，命令行提示与操作如下：

命令：MTEXT↙
当前文字样式：“Standard” 文字高度：2.5000 注释性：否
指定第一角点：(指定文字的起点)
指定对角点或[高度(H)/对正(J)/行距(L)/旋转(R)/样式(S)/宽度(W)/栏(C)]:R↙
指定旋转角度<0>:90↙
指定对角点或[高度(H)/对正(J)/行距(L)/旋转(R)/样式(S)/宽度(W)/栏(C)]:H↙
指定高度<2.5>:↙
指定对角点或[高度(H)/对正(J)/行距(L)/旋转(R)/样式(S)/宽度(W)/栏(C)]:(指定对角点)

输入文字为“*Ra*25”
绘制结果如图 5-16 所示。

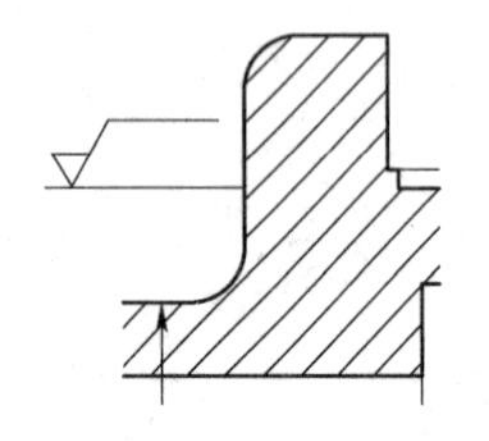

图 5-15 插入后的图形

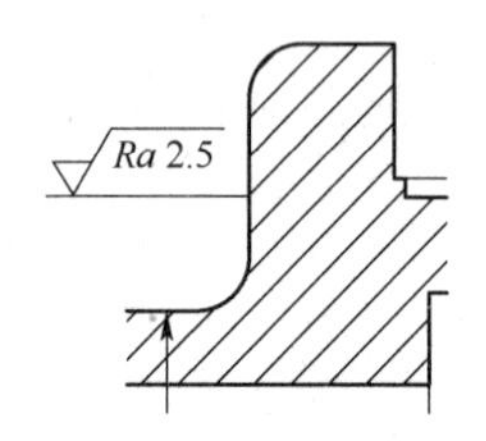

图 5-16 标注文字

（4）单击“绘图”工具栏中的“插入块”按钮，标注其他表面粗糙度。

方法二：

（1）在命令行中输入 ATTDEF 命令，或者选择“绘图”→“块”→“定义属性”命令，打开“属性定义”对话框，进行图 5-17 所示的设置，其中模式为“验证”，插入点为表面粗糙度符号水平线中点，确认后退出。

（2）在命令行中输入 WBLOCK 命令，打开“写块”对话框，如图 5-18 所示。拾取图 5-8 下尖点为基点，以图 5-8 为对象，输入图块名称并指定路径，确认后退出。

图 5-17 “属性定义”对话框

图 5-18 “写块”对话框

（3）单击“绘图”工具栏中的“插入”按钮，打开“插入”对话框，如图 5-19 所示。单击“浏览”按钮，找到刚才保存的图块，在屏幕上指定插入点和旋转角度，将该图块插入图形中，这时，命令行会提示输入属性，并要求验证属性值，此时输入表面粗糙度数值“*Ra*25”，就完成了一个表面粗糙度的标注。命令行提示与操作如下：

命令：INSERT↙
指定插入点或 [基点(B)/比例(S)/X/Y/Z/旋转(R))]：(在对话框中指定相关参数)
指定旋转角度<0>:90↙
输入属性值
数值：*Ra*25↙

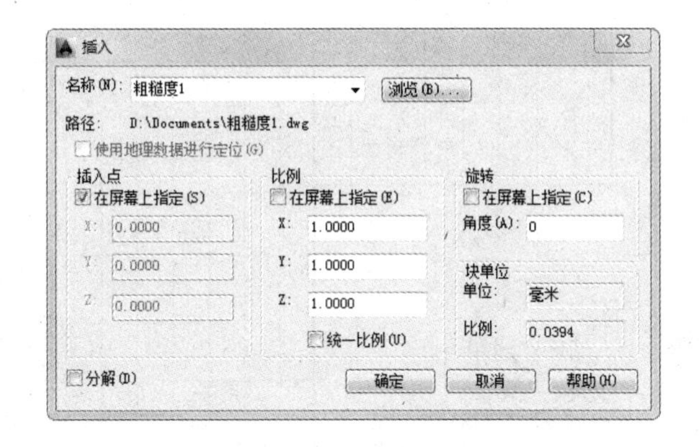

图 5-19　“插入”对话框

（4）插入表面粗糙度图块，并输入不同的属性值作为表面粗糙度数值，直到完成所有表面粗糙度标注。结果如图 5-1 所示。

任务二　绘制球阀装配图

任务引入

本任务绘制图 5-20 所示的球阀装配图。

任务说明

在机械制图的过程中，为了进一步提高绘图的效率，对绘图过程进行智能化管理和控制，AutoCAD 提供了设计中心辅助绘图工具。

利用 AutoCAD 提供的设计中心，可以很容易地组织设计内容，并把它们拖动到自己的图形中。

知识与技能目标

利用设计中心绘制图形。

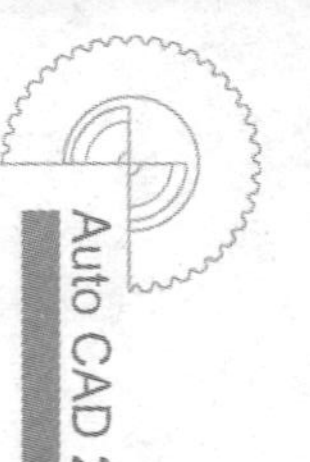

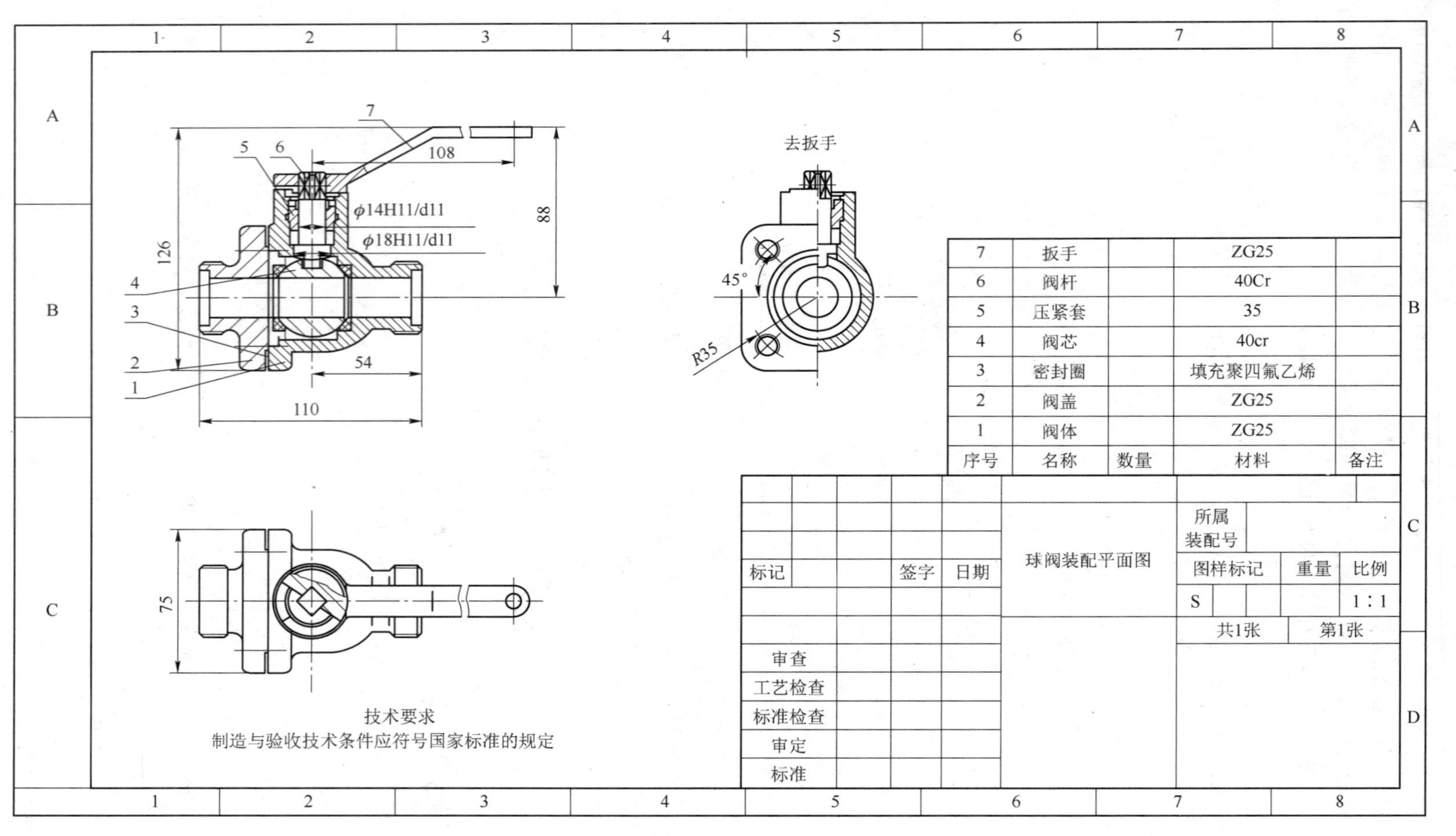

去扳手
45°
R35
88
108
126
110
54
75
φ14H11/d11
φ18H11/d11
技术要求
制造与验收技术条件应符号国家标准的规定
7 扳手 ZG25
6 阀杆 40Cr
5 压紧套 35
4 阀芯 40cr
3 密封圈 填充聚四氟乙烯
2 阀盖 ZG25
1 阀体 ZG25
序号 名称 数量 材料 备注
球阀装配平面图
所属装配号
图样标记 重量 比例
S 1:1
共1张 第1张
标记 签字 日期
审查
工艺检查
标准检查
审定
标准

图 5-20　球阀装配图

任务分析

球阀装配图由阀体、阀盖、密封圈、阀芯、压紧套、阀杆和扳手等零件图组成。

装配图是零件加工和装配过程中重要的技术文件。在设计过程中要用到剖视以及放大等表达方式，还要标注装配尺寸，绘制和填写明细表等。因此，通过球阀装配图的绘制，可以提高我们的综合设计能力。将零件图的视图进行修改，制作成块，然后将这些块插入装配图中，制作块的步骤本节不再介绍，用户可以参考相应的介绍。

相关知识

1. 在设计中心中插入图块

AutoCAD 设计中心提供了插入图块的两种方法:“利用鼠标指定比例和旋转方式”和“精确指定坐标、比例和旋转角度方式”。

1）利用鼠标指定比例和旋转方式插入图块

系统根据鼠标拉出的线段的长度与角度确定比例与旋转角度。插入图块的步骤如下：

（1）从文件夹列表或查找结果列表选择要插入的图块，按住鼠标左键，将其拖动到打开的图形。松开鼠标左键，此时，被选择的对象被插入当前被打开的图形当中。利用当前设置的捕捉方式，可以将对象插入任何存在的图形当中。

（2）按下鼠标左键，指定一点作为插入点，移动鼠标，鼠标指针位置点与插入点之间距离为缩放比例。按下鼠标左键确定比例。同样方法移动鼠标，鼠标指针指定位置与插入点连线与水平线角度为旋转角度。被选择的对象就根据鼠标指定的比例和角度插入图形当中。

2）精确指定坐标、比例和旋转角度方式插入图块

利用该方法可以设置插入图块的参数，具体方法如下：

（1）从文件夹列表或查找结果列表框选择要插入的对象，拖动对象到打开的图形。

（2）右击，从弹出的快捷菜单中选择“比例”“旋转”等命令。

（3）在相应的命令行提示下输入比例和旋转角度等数值。

被选择的对象根据指定的参数插入图形当中。

2. 利用设计中心复制图形

1）在图形之间复制图块

利用 AutoCAD 设计中心可以浏览和装载需要复制的图块，然后将图块复制到剪贴板，利用剪贴板将图块粘贴到图形当中，具体方法如下：

（1）在控制板选择需要复制的图块，右击，弹出快捷菜单，选择“复制”命令。

（2）将图块复制到剪贴板上，然后通过“粘贴”命令粘贴到当前图形上。

2）在图形之间复制图层

利用 AutoCAD 设计中心可以从任何一个图形复制图层到其他图形。例如，如果已经绘

制了一个包括设计所需的所有图层的图形，在绘制另外的新的图形时，可以新建一个图形，并通过 AutoCAD 设计中心将已有的图层复制到新的图形当中，这样可以节省时间，并保证图形间的一致性。

（1）拖动图层到已打开的图形：确认要复制图层的目标图形文件被打开，并且是当前的图形文件。在控制板或查找结果列表框选择要复制的一个或多个图层。拖动图层到打开的图形文件，松开鼠标后被选择的图层被复制到打开的图形当中。

（2）复制或粘贴图层到打开的图形：确认要复制的图层的图形文件被打开，并且是当前的图形文件。在控制板或查找结果列表框选择要复制的一个或多个图层。右击，弹出快捷菜单，选择“复制到粘贴板”命令。如果要粘贴图层，确认粘贴的目标图形文件被打开，并为当前文件。右击，弹出快捷菜单，选择“粘贴”命令。

任务实施

（1）新建文件。选择“文件”→“新建”命令，打开“选择样板”对话框，选择 A2-2 样板图文件作为模板，模板如图 5-21 所示，将新文件命名为“球阀装配图.dwg”并保存。

（2）新建图层。单击“图层”工具栏中的“图层特性管理器”按钮，打开“图层特性管理器”对话框，新建并设置每一个图层，如图 5-22 所示。

（3）插入阀体平面图。选择“工具”→“选项板”→“设计中心”命令，打开“设计中心”选项板，如图 5-23 所示。在 AutoCAD 设计中心中有“文件夹”“打开的图形”和“历史记录”3 个选项卡，用户可以根据需要设置相应的选项卡。

（4）选择“文件夹”选项卡，则计算机中所有的文件都会显示在其中，找到要插入的阀体零件图文件双击，然后双击该文件中的“块”选项，则图形中所有的块都会显示在右边的图框中，如图 5-23 所示，在其中选择“阀体主视图”块并双击，打开“插入”对话框，如图 5-24 所示。

（5）按照图示进行设置，插入的图形比例为 1，旋转角度为 0°，单击“确定”按钮，则此时命令行会提示“指定插入点或 [比例（S）/X/Y/Z/旋转（R）/预览比例（PS）/PX/PY/PZ/预览旋转（PR）]:”。

（6）在命令行输入“100,200”，将“阀体主视图”块插入“球阀装配图”中，且插入后轴右端中心线处的坐标为“100,200”，结果如图 5-25 所示。

（7）继续插入“阀体俯视图”块。插入的图形比例为 1，旋转角度为 0°，插入点坐标为“100,100”；继续插入“阀体左视图”块，插入的图形比例为 1，旋转角度为 0°，插入点坐标为“300,200”，结果如图 5-26 所示。

（8）继续插入“阀盖主视图”的图块。插入的图形比例为 1，旋转角度为 0°，插入点坐标为“84,200”。由于阀盖的外形轮廓与阀体左视图的外形轮廓相同，因此“阀盖左视图”块不需要插入。因为阀盖是一个对称结构，其主视图与俯视图相同，所以把“阀盖主视图”块插入“阀体装配图”的俯视图中即可，结果如图 5-27 所示。

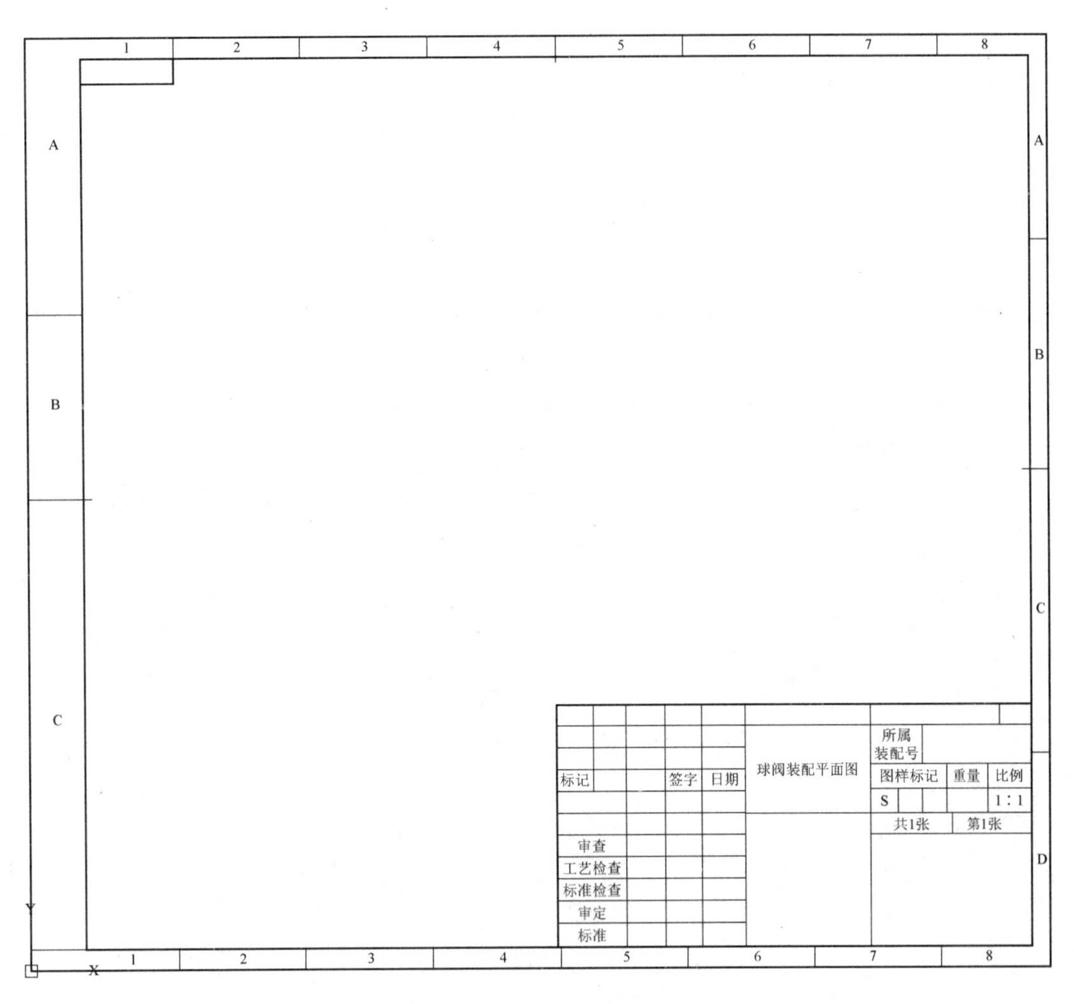

图 5-21　球阀平面装配图模板

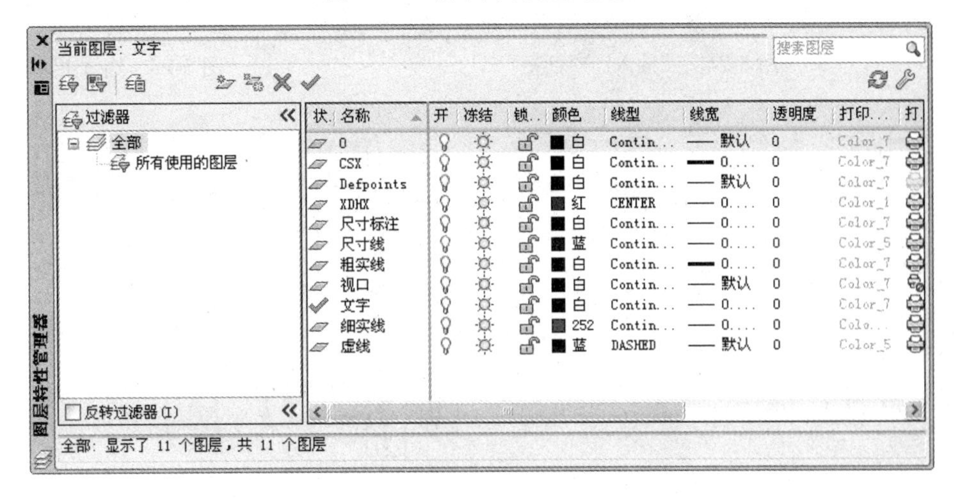

图 5-22　“图层特性管理器”对话框

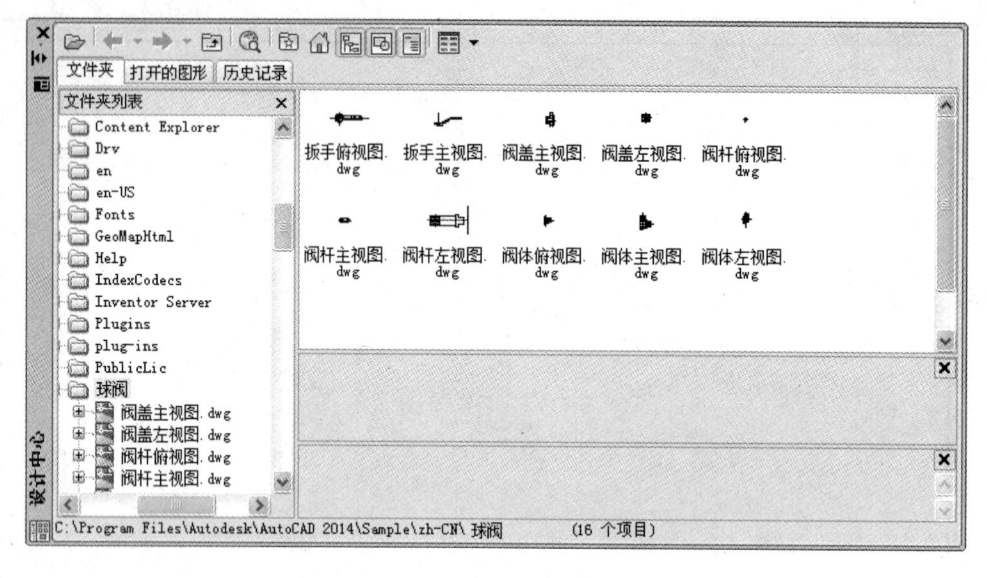

图 5-23 “设计中心”选项板

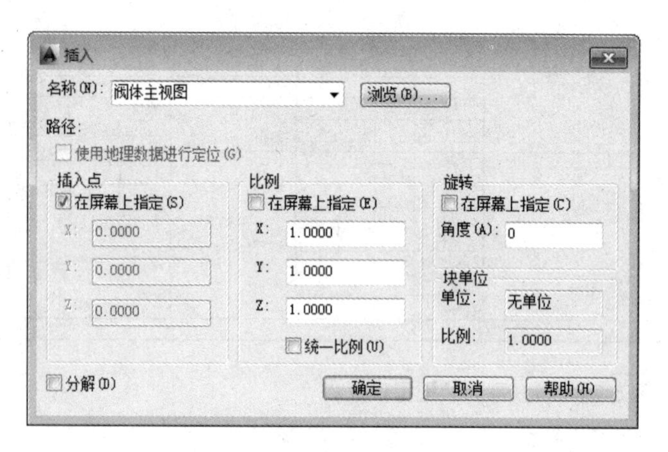

图 5-24 “插入”对话框

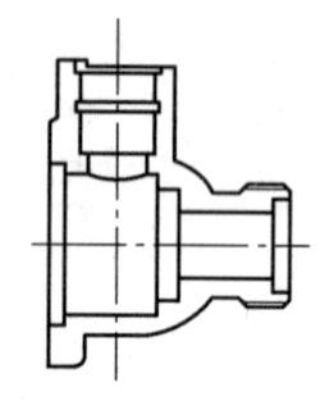

图 5-25 阀体主视图

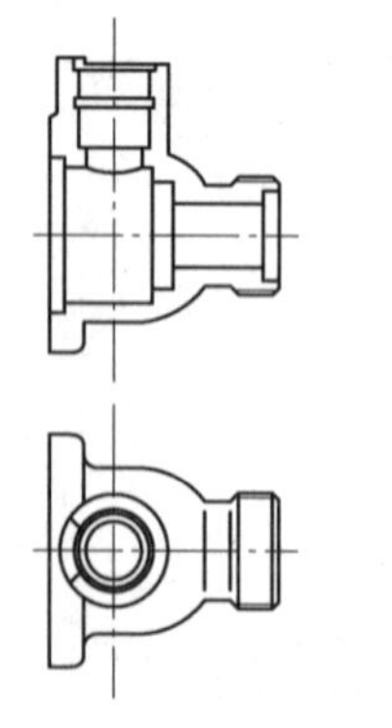

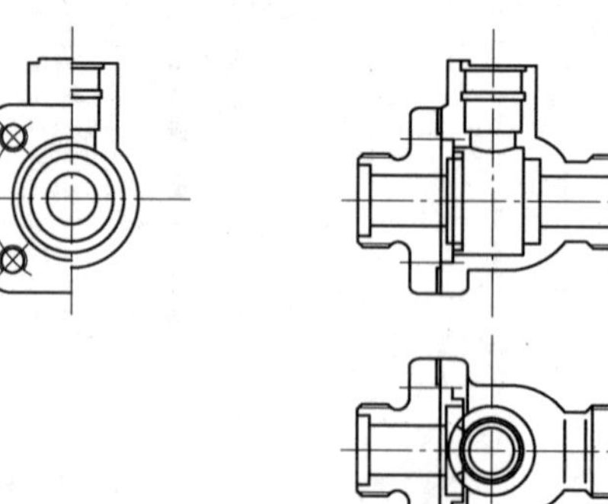

图 5-26 阀体三视图

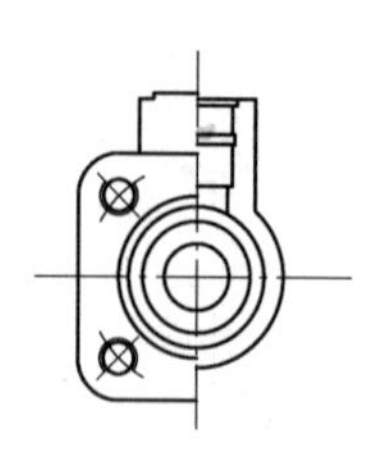

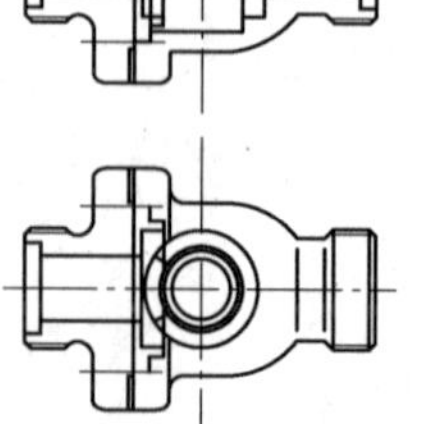

图 5-27 插入阀盖

（9）将俯视图中的阀盖俯视图分解并修改，结果如图 5-28 所示。

（10）继续插入“密封圈主视图”图块，插入的图形比例为 1，旋转角度为 90°，插入点坐标为“120,200”。由于该装配图中有两个密封圈，因此再插入一个，插入的图形比例为 1，旋转角度为-90°，插入点坐标为“77,200”，结果如图 5-29 所示。

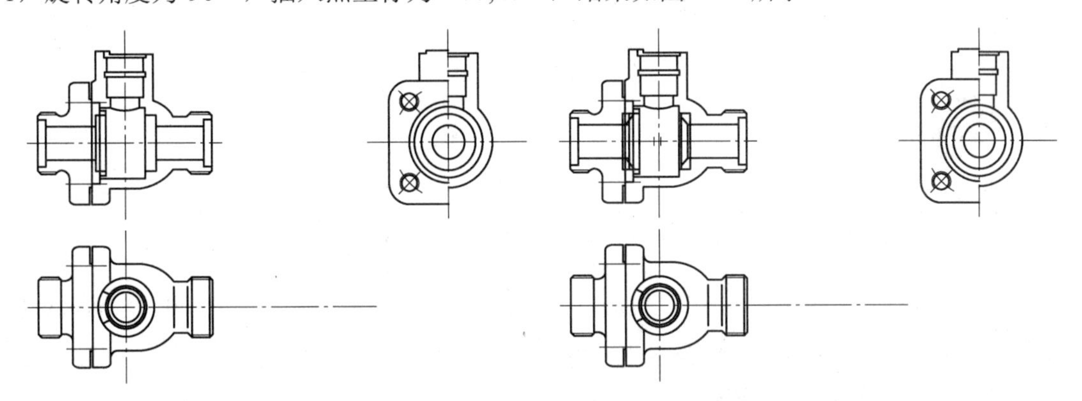

图 5-28　修改阀盖俯视图　　　　图 5-29　插入密封圈主视图

（11）继续插入“阀芯主视图”图块，插入的图形比例为 1，旋转角度为 0°，插入点坐标为“100,200”，结果如图 5-30 所示。

（12）继续插入“阀杆主视图”图块，插入的图形比例为 1，旋转角度为-90°，插入点坐标为“100,227”；插入阀杆俯视图图块的图形比例为 1，旋转角度为 0°，插入点坐标为“100,100”；阀杆左视图图块与主视图相同，所以插入“阀杆主视图”图块的左视图，图形比例为 1，旋转角度为-90°，插入点坐标为“300,227”，并对左视图图块进行分解删除，结果如图 5-31 所示。

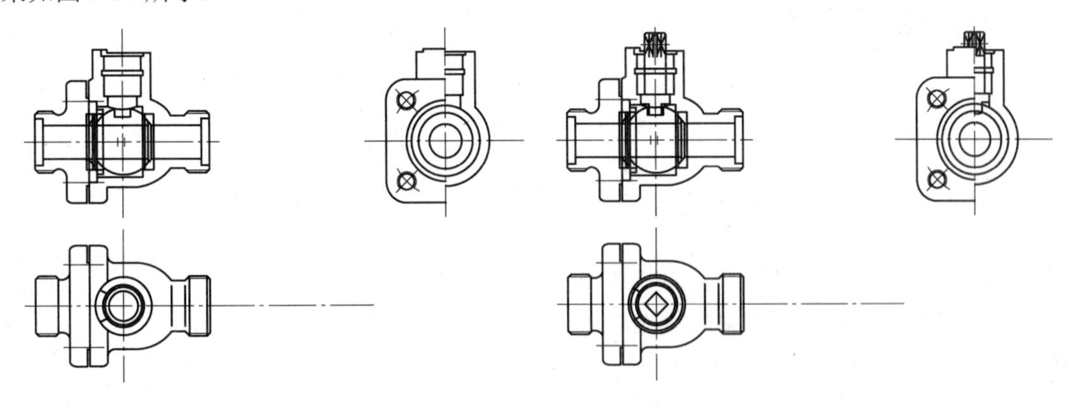

图 5-30　插入阀芯主视图　　　　图 5-31　插入阀杆

（13）继续插入“压紧套主视图”图块，插入的图形比例为 1，旋转角度为 0°，插入点坐标为“100,235”；由于压紧套左视图与主视图相同，因此可在阀体左视图中继续插入压紧套主视图图块，插入的图形比例为 1，旋转角度为 0°，插入点坐标为“300,235”，结果如图 5-32 示。

（14）把主视图和左视图中的压紧套图块分解并修改，结果如图 5-33 所示。

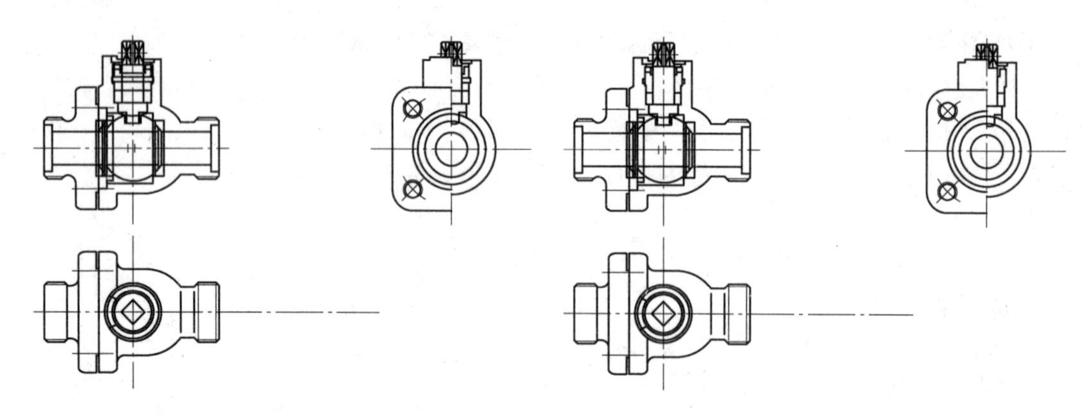

图 5-32　插入压紧套　　　　图 5-33　修改视图后的图形

（15）继续插入“扳手主视图”图块，插入的图形比例为 1，旋转角度为 0°，插入点坐标为“100,254”；插入扳手俯视图图块的图形比例为 1，旋转角度为 0°，插入点坐标为“100,100”，结果如图 5-34 所示。

（16）把主视图和俯视图中的扳手图块分解并修改，结果如图 5-35 所示。

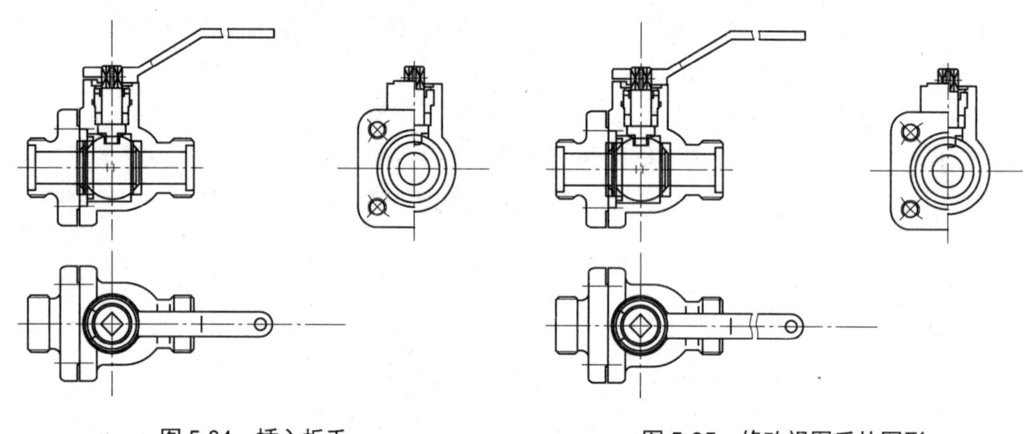

图 5-34　插入扳手　　　　图 5-35　修改视图后的图形

（17）修改视图。综合运用各种命令，将图 5-35 的图形进行修改并绘制填充剖面线的边界线，结果如图 5-36 所示。

（18）绘制剖面线。单击“绘图”工具栏中的“图案填充”按钮，选择需要的剖面线样式，进行剖面线的填充。如果对填充后的效果不满意，可以双击图形中的剖面线，打开“图案填充编辑”对话框进行二次编辑。

（19）单击“绘图”工具栏中的“图案填充”按钮，将视图中需要填充的区域进行填充。

（20）单击“修改”工具栏中的“修剪”按钮，修剪多余线段，结果如图 5-37 所示。

（21）标注尺寸。在装配图中，不需要将每个零件的尺寸全部标注出来，需要标注的尺寸有规格尺寸、装配尺寸、外形尺寸、安装尺寸以及其他重要尺寸。在本例中，只需标注一些装配尺寸，而且都为线性标注，比较简单，所以此处不再赘述，图 5-38 所示为标注尺寸后的装配图。

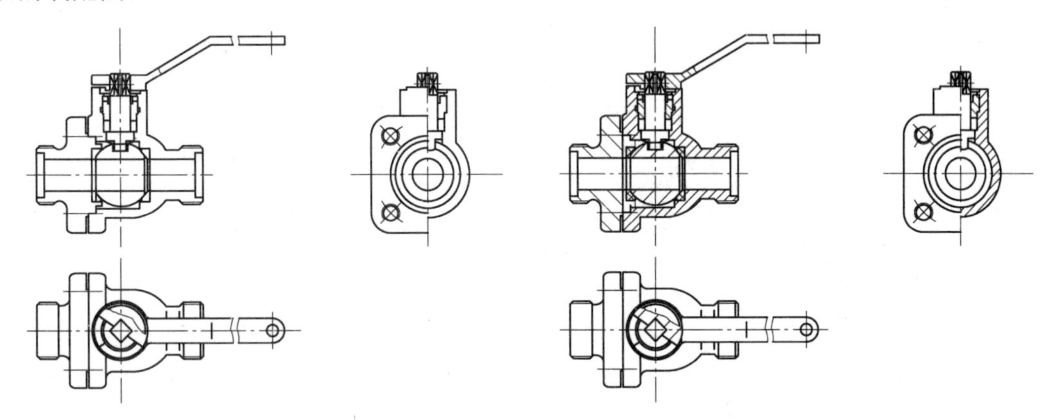

图 5-36　修改并绘制填充边界线　　　　图 5-37　填充后的图形

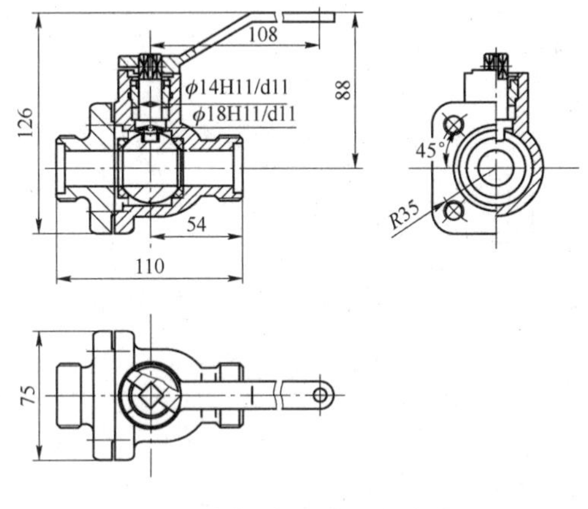

图 5-38　标注尺寸后的装配图

（22）标注零件序号。标注零件序号采用引线标注方式（QLEADER 命令），在标注引线时，为了保证引线中的文字在同一水平线上，可以在合适的位置绘制一条辅助线。

（23）单击“绘图”工具栏中的“多行文字”按钮，在左视图上方标注“去扳手”3 个字，表示左视图上省略了扳手零件部分的轮廓线。

（24）标注完成后，将绘图区所有的图形移动到图框中合适的位置，图 5-39 所示为标注后的装配图。

（25）绘制表格线。单击“绘图”工具栏中的“矩形”按钮，绘制矩形{(40,10)，(220,17)}；单击“修改”工具栏中的“分解”按钮，分解刚绘制的矩形；单击“修改”工具栏中的“偏移”按钮，按图 5-40 所示将左边的竖直直线进行偏移。

（26）设置文字标注格式。利用“格式”→“文字样式”命令，新建“明细表”文字样式，文字高度设置为 3，将其设置为当前使用的文字样式。

（27）填写明细表标题栏。利用“多行文字”命令，依次填写明细表标题栏中各个项，结果如图 5-41 所示。

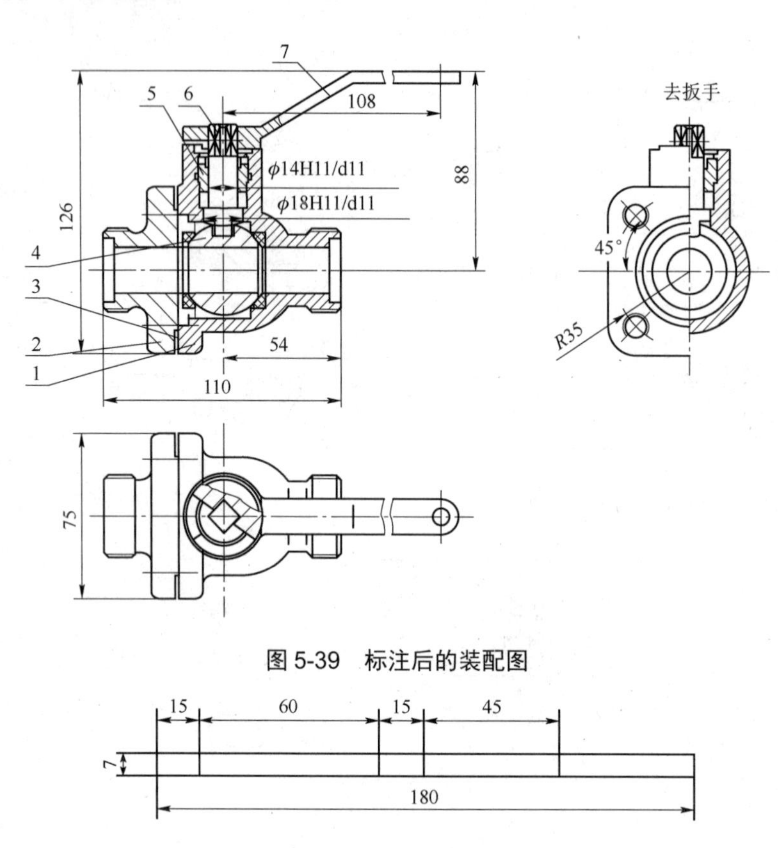

图 5-39　标注后的装配图

图 5-40　明细表格线

序号	名称	数量	材料	备注

图 5-41　填写明细表标题栏

（28）创建明细表标题栏图块。选择“绘图”→块→“创建”命令，打开“块定义”对话框，创建“明细表标题栏”图块，如图 5-42 所示。

（29）保存明细表标题栏图块。在命令行输入 WBLOCK 后按 Enter 键，打开“写块”对话框，在“源”选项组中选中“块”单选按钮，从其下拉列表中选择“明细表标题栏”图块选项，在“目标”选项组中选择文件名和路径，如图 5-43 所示，完成图块的保存。

（30）绘制明细表内容栏表格。复制明细表标题栏图块并对其进行分解、删除，绘制其内容栏表格，如图 5-44 所示。

（31）创建明细表内容栏。选择“绘图”→块→“创建”命令，打开“块定义”对话框，创建“明细表内容栏”图块，基点选择为表格右下角点。

（32）保存明细表内容栏图块。在命令行输入 WBLOCK 后按 Enter 键，打开“写块”对话框，在“源”选项组中选中“块”单选按钮，从其下拉列表中选择“明细表内容栏”图块选项，在“目标”选项组中选择文件名和路径，完成图块的保存。

（33）打开“属性定义”对话框。选择“绘图”→块→“定义属性”命令，或在命令行输入 ATIDEF 后按 Enter 键，打开“属性定义”对话框，如图 5-45 所示。

图 5-42　“块定义”对话框

图 5-43　“写块”对话框

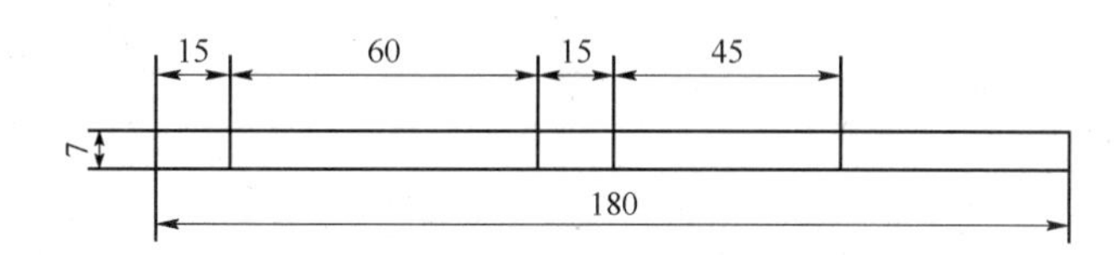

图 5-44　绘制明细表内容栏表格

图 5-45　“属性定义”对话框

（34）定义“序号”属性。在“属性”选项组的“标记”文本框中输入“N”，在“提示”文本框中输入“输入序号:”，在“插入点”选项组中选中“在屏幕上指定”复选框，选择在明细表内容栏的第一栏中插入，单击“确定”按钮，完成“序号”属性的定义。

（35）定义其他 4 个属性。采用同样的方法，打开“属性定义”对话框，依次定义明细表内容栏的后 4 个属性：①标记“NAME”，提示“输入名称:”；②标记“Q”，提示“输入数量:”；③标记“MATERAL”，提示“输入材料:”；④标记“NOTE”，提示“输入备注:”。插入点均选择“在屏幕上指定”。

定义好 5 个文字属性的明细表内容栏如图 5-46 所示。

N	NAME	Q	MATERAL	NOTE

图 5-46　定义 5 个文字属性

(36) 创建并保存带文字属性的图块。选择“绘图”→块→“创建”命令，打开“块定义”对话框，选择明细表内容栏以及 5 个文字属性，创建“明细表内容栏”图块，基点选择为表格右下角点。利用 WBLOCK 命令，打开“写块”对话框，保存“明细表内容栏”图块。结果如图 5-47 所示。

(37) 将“文字”层设置为当前图层，单击“绘图”工具栏中的“多行文字”按钮 A，填写技术要求。

(38) 将“文字”层设置为当前图层，单击“绘图”工具栏中的“多行文字”按钮 A，填写标题栏中相应的内容，结果如图 5-48 所示。

7	扳手		ZG25	
6	阀杆		40Cr	
5	压紧套		35	
4	阀芯		40cr	
3	密封圈		填充聚四氟乙烯	
2	阀盖		ZG25	
1	阀体		ZG25	
序号	名称	数量	材料	备注

图 5-47　装配图明细表

球阀装配图绘制完成，其最终结果如图 5-20 所示。

<table>
<tr><td rowspan="3">球阀装配平面图</td><td colspan="3">所属
装配号</td><td colspan="2"></td></tr>
<tr><td colspan="3">图样标记</td><td>重量</td><td>比例</td></tr>
<tr><td>S</td><td></td><td></td><td></td><td>1：1</td></tr>
</table>

图 5-48　填写标题栏结果

课后练习

一、选择题

1. 用 BLOCK 命令定义的内部图块，以下说法正确的是（　　）。

   A．只能在定义它的图形文件内自由调用

   B．只能在另一个图形文件内自由调用

   C．既能在定义它的图形文件内自由调用，又能在另一个图形文件内自由调用

   D．两者都不能用

2. 在 AutoCAD 的“设计中心”选项板的（　　）选项卡中，可以查看当前图形中的图形信息。

   A．“文件夹”　　B．“打开的图形”　　C．“历史记录”　　D．“联机设计中心”

3．利用设计中心不可能完成的操作是（　　）。

A．根据特定的条件快速查找图形文件

B．打开所选的图形文件

C．将某一图形中的块通过鼠标拖放添加到当前图形中

D．删除图形文件中未使用的命名对象，如块定义、标注样式、图层、线型和文字样式等

4．下列（　　）方法能插入创建好的块。

A．从 Windows 资源管理器中将图形文件图标拖放到 AutoCAD 绘图区域插入块

B．从设计中心插入块

C．用粘贴命令 PASTECLIP 插入块

D．用插入命令 INSERT 插入块

5．下列关于块的说法正确的是（　　）。

A．块只能在当前文档中使用

B．只有用 WBLOCK 命令写到盘上的块才可以插入另一图形文件中

C．任何一个图形文件都可以作为块插入另一幅图中

D．用 BLOCK 命令定义的块可以直接通过 INSERT 命令插入任何图形文件中

二、上机操作题

1．绘制图 5-49 所示的基准特征符号并创建图块。

2．利用设计中心绘制图 5-50 所示的盘盖组装图。

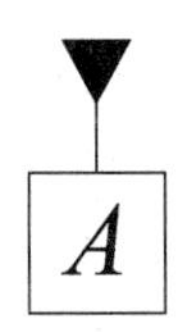

图 5-49　基准特征符号

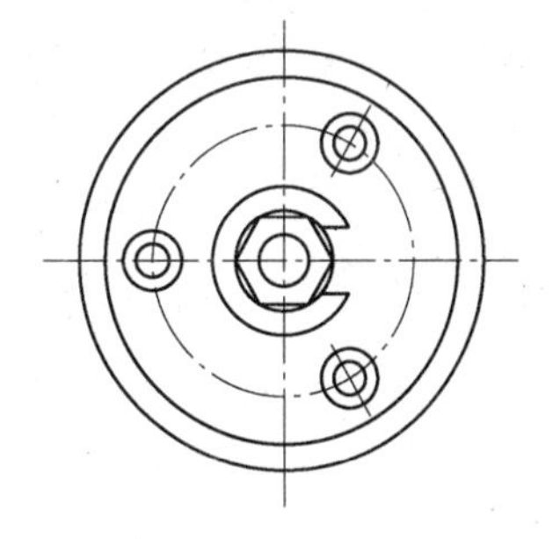

图 5-50　盘盖组装图

项目六　绘制轴套类零件

任务一　绘制传动轴

任务引入

本任务绘制图 6-1 所示的传动轴。

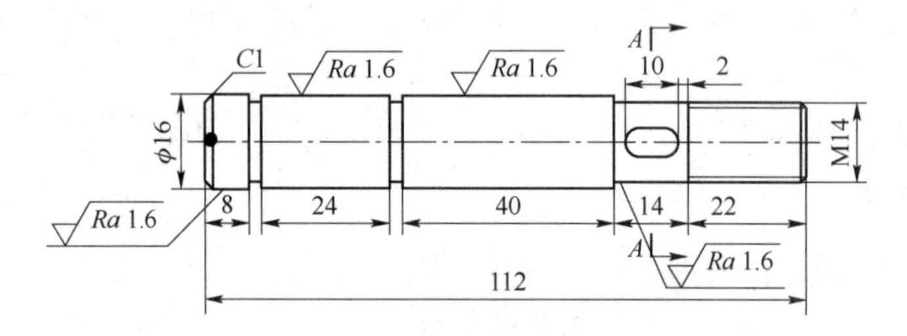

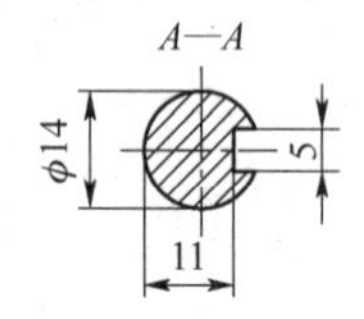

图 6-1　传动轴

任务说明

轴是穿在轴承中间或车轮中间或齿轮中间的圆柱形物件，但也有少部分是方型的。轴是支承转动零件并与之一起回转以传递运动、扭矩或弯矩的机械零件。一般为金属圆杆状，各段可以有不同的直径。机器中做回转运动的零件就装在轴上。

知识与技能目标

掌握轴类零件的绘制方法。

任务分析

传动轴是同轴回转体，是对称结构，可以利用基本的“直线”命令、“偏移”命令来完成图形的绘制，也可以通过利用图形的对称性，只绘制图形的一半，再进行“镜像”处理来完成。这里使用前一种方法，结果如图 6-1 所示。

相关知识

1. 零件图内容

零件图是表达零件结构形状、大小和技术要求的工程图样，工人根据它加工制造零件。一幅完整的零件图应包括以下内容：

（1）一组视图：表达零件的形状与结构。

（2）一组尺寸：标出零件上结构的大小、结构间的位置关系。

（3）技术要求：标出零件加工、检验时的技术指标。

（4）标题栏：注明零件的名称、材料、设计者、审核者、制造厂家等信息的表格。

2. 零件图绘制过程

零件图的绘制过程包括草绘和绘制工作图，AutoCAD 一般用作绘制工作图。绘制零件图包括以下几步。

（1）设置作图环境。作图环境的设置一般包括以下两方面：

① 选择比例：根据零件的大小和复杂程度选择比例，尽量采用 1∶1。

② 选择图纸幅面：根据图形、标注尺寸、技术要求所需图纸幅面，选择标准幅面。

（2）确定作图顺序，选择尺寸转换为坐标值的方式。

（3）标注尺寸，标注技术要求，填写标题栏。标注尺寸前要关闭剖面层，以免剖面线在标注尺寸时影响端点捕捉。

（4）校核与审核。

3.倒角

倒角是指用斜线连接两个不平行的线型对象。可以用斜线连接直线段、双向无限长线、射线和多段线。

在命令行输入 CHAMFER 命令，或者选择“修改”→“倒角”命令，或者单击“修改”工具栏中的“倒角”按钮，命令行提示与操作如下：

命令：CHAMFER↙

（“不修剪”模式） 当前倒角距离 1 = 0.0000，距离 2 = 0.0000

选择第一条直线或 [放弃(U)/多段线(P)/距离(D)/角度(A)/修剪(T)/方式(E)/多个(M)]：（选择第一条直线或别的选项）

选择第二条直线，或按住 Shift 键选择直线以应用角点或 [距离(D)/角度(A)/方法(M)]：（选择第二条直线）

命令行提示中的各个选项含义如下：

（1）多段线(P)：对多段线的各个交叉点倒斜角。为了得到最好的连接效果，一般设置斜线是相等的值。系统根据指定的斜线距离把多段线的每个交叉点都作斜线连接，连接的斜线成为多段线新添加的构成部分，如图 6-2 所示。

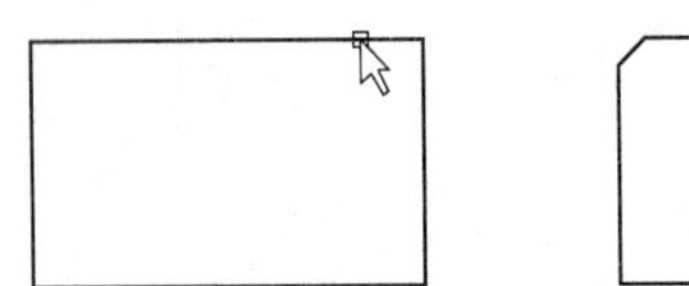
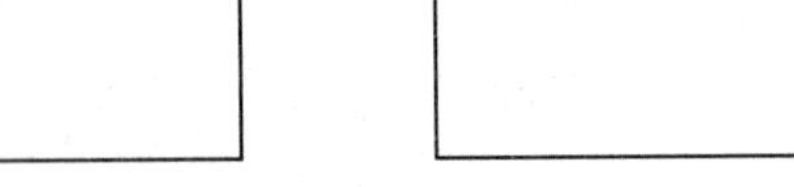

（a）选择多段线　　（b）倒斜角结果

图 6-2　斜线连接多段线

（2）距离(D)：选择倒角的两个斜线距离。这两个斜线距离可以相同或不相同，若两者均为 0，则系统不绘制连接的斜线，而是把两个对象延伸至相交并修剪超出的部分。

（3）角度(A)：选择第一条直线的斜线距离和第一条直线的倒角角度。

（4）修剪(T)：与圆角连接命令 FILLET 相同，该选项决定连接对象后是否修剪原对象。

（5）方式(E)：决定采用“距离”方式还是“角度”方式来倒斜角。

（6）多个(M)：同时对多个对象进行倒斜角编辑。

任务实施

1. 配置绘图环境

启动 AutoCAD 2014 应用程序，以“A4.dwt”样板文件为模板建立新文件，将新文件命名为“传动轴设计.dwg”并保存。

2. 绘制传动轴主视图

（1）切换图层。将“中心线层”设定为当前图层。

（2）绘制中心线。单击“绘图”工具栏中的“直线”按钮，绘制一条水平直线{(54,200),(170,200)}，如图 6-3 所示。

图 6-3　绘制中心线

注意

由于轴套类零件基本上都是同轴回转体，因此，采用一个基本视图加上一系列直径尺寸就能表达它的主要形状。对于轴上的销孔、键槽等，可采用移出剖面。这样，既表达了它们的形状，也便于标注尺寸。

（3）切换图层。将“粗实线层”设定为当前图层。

（4）绘制直线。单击“绘图”工具栏中的“直线”按钮，绘制一条竖直直线{(57,208),(57,192)}，再单击“修改”工具栏中的“偏移”按钮，将竖直直线分别向右偏移 1mm、8mm、10mm、34mm、36mm、76mm、90mm、111mm 和 112mm；将水平中心线分别向两侧偏移 7mm、8mm，将偏移后的中心线放置在粗实线层，结果如图 6-4 所示。

（5）修剪处理。单击“修改”工具栏中的“修剪”按钮，对多余直线进行修剪，再单击“修改”工具栏中的“倒角”按钮，设置角度、距离模式分别为 45°、1mm，对轴端图形进行倒角，结果如图 6-5 所示。

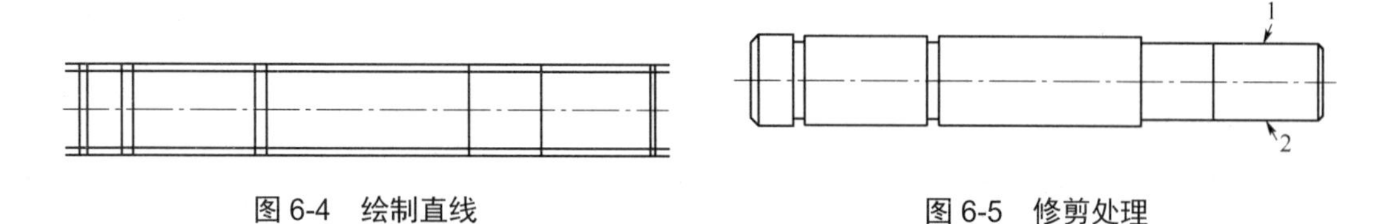

图 6-4　绘制直线　　　　图 6-5　修剪处理

（6）细化图形。单击“修改”工具栏中的“偏移”按钮，将图 6-5 中右端的水平直线 1、2，分别向内偏移 1mm，并将偏移后的直线设置为“细实线层”，再单击“修改”工具栏中的“延伸”按钮和“修剪”按钮，将偏移后的直线进行修剪和延伸，结果如图 6-6 所示。

（7）绘制键槽。单击“修改”工具栏中的“偏移”按钮，将图 6-6 中的直线 1 分别向左偏移，偏移距离为 4.5mm 和 9.5mm；单击“绘图”工具栏中的“圆”按钮，以偏移后的直线和水平中心线为圆心分别绘制半径为 2.5mm 的圆；单击“绘图”工具栏中的“直线”按钮，绘制两圆的切线；再单击“修改”工具栏中的“修剪”按钮，对多余直线进行修剪，完成传动轴主视图的绘制，结果如图 6-7 所示。

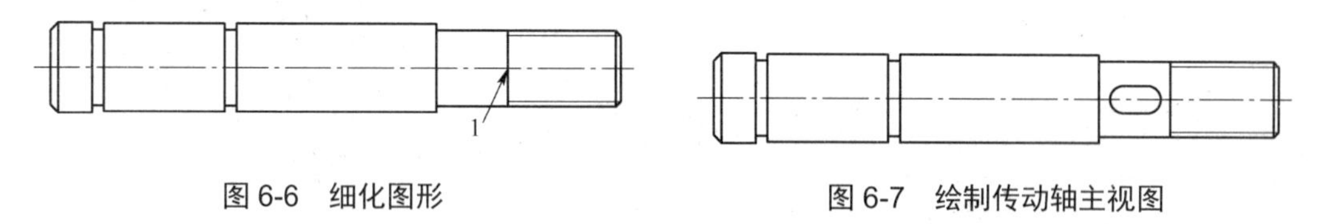

图 6-6　细化图形　　　　图 6-7　绘制传动轴主视图

3. 绘制传动移出剖面

（1）切换图层。将“中心线层”设定为当前图层。

（2）绘制中心线。单击“绘图”工具栏中的“直线”按钮，绘制一条竖直直线{(105, 130),(125, 130)}，绘制一条水平直线{(115, 140), (115, 120)}，结果如图 6-8 所示。

（3）绘制圆。将“粗实线层”设定为当前图层，单击“绘图”工具栏中的“圆”按钮，以中心线的交点为圆心，绘制半径为 7mm 的圆，结果如图 6-9 所示。

图 6-8　绘制中心线　　　　图 6-9　绘制圆

（4）绘制键槽。单击“修改”工具栏中的“偏移”按钮，将水平中心线分别向两侧偏移 2.5mm，将竖直中心线向右偏移 4mm，并将偏移后的直线设置为“粗实线层”；再单击“修改”工具栏中的“修剪”按钮，对多余直线进行修剪，结果如图 6-10 所示。

（5）绘制剖面线。将“剖面层”设定为当前图层，单击“绘图”工具栏中的“图案填充”按钮，绘制剖面线，最终完成传动轴的绘制，结果如图 6-11 所示。

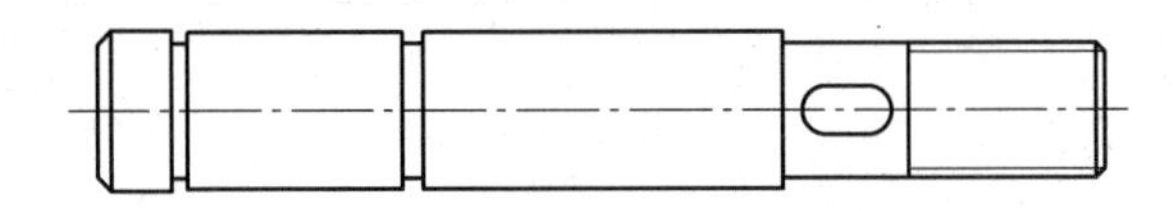

图 6-10　绘制键槽

图 6-11　绘制传动轴

4. 标注主视图尺寸

（1）切换图层。将当前图层设定为“尺寸标注层”，单击“标注”工具栏中的“标注样式”按钮，将“机械制图标注”样式设置为当前使用的标注样式。

（2）主视图尺寸标注。单击“标注”工具栏中的“线性”按钮，标注主视图中的线性尺寸，在命令行中输入 QLEADER 命令，标注倒角尺寸,结果如图 6-12 所示。

5. 标注剖视图尺寸

单击“标注”工具栏中的“线性”按钮，对剖视图进行尺寸标注，结果如图 6-13 所示。

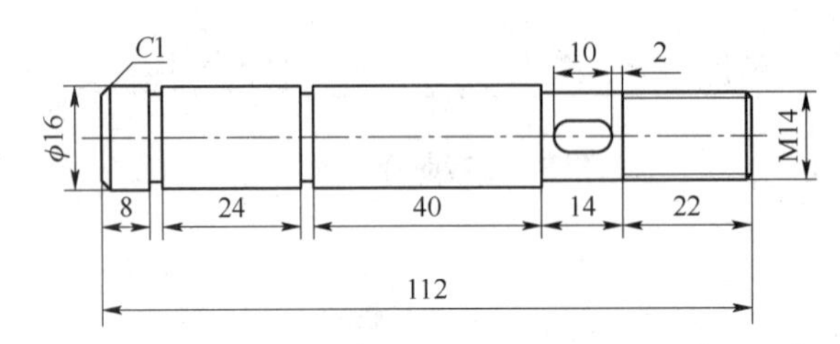

图 6-12　主视图尺寸标注

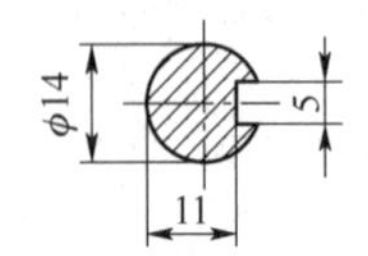

图 6-13　剖视图尺寸标注

6. 标注表面粗糙度

（1）绘制粗糙度符号。单击“绘图”工具栏中的“直线”按钮，绘制图 6-14 所示的图形。

图 6-14　绘制表面粗糙度符号

（2）定义块属性。选择“绘图”→“块”→“定义属性”命令，打开“属性定义”对话框，按图 6-15 进行设置，其中模式为“验证”,插入点为表面粗糙度符号水平线中点，单击“确定“按钮退出。

（3）创建块。在命令行中输入 WBLOCK 命令，打开“写块”对话框，如图 6-16 所示。拾取图 6-14 下尖点为基点，以图 6-14 为对象，输入图块名称并指定路径，单击“确定”按钮，打开“编辑属性”对话框，输入数值“*Ra*1.6”，单击“确定”按钮退出。

（4）插入块。单击“绘图”工具栏中的“插入块”按钮，插入粗糙度图块，结果如图 6-17 所示。

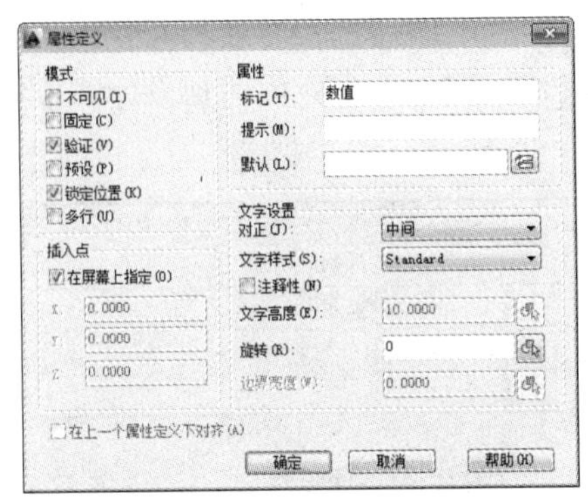

图 6-15　“属性定义”对话框

图 6-16　“写块”对话框图

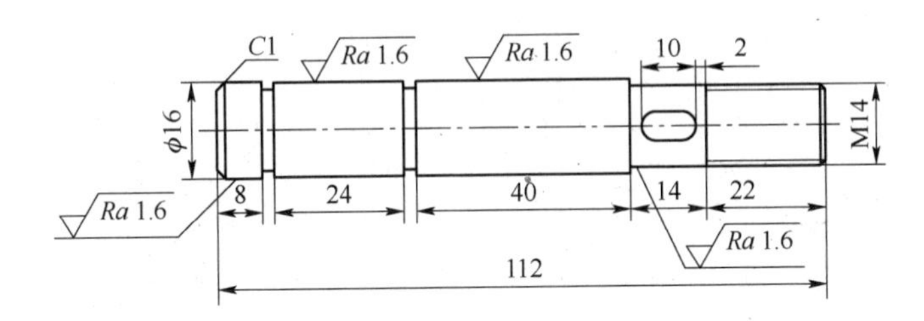

图 6-17　标注表面粗糙度

7．标注剖切符号

（1）绘制剖切符号。将“实体层”设置为当前图层，单击“绘图”工具栏中的“多段线”按钮，绘制剖切符号。

（2）标注文字。将“文字层”设置为当前图层，单击“绘图”工具栏中的“多行文字”按钮 A，标记文字，最终绘制结果如图 6-18 所示。

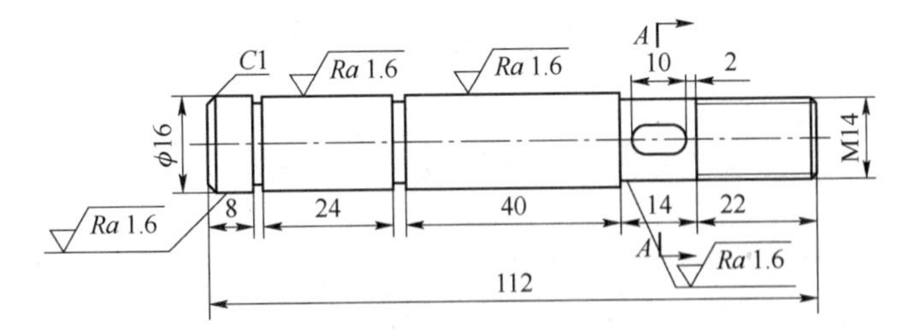

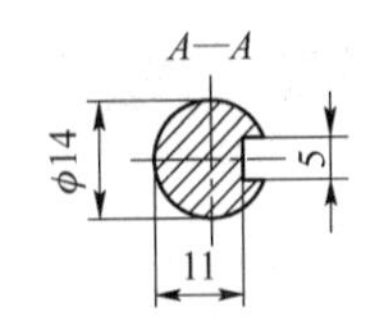

图 6-18　标注剖切符号

8. 填写标题栏与技术要求

分别将“文字层”和“标题栏层”设置为当前图层，填写技术要求和标题栏相关项。输入文字的过程中注意调整文字大小，如图 6-19 和图 6-20 所示。传动轴设计的最终效果如图 6-21 所示。

技术要求
1. 热处理硬度HRC32～37.

图 6-19　技术要求

传动轴			比例	1∶1	
			件数		
制图			重量		共1张 第1张
描图			三维书屋工作室		
审核					

图 6-20　标题栏

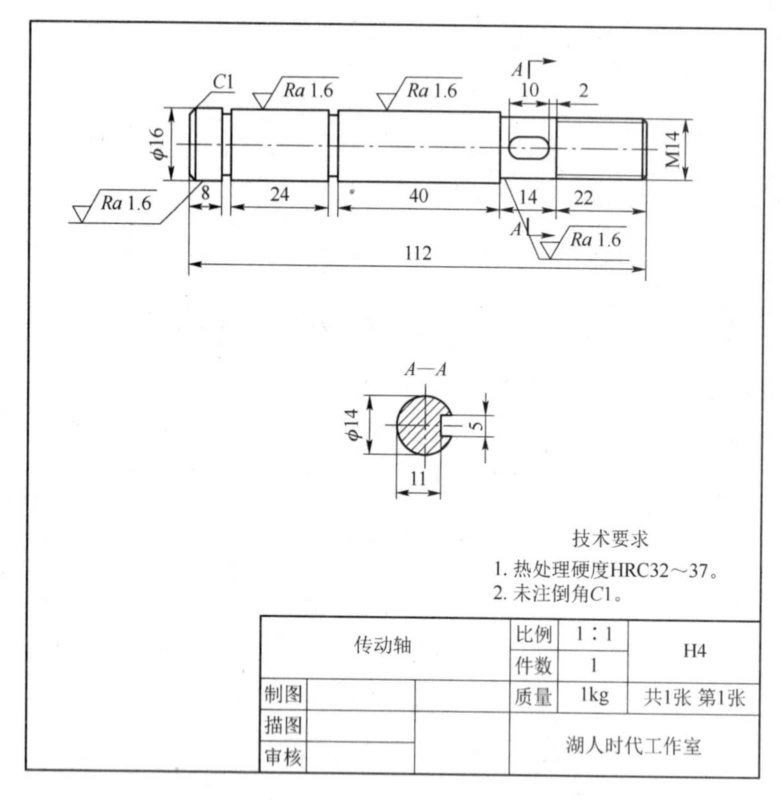

图 6-21　传动轴设计的最终效果

任务二　绘 制 垫 圈

本任务绘制图 6-22 所示的垫圈。

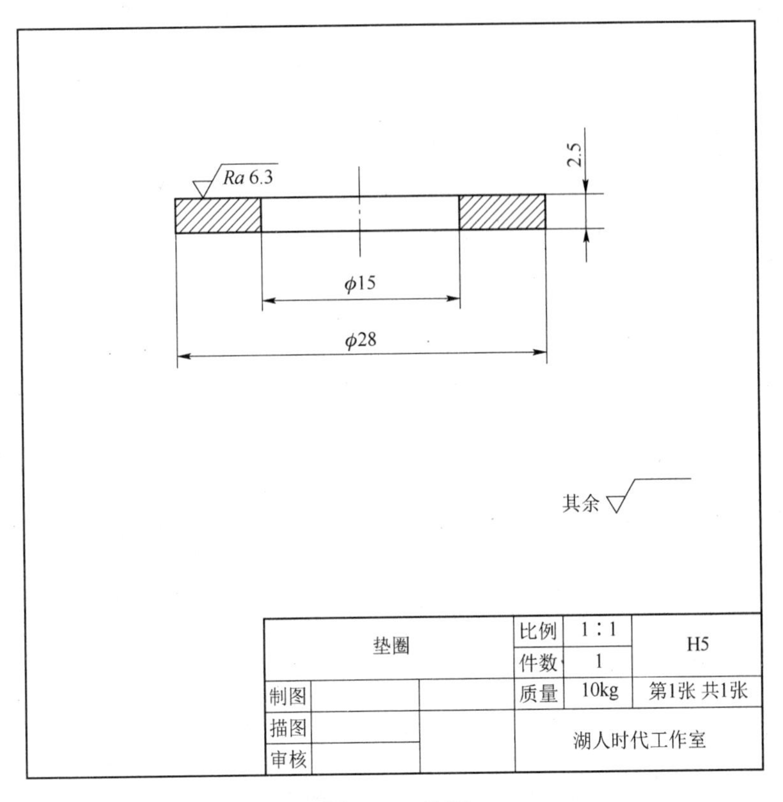

图 6-22　垫圈

任务说明

一般垫圈用于增加支撑面，能遮盖较大孔眼及防止损伤零件表面。圆形小垫圈一般用于金属零件；圆形大垫圈一般用于非金属零件，本节以绘制非标准件止动垫圈为例，说明垫圈系列零件的设计方法和步骤。在绘制垫圈之前，我们首先应该对垫圈进行系统的分析。根据国家标准需要确定零件图的图幅、零件图中要表示的内容、零件各部分的线型、线宽、公差及公差标注样式及表面粗糙度等，另外还需要确定用几个视图才能清楚地表达该零件。

知识与技能目标

掌握垫圈类零件图的绘制。

任务分析

垫圈的设计是二维图形制作中比较简单的实例，主要通过“直线”“偏移”和“修剪”命令来完成。

任务实施

1. 配置绘图环境

启动 AutoCAD 2014 应用程序，以“A4.dwt”样板文件为模板建立新文件，将新文件命名为“垫圈设计.dwg”并保存。

2. 绘制垫圈

（1）切换图层。将“中心线层”设定为当前图层。

（2）绘制中心线。单击“绘图”工具栏中的“直线”按钮，绘制一条竖直直线{(115,205),(1115,180)}，如图 6-23 所示。

（3）绘制水平直线。将“粗实线层”设定为当前图层，单击“绘图”工具栏中的“直线”按钮，以坐标点{(101, 200), (129, 200)}绘制一条水平直线，结果如图 6-24 所示。

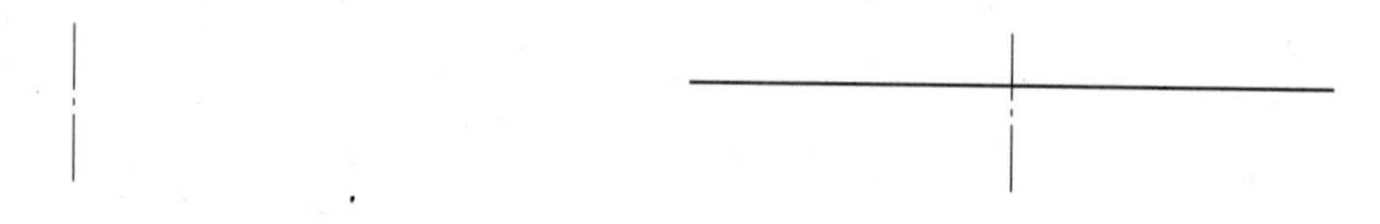

图 6-23　绘制中心线　　图 6-24　绘制水平直线

（4）偏移处理。单击“修改”工具栏中的“偏移”按钮，将水平直线向下偏移 2.5mm，将中心线分别向两侧偏移 14mm 和 7.5mm，并将偏移后的直线设置为“粗实线层”，结果如图 6-25 所示。

（5）修剪处理。单击“修改”工具栏中的“修剪”按钮，对多余的直线进行修剪，结果如图 6-26 所示。

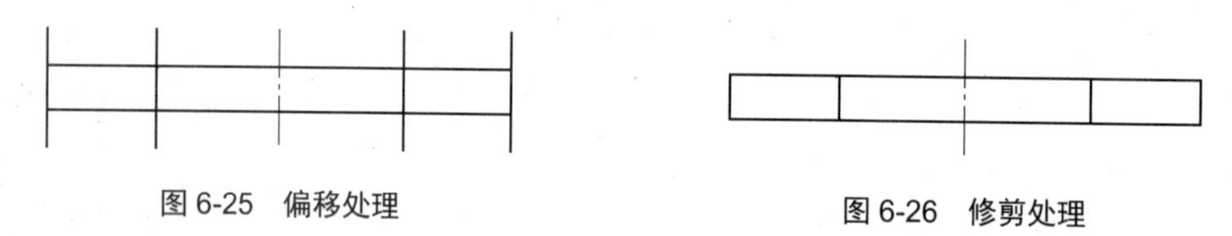

图 6-25　偏移处理　　图 6-26　修剪处理

（6）绘制剖面线。单击“绘图”工具栏中的“图案填充”按钮，切换到“剖面层”，绘制剖面线，最终完成垫圈的绘制，结果如图 6-27 所示。

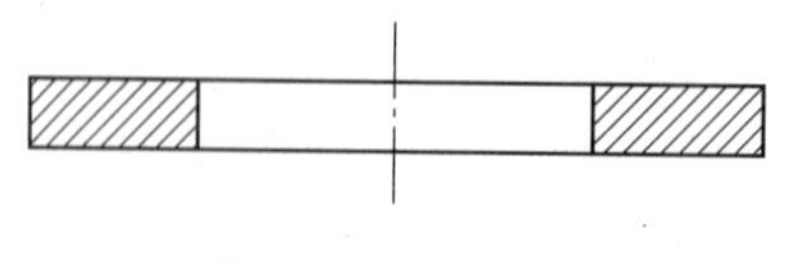

图 6-27　绘制垫圈

3. 标注垫圈

（1）切换图层。将当前图层设置为“尺寸标注层”。

（2）尺寸标注。单击“标注”工具栏中的“线性尺寸”命令，对图形进行尺寸标注，结果如图 6-28 所示。

（3）利用前面学习的方法标注垫圈表面粗糙度，如图 6-29 所示。

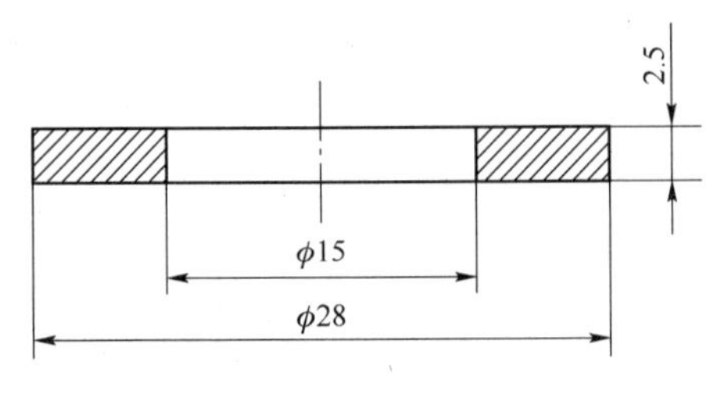

图 6-28　尺寸标注

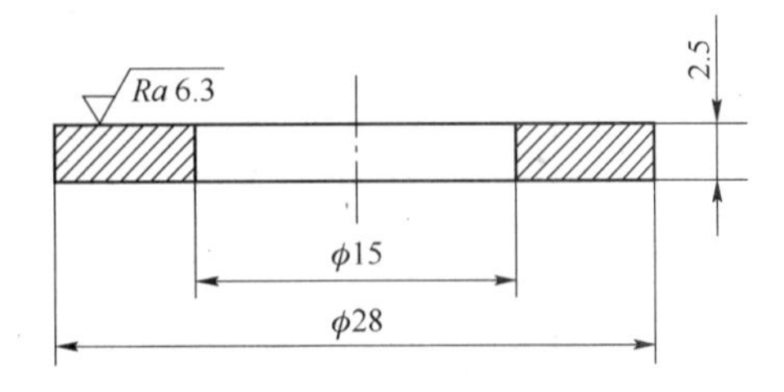

图 6-29　标注表面粗糙度

4. 填写标题栏

将“标题栏层”设置为当前图层，在标题栏中填写相关项，垫圈的最终效果如图 6-22 所示。

注 意

一种文字样式下可以对具体文字的样式进行修改，具体方法是：利用“文字编辑”命令 DDEDIT 或在“特性”选项板中更改相关参数。

任务三　绘制隔套

任务引入

本任务绘制图 6-30 所示的隔套。

任务说明

隔套是机械工程中常用的零件，本节主要说明隔套零件的设计方法和步骤。在绘制隔套之前，首先应该对隔套进行系统分析。根据国家标准需要确定隔套零件图的图幅、零件图中要表示的内容、零件各部分的线型、线宽、公差、公差标注样式以及粗糙度等，另外还需要确定用几个视图才能清楚地表达该零件。

知识与技能目标

1. 掌握几何公差标注。
2. 掌握隔套零件类零件图的绘制。

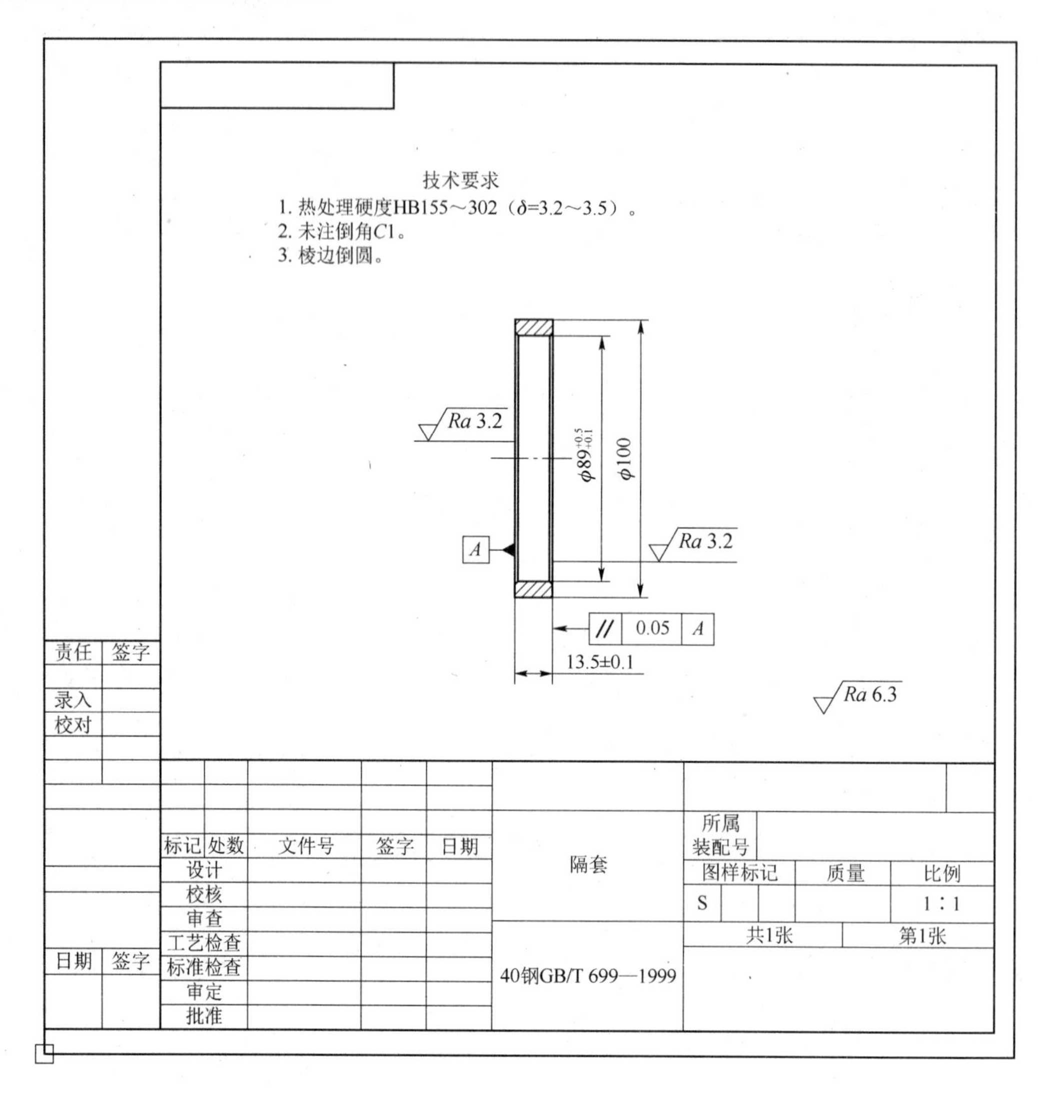

图 6-30　隔套

任务分析

隔套图形用一个主视图来描述，主要由线性轮廓构成。

相关知识

在命令行输入 TOLERANCE 命令，或者选择“标注”→“公差”命令，或者单击“标注”工具栏中的“公差”按钮，打开图 6-31 所示的“形位公差”对话框。

单击“符号”项下面的黑方块，打开图 6-32 所示的“特征符号”对话框，可从中选取公差代号。“公差 1”和“公差 2”项白色文本框左侧的黑块控制是否在公差值之前加一个直径符号，单击它，则出现一个直径符号，再单击则又消失；白色文本框用于确定公差值，在其中输入一个具体数值；右侧黑块用于插入“包容条件”符号，单击它，AutoCAD 将会打开图 6-33 所示的“附加符号”对话框，可从中选取所需符号。

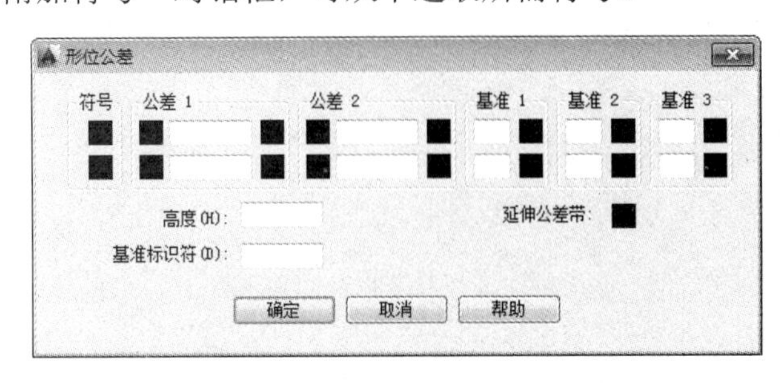

图 6-31 “形位公差”对话框

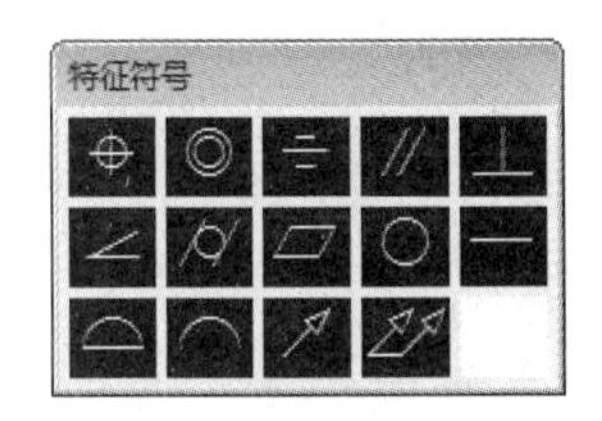

图 6-32 “特征符号”对话框

图 6-33 “附加符号”对话框

任务实施

1. 调入样板图

选择“文件”→“新建”命令，打开“选择样板”对话框，如图 6-34 所示，在该对话框中选择需要的样板图。选择已经绘制好的样板图后，单击“打开”按钮，则会返回绘图区域，同时选择的样板图也会出现在绘图区域内，如图 6-35 所示，其中样板图左下端点坐标为（0,0）。

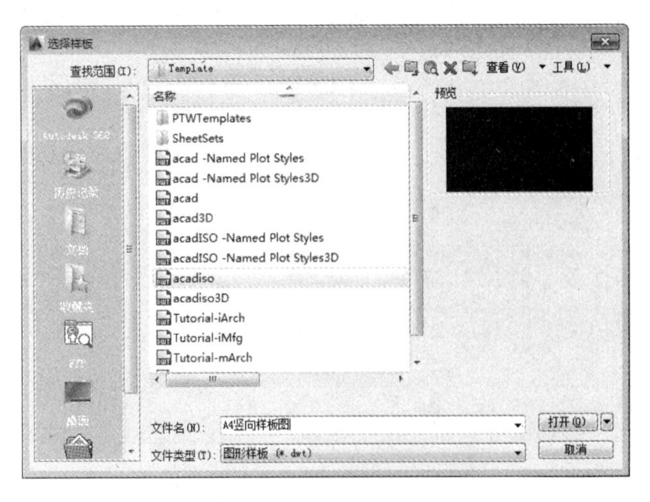

图 6-34 “选择样板”对话框

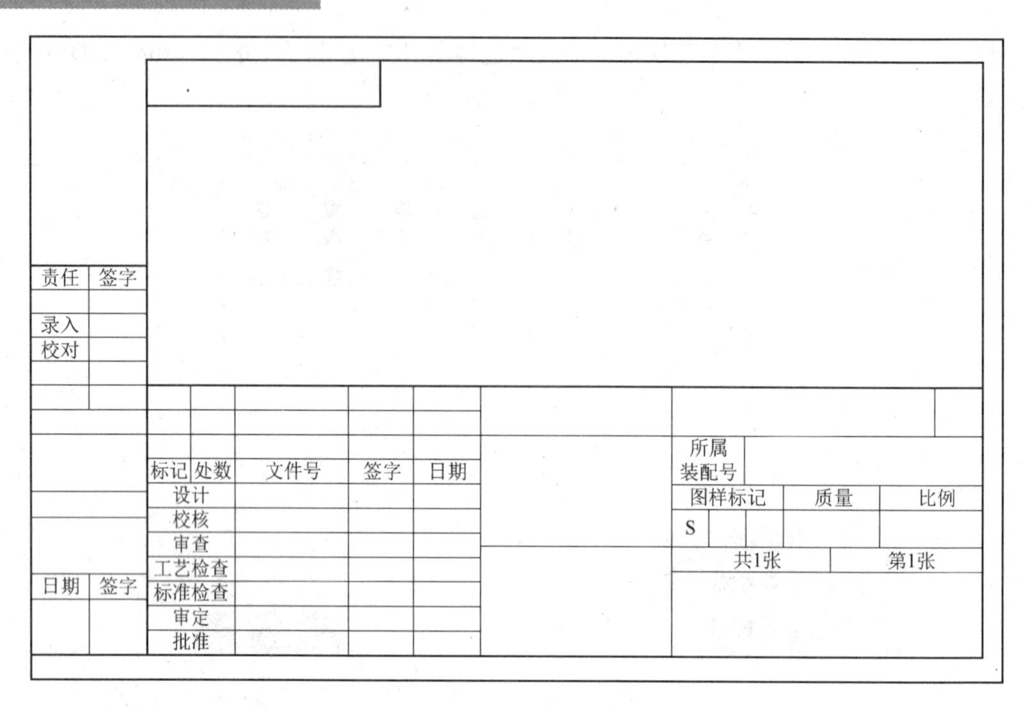

图 6-35　插入的样板图

2. 设置图层与标注样式

（1）设置图层

选择“格式”→“图层”命令，打开“图层特性管理器”对话框，用户可以参照前面介绍的命令，在其中创建需要的图层，图 6-36 所示为创建好的图层。

（2）设置标注样式

选择“格式”→“标注样式”命令，打开“标注样式管理器”对话框，如图 6-37 所示，在该对话框中显示当前的标注样式，包括半径、角度、线性和引线的标注样式，用户可以单击“修改”按钮，打开“修改标注样式”对话框，如图 6-38 所示，可以在其中设置需要的标注样式。本例使用标准的标注样式。

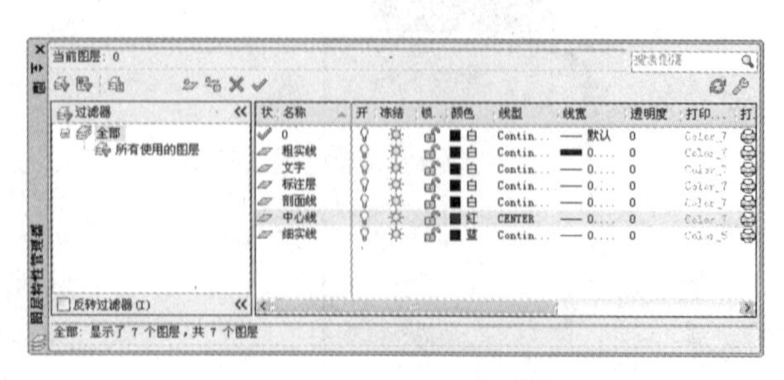

图 6-36　创建好的图层

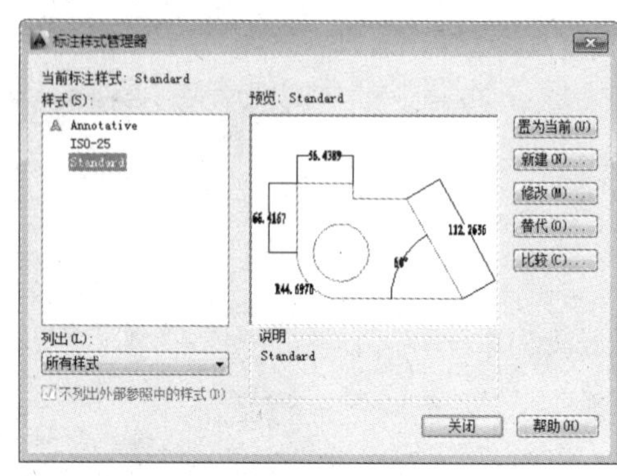

图 6-37　“标注样式管理器”对话框

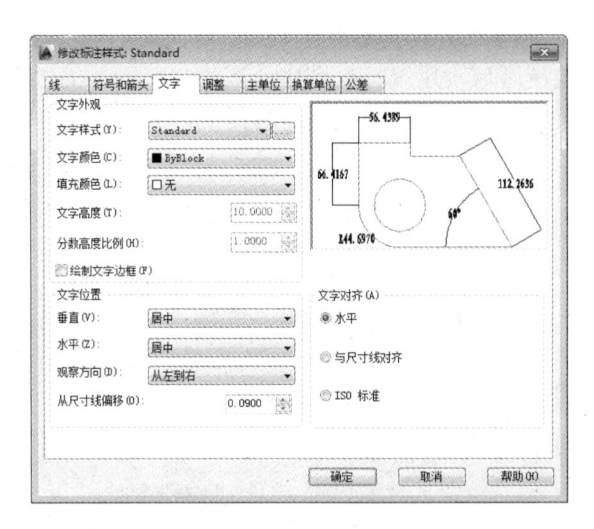

图 6-38　“修改标注样式”对话框

3. 绘制隔套图形

（1）将“中心线”图层设置为当前图层。单击“绘图”工具栏中的“直线”按钮，以坐标点{（70,160），（@30,0）}绘制中心线。

（2）绘制轮廓线。

① 将“粗实线图层”设置为当前图层，单击“绘图”工具栏中的“直线”按钮，以坐标点{（80,110），（@0,100），（@13.5,0），（@0,-100）、C}，{（80,204.5），（@13.5,0）}和{（80,115.5），（@13.5,0）}绘制直线，结果如图 6-39 所示。

② 倒角处理。单击“修改”工具栏中的“倒角”按钮，将修剪模式设置为“不修剪”，对图 6-39 中的线段 1 和线段 2 进行倒角处理，倒角距离为 1mm。重复“倒角”命令，对图 6-39 中的线段 3 和线段 4 进行倒角操作，结果如图 6-40 所示。

③ 修剪直线。单击“修改”工具栏中的“修剪”按钮，将图 6-40 中的直线进行修剪。

④ 绘制直线。单击“绘图”工具栏中的“直线”按钮，绘制倒角连接线，结果如图 6-41 所示。

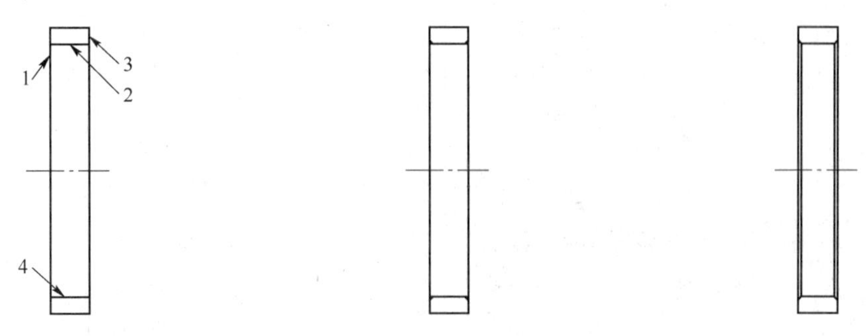

图 6-39　绘制直线后的图形　　图 6-40　倒角后的图形　　图 6-41　绘制直线后的图形

（3）填充剖面线。单击“绘图”工具栏中的“图案填充”按钮，打开“图案填充和渐变色”对话框，在该对话框中选择所需要的剖面线样式，并设置剖面线的方便转角度和显示比例。图 6-42 为设置完毕的“图案填充和渐变色”对话框。设置好剖面线的类型后，单击“拾取点”按钮，返回绘图区域，用鼠标在图中所需添加剖面线的区域内拾取任意一点，选择完毕后按 Enter 键返回“图案填充和渐变色”对话框，单击“确定”按钮，返回绘图区域，剖面线绘制完毕。

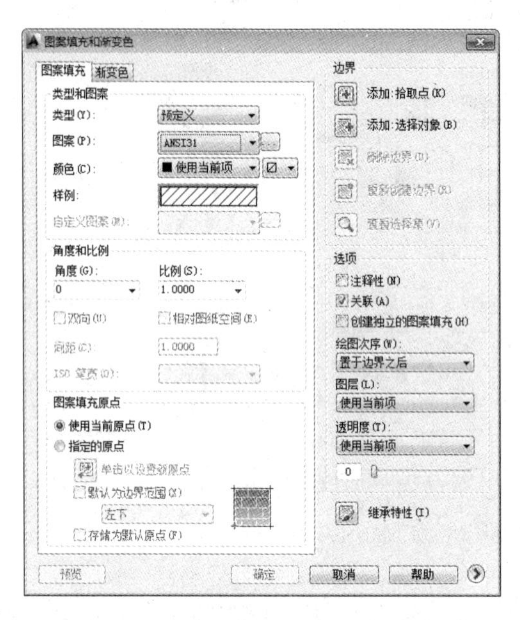

图 6-42　“图案填充和渐变色”对话框

如果填充后用户感觉不满意，可以利用“修改”→“对象”→“图案填充”命令，选取绘制好的剖面线，打开“图案填充编辑”对话框，如图 6-43 所示。用户可以在其中重新设定填充的样式，设置好以后，单击“确定”按钮，剖面线则会以刚刚设置好的参数显示，重复此过程，直到满意为止。图 6-44 所示为绘制剖面线后的图形。

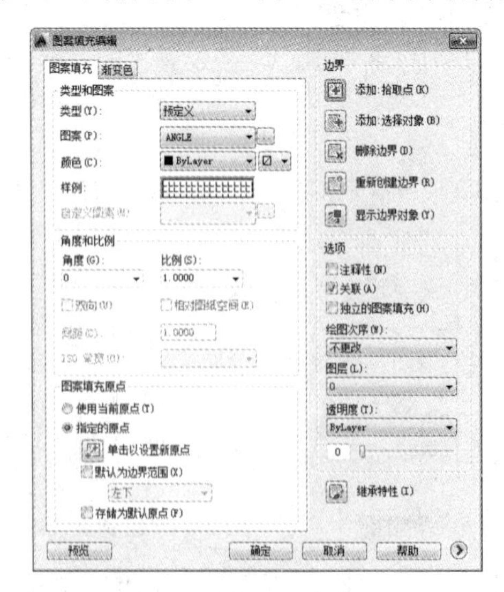

图 6-43　“图案填充编辑”对话框

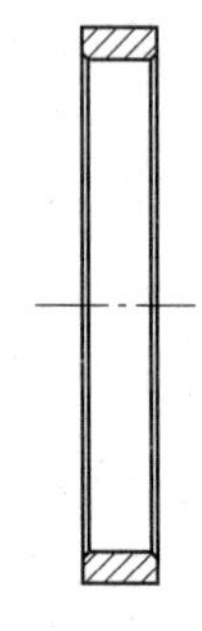

图 6-44　绘制剖面线后的图形

4. 标注线性尺寸

首先将“标注层”图层设置为当前图层，然后选择“格式”→“标注样式”命令，打开“标注样式管理器”对话框，如图 6-45 所示。单击“修改”按钮，打开“修改标注样式”对话框，在“公差”选项卡的“方式”下拉列表中选择“对称”，在“上偏差”文本框中输入 0.1，如图 6-46 所示。

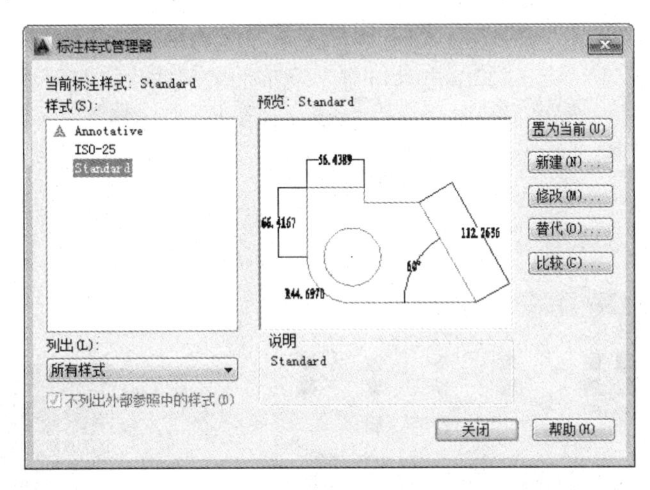

图 6-45　“标注样式管理器”对话框

按照上述设置好以后，单击“标注”工具栏中的“线性”按钮，标注图中“13.5±0.1”的尺寸，结果如图 6-47 所示。

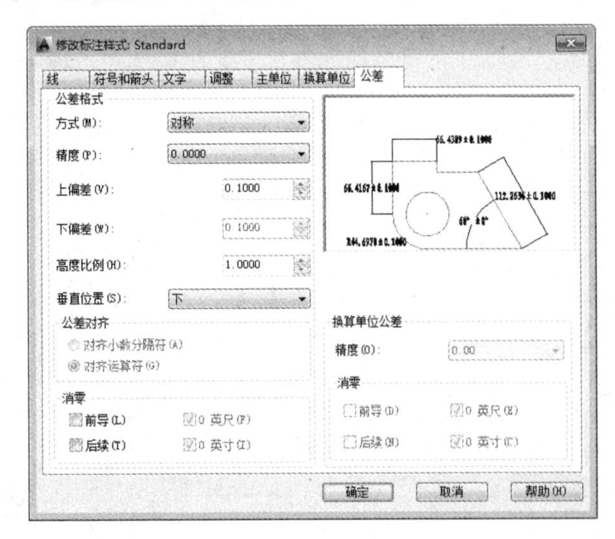

图 6-46　“修改标注样式”对话框

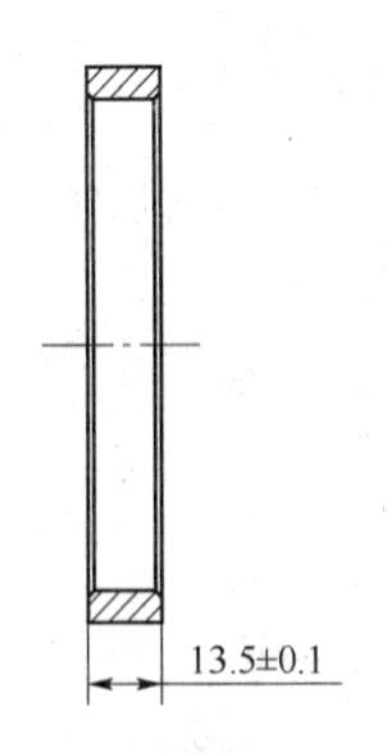

图 6-47　标注的线性尺寸

5. 标注基准符号

首先将“标注层”图层设置为当前图层，然后单击“绘图”工具栏中的“插入块”按钮

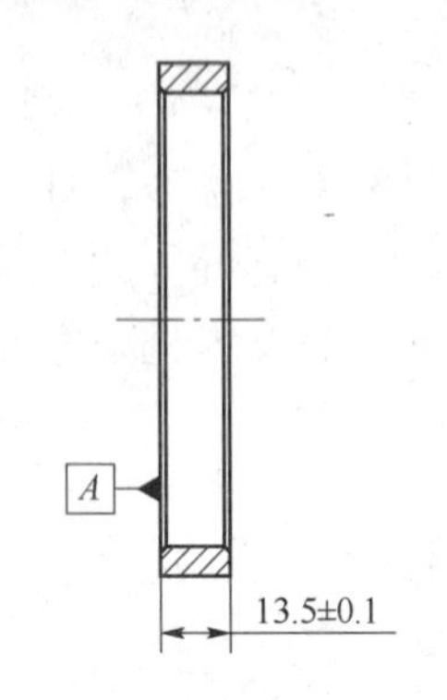

图 6-48　插入的基准符号

，打开“插入”对话框，在“名称”下拉列表中选择“基准符号”图块，用鼠标指定在图中要插入的点，如图 6-48 所示。

6. 标注几何公差

（1）在命令行输入 TOLERANCE 命令，或者选择“标注”→“公差”命令，或者单击“标注”工具栏中的“公差”按钮，打开图 6-49 所示的“形位公差”对话框。

（2）单击“符号”项下面的黑方块，打开图 6-50 所示的“特征符号”对话框，选择“平行度”符号，在“形位公差”对话框中输入公差 1 为 0.05，基准 1 为 A，单击“确定”按钮，将公差放置到图中适当位置。

（3）单击“绘图”工具栏中的“多段线”按钮，绘制箭头，结果如图 6-51 所示。

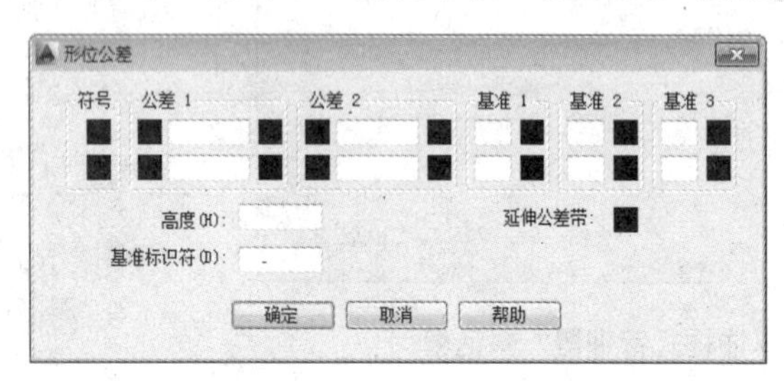

图 6-49　“形位公差”对话框

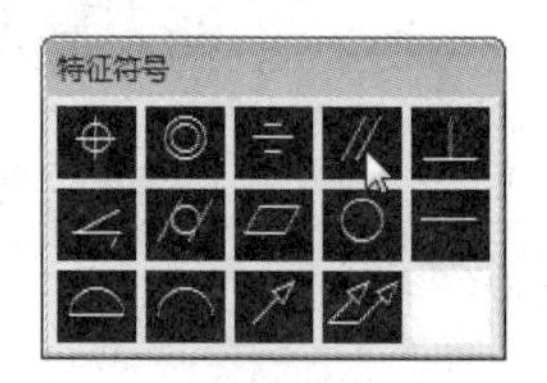

图 6-50　“特征符号”对话框

7. 其他标注

除了上面介绍的标注外，本项目还需要标注带符号的线性尺寸、粗糙度等，图 6-52 为标注好的图形。

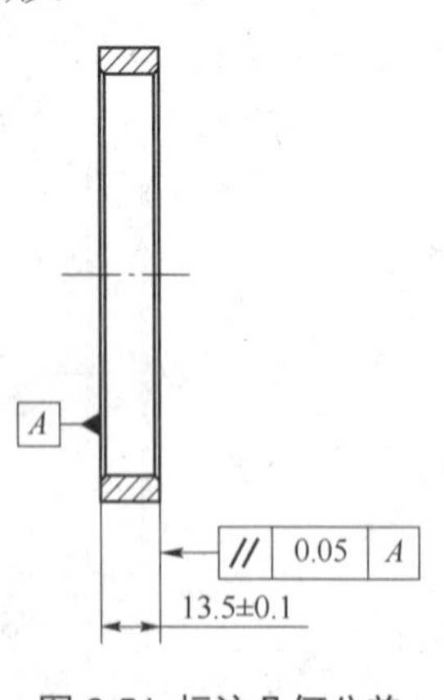

图 6-51 标注几何公差

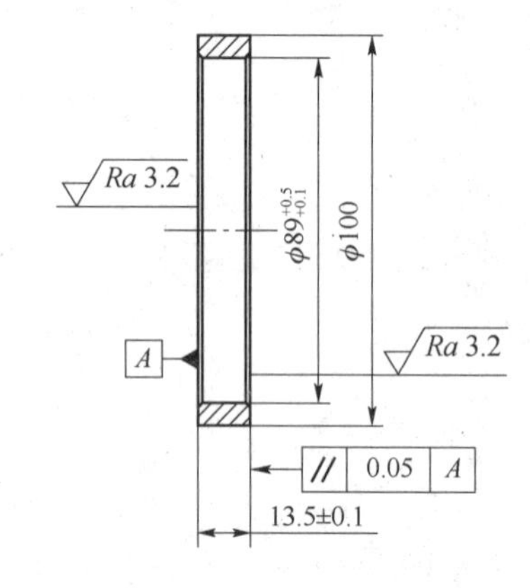

图 6-52　标注好的图形

8. 填写标题栏

标题栏是反映图形属性的一个重要信息来源，用户可以在其中查找零件的材料、设计者，以及修改信息等，其填写与标注文字的过程相似。图 6-53 为填写好的标题栏。

标记	处数	文件号	签字	日期	隔套	所属装配号		
设计						图样标记	质量	比例
校核						S		1∶1
审查						共1张		第1张
工艺检查					40钢GB/T 699—1999			
标准检查								
审定								
批准								

图 6-53　填写好的标题栏

任务四　绘 制 轴 承

任务引入

本任务绘制图 6-54 所示的轴承。

任务说明

滚动轴承的种类很多，但其结构大体相同，以图 6-55 所示的深沟球轴承为例，大多数滚动轴承都是由外圈、内圈、滚动体和保持架 4 部分组成的，通常外圈装在机座的孔内，固定不动，而内圈套在轴上，随轴转动。

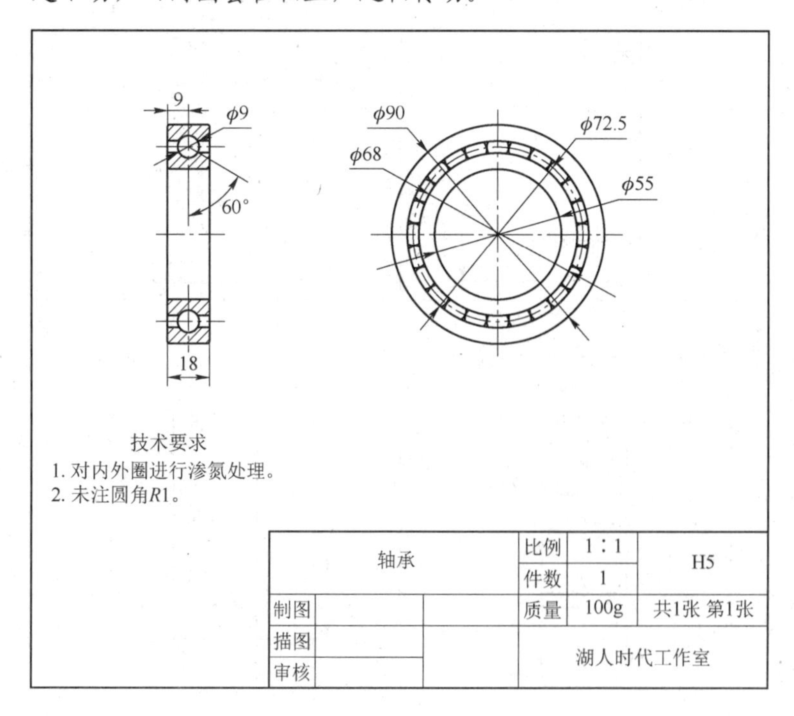

图 6-54　轴承

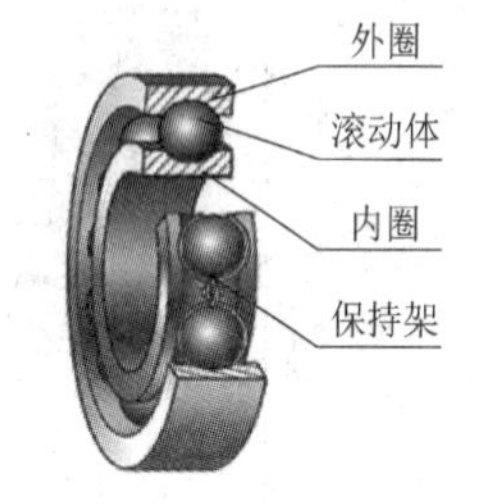

图 6-55　深沟球轴承的结构

知识与技能目标

掌握轴承类零件的绘制。

任务分析

轴承零件的绘制过程分为两个阶段，先绘制主视图，然后完成剖面左视图的绘制。本任务再次使用了利用多视图互相投影对应关系绘制图形的方法。绘制的轴承如图 6-54 所示。

相关知识

滚动轴承是标准件，一般不需要绘制零件图。在装配图中，滚动轴承根据其代号，从国家标准中查出外径 D、内径 d 和宽度 B 或 T 等几个主要尺寸来进行绘制。当需要较详细地表达滚动轴承的主要结构时，可采用规定画法；在只需要简单地表达滚动轴承的主要结构特征时，可采用特征画法。表 6-1 中列出了 3 种常用轴承的规定画法及特征画法。

表 6-1　常用滚动轴承的画法

轴承名称	结构形式	规定画法	特征画法
深沟球轴承		B, $B/2$, $A/2$, A, $A/2$, $60°$, D, d	B, $2B/3$, $B/6$, A, d, D
圆锥滚子轴承		T, C, $A/2$, A, $A/4$, $A/2$, $T/2$, $15°$, D, d, B	$2B/3$, $30°$, A, D, d, B

续表

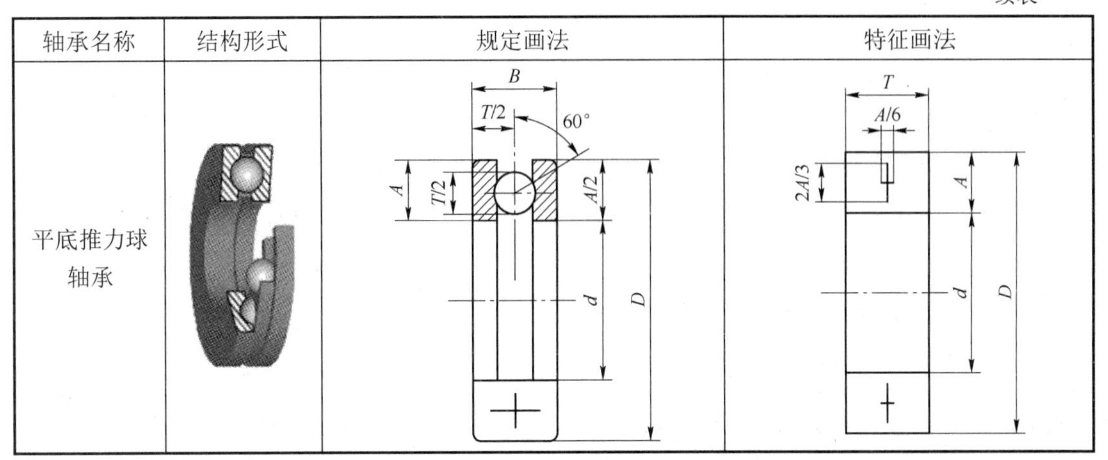

轴承名称	结构形式	规定画法	特征画法
平底推力球轴承			

当不需要确切地表达滚动轴承外形轮廓、载荷特性、结构特性时，可用通用画法，即在矩形线框中央绘制正立十字形符号（十字形符号不与线框接触），如图 6-56 所示。

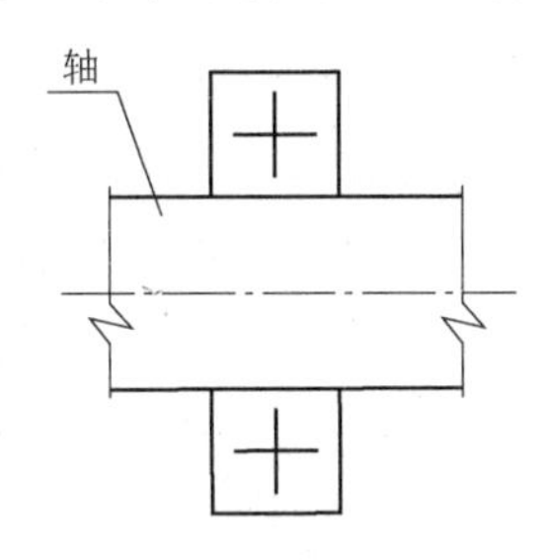

图 6-56　轴承的通用画法

任务实施

1. 配置绘图环境

（1）建立新文件。打开 AutoCAD 2014 应用程序，以“A4 竖向样板图”样板文件为模板，建立新文件。

（2）选择“格式”→“图层”命令，打开“图层特性管理器”对话框，创建 6 个图层，新建图层如图 6-57 所示。

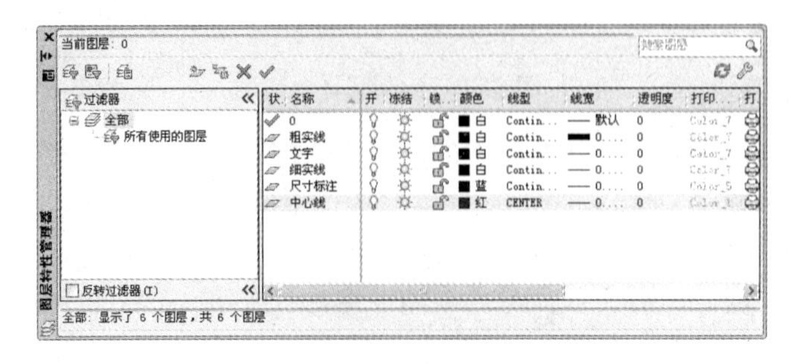

图 6-57　新建图层

2. 绘制中心线

（1）切换图层。将“中心线层”设定为当前图层。

（2）绘制中心线。单击“绘图”工具栏中的“直线”按钮，绘制直线{(40,180),(200,180)}。

3. 绘制轴承主视图

（1）切换图层。将当前图层从“中心线”层切换到“粗实线”层。

（2）缩放和平移视图。利用“缩放”和“平移”命令将视图调整到易于观察的程度。

（3）绘制轮廓线。单击“绘图”工具栏中的“直线”按钮，绘制连续线段{（50,180），（50,225），（@18,0），（@0,-45）}。绘制结果如图 6-58 所示。

在输入点坐标时，既可以输入该点的绝对坐标，也可以输入其相对上一点的相对坐标，形如“@△*x*,△*y*,△*z*”。而且在很多时候某些点的绝对坐标不可能精确得到，此时使用相对坐标将为绘图带来很大方便。

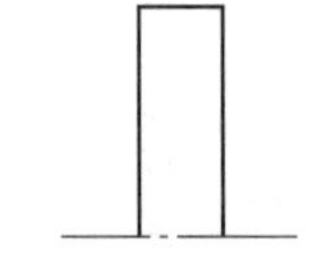

图 6-58　绘制轮廓线

（4）偏移直线。单击“修改”工具栏中的“偏移”按钮，更改偏移直线的图层属性，结果如图 6-59 所示。

（5）绘制滚珠和斜线。单击“绘图”工具栏中的“圆”按钮，以（59，217.25）为圆心绘制半径为 4.5mm 的圆。单击“绘图”工具栏中的“直线”按钮，采用极坐标下直线长度、角度模式。直线起点为圆心点，直线长度 30mm、角度-30°，即“指定下一点或[放弃(U)]: @ 30<-30”，如图 6-60 所示。

（6）绘制水平直线。单击“绘图”工具栏中的“直线”按钮，通过圆与斜线的交点绘制一条水平直线，如图 6-61 所示。单击“修改”工具栏中的“修剪”按钮，对水平直线进行修剪。

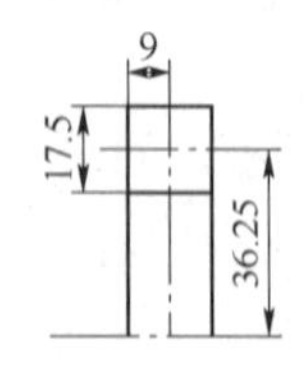

图 6-59　偏移直线

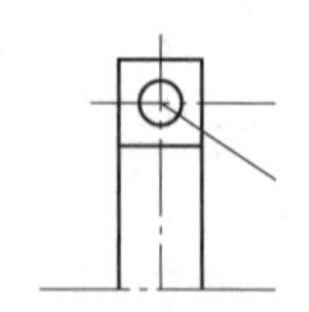

图 6-60　绘制圆与斜线

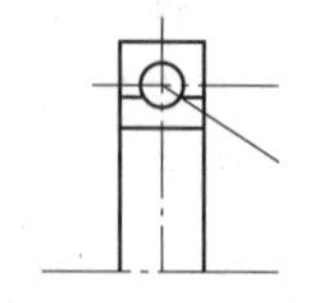

图 6-61　绘制水平直线

（7）倒圆角。单击“修改”工具栏中的“圆角”按钮，圆角半径为 1mm，对外侧两个直角采用修剪模式倒角；单击“修改”工具栏中的“倒角”按钮，对内侧两个直角采用不修剪模式倒角，倒角距离为 1mm，如图 6-62 所示。

（8）修剪图形。单击“修改”工具栏中的“修剪”按钮，对内侧两个倒角进行修剪，结果如图 6-63 所示。

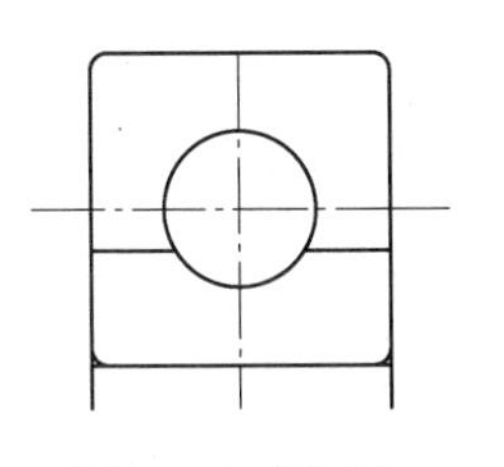

图 6-62　倒圆角

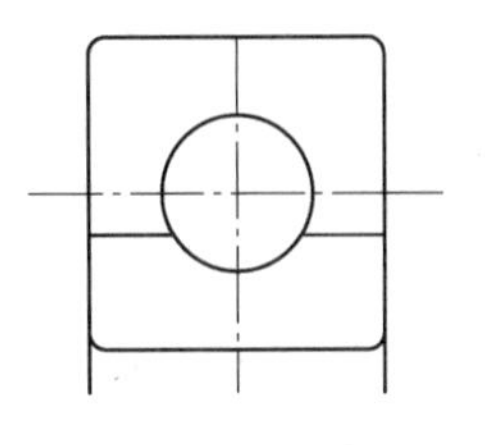

图 6-63　修剪图形

（9）镜像图形。单击“修改”工具栏中的“镜像”按钮，进行两次镜像，先镜像滚珠槽的轮廓线，再镜像上半个轴承，结果如图 6-64 所示。

（10）补充轮廓线。单击“绘图”工具栏中的“直线”按钮，绘制左右轮廓线直线。

（11）绘制剖面线。将当前图层设置为“细实线”层，单击“绘图”工具栏中的“图案填充”按钮，完成主视图绘制，如图 6-65 所示。

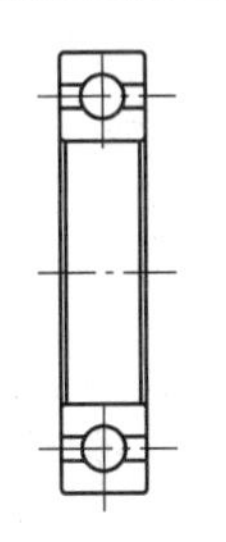

图 6-64　图形镜像

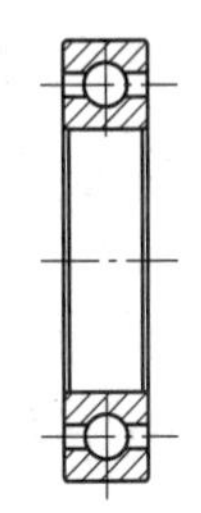

图 6-65　轴承主视图

4. 绘制轴承左视图

（1）绘制左视图定位中心线。将“中心线层”设定为当前图层，单击“绘图”工具栏中的“直线”按钮，绘制直线{（140,130），（140,230）}，绘制结果如图 6-66 所示。

轴承左视图主要由同心圆和一系列滚珠圆组成。左视图是在主剖视图的基础上生成的，因此需要借助主视图的位置信息进行绘制，即从主视图引出相应的辅助线，然后进行必要的修剪和添加。

（2）绘制辅助水平线。将“粗实线”层设置为当前图层，单击“绘图”工具栏中的“直线”按钮，捕捉特征点，利用“正交”功能从主视图中引出 6 条水平直线，如图 6-67 所示。

（3）绘制 5 个圆。单击“绘图”工具栏中的“圆”按钮，圆心(140，180)，依次捕捉辅助线与中心线的交点，以交点与圆心的距离作为半径，注意中间的圆，更改其图层属性为“中心线层”，删除辅助直线，如图 6-68 所示。

（4）绘制滚珠。单击“绘图”工具栏中的“圆”按钮，圆心捕捉中心线与圆弧中心线的交点，半径为 4.5mm，并进行修剪，如图 6-69 所示。

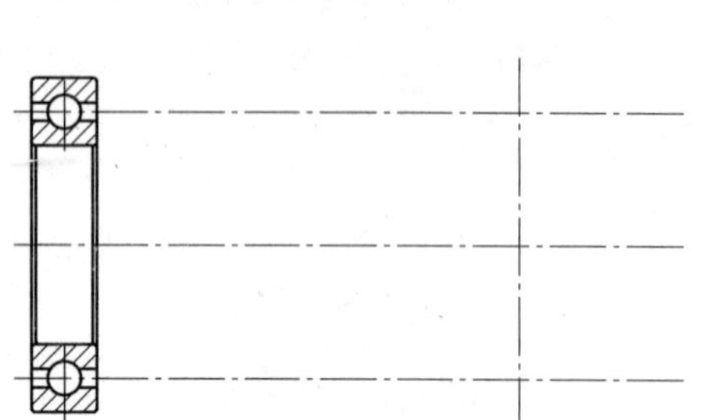

图 6-66　绘制左视图定位中心线

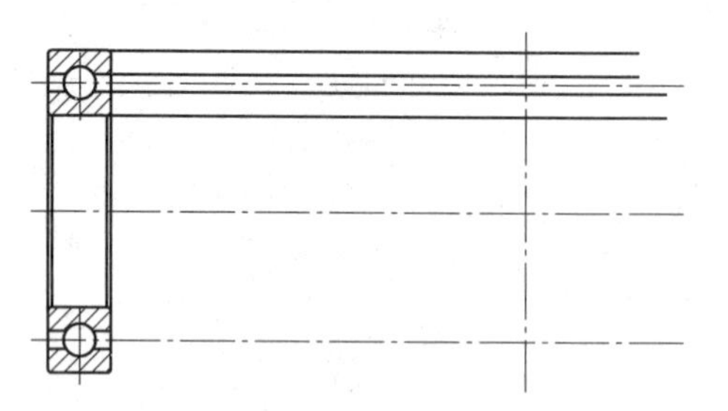

图 6-67　绘制辅助直线

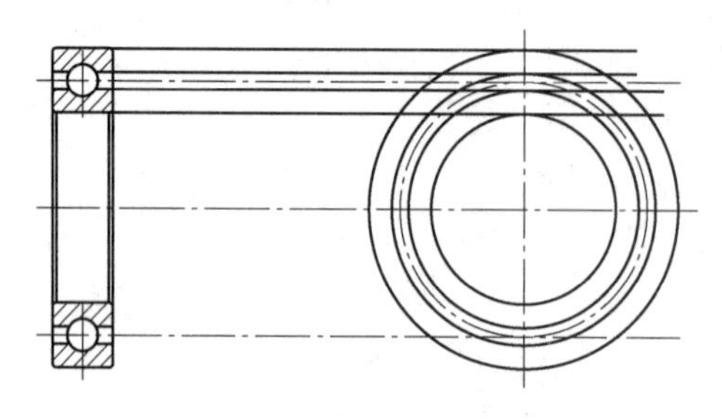

图 6-68　绘制左视图轮廓圆

（5）环形阵列。单击“修改”工具栏中的“环形阵列”按钮，以中心线交点为阵列中心，选取图 6-69 中所绘制的滚珠轮廓线为阵列对象，设置阵列数目为 25，指定填充角度为 360°，阵列得到轴承左视图，如图 6-70 所示，完成轴承视图的绘制。

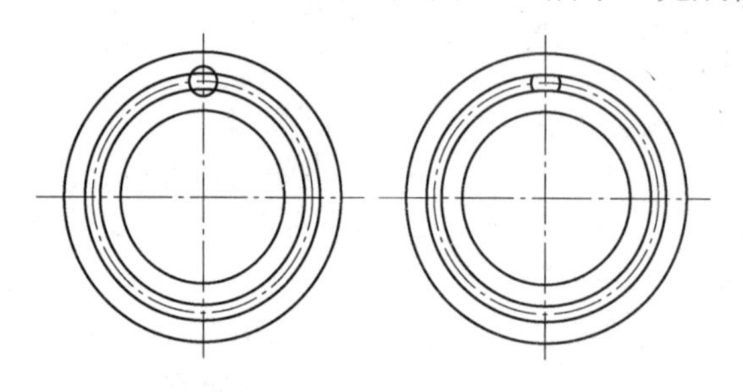

图 6-69　绘制左视图中的滚珠

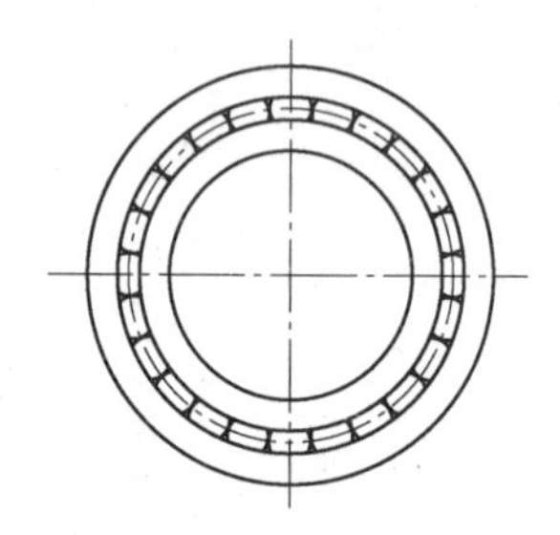

图 6-70　轴承左视图

5. 标注主视图

（1）切换图层。将“尺寸标注”层设置为当前图层。

（2）设置标注样式。单击“样式”工具栏中“标注样式”按钮，在“标注样式管理器”对话框中新建“机械制图”标注样式，并将其设置为当前使用的标注样式。

（3）标注轴承宽度和圆环宽度。单击“标注”工具栏中的“线性”按钮，标注轴承宽度为 18mm。

（4）标注滚珠直径。单击“标注”工具栏中的“直径”按钮，标注滚珠直径为φ9mm。

（5）标注角度。单击“标注”工具栏中的“角度”按钮，标注角度 60° 。单击“修改”工具栏中的“打断”按钮，删掉过长的中心线。

注　意

按照《机械制图》国家标准，角度尺寸的尺寸数字要求水平放置，所以，此处在标注角度尺寸时，要设置替代标注样式，将其中的“文字”选项卡中的“文字对齐”项设置成“水平”，如图 6-71 所示。

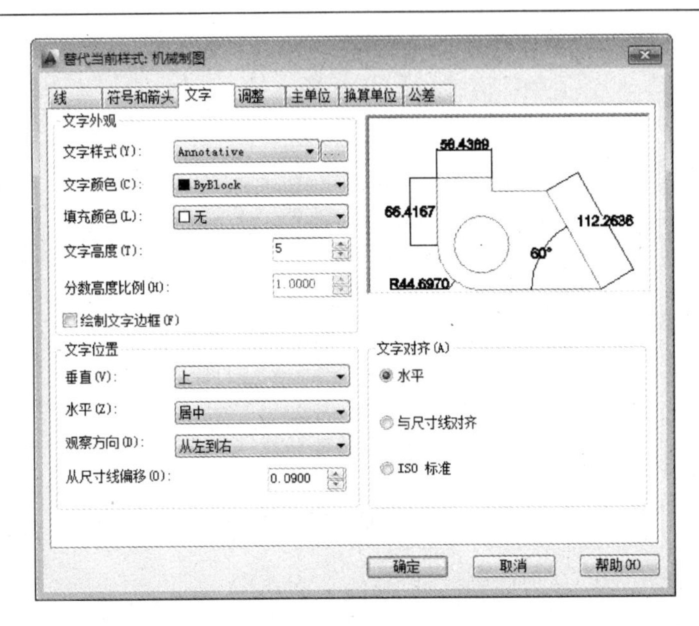

图 6-71　替代标注样式

6. 标注左视图

标注左视图。单击“标注”工具栏中的“直径”按钮，标注直径ϕ55、ϕ72.5 和ϕ90，轴承主视图标注及左视图标注如图 6-72 所示。

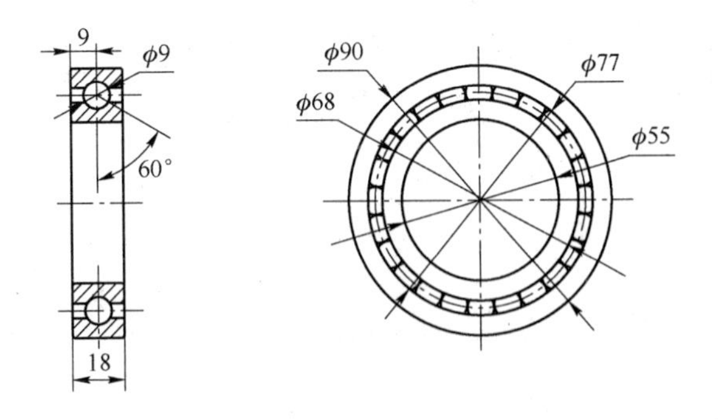

图 6-72　标注轴承主视图及左视图

7. 填写标题栏

在标题栏中填写“轴承”文本框。轴承的最终效果如图 6-54 所示。

课后练习

上机操作题

1．绘制图 6-73 所示的圆锥滚子轴承。

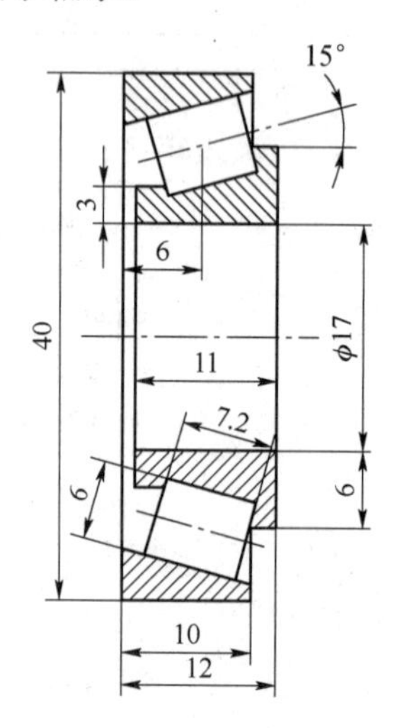

图 6-73　圆锥滚子轴承

2．绘制图 6-74 所示的轴零件图。

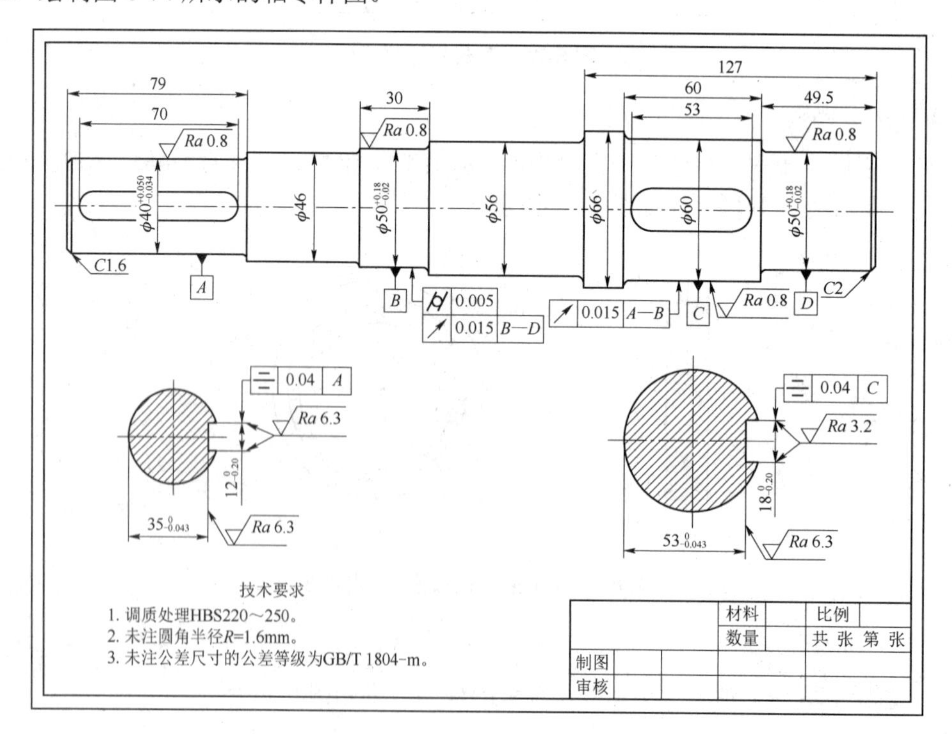

图 6-74　轴

项目七　绘制齿轮类零件

任务一　绘制齿轮设计

本任务绘制齿轮零件图，如图 7-1 所示。

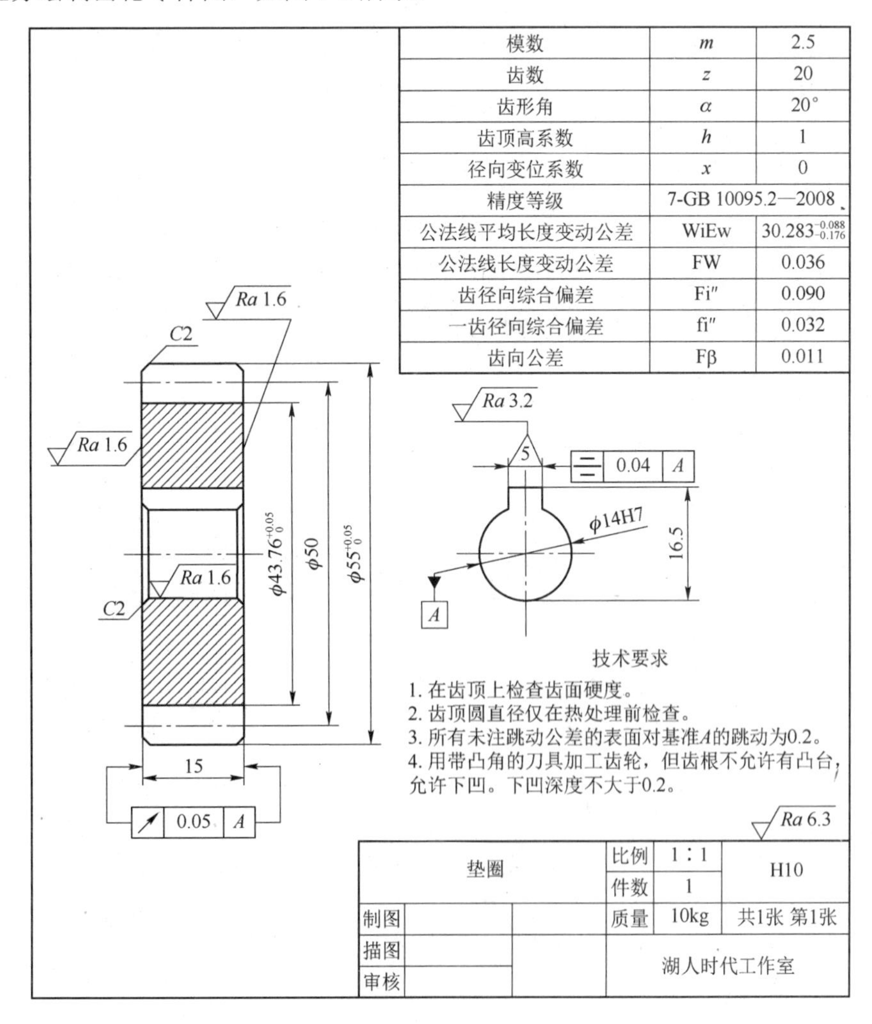

图 7-1　齿轮

任务说明

圆柱齿轮传动是用于传递平行轴间动力和运动的一种齿轮传动。圆柱齿轮传动的传递功率和速度适用范围大，功率可从小于千分之一瓦到 10 万 kW，速度可从极低到 300m/s。这种传动工作可靠，寿命长，传动效率高（可达 0.99 以上），结构紧凑，运转维护简单。但加工某些精度很高的齿轮，需要使用专用的或高精度的机床和刀具，因而制造工艺复杂，成本高；而低精度齿轮则常发生噪声和振动，无过载保护作用。

知识与技能目标

掌握圆柱齿轮的绘制方法。

任务分析

依次绘制齿轮的主视图和局部视图，充分利用多视图投影对应关系，绘制辅助定位直线。

相关知识

1. 单个圆柱齿轮

国家标准对齿轮画法作了统一规定，单个齿轮的画法如图 7-2 所示。齿顶圆和齿顶线用粗实线画出；齿根圆和齿根线用细实线画出，也可省略不画；分度圆和分度线画细点画线，但取剖视后齿根线画粗实线，轮齿部分不画剖面线，其余结构按结构的真实投影画，如图 7-2（a）和图 7-2（b）所示。当需要表示斜齿轮和人字齿的齿线形状时，可用三条与齿线方向一致的细实线表示，见图 7-2（c）和图 7-2（d）所示。

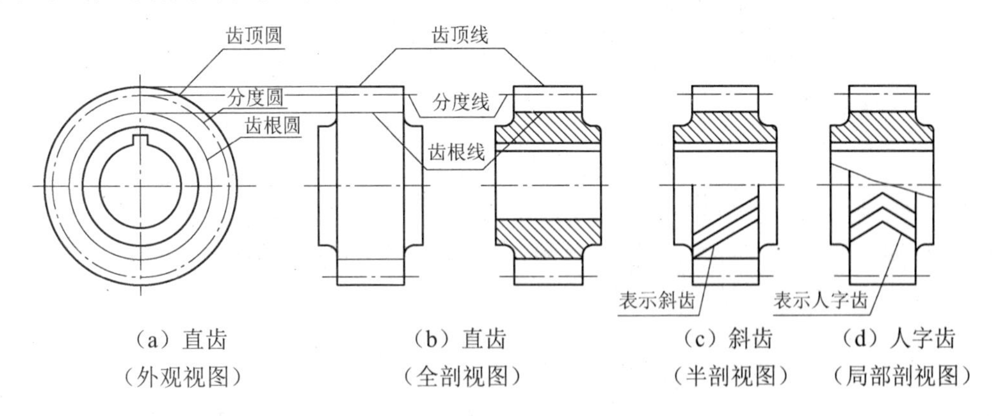

图 7-2　单个圆柱齿轮的画法

2. 啮合的圆柱齿轮

两模数相同的齿轮才能相互啮合。两标准齿轮相互啮合时，它们的分度圆处于相切位置，画齿轮啮合图时，一般采用圆的视图（端面视图）和非圆视图（轴向视图）两个视图。在圆的视图中，按规定分别画出齿根圆、分度圆和齿顶圆 3 个圆，两分度圆应相切。采用简化画法时，允许不画齿根圆，啮合区内齿顶圆也不画，如图 7-3（b）、（c）所示。在非圆的视图中，如未剖切，则在分度圆的相切处画一条粗实线，如图 7-3（d）、（e）所示。在剖视图中，当剖切平面通过两啮合齿轮的轴线时，在啮合区内，将一个齿轮的轮齿用粗实线绘制，另一个齿轮的轮齿被遮挡的部分用细虚线绘制（也可省略不画）。由于齿顶高和齿根高不相等，因此一轮齿的齿顶线与其啮合的另一轮齿的齿根线间有 0.25mm 的径向间隙，如图 7-3 所示。

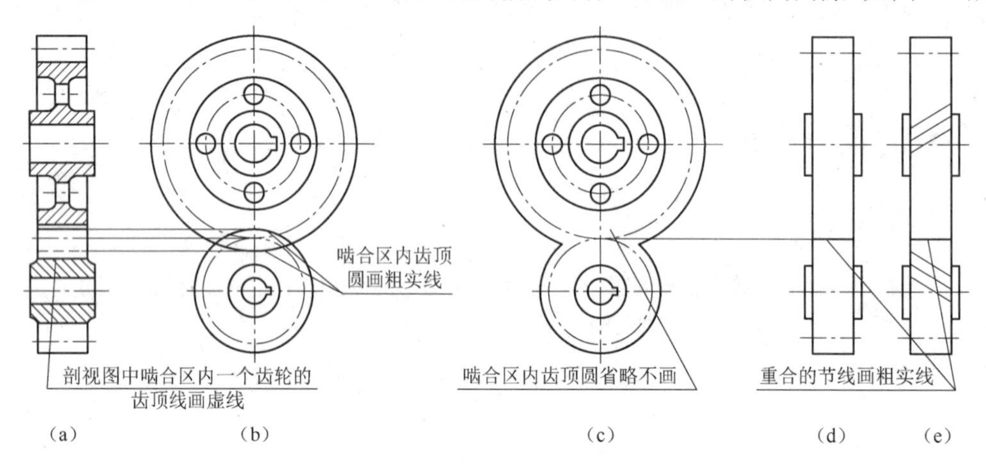

图 7-3　圆柱齿轮啮合的规定画法

任务实施

1. 配置绘图环境

启动 AutoCAD 2014 应用程序，以“A4.dwt”样板文件为模板建立新文件，将新文件命名为“齿轮.dwg”并保存。

2. 绘制齿轮主视图

（1）切换图层。将“中心线层”设定为当前图层。

（2）绘制中心线。单击“绘图”工具栏中的“直线”按钮，绘制 3 条水平直线{(40,220),(80,220)}、直线{(40,170),(80,170)}、直线{(40,120),(80,120)}，选中绘制的中心线并修改其线型比例为 0.2，结果如图 7-4 所示。

（3）绘制齿轮轮廓线。将“粗实线层”设定为当前图层。单击“绘图”工具栏中的“直线”按钮，绘制一条竖直直线{(45,228)，(45,112)},然后单击“修改”工具栏中的“偏移”按钮，将竖直直线向右偏移 30mm，将中间的水平中心线向两侧分别偏移 43.76mm 和 55mm，并将偏移后的直线设置为“粗实线层”，如图 7-5 所示。

（4）修剪处理。单击“修改”工具栏中的“修剪”按钮，对多余直线进行修剪，结果如图 7-6 所示。

（5）倒角处理。单击“修改”工具栏中的“倒角”按钮，设置角度、距离模式分别为 45°、2mm，结果如图 7-7 所示。

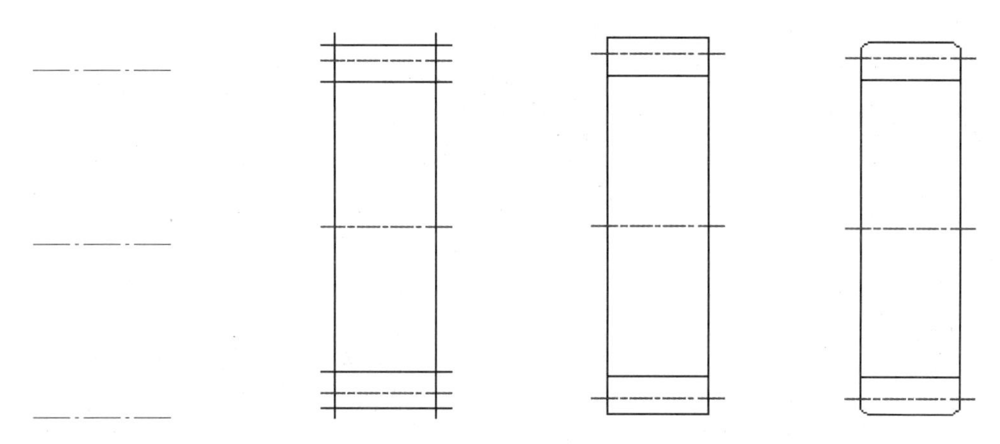

图 7-4　绘制中心线　　图 7-5　绘制齿轮轮廓线　　图 7-6　修剪处理　　图 7-7　倒角处理

（6）绘制键槽。单击“修改”工具栏中的“偏移”按钮，将两条竖直直线分别向内偏移 2mm，将中间的水平中心线分别向上偏移 14mm 和 19mm，向下偏移 14mm，并将偏移后的直线改为“粗实线层”，然后单击“修改”工具栏中的“修剪”按钮，对多余直线进行修剪，结果如图 7-8 所示。

（7）细化键槽。单击“修改”工具栏中的“倒角”按钮，设置角度、距离模式分别为 45°、2mm，并对倒角后的图形进行修剪，结果如图 7-9 所示。

（8）绘制剖面线。切换到“剖面层”，单击“绘图”工具栏中的“图案填充”按钮，绘制剖面线，最终完成齿轮主视图的绘制，结果如图 7-10 所示。

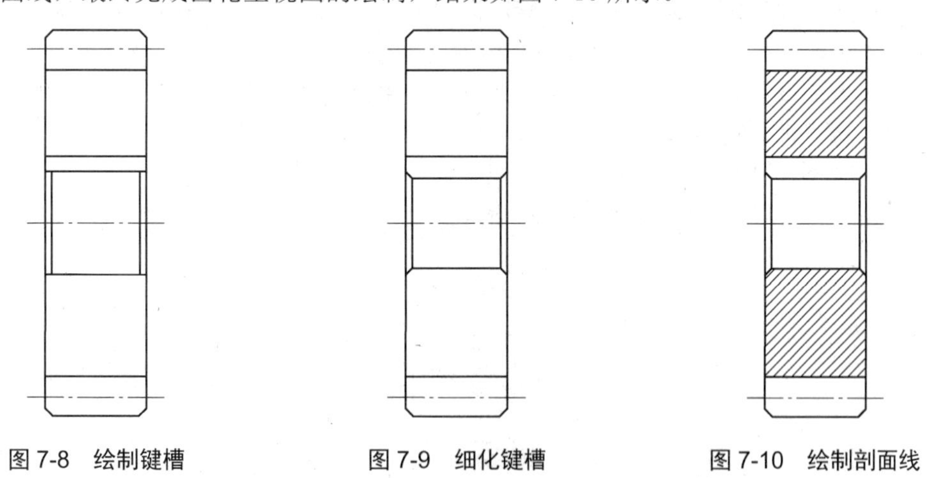

图 7-8　绘制键槽　　图 7-9　细化键槽　　图 7-10　绘制剖面线

3. 绘制局部视图

（1）切换图层。将“中心线层”设定为当前图层。

（2）绘制中心线。单击“绘图”工具栏中的“直线”按钮，绘制一条水平直线{(130,170),(186,170)}和一条竖直直线{(158,198),(158,142)}，选中绘制的中心线，修改其线型比例为 0.2，结果如图 7-11 所示。

（3）绘制圆。将“粗实线层”设定为当前图层，单击“绘图”工具栏中的“圆”按钮，以中心线的交点为圆心，绘制半径为 14mm 的圆，结果如图 7-12 所示。

（4）偏移直线。单击“修改”工具栏中的“偏移”按钮，将水平中心线向上偏移 19mm，将竖直中心线分别向两侧偏移 5mm，并将偏移后的直线设置为“粗实线层”；再单击“修改”工具栏中的“修剪”按钮，对多余直线进行修剪；并对主视图进行投影，修改倒角的位置。完成齿轮的绘制，结果如图 7-13 所示。

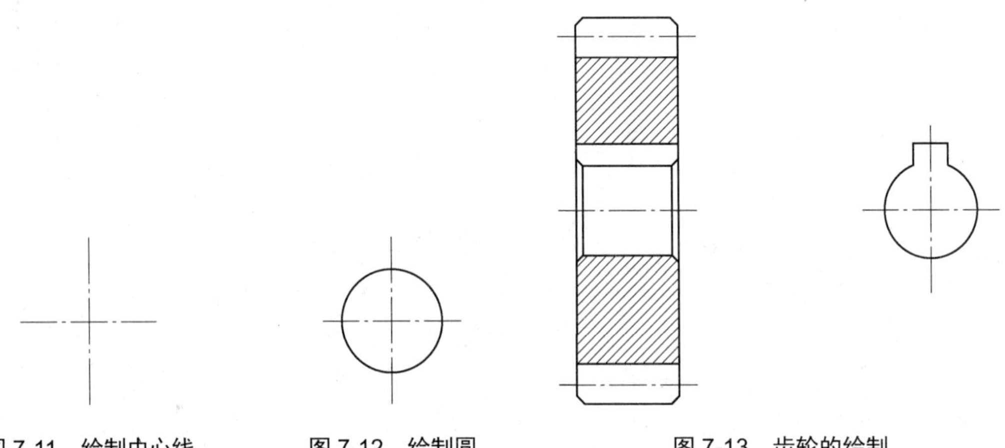

图 7-11　绘制中心线　　图 7-12　绘制圆　　图 7-13　齿轮的绘制

4. 标注主视图尺寸

（1）切换图层。将当前图层从“粗实线层”切换到“尺寸标注层”，单击“标注”工具栏中的“标注样式”按钮，打开“标注样式管理器”对话框，选择“机械制图标注”样式，单击“修改”按钮，在“文字”选项卡中将高度参数设置为 5，在“符号和箭头”选项卡中将箭头大小设置为 5，在“主单位”选项卡中将测量单位比例设置为 0.5，单击“确定”按钮退出。将“机械制图标注”样式设置为当前使用的标注样式。

（2）主视图尺寸标注。单击“标注”工具栏中的“线性”按钮，对主视图进行尺寸标注，在命令行中输入 QLEADER 命令，标注倒角尺寸，结果如图 7-14 所示。

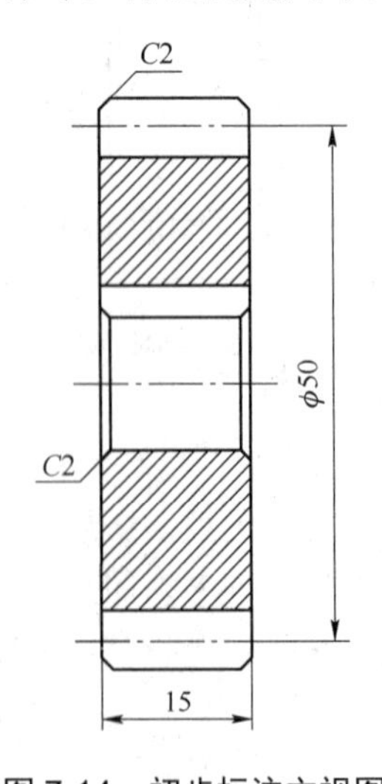

图 7-14　初步标注主视图

（3）替代标注样式。选择“格式”→“标注样式”命令，打开“标注样式管理器”对话框，选择“机械制图标注”样式，单击“替代”按钮，打开“替代当前标注样式:机械制图标注”对话框，在“公差”选项卡的“公差格式”选项组中按图 7-15 所示进行设置；在“主单位”选项卡中进行图 7-16 所示的设置，单击“确定”按钮退出。

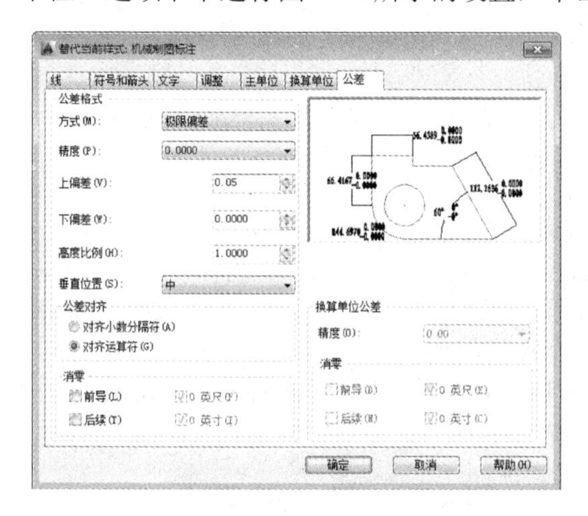

图 7-15　“公差”选项卡

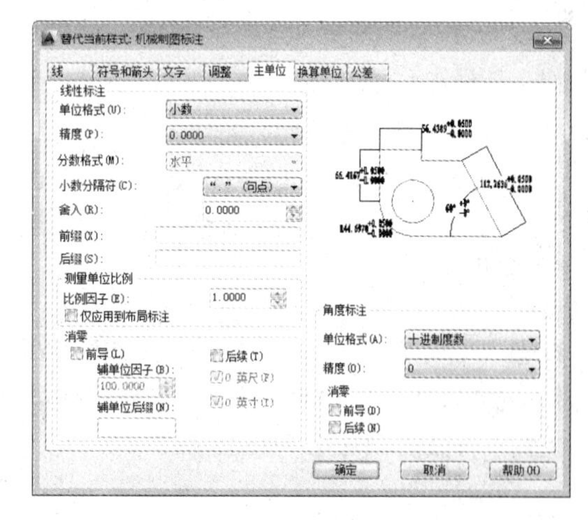

图 7-16　“主单位”选项卡

（4）单击“标注”工具栏中的“线性”按钮，标注齿根圆直径和齿顶圆直径，如图 7-17 所示。

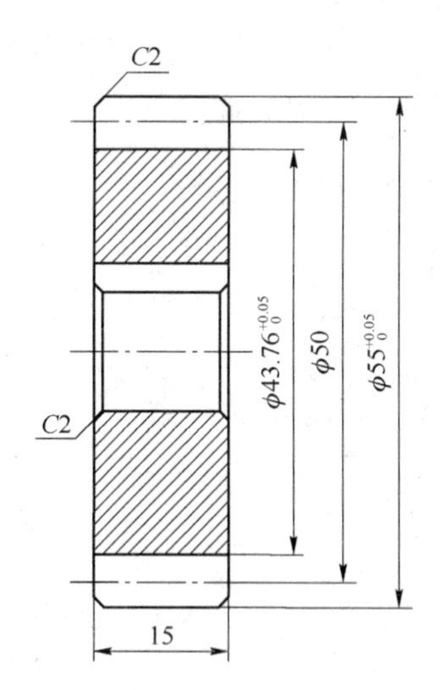

图 7-17　标注前视图尺寸

5. *局部视图尺寸标注*

（1）选择“格式”→“标注样式”命令，打开“标注样式管理器”对话框，选择“机械制图标注”样式，将“机械制图标注”样式设置为当前使用的标注样式。

（2）单击“标注”工具栏中的“线性”按钮和“直径”按钮，对局部视图的ϕ14H7 和尺寸 5 进行尺寸标注。

（3）选择“格式”→“标注样式”命令，打开“标注样式管理器”对话框，选择“机械制图标注”样式，单击“新建”按钮，修改“主单位”选项卡中的精度为 0.0，单击“确定”按钮，并单击“置为当前”按钮，退出。

（4）单击“标注”工具栏中的“线性”按钮，对尺寸“16.5”进行标注，结果如图 7-18 所示。

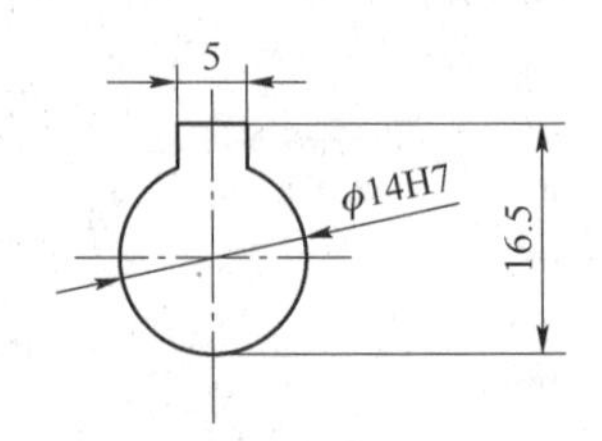

图 7-18　局部视图尺寸标注

6. 标注几何公差

1）标注“对称度”公差

在命令行中输入 QLEADER 命令，并选择“设置”命令，打开“引线设置”对话框，按图 7-19 所示进行设置，单击“确定”按钮。单击“标注”工具栏中的“公差”按钮，打开“形位公差”对话框，单击“符号”项下的色块，打开“特征符号”对话框，按图 7-20 所示进行设置。利用“直线”命令、“圆”命令以及“多行文字”命令绘制公差基准符号。“对称度”公差标注结果如图 7-21 所示。

2）标注“圆跳动”公差

用同样的方法标注两个“圆跳动”几何公差，如图 7-22 所示。

系统指定的“圆跳动”几何公差特征符号与国家标准不符，系统提供的是空心箭头，而国家标准提供的是实心箭头，解决此问题的办法是利用“直线”命令和“图案填充”命令做一个等大小的实心填充块，放置在空心箭头位置，如图 7-23 所示。需要强调的是，系统不允许利用“分解”命令分解几何公差符号。

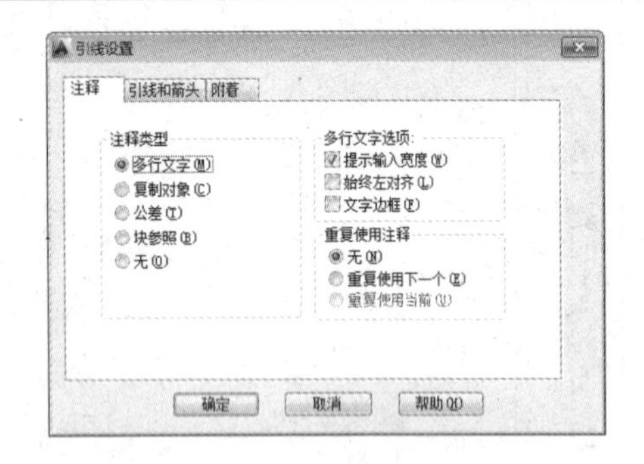

图 7-19　“引线设置”对话框

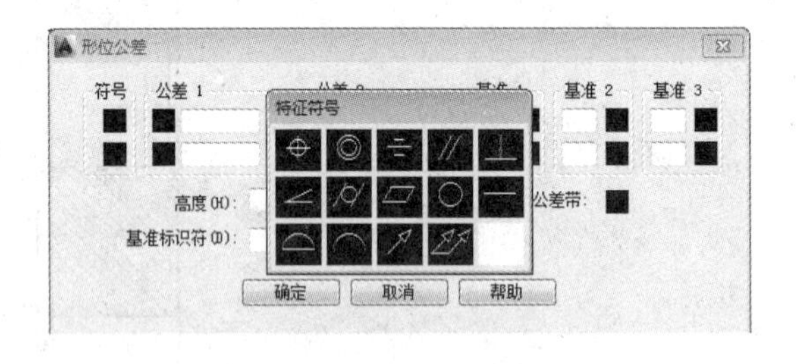

图 7-20　“形位公差”对话框

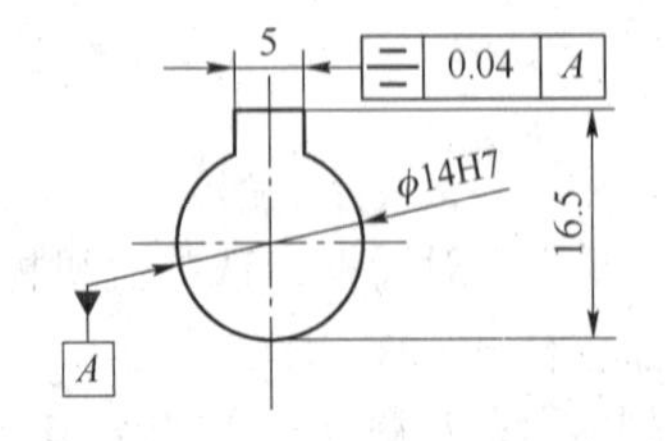

图 7-21　标注“对称度”公差

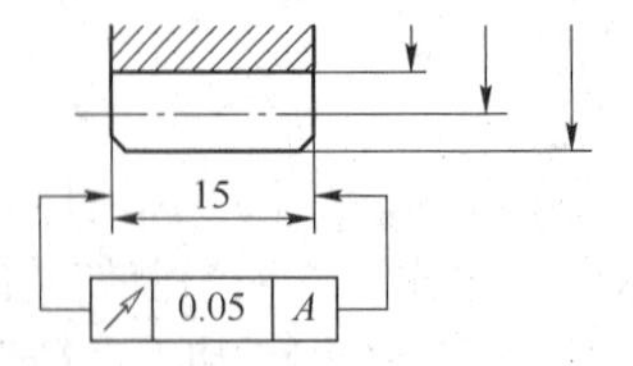

图 7-22　标注“圆跳动”公差

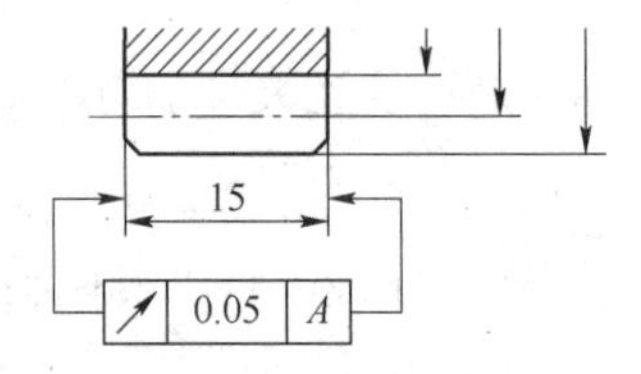

图 7-23　调整“圆跳动”公差

7. 标注表面粗糙度

按前面学习的方法标注齿轮表面粗糙度，结果如图 7-24 所示。

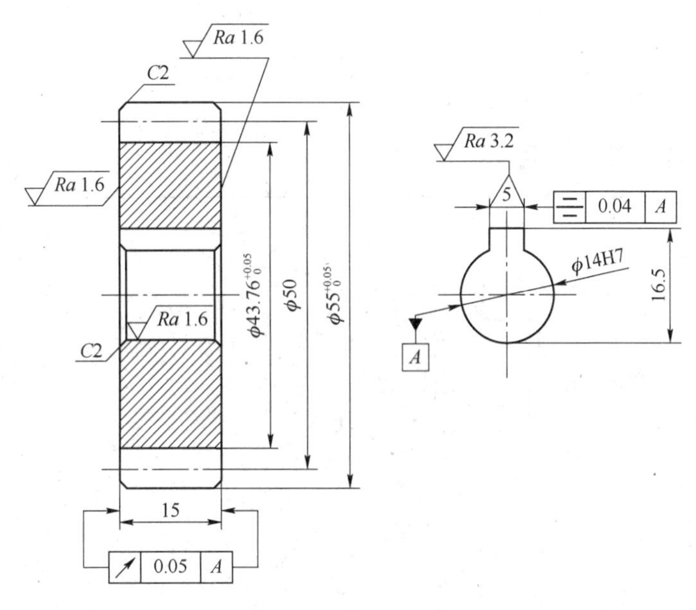

图 7-24　标注表面粗糙度

8. 填写标题栏与技术要求

（1）将“实体层”设置为当前图形，单击“绘图”工具栏中的“直线”按钮，绘制参数表格。

（2）单击“绘图”工具栏中的“多行文字”按钮A，填写技术要求和参数表，如图 7-25 和图 7-26 所示。

（3）最后填写标题栏，最终绘制结果如图 7-1 所示。

技术要求

1. 在齿顶上检查齿面硬度。
2. 齿顶圆直径仅在热处理前检查。
3. 所有未注跳动公差的表面对基准A的跳动为0.2。
4. 用带凸角的刀具加工齿轮，但齿根不允许有凸台，允许下凹，下凹深度不大于0.2。

图 7-25　技术要求

模数	m	8
齿数	z	20
齿形角	α	20°
齿顶高系数	h	1
径向变位系数	x	0
精度等级	7-GB 10095 1994	
公法线平均长度变动公差	WiEw	$30.283_{-0.176}^{-0.088}$
公法线长度变动公差	FW	0.036
齿径向综合偏差	Fi″	0.090
一齿径向综合偏差	fi″	0.032
齿向公差	Fβ	0.011

图 7-26　参数表

任务二　绘制齿轮花键轴

任务引入

本任务绘制齿轮花键轴零件图，如图 7-27 所示。

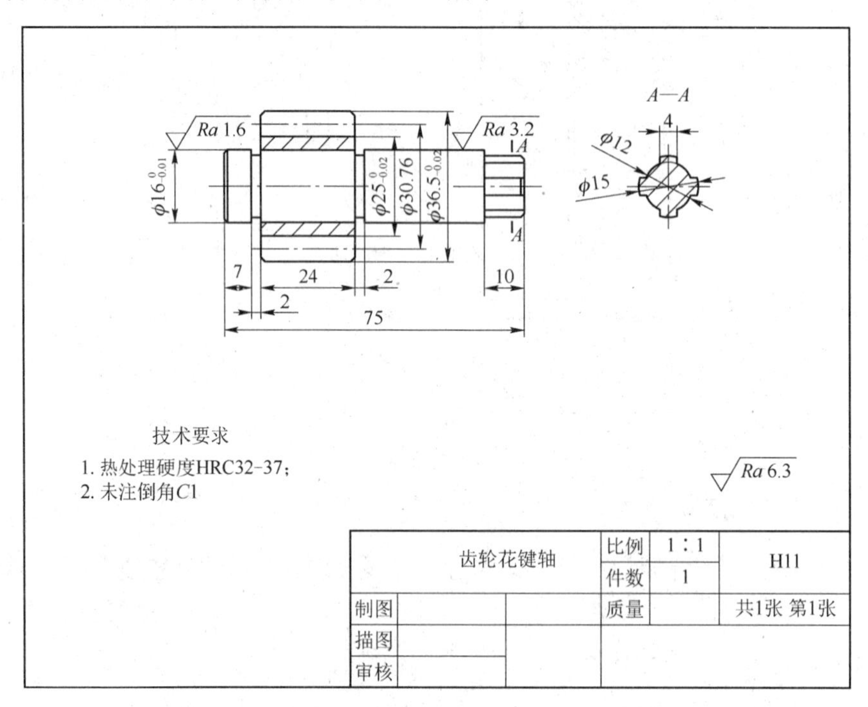

图 7-27　齿轮花键轴

任务说明

花键轴是机械传动的一种，其与平键、半圆键、斜键作用一样，都是传递机械扭矩的，在轴的外表有纵向的键槽，套在轴上的旋转件也有对应的键槽，可保持跟轴同步旋转。在旋转的同时，有的还可以在轴上作纵向滑动，如变速箱换挡齿轮等。

知识与技能目标

1. 掌握花键轴的绘制方法。
2. 掌握“倒角”命令的操作方法。

任务分析

齿轮花键轴与传动轴类似，也是回转体，是对称结构，同样可以利用基本的“直线”命令、“偏移”命令来完成图形的绘制。当然，也可以通过利用图形的对称性，只绘制图形的一半，再进行“镜像”处理来完成。这里使用前一种方法，结果如图 7-27 所示。

相关知识

花键轴分矩形花键轴和渐开线花键轴两大种类,花键轴中的矩形花键轴应用广泛,而渐开线花键轴用于载荷较大、定心精度要求高，以及尺寸较大的连接。矩形花键轴通常应用于飞机、汽车、拖拉机、机床制造业、农业机械及一般机械传动等装置。由于矩形花键轴多齿工作，所以承载能力高，对中性、导向性很好，而其齿根较浅的特点可以使其应力集中小。另外花键轴的轴与毂强度削弱小，加工比较方便，用磨削方法可以获得较高的精度。渐开线花键轴的特点：齿廓为渐开线，受载时齿上有径向力，能起自动定心作用，使各齿受力均匀，强度高、寿命长，加工工艺与齿轮相同，易获得较高精度和互换性。

渐开线花键轴的加工方法是有很多的，主要采用滚切、铣削和磨削等切削加工方法，也可采用冷打、冷轧等塑性变形的加工方法。

（1）滚切法：用花键滚刀在花键轴铣床或滚齿机上按展成法加工, 这种方法生产率和精度均高，适用于批量生产。

（2）铣削法：在万能铣床上用专门的成形铣刀直接铣出齿间轮廓，用分度头分齿逐齿铣削；若不用成形铣刀，也可用两把盘铣刀同时铣削一个齿的两侧, 逐齿铣好后再用一把盘铣刀对底径稍作修整。铣削法的生产率和精度都较低，主要用在单件小批生产中加工以外径定心的花键轴和淬硬前的粗加工。

（3）磨削法：用成形砂轮在花键轴磨床上磨削花键齿侧和底径，适用于加工淬硬的花键轴或精度要求更高的、特别是以内径定心的花键轴。

（4）冷打法：在专门的机床上进行。对称布置在零件圆周外侧的两个打头，随着零件的分度回转运动和轴向进给作恒定速比的高速旋转，零件每转过一齿，打头上的成形打轮对零件齿槽部锤击一次, 在打轮高速、高能运动连续锤击下，零件表面产生塑性变形而成花键。冷打的精度介于铣削和磨削之间，效率比铣削约高 5 倍，冷打还可提高材料利用率。以上的介绍是对花键轴加工方法的一个细致的讲解。

任务实施

1. 配置绘图环境

启动 AutoCAD 2014 应用程序，以“A4.dwt”样板文件为模板建立新文件，将新文件命名为“齿轮花键轴.dwg”并保存。

2. 绘制齿轮花键轴主视图

（1）切换图层。将“中心线层”设定为当前图层。

（2）绘制中心线。单击“绘图”工具栏中的“直线”按钮，绘制 3 条水平直线，直线{(74,200)，(156,200)}、直线{(84,215.38),(114,215.4)}、直线{(84,184,6),(114,184,6)}，如图 7-28 所示。

（3）绘制直线。将“粗实线层”设定为当前图层，单击“绘图”工具栏中的“直线”按钮，绘制一条竖直直线{(77,220)，(77,180)}；再单击“修改”工具栏中的“偏移”按钮，将竖直直线分别向右偏移 1mm、7mm、9mm、33mm、35mm、65mm、74mm 和 75mm，将中心线分别向两侧偏移 2mm、7.5mm、8mm、12.5mm、18.25mm，并将偏移后的直线设置为“粗实线层”，如图 7-29 所示。

图 7-28 绘制中心线　　图 7-29 绘制直线

（4）修剪处理。单击“修改”工具栏中的“修剪”按钮，对多余直线进行修剪，结果如图 7-30 所示。

（5）倒角处理。单击“修改”工具栏中的“倒角”按钮，设置角度、距离模式分别为 45°、1mm，结果如图 7-31 所示。

（6）绘制剖面线。将当前视图切换到“剖面层”，单击“绘图”工具栏中的“图案填充”按钮，绘制剖面线，最终完成齿轮花键轴主视图的绘制，结果如图 7-32 所示。

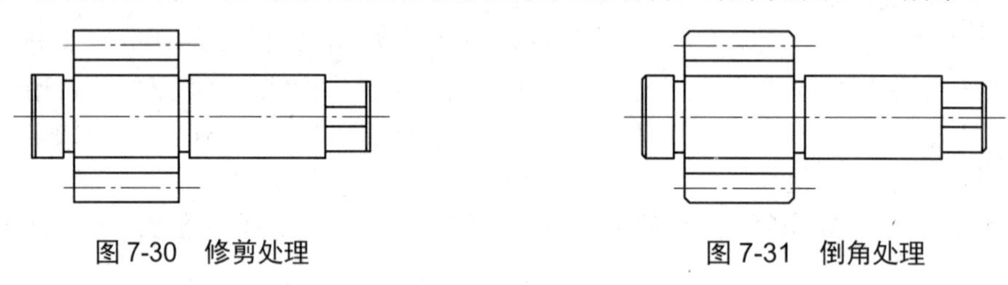

图 7-30 修剪处理　　图 7-31 倒角处理

3. 绘制齿轮花键轴断面图

（1）切换图层。将“中心线层”设定为当前图层。

（2）绘制中心线。单击“绘图”工具栏中的“直线”按钮，绘制一条水平直线{(173,200),(191,200)}，绘制一条竖直直线{(182,209),(182,191)}。选中绘制的中心线，修改其线型比例为 0.1，结果如图 7-33 所示。

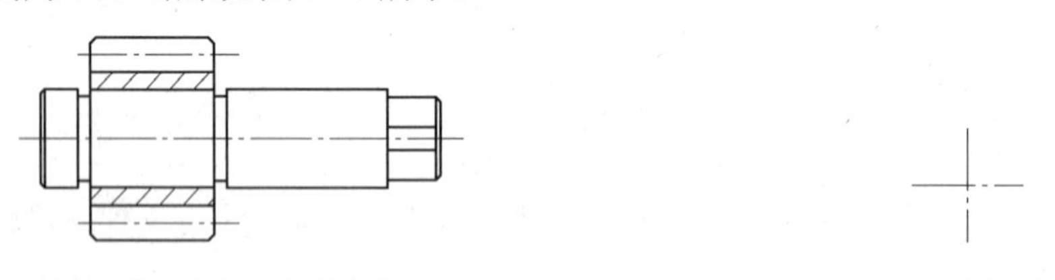

图 7-32 齿轮花键轴主视图　　图 7-33 绘制中心线

（3）绘制圆。将“粗实线层”设定为当前图层，单击“绘图”工具栏中的“圆”按钮，以中心线的交点为圆心，分别绘制直径为 15mm 和 12mm 的圆，结果如图 7-34 所示。

（4）绘制花键。单击“修改”工具栏中的“偏移”按钮，将水平中心线和竖直中心线分别向两侧偏移 2mm，并将偏移后的直线设置为“粗实线层”；再单击“修改”工具栏中的“修剪”按钮，对多余直线进行修剪，结果如图 7-35 所示。

（5）绘制剖面线。单击“绘图”工具栏中的“图案填充”按钮，切换到“剖面层”，绘制剖面线，最终完成齿轮花键轴的绘制，结果如图 7-36 所示。

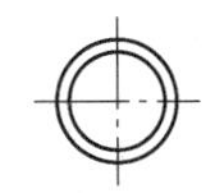

图 7-34　绘制圆

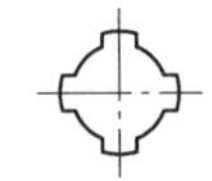

图 7-35　绘制花键

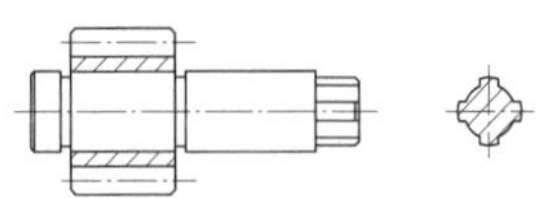

图 7-36　绘制剖面线

4. 标注主视图尺寸

（1）切换图层。将当前图层从“粗实线层”切换到“尺寸标注层”，单击“标注”工具栏中的“标注样式”按钮，将“机械制图标注”样式设置为当前使用的标注样式。

（2）主视图尺寸标注。单击“标注”工具栏中的“线性”按钮，对主视图进行尺寸标注。注意，在标注过程中要设置替代标注样式标注带小数的尺寸。在命令行中输入 QLEADER 命令，对主视图进行倒角尺寸标注，结果如图 7-37 所示。

5. 标注断面图尺寸

单击“标注”工具栏中的“线性”按钮和“直径”按钮，对断面图进行尺寸标注，结果如图 7-38 所示。

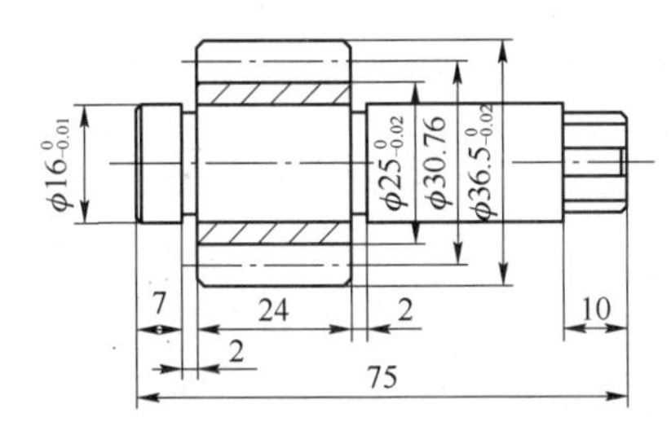

图 7-37　标注主视图尺寸

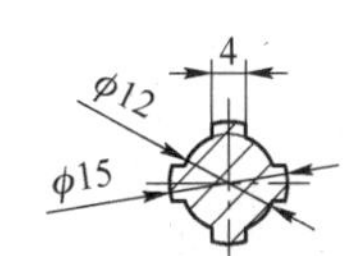

图 7-38　标注断面图尺寸

6. 标注表面粗糙度

（1）单击“默认”选项卡“绘图”面板中的“直线”按钮和“多行文字”按钮 A，添加粗糙度符号和数值。

（2）重复“直线”命令和“多行文字”命令，绘制剖切符号，结果如图 7-39 所示。

7. 填写标题栏

按照与前面相同的方法填写技术要求与标题栏。对齿轮花键轴设计进行整理，最终效果如图 7-27 所示。

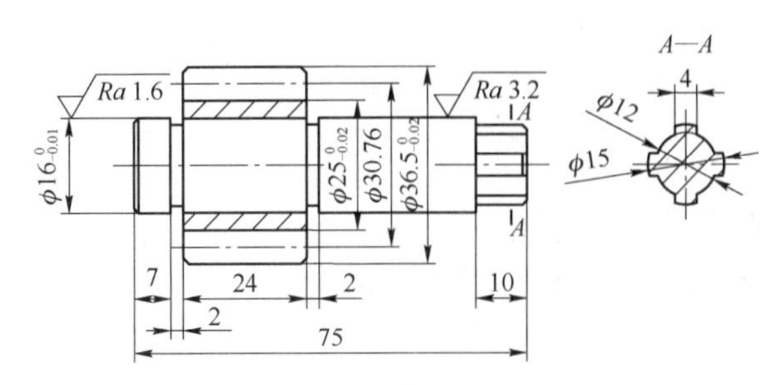

图 7-39　标注表面粗糙度

任务三　绘制锥齿轮

任务引入

本任务绘制锥齿轮零件图，如图 7-40 所示。

任务说明

锥齿轮也称伞齿轮，广泛应用于工业传动设备，如车辆差速器、机车、船舶、电厂、钢厂、铁路轨道检测等。锥齿轮结构各部分尺寸由表 7-1 所示的公式可得到。其中，d 的尺寸是由与之相配合的轴所决定的，查阅国家标准 GB 2822—2005 取标准值。

表 7-1　锥齿轮结构各部分尺寸

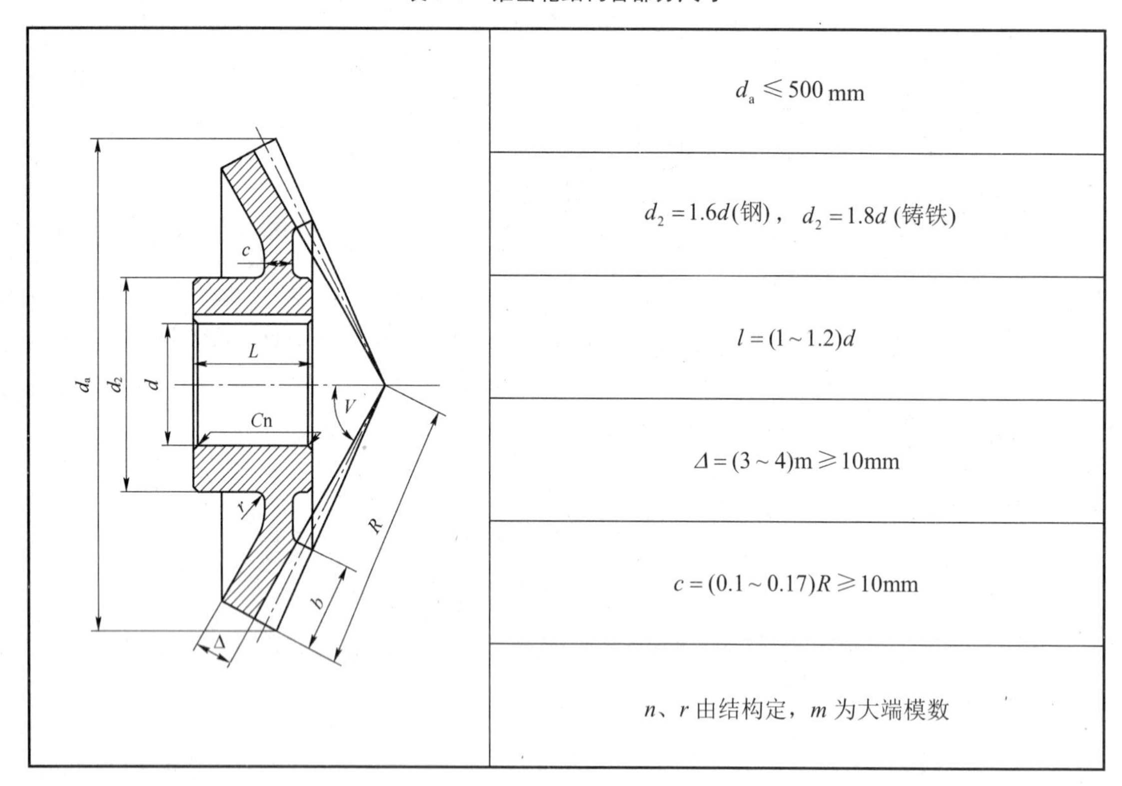

	$d_a \leqslant 500$ mm
	$d_2 = 1.6d$(钢)，$d_2 = 1.8d$ (铸铁)
	$l = (1 \sim 1.2)d$
	$\Delta = (3 \sim 4)\mathrm{m} \geqslant 10\mathrm{mm}$
	$c = (0.1 \sim 0.17)R \geqslant 10\mathrm{mm}$
	n、r 由结构定，m 为大端模数

知识与技能目标

1. 掌握锥齿轮的绘制方法。
2. 掌握利用“表格”命令绘制齿轮参数表的方法。

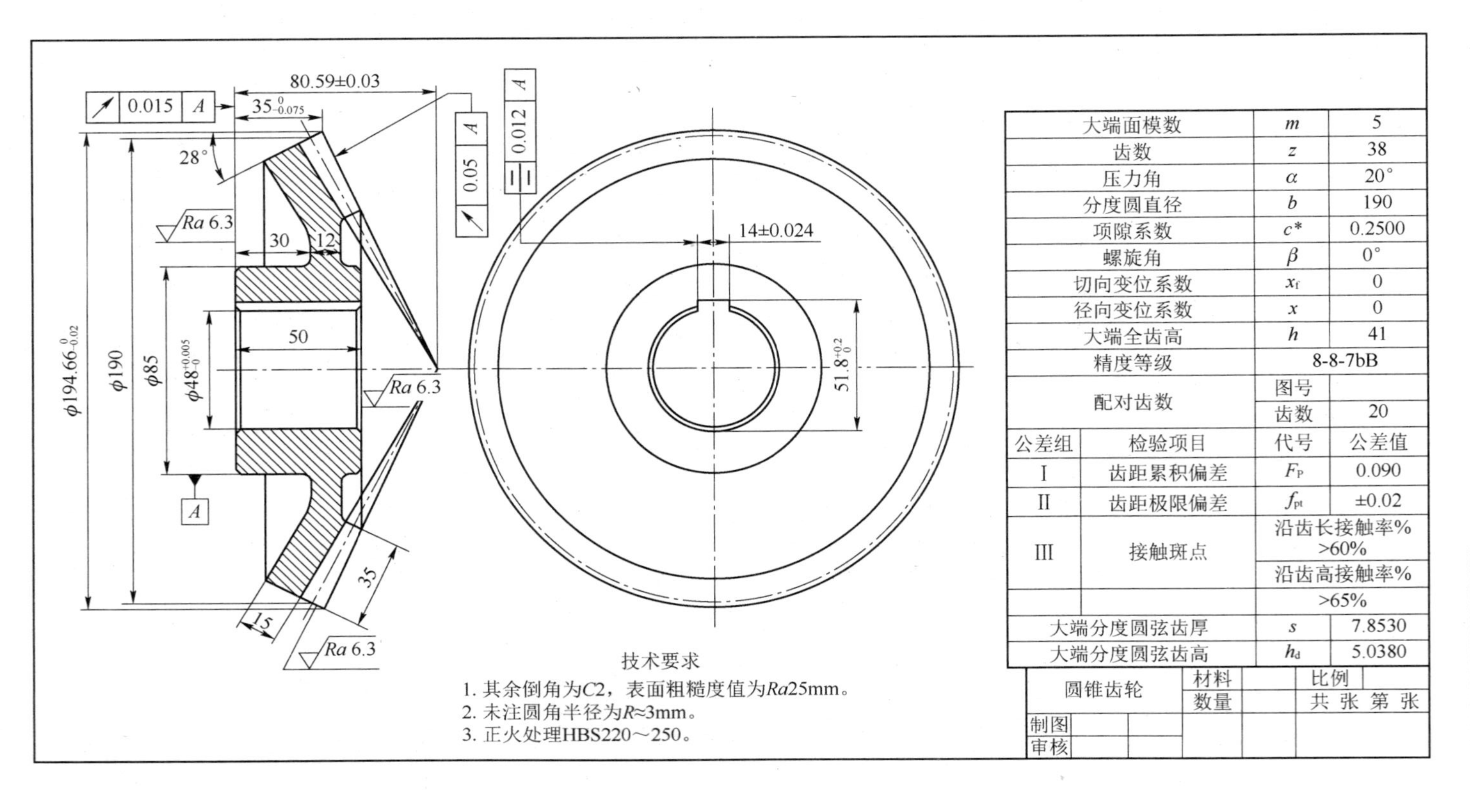

大端面模数		m	5
齿数		z	38
压力角		α	20°
分度圆直径		b	190
项隙系数		c^*	0.2500
螺旋角		β	0°
切向变位系数		x_t	0
径向变位系数		x	0
大端全齿高		h	41
精度等级		8-8-7bB	
配对齿数		图号	
		齿数	20
公差组	检验项目	代号	公差值
I	齿距累积偏差	F_P	0.090
II	齿距极限偏差	f_{pt}	±0.02
III	接触斑点	沿齿长接触率% >60%	
		沿齿高接触率%	
		>65%	
大端分度圆弦齿厚		s	7.8530
大端分度圆弦齿高		h_d	5.0380

图 7-40　锥齿轮

任务分析

依次绘制锥齿轮的主视图，充分利用视图投影对应关系绘制辅助定位直线，然后绘制左视图，最后对图形进行尺寸标注，结果如图 7-40 所示。

相关知识

1. 单个锥齿轮的画法

主视图绘制成剖视图，左视图用粗实线绘制大端、小端的齿顶圆，用细实线绘制大端分度圆，齿根圆不必画出，如图 7-41（a）所示。

2. 锥齿轮啮合的画法

锥齿轮啮合时，两分度圆相切，锥顶交于一点。锥齿轮啮合的画法如图 7-41（b）所示。

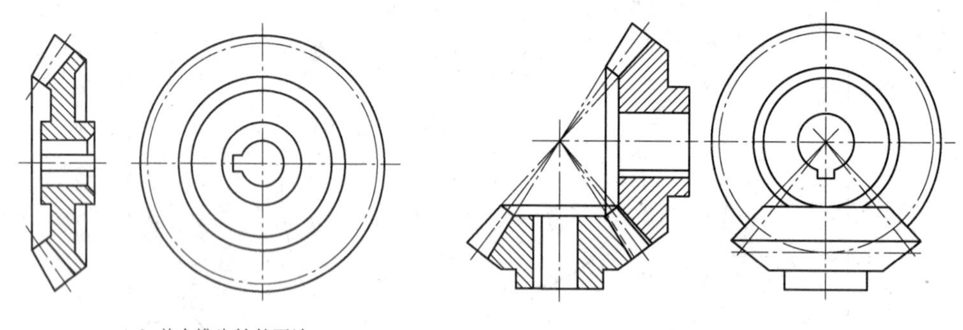

（a）单个锥齿轮的画法　　（b）锥齿轮啮合的画法

图 7-41　锥齿轮的画法

任务实施

1. 配置绘图环境

（1）新建文件。选择“文件”→“新建”命令，打开“选择样板”对话框，选择随书光盘中的“源文件\样板图\A3 样板图”文件，单击“打开”按钮，创建一个新的图形文件。

（2）设置图层。选择“格式”→“图层”命令，打开“图层特性管理器”对话框，在该对话框中依次创建“轮廓线”“中心线”“剖面线”和“尺寸标注层”4 个图层，并设置“轮廓线”图层的线宽为 0.5mm，“中心线”图层的线型为“CENTER2”。

2. 绘制主视图

（1）绘制中心线。将“中心线”图层设置为当前层，单击“绘图”工具栏中的“直线”按钮，绘制 3 条中心线用来确定图形中各对象的位置，水平中心线长度为 310mm，竖直中心线长度为 210mm，并且两条中心线之间的距离为 190mm，如图 7-42 所示。

（2）绘制轮廓线。单击“修改”工具栏中的“偏移”按钮，将水平中心线向上偏移，偏移的距离分别为 24mm、27.5mm、42.5mm、95mm 和 97.328mm；将左侧竖直中心线向右偏移，偏移的距离分别为 30mm、35mm、50mm 和 80.592mm，并将部分直线转移至“轮廓线”图层，效果如图 7-43 所示。

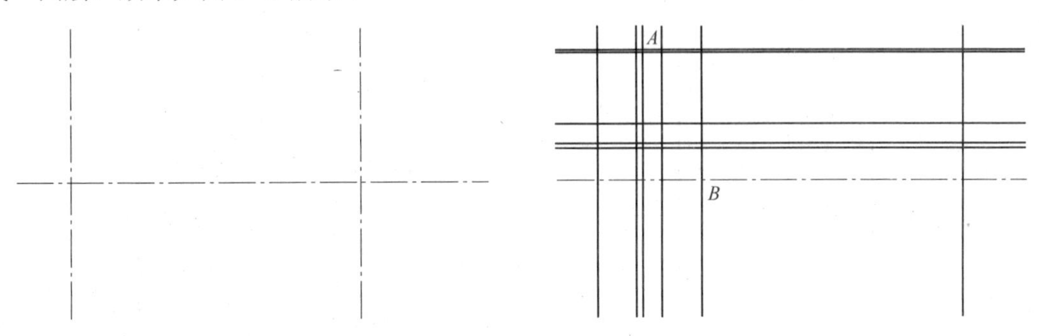

图 7-42 绘制中心线　　　　图 7-43 绘制轮廓线

（3）绘制轮齿。

① 单击“绘图”工具栏中的“直线”按钮，连接图 7-43 中的 *A*、*B* 两点；重复“直线”命令，以 *B* 点为起点绘制两条角度线，命令行中的提示与操作如下：

```
命令: _line
指定第一点:（选取图 7-43 中的 B 点）
指定下一点或 [放弃(U)]: @120<118↙
命令: _line 指定第一点:（选取图 7-43 中的 B 点）
指定下一点或 [放弃(U)]: @120<121↙
```

效果如图 7-44 所示。

② 单击“绘图”工具栏中的“直线”按钮，绘制角度线，命令行中的提示与操作如下：

```
命令: _line
指定第一点:（选取图 7-44 中的 A 点）
指定下一点或 [放弃(U)]: @50<207.75↙
```

③ 单击“修改”工具栏中的“偏移”按钮，将上步绘制的角度线向下偏移 35mm，同时将图 7-44 中的直线 *CD* 向右偏移 12mm，效果如图 7-45 所示。

④ 单击“修改”工具栏中的“偏移”按钮，将图 7-45 中角度为 121° 的斜线向左偏移 15mm；单击“修改”工具栏中的“修剪”按钮和“删除”按钮，修剪掉多余的线条，效果如图 7-46 所示。

⑤ 单击“修改”工具栏中的“修剪”按钮和“删除”按钮，对图形进行进一步的修剪，修剪结果如图 7-47 所示。

⑥ 单击“绘图”工具栏中的“直线”按钮，以图 7-47 中的点 *M* 为起点竖直向下绘制直线，终点在直线 *PK* 上。

⑦ 单击“修改”工具栏中的“圆角”按钮，对图 7-47 中的 *N* 角点进行圆角处理，圆角半径为 16mm，对角点 *O*、*K*、*S* 进行圆角处理，圆角半径为 3mm，结果如图 7-48 所示。

⑧ 单击“修改”工具栏中的“倒角”按钮，对图中的相应部分进行倒角，倒角距离

为 2mm；单击“绘图”工具栏中的“直线”按钮，绘制直线；单击“修改”工具栏中的“修剪”按钮，修剪掉多余的直线，效果如图 7-49 所示。

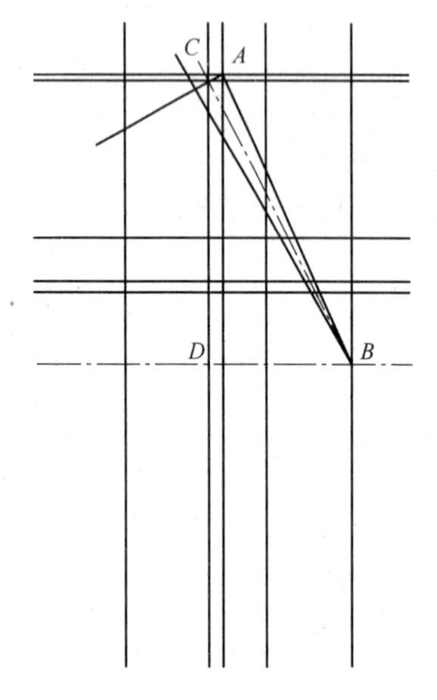

图 7-44　绘制角度线

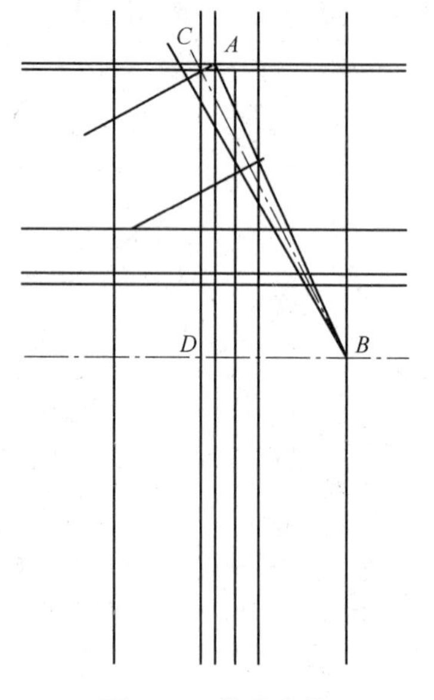

图 7-45　偏移直线

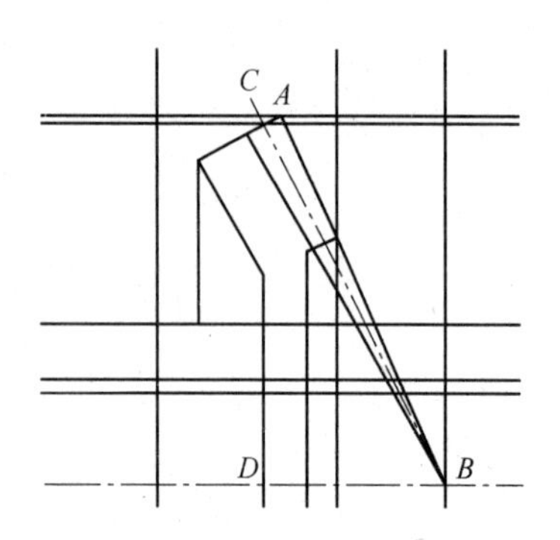

图 7-46　偏移并修剪直线

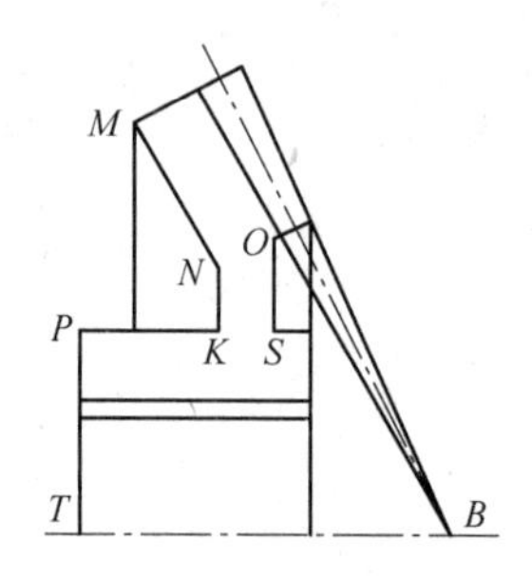

图 7-47　修剪图形

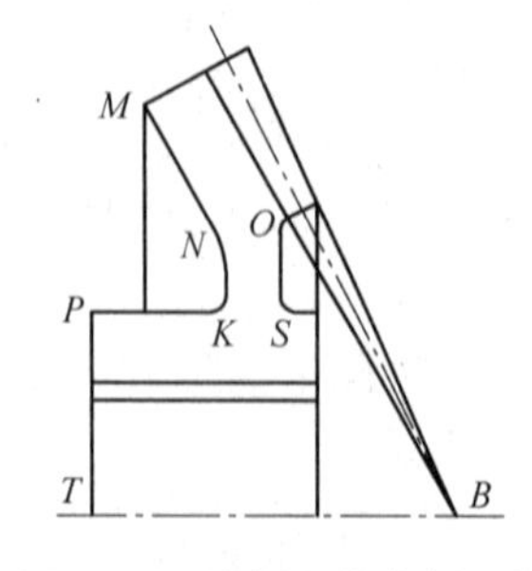

图 7-48　绘制直线并倒圆角

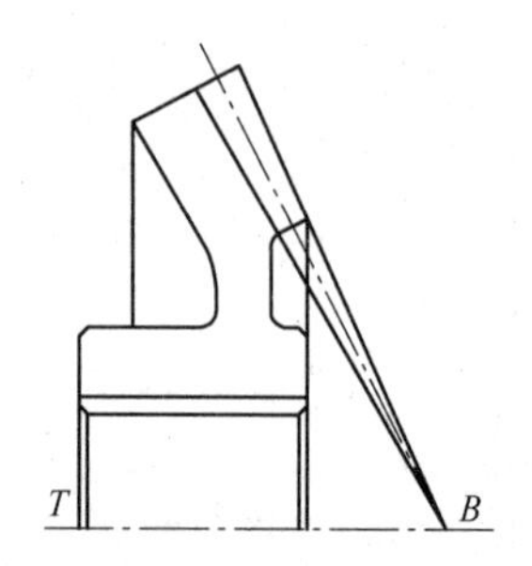

图 7-49　完善图形

⑨ 单击“修改”工具栏中的“镜像”按钮，选择图 7-50 中虚线部分为镜像对象，中心线 *TB* 为镜像线，镜像结果如图 7-51 所示。

⑩ 单击“修改”工具栏中的“删除”按钮，删除图 7-51 中的直线 *XY*，然后将“剖面线”层设置为当前图层；单击“绘图”工具栏中的“图案填充”按钮，打开“图案填充和渐变色”对话框，选择的填充图案为“ANSI31”，将“角度”设置为 0，“比例”设置为 1，其他选项选用默认设置。选择主视图上需要填充的区域填充图案，完成锥齿轮主视图的绘制，结果如图 7-52 所示。

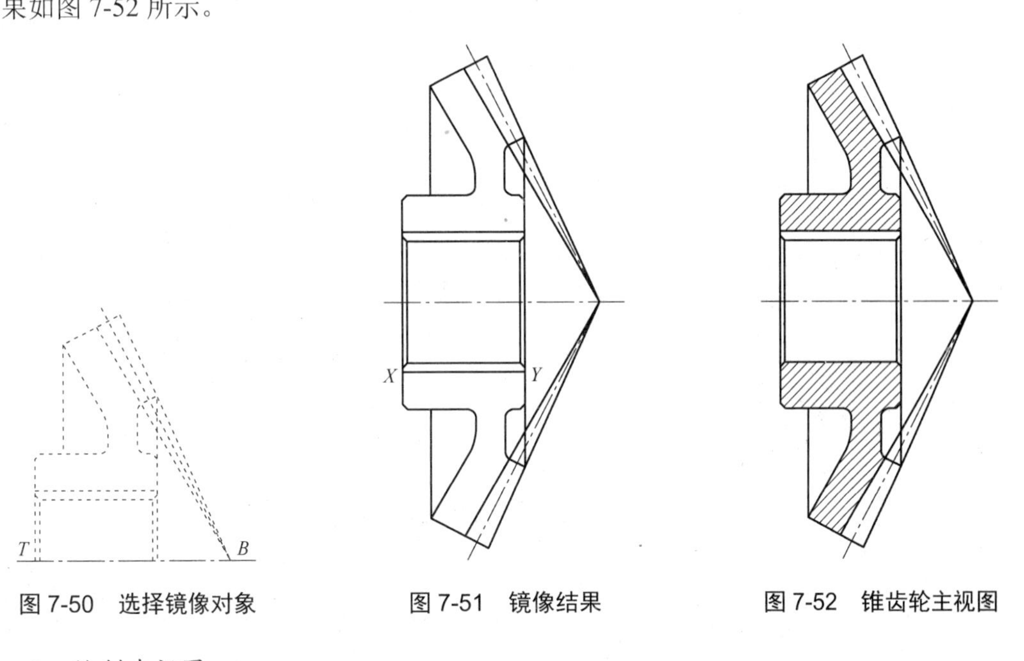

图 7-50　选择镜像对象　　图 7-51　镜像结果　　图 7-52　锥齿轮主视图

3. 绘制左视图

（1）绘制辅助线。单击“绘图”工具栏中的“直线”按钮，从主视图向左视图绘制对应的辅助线，图形效果如图 7-53 所示。

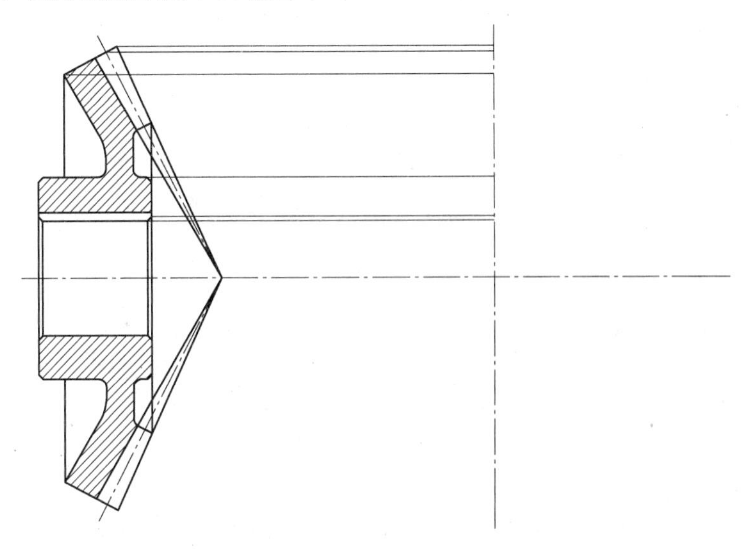

图 7-53　绘制辅助线

（2）绘制同心圆。单击“绘图”工具栏中的“圆”按钮，按照辅助线绘制相应的同心圆，图形效果如图 7-54 所示。

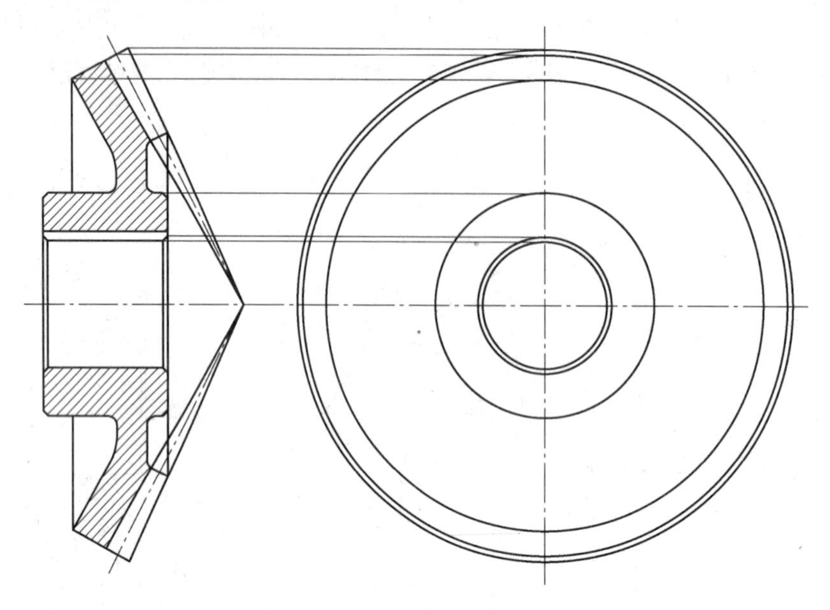

图 7-54　绘制同心圆

（3）偏移直线。单击“修改”工具栏中的“偏移”按钮，将左视图中的竖直中心线向两侧偏移，偏移距离为 7mm，然后将水平中心线向上偏移，偏移距离为 27.8mm，同时将偏移得到的中心线移至“轮廓线”图层，效果如图 7-55 所示。

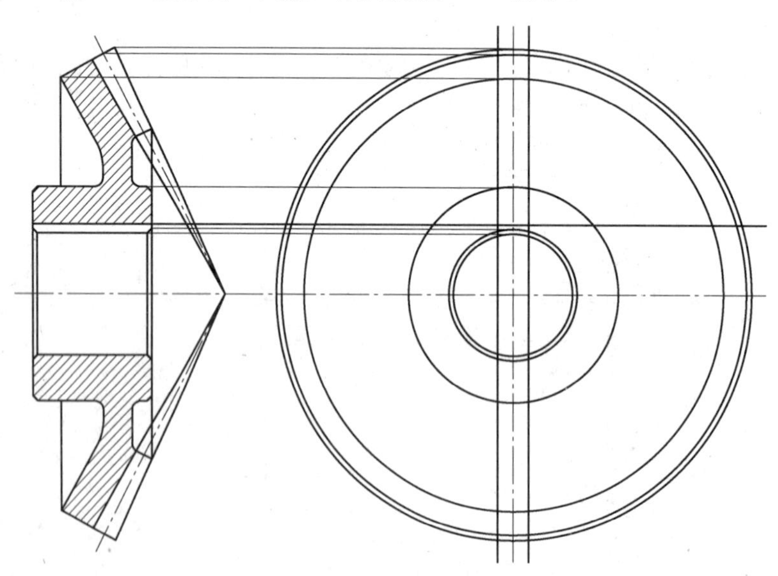

图 7-55　偏移直线

（4）修剪图形。单击“修改”工具栏中的“修剪”按钮和“删除”按钮，删除并修剪掉多余的线条，并且将主视图中 118° 的角度线和左视图中的分度圆直径移至“中心线”

图层，完成左视图的绘制，得到的锥齿轮如图 7-56 所示。

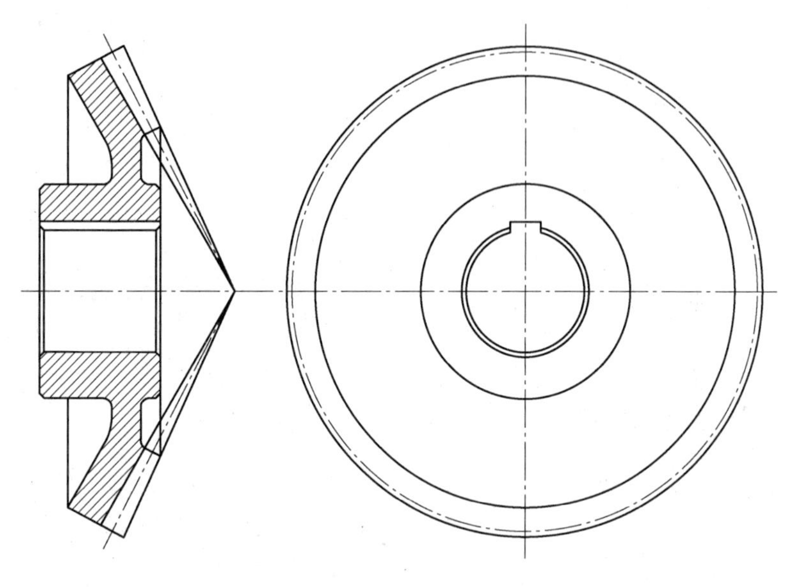

图 7-56　锥齿轮

4. 添加标注

1）标注无公差尺寸

（1）将“尺寸标注层”设置为当前图层。单击“标注”工具栏中的“标注样式”按钮，新建“机械制图标注”样式，标注样式根据需要自行设置，将该样式设为当前标注样式。

（2）选择“标注”→“线性”命令，标注图中无公差线性尺寸，如图 7-57 所示。

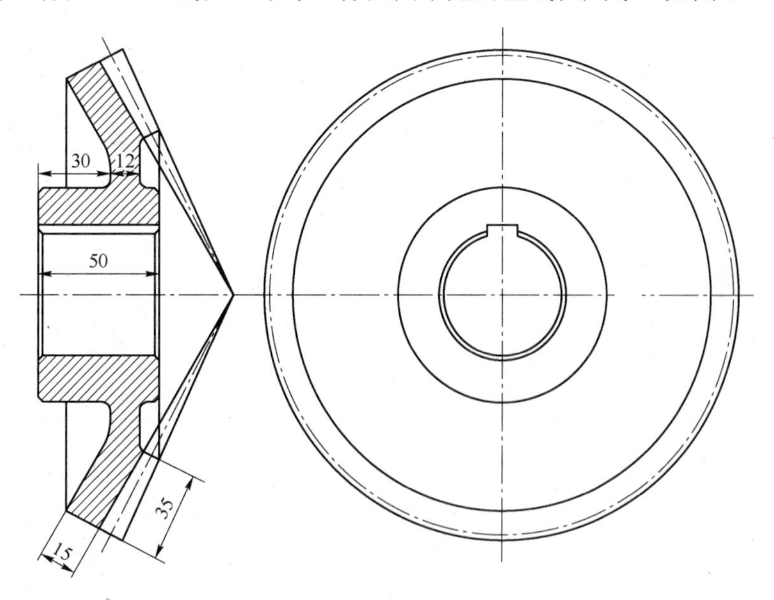

图 7-57　标注无公差线性尺寸

（3）选择“标注”→“线性”命令，通过修改标注文字，标注无公差直径尺寸，如

图 7-58 所示。

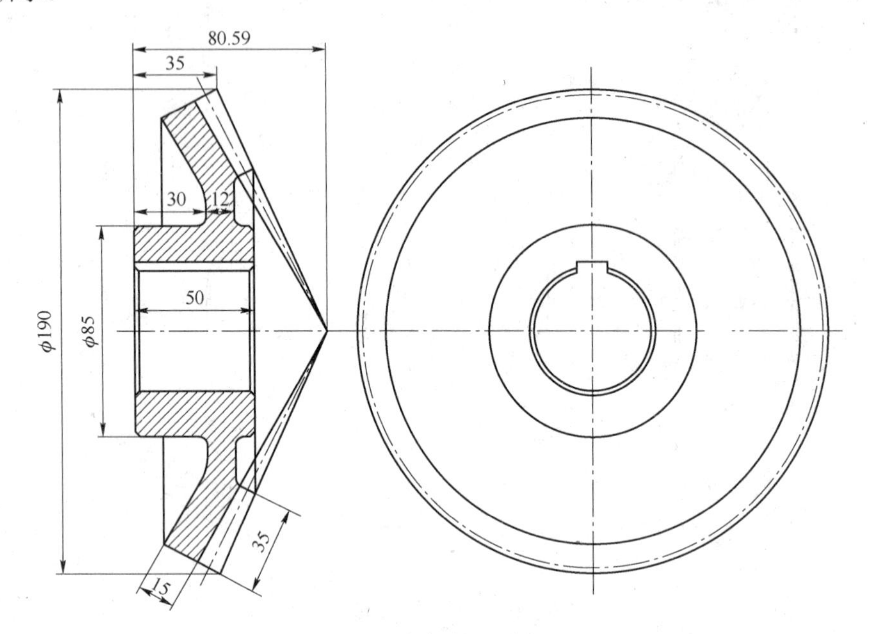

图 7-58　标注无公差直径尺寸

2）标注带公差的尺寸

（1）创建标注样式，进行相应的设置，并将其设置为当前标注样式。

（2）选择“标注”→“线性”命令，对图中带公差的尺寸进行标注，结果如图 7-59 所示。

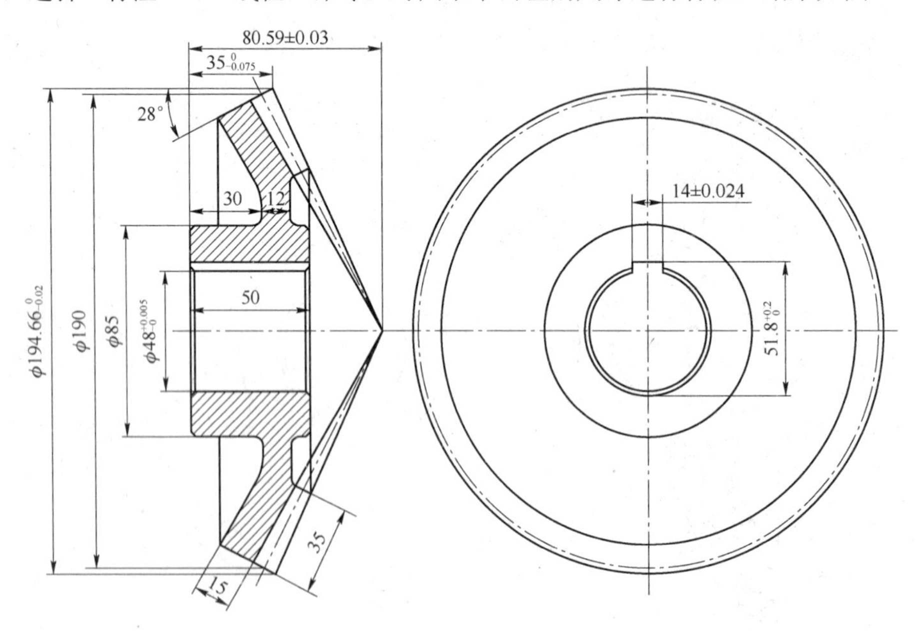

图 7-59　标注带公差的尺寸

3）标注几何公差

（1）单击“绘图”工具栏中的“矩形”、“图案填充”、“直线”及“文字”按钮 A，绘制基准符号。

（2）选择“标注”→“公差”命令，标注几何公差，效果如图 7-60 所示。

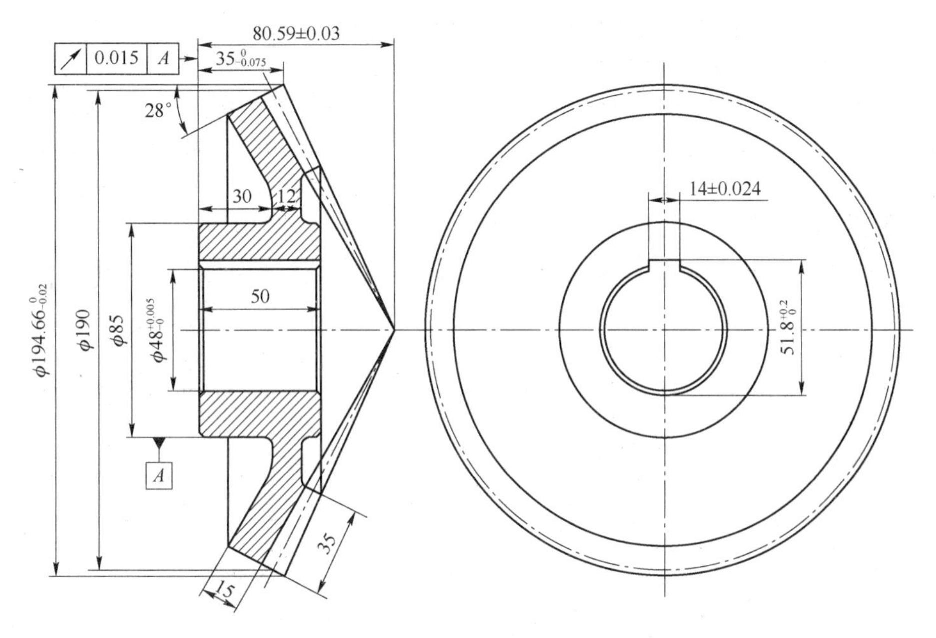

图 7-60　标注几何公差

4）标注表面粗糙度

单击“绘图”工具栏中的“直线”按钮，绘制表面粗糙度符号，然后单击“多行文字”按钮 A，添加表面粗糙数值，完成表面粗糙度的标注，最终效果如图 7-61 所示。

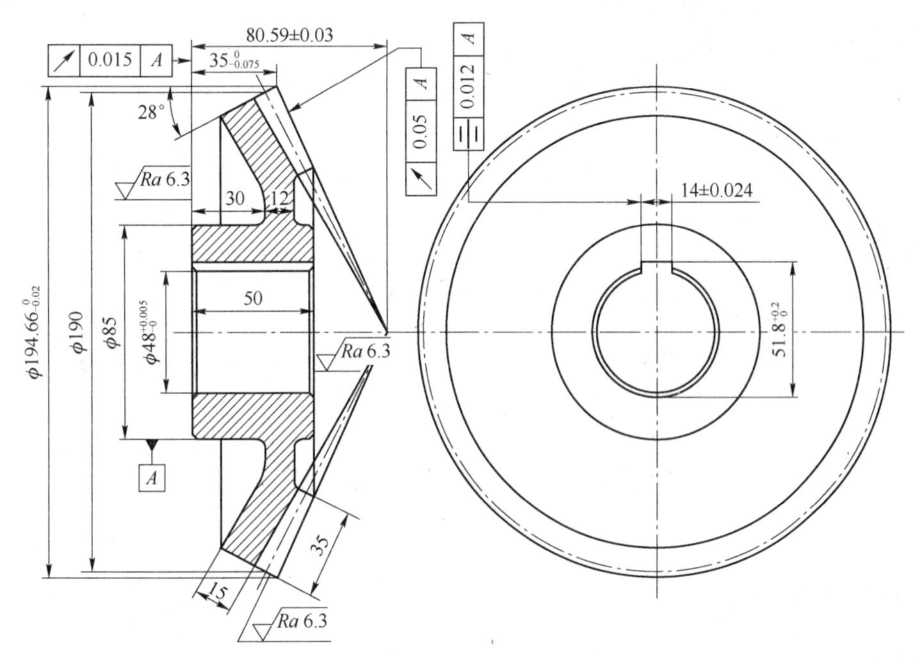

图 7-61　标注表面粗糙度

5）标注参数表

（1）选择“格式”→“表格样式”命令，在打开的“表格样式”对话框中单击“修改”按钮，打开“修改表格样式”对话框。在该对话框中进行如下设置：在“常规”选项卡中设置填充颜色为“无”，对齐方式为“正中”，水平单元边距和垂直单元边距都为 1.5；在“文字”选项卡中设置文字样式为“Standard”，文字高度为“6”，文字颜色为“ByBlock”；在“边框”选项卡中设置颜色为“洋红”，表格方向为“向下”。设置好表格样式后，单击“关闭”按钮关闭对话框。

（2）选择“绘图”→“表格”命令，创建表格，并将表格宽度拉到合适的尺寸，然后双击单元格，打开多行文字编辑器，在各单元格中输入相应的文字或数据，并将多余的单元格合并，结果如图 7-62 所示。

6）标注技术要求

单击“绘图”工具栏中的“多行文字”按钮A，标注技术要求，如图 7-63 所示。

7）填写标题栏

单击“绘图”工具栏中的“多行文字”按钮A，填写标题栏中相应的内容。至此，锥齿轮绘制完毕，最终效果如图 7-40 所示。

大端面模数		m	5
齿数		z	38
压力角		α	20°
分度圆直径		b	190
顶隙系数		c^*	0.2500
螺旋角		β	0°
切向变位系数		x_t	0
径向变位系数		x	0
大端全齿高		h	41
精度等级		8-8-7bB	
配对齿数		图号	
		齿数	20
公差组	检验项目	代号	公差值
I	齿距累积公差	F_P	0.090
II	齿距极限偏差	f_{pt}	±0.02
III	接触斑点	沿齿长接触率% >60%	
		沿齿高接触率% >65%	
大端分度圆弦齿厚		s	7.853
大端分度圆弦齿高		h_d	5.038

图 7-62　参数表

技术要求

1. 其余倒角为$C2$，表面粗糙度值为Ra25mm。
2. 未注圆角半径为R≈3mm。
3. 正火处理HBS220～250。

图 7-63　标注技术要求

任务四　绘制蜗轮

任务引入

本任务绘制蜗轮零件图，如图 7-64 所示。

任务说明

蜗轮蜗杆通常用于两轴垂直交叉的传动，蜗杆有单头和多头之分。蜗轮与圆柱斜齿轮相似，但其齿顶面制成环面。在蜗轮蜗杆传动中，蜗杆是主动件，蜗轮是从动件。

知识与技能目标

掌握蜗轮零件的绘制方法。

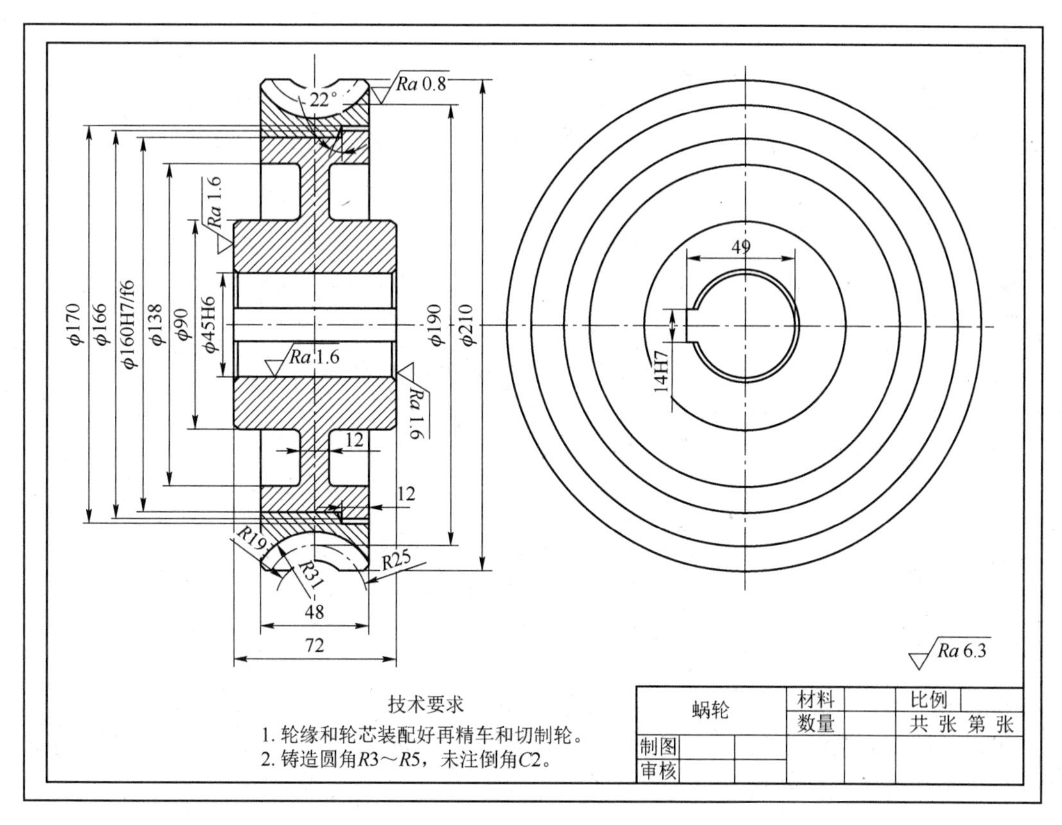

图 7-64　蜗轮

任务实施

蜗轮零件的绘制过程分为两个阶段，先绘制蜗轮轮芯，然后绘制蜗轮轮缘，为防止相互干扰，使用“隐藏图层”技术，进而实现同一图纸中分别绘制的目的。

相关知识

1. 蜗杆画法

蜗杆画法与圆柱齿轮画法基本相同，在两面视图中，齿根线和齿根圆均可省略不画，为表明蜗杆的牙型，可采用局部剖视图，蜗杆的几何要素代号及画法如图 7-65 所示。

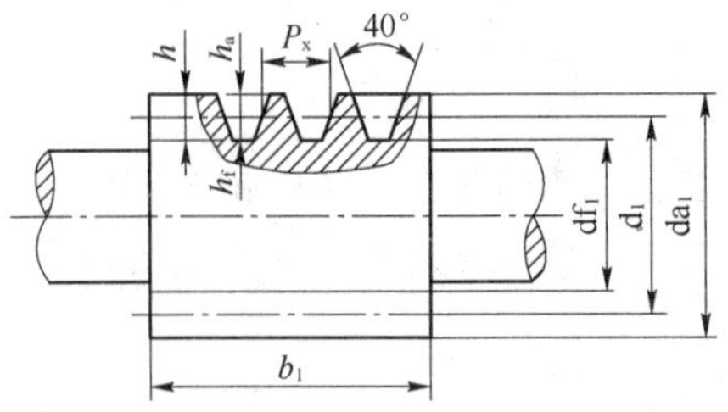

图 7-65 蜗杆的几何要素代号及画法

2. 蜗轮画法

在圆的视图上只画蜗轮外圆和分度圆，外圆用粗实线表示，分度圆用细点画线表示，齿顶圆和齿根圆不必画。在剖视图上，轮齿部分画法与圆柱齿轮相同，其余部分按实际投影画出，蜗轮的几何要素代号及画法如图 7-66 所示。

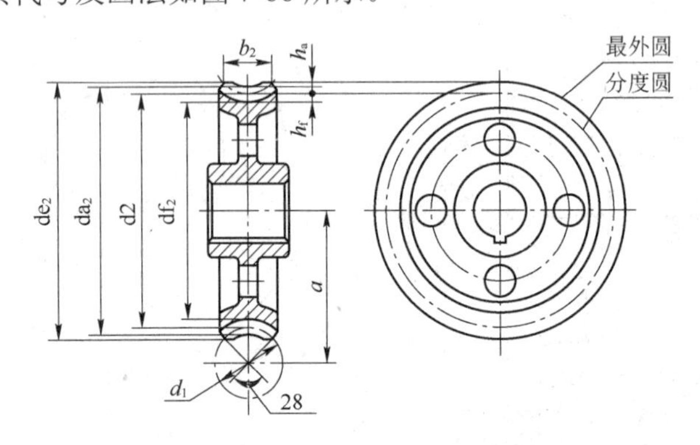

图 7-66 蜗轮的几何要素代号及画法

3. 蜗轮蜗杆啮合的画法

画外形图时，在蜗杆投影为圆的视图上，蜗杆与蜗轮投影重合部分，只画蜗杆，不画蜗轮；在蜗轮投影为圆的视图上，蜗轮分度圆与蜗杆节线相切。在剖视图中，蜗轮被蜗杆遮住的部分可画成细虚线或省略不画，如图 7-67 所示。

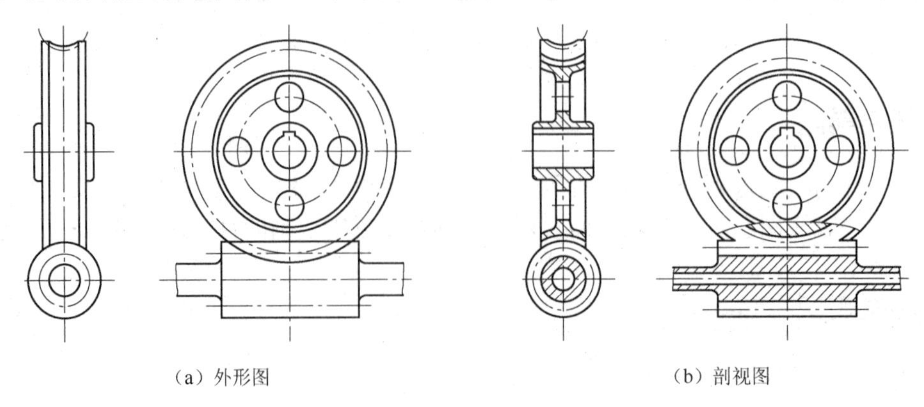

（a）外形图　　（b）剖视图

图 7-67 蜗轮蜗杆啮合画法

任务实施

1. 建立新文件

（1）建立新文件。启动 AutoCAD 2014 应用程序，以“A3 横向样板.dwt”样板文件为模板，建立新文件，将新文件命名为“蜗轮.dwg”并保存。

（2）创建新标注样式。在新文件中创建“机械制图标注”样式，并设置为当前使用的标注样式。

2. 设置文字标注格式

（1）选择“格式”→“文字样式”命令，或者单击“样式”工具栏中“文字样式”按钮，或者在命令行中输入 STYLE 命令后按 Enter 键，打开“文字样式”对话框，如图 7-68 所示。

（2）单击“新建”按钮，打开“新建文字样式”对话框，建立新的文字样式。在“样式名”文本框中输入样式名称“标题文字”，如图 7-69 所示，单击“确定”按钮，返回“文字样式”对话框。

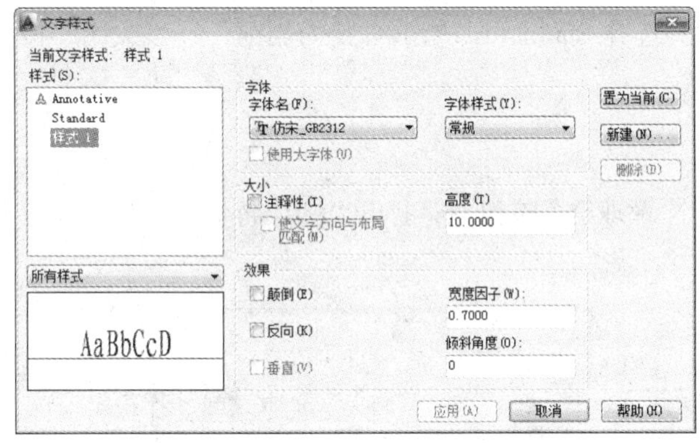

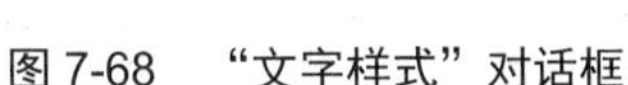

图 7-68 “文字样式”对话框

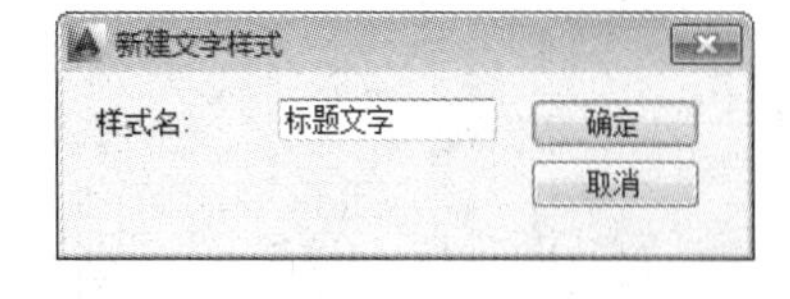

图 7-69 “新建文字样式”对话框

（3）设置文字样式。取消选中“使用大字体”复选框，在“字体名”下拉列表中选择“仿宋_GB2312”，“字体样式”设置为“常规”，在“高度”文本框中输入“10.0000”；“效果”选项组中的选项不变，如图 7-70 所示。设置完成后，单击“应用”按钮，完成“标题文字”文字标注格式的设置。

注意

文字对象是一种可控的、灵活多变的图形对象，一幅图形中可以有不同的文字大小、字体类型、排列方式。通过文字样式管理工具，可以管理文字的字体、大小和显示效果等。但不要将文字样式与字体混为一谈。字体控制的单个字符的显示格式，如宋体、仿宋体等，它们是由系统预先定义好的，不能改变；而文字样式则由用户定义，文字标注总是采用某种文字样式，和单个字符的字体没有直接联系。

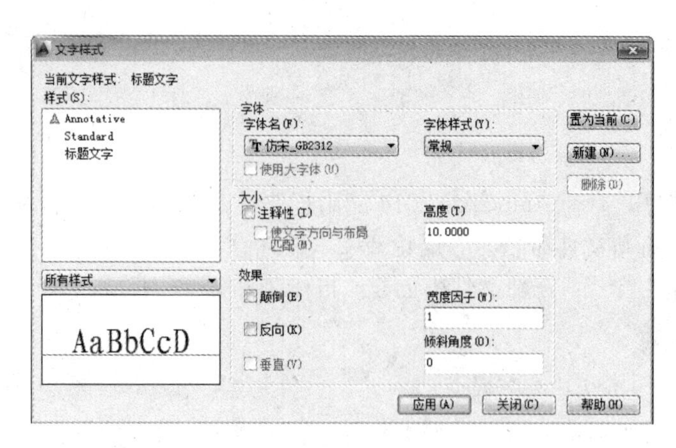

图 7-70　“标题文字”文字样式设置

（4）使用同样方法，重复上述步骤，创建“技术要求”文字样式。在“字体名”下拉列表中选择“仿宋_GB2312”，“字体样式”设置为“常规”，在“高度”文本框中输入“5.0000”。完成后，单击“应用”按钮，完成“技术要求”文字标注格式的设置。

（5）完成上述步骤后，在“样式”列表框中将有 3 种文字样式。Standard、“标题文字”和“技术要求”。选择某种文字样式，如选择 Standard，单击“置为当前”→“关闭”按钮，将 Standard 设置为当前使用的文字样式。

3．新建图层

单击“图层”工具栏中的“图层特性管理器”按钮，打开“图层特性管理器”对话框，新建图层，结果如图 7-71 所示。

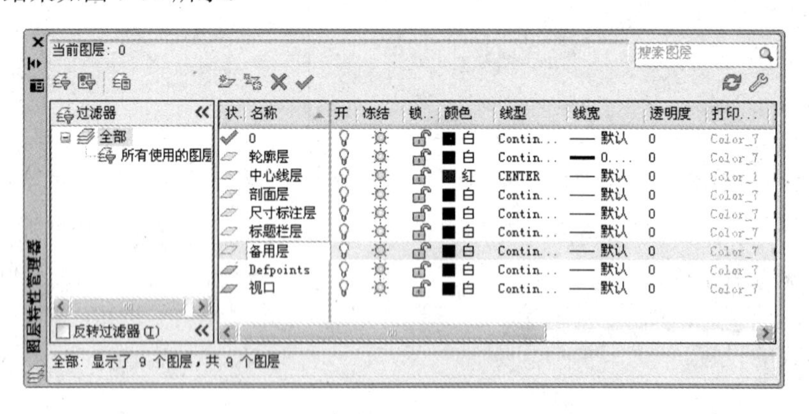

图 7-71　新建图层

4．绘制中心线

（1）切换图层。将“中心线层”设定为当前图层。

（2）绘制中心线。单击“绘图”工具栏中的“直线”按钮，绘制直线{(70,170),(350,170)}、直线{(130,20),(130,280)}、直线{(300,140),(300,200)}，如图 7-72 所示。

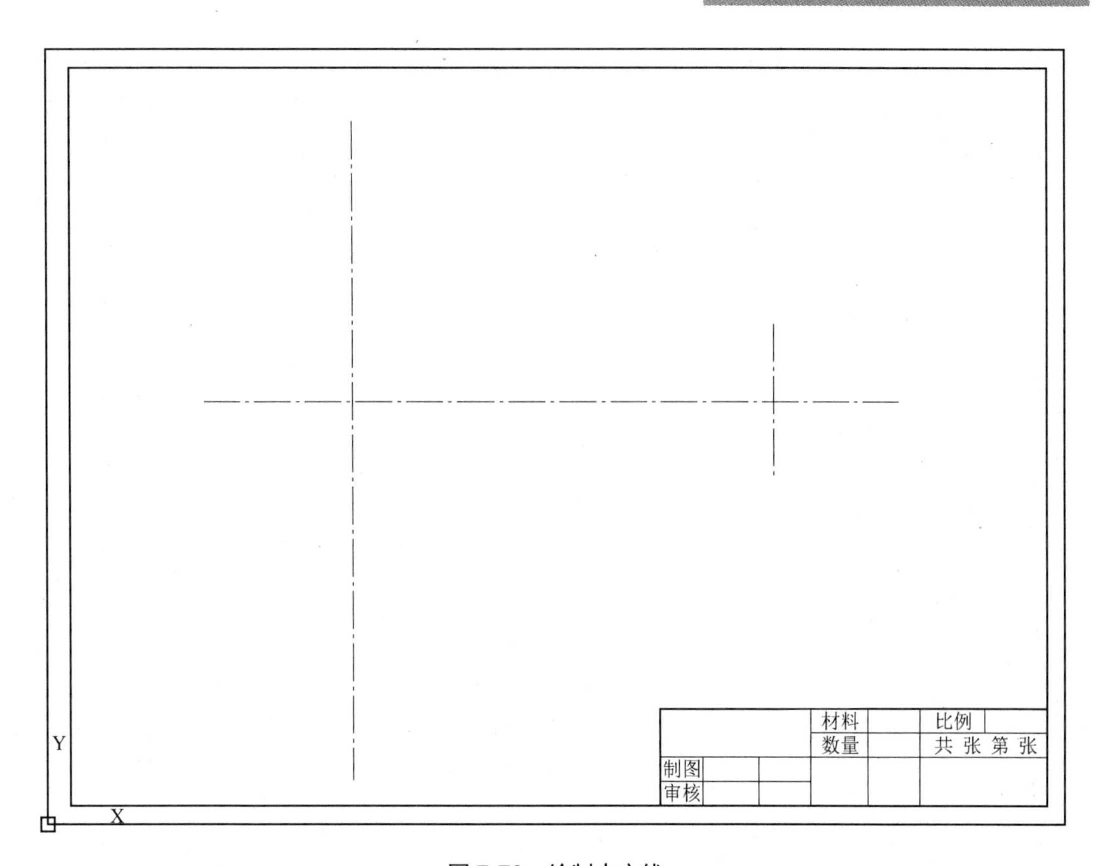

图 7-72　绘制中心线

5. 绘制蜗轮轮芯

（1）绘制边界线。将当前图层从“中心线层”切换到“轮廓层”。单击“绘图”工具栏中的“直线”按钮，利用 FROM 选项绘制两条直线，命令行提示与操作如下：

```
命令：LINE ↙
指定第一点：from ↙(Ctrl+鼠标右击，弹出临时捕捉菜单，选择“自”命令)
基点：(利用对象捕捉选择左侧中心线的交点)
<偏移>：@ -36,0 ↙
指定下一点或 [放弃(U)]：@ 0, 83 ↙
指定下一点或 [放弃(U)]：@ 36, 0 ↙
指定下一点或 [闭合(C)/放弃(U)]：↙
```

结果如图 7-73 所示。

（2）偏移直线。单击“修改”工具栏中的“偏移”按钮，直线 1、2 向右偏移量依次为 12mm 和 30mm，直线 2、3 向下偏移量依次为 3mm、14mm、38mm、60.5mm 和 76mm，结果如图 7-74 所示。

（3）修剪图形与倒角。单击“修改”工具栏中的“修剪”按钮，对偏移直线修剪；单击“修改”工具栏中的“倒角”按钮，对图形进行倒角处理，倒角距离为 2mm；单击“修改”工具栏中的“圆角”按钮，铸造圆角半径 3mm；再进行修剪，绘制倒圆角轮廓线，结果如图 7-75 所示。

（4）镜像图形。单击“修改”工具栏中的“镜像”按钮，以竖直中心线为镜像轴，并对直线进行镜像，利用“偏移”命令和“倒圆角”命令，绘制图 7-76 所示的图形。

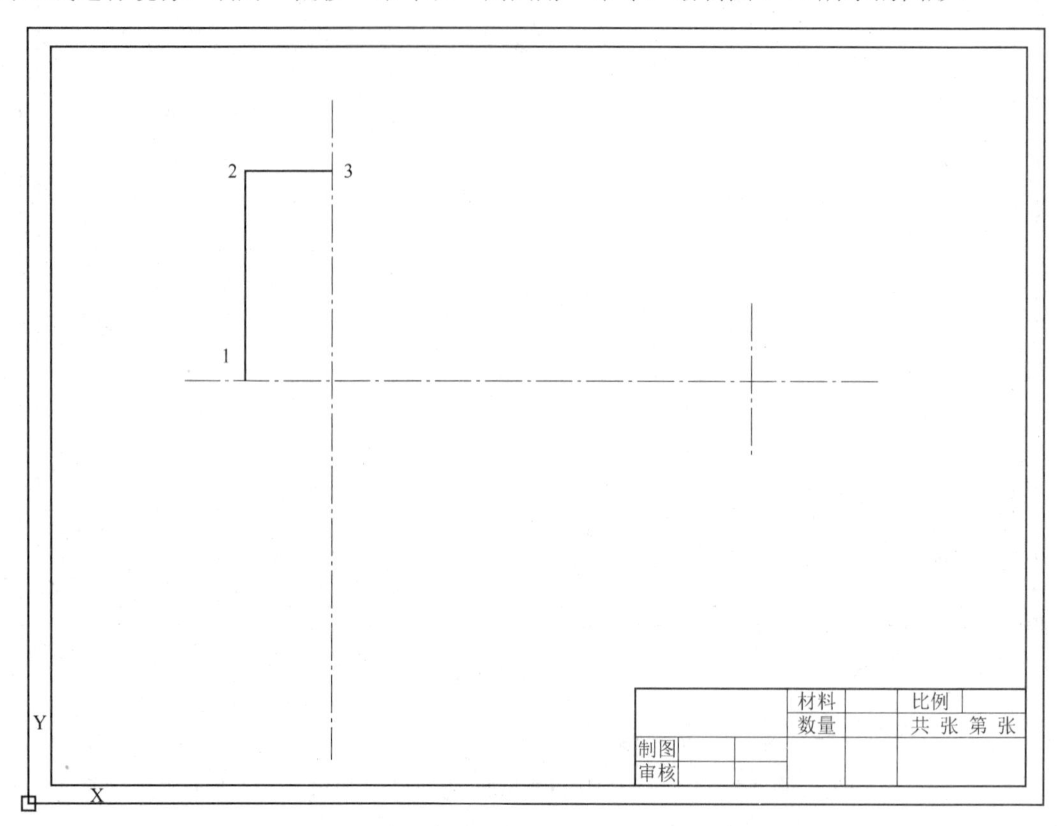

图 7-73　绘制边界线

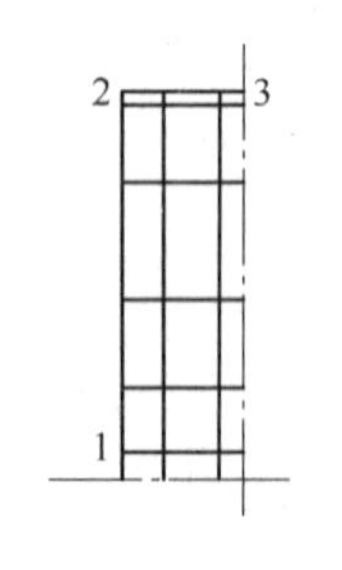

图 7-74　偏移直线

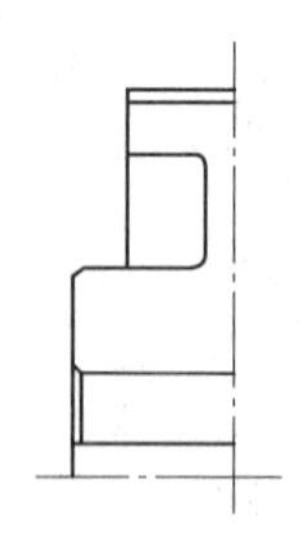

图 7-75　修剪图形与倒角

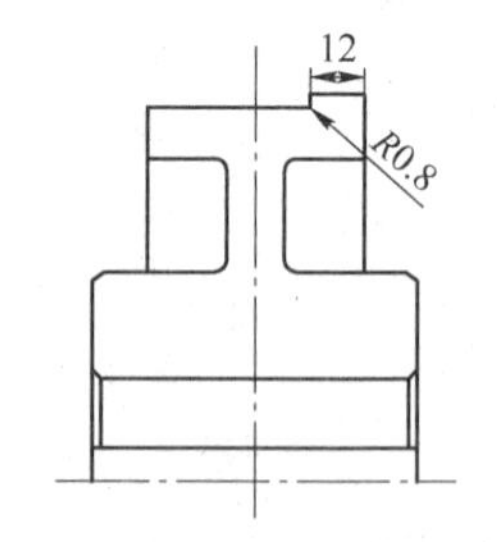

图 7-76　镜像图形

（5）绘制蜗轮轮芯主视图。单击“修改”工具栏中的“镜像”按钮，以水平中心线为镜像轴，镜像图形。将当前层设置为“剖面层”，单击“绘图”工具栏中的“图案填充”按钮，打开“图案填充和渐变色”对话框。单击“图案”选项右侧的按钮，打开“填充图案选项板”对话框，在“ANSI”选项卡中选择“ANSI31”图案作为填充图案。利用提取图形对象特征点的方式提取填充区域，单击“确定”按钮，绘制剖面线，结果如图 7-77 所示。

（6）绘制键槽剖切图。单击“绘图”工具栏中的“圆”按钮、“直线”按钮和“修改”工具栏中的“偏移”按钮、“修剪”按钮，在右侧十字交叉中心线处绘制键槽剖切图，效果如图 7-78 所示。

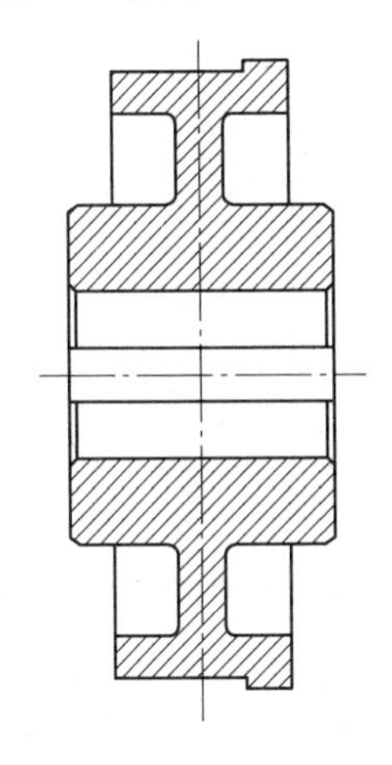

图 7-77　蜗轮轮芯主视图

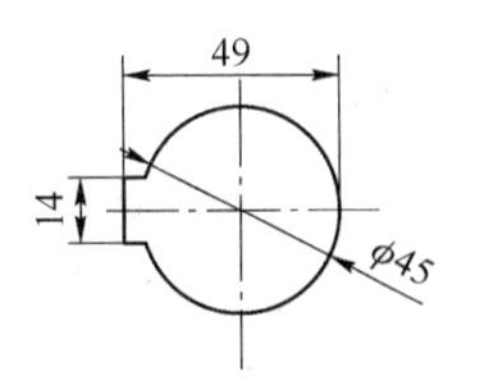

图 7-78　键槽剖切图

（7）隐藏备用图层。将蜗轮轮芯主视图和键槽剖切图转移到“备用层”中，并隐藏该图层，使绘图窗口仅剩下左侧两条十字交叉中心线。这样做可以防止在绘制蜗轮轮缘时，对蜗轮轮芯进行误操作。

将绘制好的图形对象存放在一个被隐藏的图层里，一方面可以使绘图窗口的版面干净，便于观察和绘制其他图形；另一方面，可以对现有图形进行保护，因为存放在被隐藏的图层里的图形对象是不可能在当前窗口进行编辑或修改的。

6. 绘制蜗轮轮缘

（1）绘制边界线。将“轮廓层”设置为当前图层。单击“绘图”工具栏中的“直线”按钮，利用 FROM 选项绘制两条直线，命令行提示与操作如下：

```
命令：LINE ↙
指定第一点：from ↙(Ctrl+鼠标右击，弹出临时捕捉菜单，选择“自”命令)
基点：(利用对象捕捉选择中心线的交点)
<偏移>：@ -24,0 ↙
指定下一点或 [放弃(U)]：@ 0, 105 ↙
指定下一点或 [放弃(U)]：@ 24, 0 ↙
指定下一点或 [闭合(C)/放弃(U)]：↙
```

结果如图 7-79 所示。

（2）绘制偏移直线与圆。单击“修改”工具栏中的“偏移”按钮，将直线 1 向下偏移

25mm，将水平中心线向上偏移 120mm。以交点为圆心，绘制 3 个同心圆，半径依次为 19mm、25mm 和 31mm，结果如图 7-80 所示。

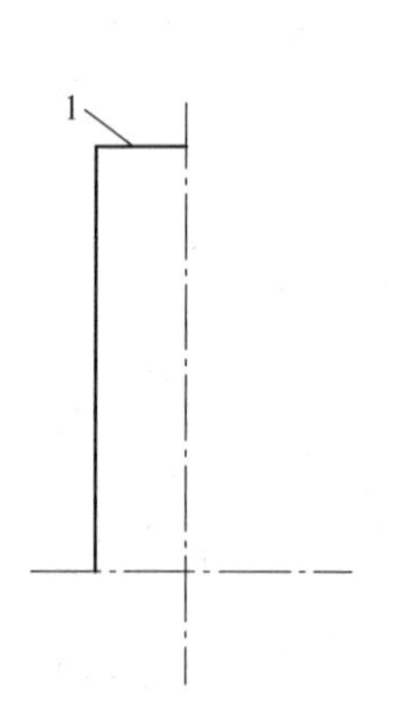

图 7-79　绘制边界线

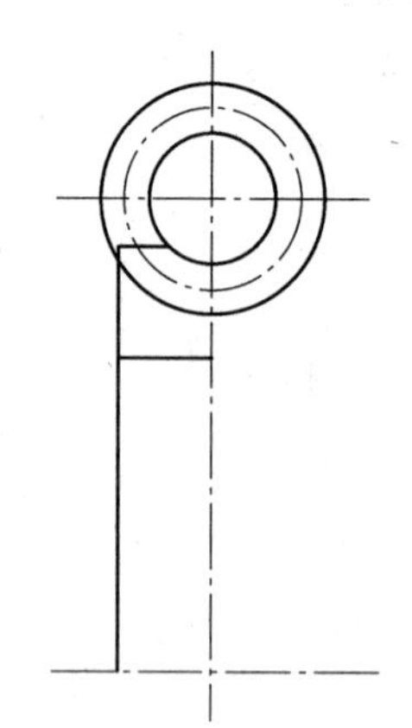

图 7-80　绘制偏移直线与圆

（3）修剪图形与镜像。将同心圆中的第二个圆所在图层改为“中心线”层。单击“修改”工具栏中的“修剪”按钮，对图形进行修剪，对直角进行倒角 $C2$；单击“修改”工具栏中的“镜像”按钮，分别以两条中心线为镜像轴镜像，结果如图 7-81 所示。

（4）细化轮缘。单击“修改”工具栏中的“偏移”按钮，使右侧直线偏移 12mm 和 14mm，左侧孔ϕ160mm，右侧孔ϕ170mm。最后绘制剖面线，结果如图 7-82 所示。

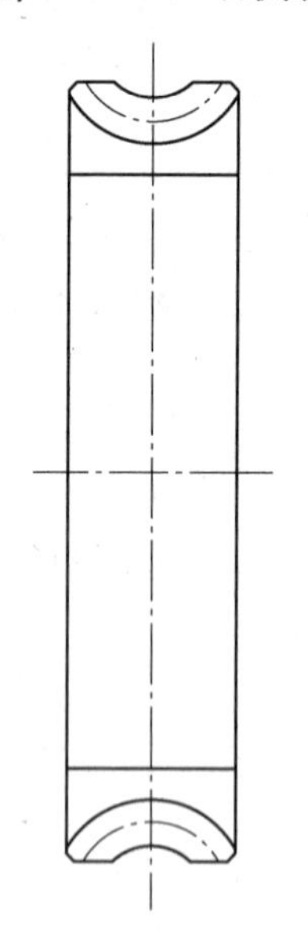

图 7-81　修剪图形与镜像

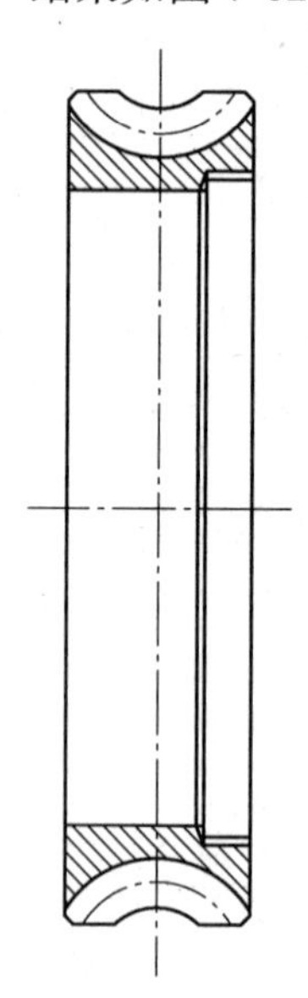

图 7-82　细化轮缘

（5）打开图层。打开“备用图层”，重新分配图形对象的图层属性，修剪掉被遮挡的轮廓线。

（6）补全蜗轮左视图。仿照圆柱齿轮侧视图的绘制过程，绘制结果如图 7-83 所示。

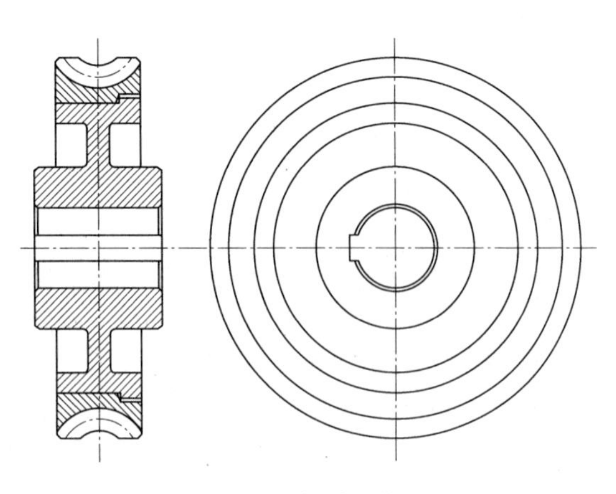

图 7-83　蜗轮工作图

7. 标注尺寸

（1）切换图层。将当前图层从“轮廓层”切换到“尺寸标注层”。选择“格式”→“标注样式”命令，打开“标注样式管理器”对话框，将“机械制图标注”样式设置为当前使用的标注样式。

（2）标注尺寸。单击“标注”工具栏中的“线性”按钮、“半径”按钮和“直径”按钮，仿照任务三的尺寸标注方法，标注蜗轮工作图的无公差尺寸和带公差尺寸，如图 7-84 所示。

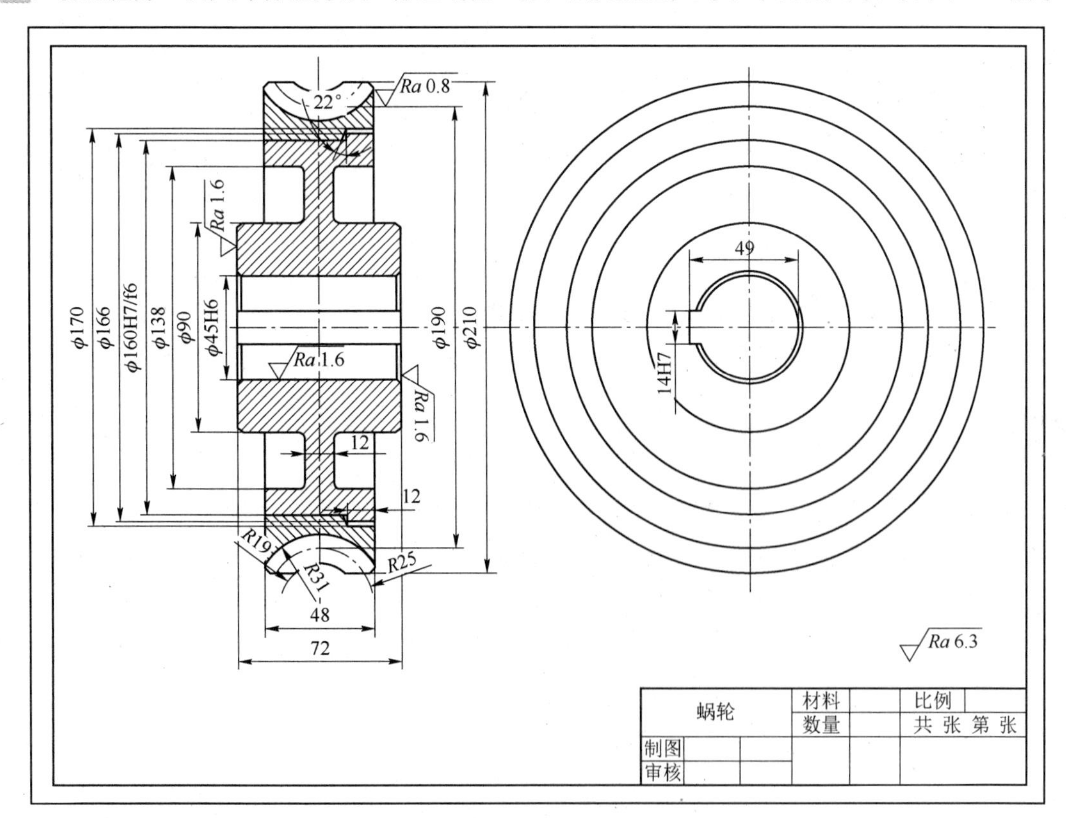

图 7-84　标注尺寸

8. 标注技术要求

（1）设置文字标注格式。选择“格式”→“文字样式”命令，打开“文字样式”对话框，在“样式名”下拉列表中选择“技术要求”，单击“应用”按钮，将其设置为当前使用的文字样式。

（2）文字标注。单击“绘图”工具栏中的“多行文字”按钮A，此时光标变为箭头和一矩形文字框，如图 7-85 所示。

（3）填写技术要求。拖动鼠标，调整矩形文字框的大小和位置，单击，弹出“多行文字”编辑器，如图 7-86 所示，在其中填写技术要求。

图 7-85 矩形文字框

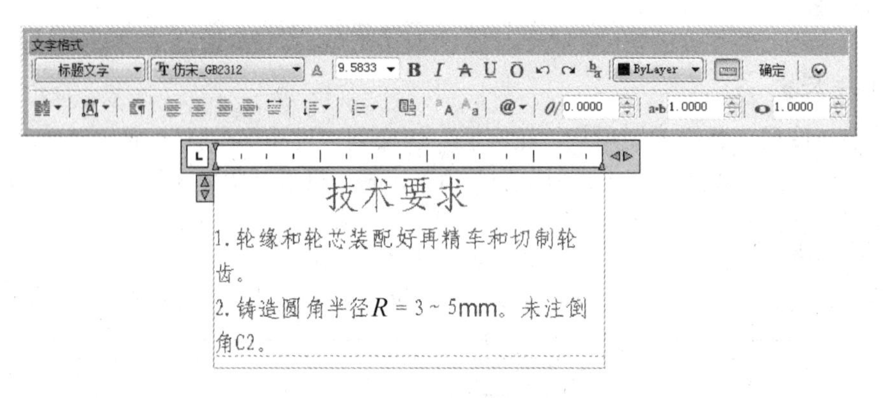

图 7-86 填写技术要求

（4）移动文本框。单击“修改”工具栏中的“移动”按钮，单击“技术要求”文本框，移动到图纸中适当位置。

9. 填写标题栏

（1）切换图层。将“标题栏层”设置为当前图层。

（2）填写标题栏。在标题栏中填写“蜗轮”。蜗轮工作图设计最终效果如图 7-64 所示。

课后练习

上机操作题

1. 绘制图 7-87 所示的圆柱齿轮。
2. 绘制图 7-88 所示的齿轮轴。

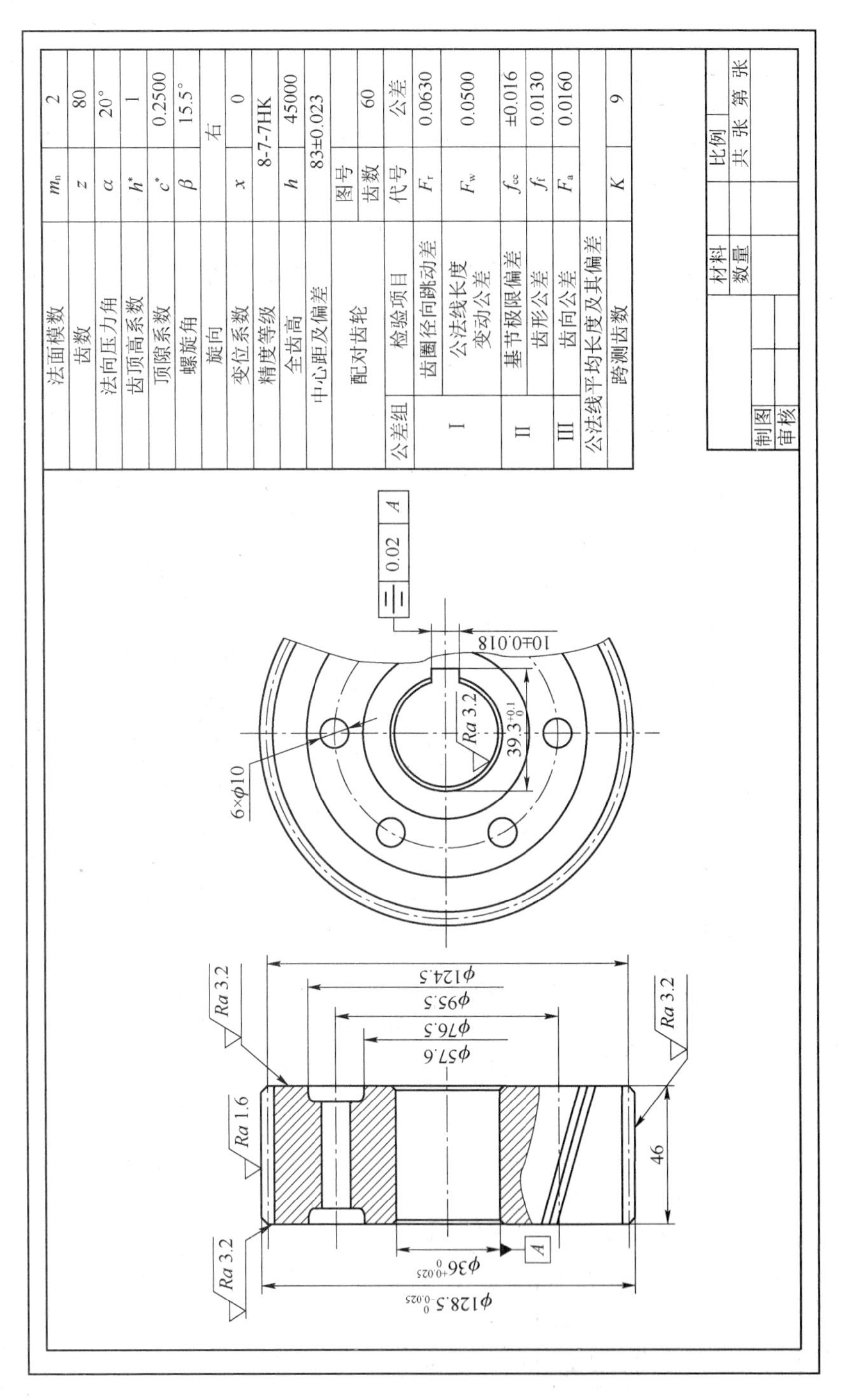

法面模数		m_n	2
齿数		z	80
法向压力角		α	20°
齿顶高系数		h^*	1
顶隙系数		c^*	0.2500
螺旋角		β	15.5°
旋向			右
变位系数		x	0
精度等级			8-7-7HK
全齿高		h	45000
中心距及偏差			83±0.023
配对齿轮		图号	
		齿数	60
公差组	检验项目	代号	公差
I	齿圈径向跳动差	F_r	0.0630
	公法线长度变动公差	F_w	0.0500
II	基节极限偏差	f_{cc}	±0.016
	齿形公差	f_f	0.0130
III	齿向公差	F_a	0.0160
公法线平均长度及其偏差			
跨测齿数		K	9

图 7-87　圆柱齿轮

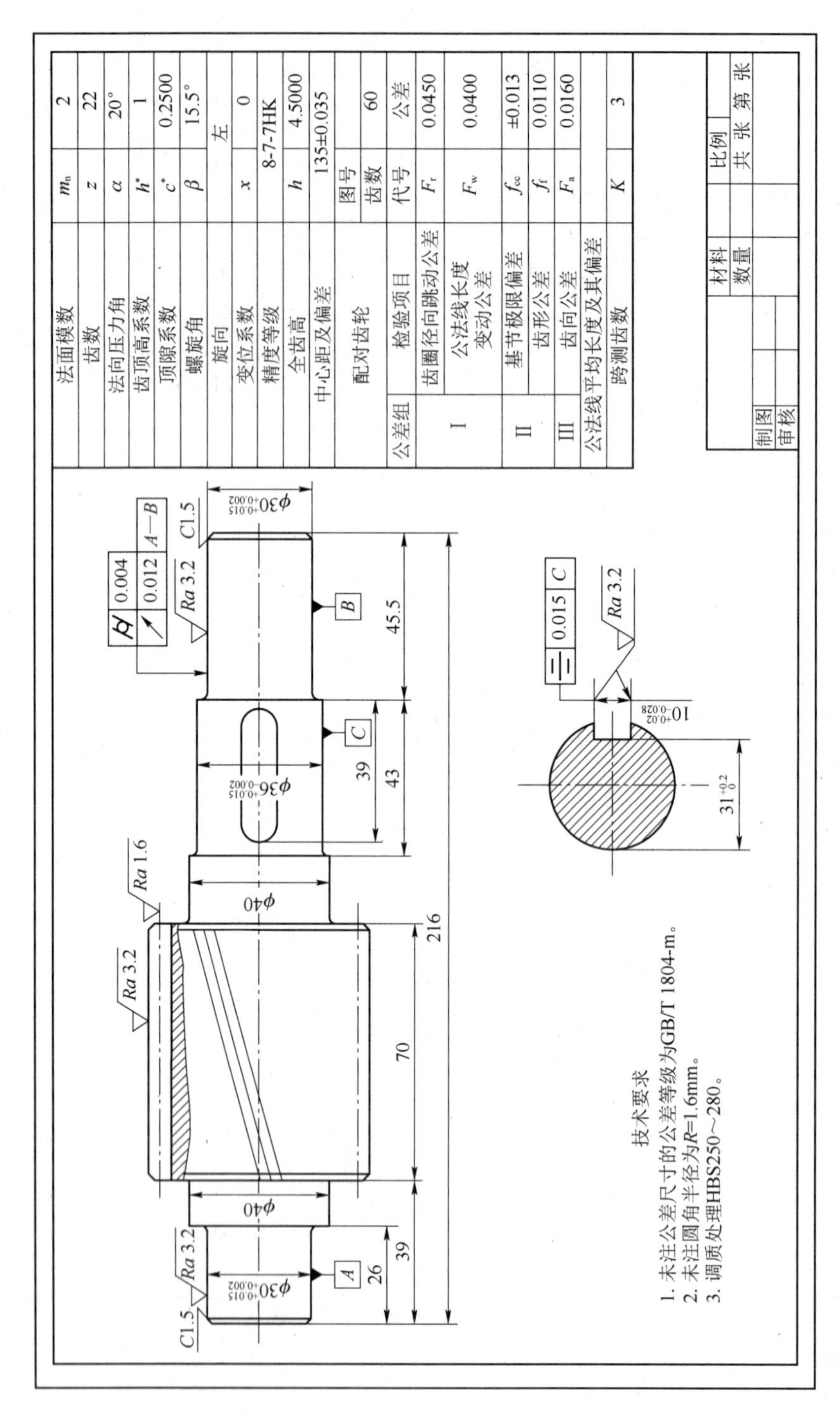

法面模数		m_n	2
齿数		z	22
法向压力角		α	20°
齿顶高系数		h^*	1
顶隙系数		c^*	0.2500
螺旋角		β	15.5°
旋向			左
变位系数		x	0
精度等级			8-7-7HK
全齿高		h	4.5000
中心距及偏差			135±0.035
配对齿轮		图号	
		齿数	60
公差组	检验项目	代号	公差
I	齿圈径向跳动公差	F_r	0.0450
	公法线长度变动公差	F_w	0.0400
II	基节极限偏差	f_{cc}	±0.013
	齿形公差	f_f	0.0110
III	齿向公差	F_a	0.0160
公法线平均长度及其偏差			
跨测齿数		K	3

图 7-88 齿轮轴

项目八　绘制盘盖类零件

任务一　绘制齿轮泵前盖

本任务绘制图 8-1 所示的齿轮泵前盖。

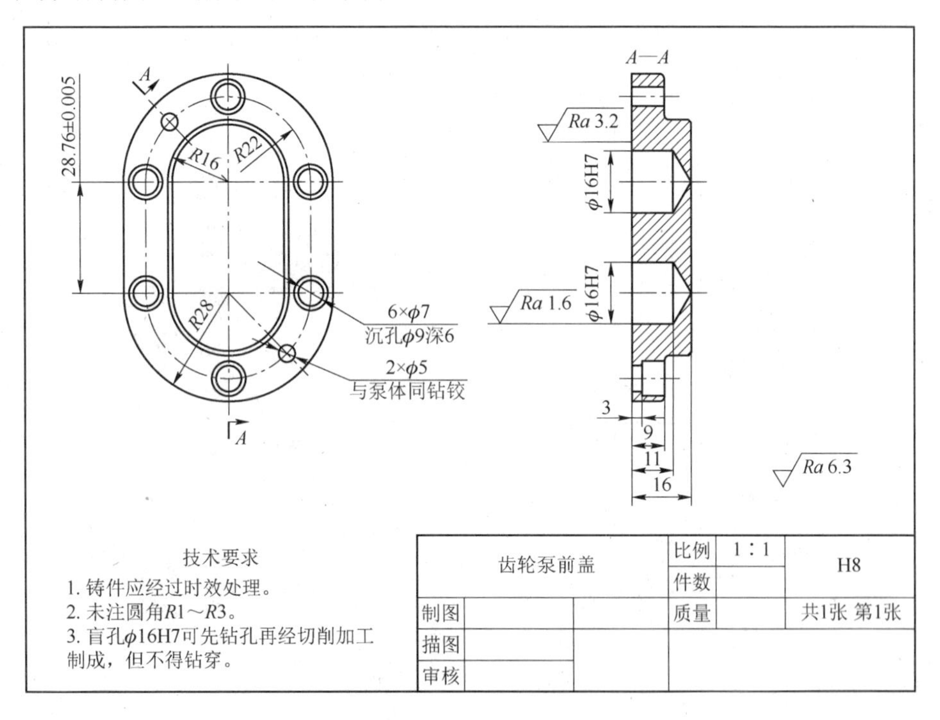

图 8-1　齿轮泵前盖

任务说明

齿轮泵前盖属于箱体类零件。此类零件的内外形均较复杂，主要结构是由均匀的薄壁围成不同形状的空腔，空腔壁上还有多方向的孔，以达到容纳和支承的作用。另外，具有强肋、凸台、凹坑、铸造圆角、拔模斜度等常见结构。

知识与技能目标

1. 掌握箱体类零件的绘制方法。
2. 掌握全剖视图的绘制方法。

任务分析

在绘制齿轮泵前盖时除绘制主视图外，还需要绘制剖视图，才能将其表达清楚。从图 8-1 中可以看到其结构不完全对称，主视图与剖视图都有其相关性，在绘制时只能部分运用“镜像”命令。本例首先运用“直线”“圆”和“修剪”等命令绘制出主视图的轮廓线，然后绘制剖视图。

相关知识

用剖切面完全剖开物体所得的剖视图，称为全剖视图，所谓“完全剖开”，实际上是指将剖切面与观察者之间的部分全部移走，如图 8-2 所示。

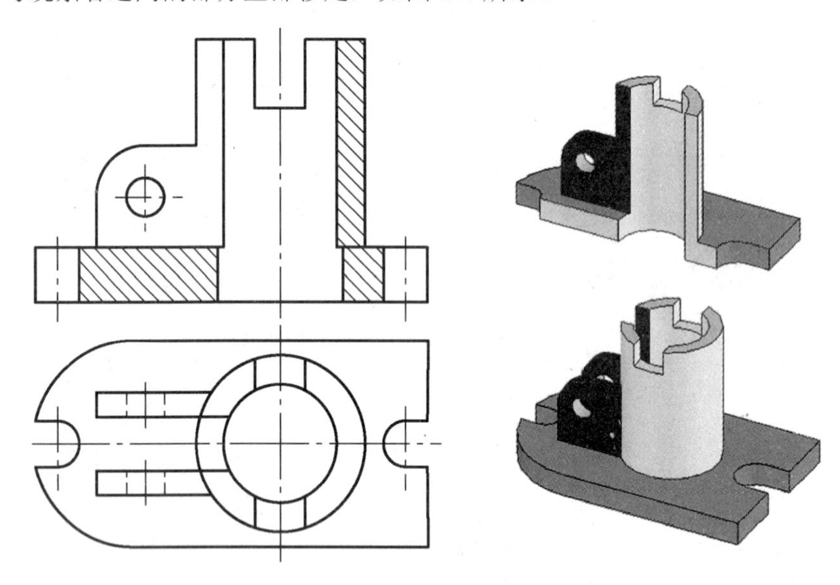

图 8-2　全剖视图

全剖视图主要应用于内繁外简或内外均繁但外形在其他视图已表达清楚的形体。

图 8-3 所示为一个轴承座，从图中可见，主视图采用视图表外形，俯视图采用 *A—A* 全剖视图，左视图是采用左右对称面为剖切平面的全剖视图。国家标准规定：对于机件的肋、轮辐及薄板等，如按纵向剖切，这些结构通常按不剖绘制，即不画剖面符号，而用粗实线将它与邻接部分分开。图 8-3 所示轴承座的左视图，肋纵剖，就是按上述规定画法画出的，而俯视图的全剖视图，肋横剖，按普通的剖视图画出。

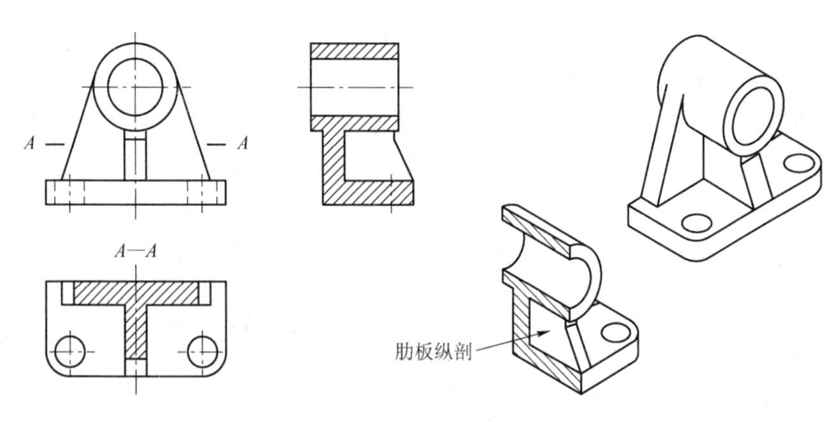

图 8-3　剖视图中肋的规定画法

任务实施

1. 配置绘图环境

启动 AutoCAD 2014 应用程序，以“A4.dwt”样板文件为模板建立新文件，将新文件命名为“齿轮泵前盖设计.dwg”并保存。

2. 绘制齿轮泵前盖主视图

（1）切换图层。将“中心线层”设定为当前图层。

（2）绘制中心线。单击“绘图”工具栏中的“直线”按钮，绘制两条水平直线，直线{(55,198),(115,198)}和直线{(55,169,24)，(115,169,24)}；绘制一条竖直直线{(85,228),(85,139,24)}，如图 8-4 所示。

（3）绘制圆。将“粗实线层”设定为当前图层，单击“绘图”工具栏中的“圆”按钮，以中心线的两个交点为圆心，分别绘制半径为 15mm、16mm、22mm 和 28mm 的圆，结果如图 8-5 所示。

（4）修剪处理。单击“修改”工具栏中的“修剪”按钮，对多余直线进行修剪，结果如图 8-6 所示。

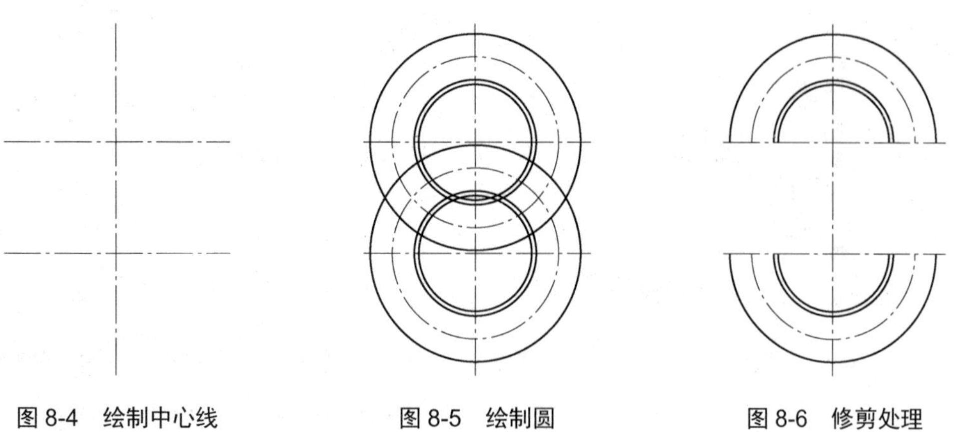

图 8-4　绘制中心线　　图 8-5　绘制圆　　图 8-6　修剪处理

（5）绘制直线。单击“绘图”工具栏中的“直线”按钮，分别绘制与两圆相切的直线，并将半径为 22mm 的圆弧和其切线设置为“中心线层”，结果如图 8-7 所示。

（6）绘制螺栓孔和销孔。单击“绘图”工具栏中的“圆”按钮，按图 8-8 所示尺寸分别绘制螺栓孔和销孔，完成齿轮泵前盖主视图的设计。

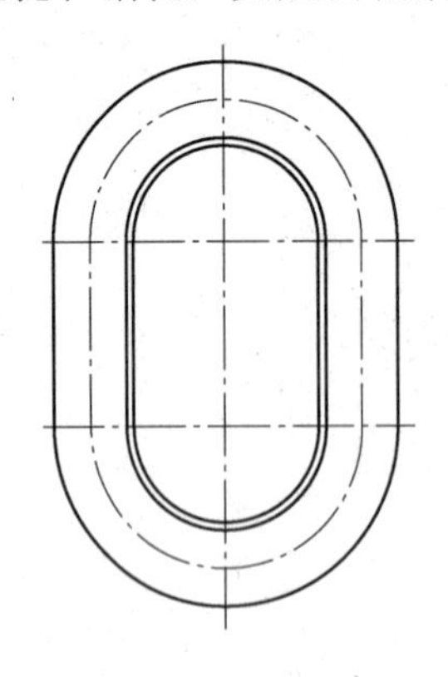

图 8-7　绘制直线

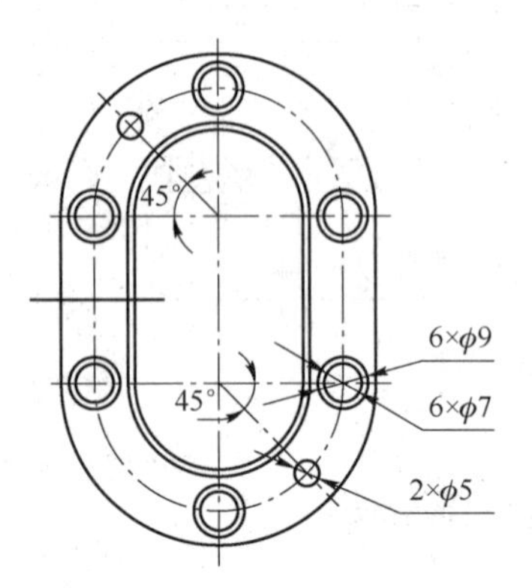

图 8-8　齿轮泵前盖主视图

3. 绘制齿轮泵前盖剖视图

（1）绘制定位线。单击“绘图”工具栏中的“直线”按钮，以主视图中的特征点为起点，利用“正交”功能绘制水平投影线，结果如图 8-9 所示。

（2）绘制剖视图轮廓线。单击“绘图”工具栏中的“直线”按钮，绘制一条与定位直线相交的竖直直线；单击“修改”工具栏中的“偏移”按钮，将竖直直线分别向右偏移 9mm 和 16mm；单击“修改”工具栏中的“修剪”按钮，修剪多余直线，整理后结果如图 8-10 所示。

（3）圆角和倒角处理。单击“修改”工具栏中的“圆角”按钮和“倒角”命令，图 8-10 点 1 和点 2 处的圆角半径为 1.5mm，点 3 和点 4 处的圆角半径为 2mm，点 5 和点 6 处进行 *C*1 的倒角，结果如图 8-11 所示。

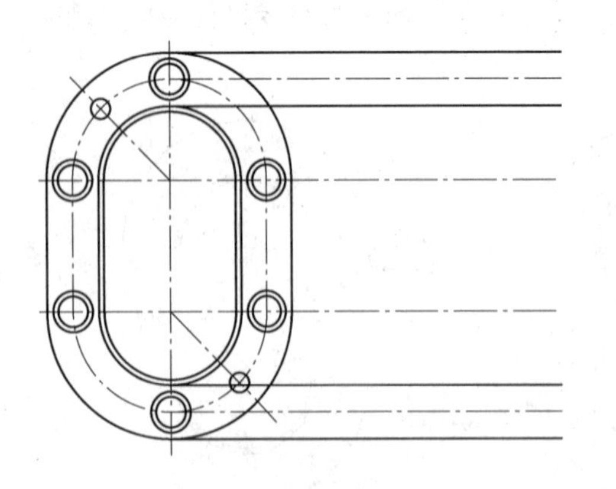

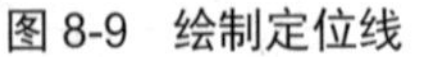

图 8-9　绘制定位线

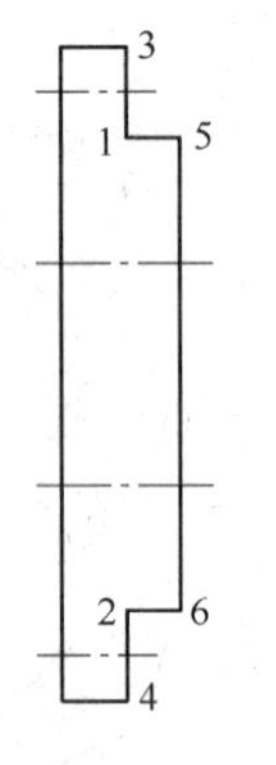

图 8-10　绘制剖视图轮廓线

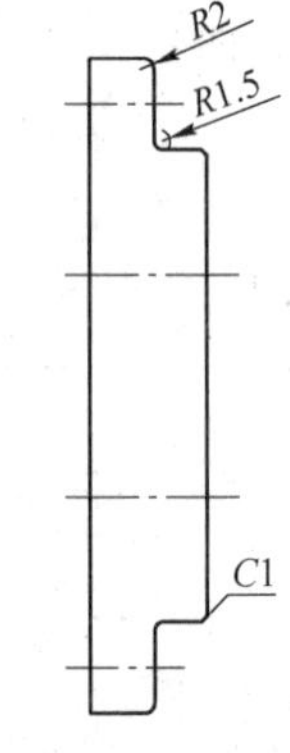

图 8-11　圆角和倒角处理

（4）绘制销孔和螺栓孔。单击“修改”工具栏中的“偏移”按钮，将图 8-12 中的直线 1 分别向两侧偏移 2.5mm，将直线 2 分别向两侧偏移 3.5mm 和 4.5mm，将偏移后的直线设置为“粗实线层”；将直线 3 向右偏移 3mm；单击“修改”工具栏中的“修剪”按钮，对多余的直线进行修剪，结果如图 8-12 所示。

（5）绘制轴孔。单击“修改”工具栏中的“偏移”按钮，将图 8-13 中的直线 4 分别向两侧偏移 8mm，将偏移后的直线设置为“粗实线层”，将直线 3 向右偏移 11mm；单击“修改”工具栏中的“修剪”按钮，对多余的直线进行修剪；单击“绘图”工具栏中的“直线”按钮，绘制轴孔端锥角；单击“修改”工具栏中的“镜像”按钮，以两端竖直直线的中点的连线为镜像线，对轴孔进行镜像处理，结果如图 8-13 所示。

（6）绘制剖面线。切换到“剖面层”，单击“绘图”工具栏中的“图案填充”按钮，绘制剖面线，最终完成齿轮泵前盖剖视图的绘制，结果如图 8-14 所示。

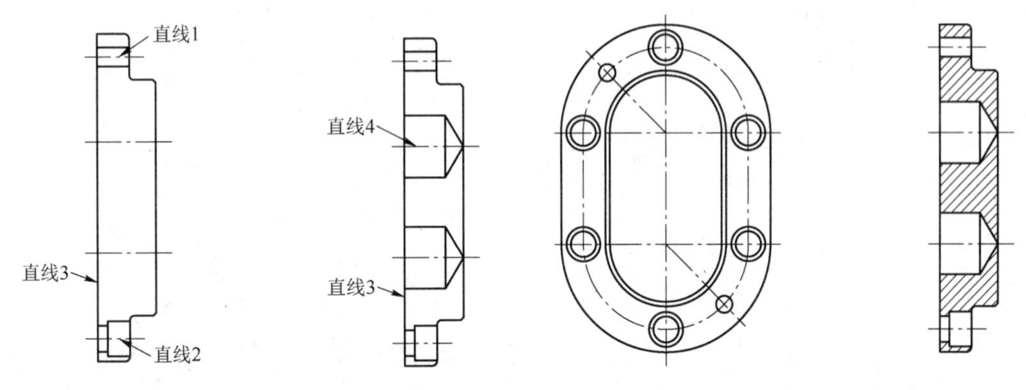

图 8-12　绘制销孔和螺栓孔　　图 8-13　绘制轴孔　　图 8-14　齿轮泵前盖剖视图

4. 标注主视图尺寸

（1）切换图层。将当前图层切换到“尺寸标注层”，单击“标注”工具栏中的“标注样式”按钮，将“机械制图标注”样式设置为当前使用的标注样式。

（2）主视图尺寸标注。单击“标注”工具栏中的“半径”命令，对主视图进行尺寸标注，结果如图 8-15 所示。

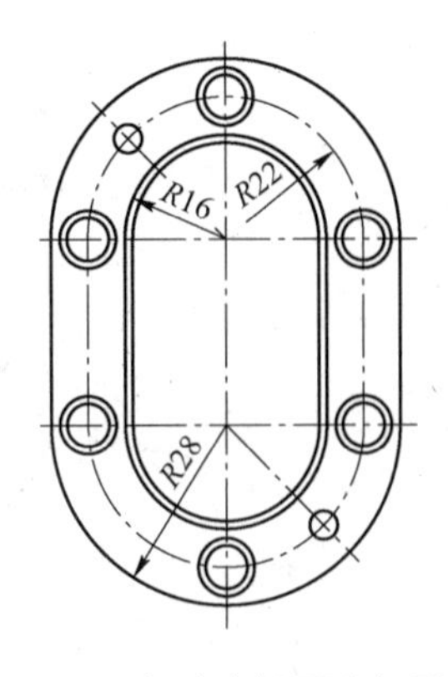

图 8-15　标注主视图半径尺寸

（3）替代标注样式。选择“格式”→“标注样式”命令，打开“标注样式管理器”对话框，选择“机械制图标注”样式，单击“替代”按钮，打开“替代当前样式：机械制图标注”对话框，在“文字”选项卡的“文字对齐”选项组中选中“水平”单选按钮，单击“确定”按钮退出对话框，如图 8-16 所示。

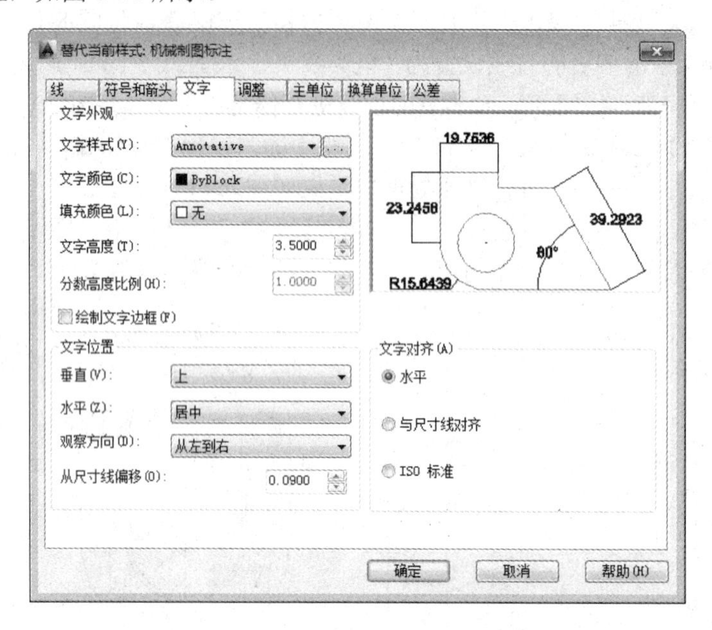

图 8-16　“替代当前样式：机械制图标注”对话框

（4）单击“标注”工具栏中的“半径”命令、“直径”命令，标注直径，如图 8-17 所示。

（5）单击“绘图”工具栏中的“多行文字”命令，在尺寸为“6×ϕ7”和“2×ϕ5”的尺寸线下面分别标注文字“沉孔ϕ9 深 6”和“与泵体同钻铰”。注意设置字体大小，以便与尺寸数字大小匹配。如果尺寸线的水平部分不够长，可以单击“绘图”工具栏中的“直线”按钮补画，以使尺寸线的水平部分能够覆盖文本长度范围，结果如图 8-18 所示。

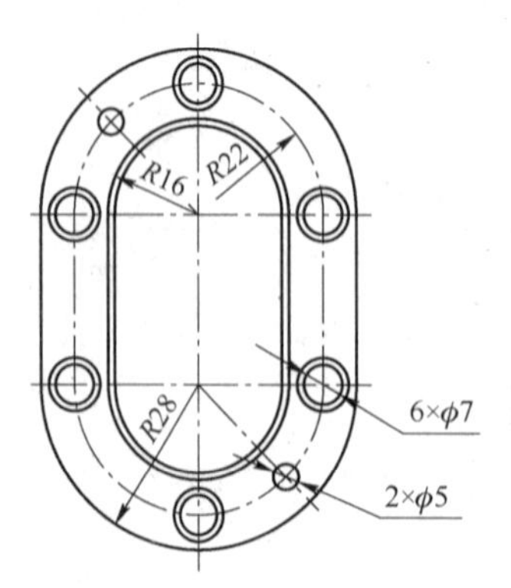

图 8-17　标注主视图直径尺寸

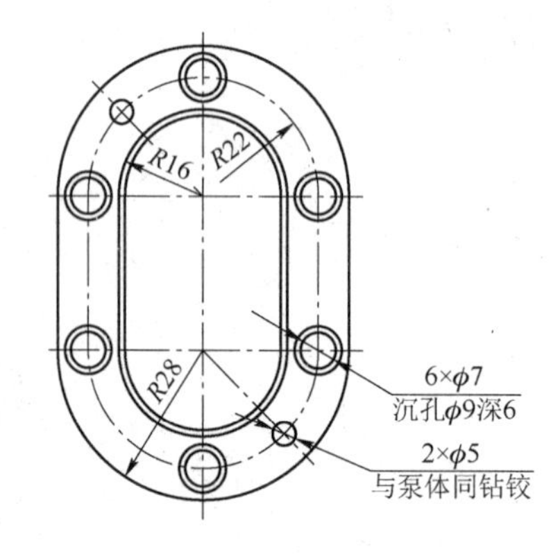

图 8-18　主视图文字标注

（6）再次替代标注样式。选择“格式”→“标注样式”命令，打开“标注样式管理器”

对话框，选择“机械制图标注”样式，单击“替代”按钮，打开“替代当前样式：机械制图标注”对话框，在“公差”选项卡的“公差格式”选项组中进行图 8-19 所示的设置，单击“确定”按钮退出对话框。

（7）单击“尺寸”工具栏中的“线性”按钮，标注水平轴线之间的距离，如图 8-20 所示。

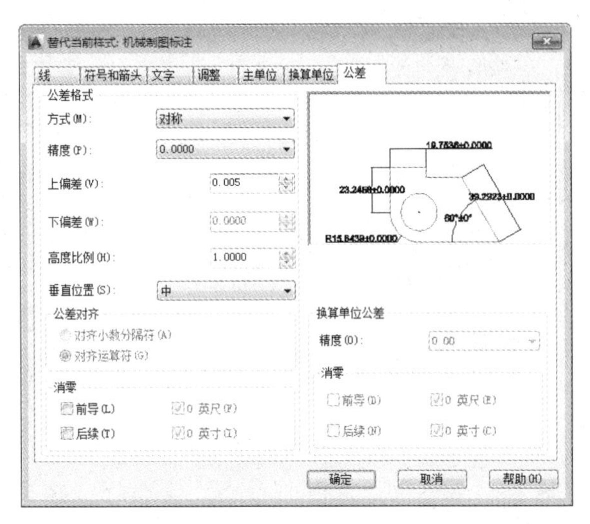

图 8-19　“公差”选项卡

5. 标注剖视图尺寸

转换到“机械制图标注”样式，单击“标注”工具栏中的“线性”按钮，对剖视图进行尺寸标注，结果如图 8-21 所示。

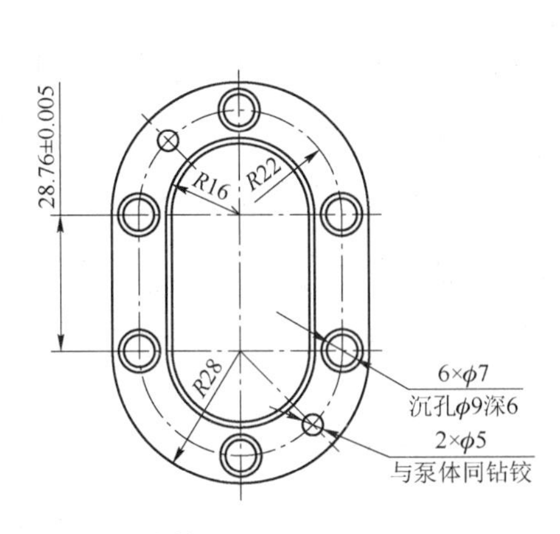

图 8-20　标注公差尺寸

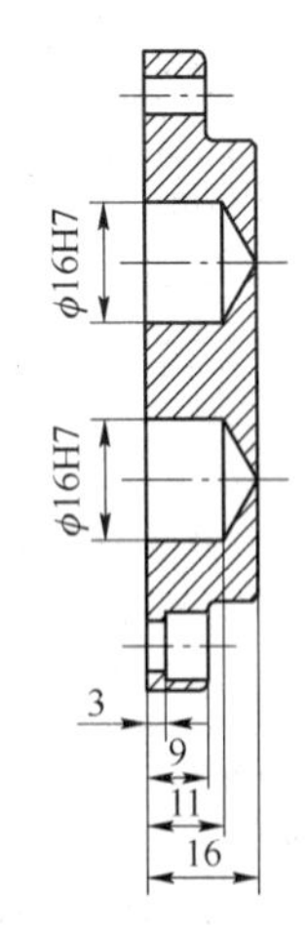

图 8-21　标注剖视图尺寸

6. 标注表面粗糙度

按前面所学方法标注齿轮泵前盖表面粗糙度，如图 8-22 所示。

7. 标注剖切符号

分别在“实体层”和“文字层”利用“直线”命令和“多行文字”命令A标注剖切符号和标记文字，最终绘制结果如图 8-22 所示。

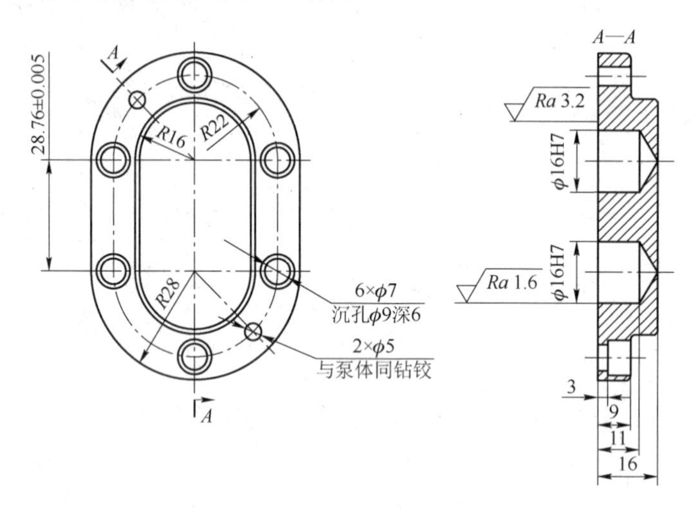

图 8-22 标注表面粗糙度和剖切符号

8. 填写标题栏与技术要求

分别将“标题栏层”和“文字层”设置为当前图层，填写技术要求和标题栏相关项，如图 8-23 所示。前盖设计的最终效果如图 8-1 所示。

技术要求

1. 铸件应经过时效处理。
2. 未注圆角$R1 \sim R3$。
3. 盲孔ϕ16H7可先钻孔再经切削加工制成，但不得钻穿。

齿轮泵前盖			比例	1∶1	H8
			件数		
制图			质量		共1张 第1张
描图					
审核					

图 8-23 填写技术要求与标题栏

任务二 绘制齿轮泵后盖

任务引入

本任务绘制齿轮泵后盖零件图，如图 8-24 所示。

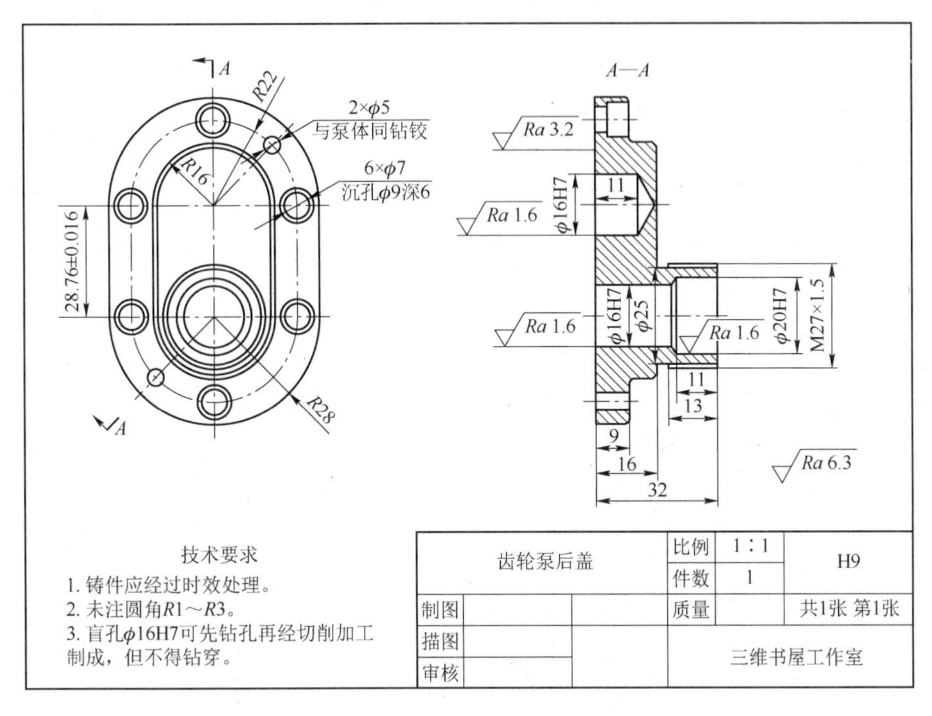

图 8-24　齿轮泵后盖

任务说明

与齿轮泵前盖相似，齿轮泵后盖外形也比较简单，但内部结构比较复杂。因此，同样需要绘制主视图和剖视图，才能将其表达清楚。从图 8-24 中可以看到其结构不完全对称，在绘制时只能部分运用“镜像”命令。

知识与技能目标

掌握旋转剖的绘制方法。

任务分析

首先运用“直线”“圆”和“修剪”等命令绘制出主视图的轮廓线，再绘制剖视图。

相关知识

如图 8-24 所示，齿轮泵后盖需要表达的内形包括 6 个沿圆周均匀分布的小孔、中间大孔，若采用通过轴线的单一剖切平面剖开机件，则两个小孔表达不清楚。

假想用正平面（通过上部孔的轴线和中间孔的轴线）和侧垂面（通过中间孔的轴线和右下部小孔的轴线）剖开机件（两剖切平面的交线通过机件的轴线），并将侧垂面剖切的部分绕机件的轴线旋转至与正面平行后再进行投射，画出 *A*—*A* 全剖视图。

又如，图 8-25（a）中所示摇杆的 *A*—*A* 剖视图，也是用两个相交的剖切平面剖切得到的剖视图。该图是将倾斜剖切面剖开的结构及有关部分旋转到与选定的水平投影面平行后，再进行投射得到的 *A*—*A* 全剖视图，应注意，剖切平面后的其他结构按原位置投影，如图 8-25（b）所示剖切平面后的油孔，是按原位置投射画出的。

当几个相交的剖切平面剖切机件得到剖视图时，应如图 8-25 所示，画出剖切平面的位置、投射方向及相应的名称，并在剖视图上方注明剖视图的名称，也可如图 8-26 所示，允许省略标注转折出的字母。

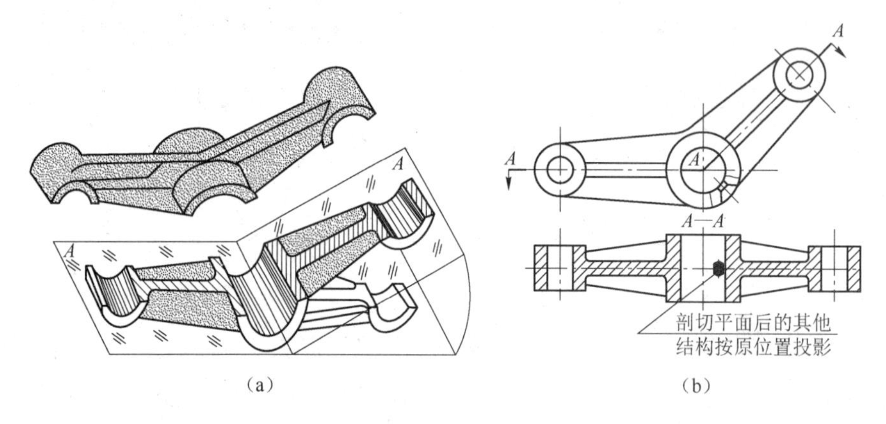

（a）　　　　　　（b）

图 8-25　几个相交的剖切平面

当用几个相交的剖切平面剖切产生不完整要素时，应将此部分按不剖绘制，如图 8-27 所示。

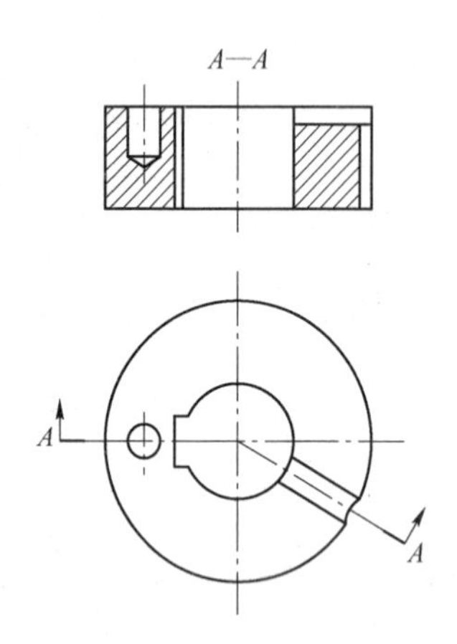

图 8-26　省略转折处字母

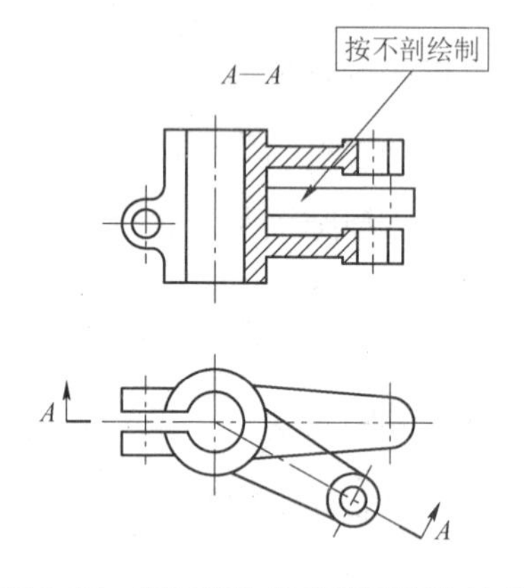

图 8-27　剖切产生不完整要素的处理

用几个相交的剖切平面剖开物体得到剖视图的方法多用于轮盘类机件（图 8-26）及具有明显回转轴的机件[图 8-25（b）]。

任务实施

1. 配置绘图环境

启动 AutoCAD 2014 应用程序，以“A4.dwt”样板文件为模板建立新文件，将新文件命名为“齿轮泵后盖设计.dwg”并保存。

2. 绘制齿轮泵后盖主视图

（1）切换图层。将“中心线层”设定为当前图层。

（2）绘制中心线。单击“绘图”工具栏中的“直线”按钮，绘制两条水平直线，直线{(50,195),(110,195)}、直线{(50,166,24)，(110,166,24)}；绘制一条竖直直线{(80,225),(80,136,24)}，如图 8-28 所示。

（3）绘制圆。将“粗实线层”设定为当前图层，单击“绘图”工具栏中的“圆”按钮，以中心线的两个交点为圆心，分别绘制半径为 15mm、16mm、22mm 和 28mm 的圆，再以下侧的中心线与竖直中线的交点为圆心，分别绘制半径为 8mm、10mm、12.5mm 和 13.5mm 的圆，结果如图 8-29 所示。

（4）修剪处理。单击“修改”工具栏中的“修剪”按钮，对多余直线进行修剪，结果如图 8-30 所示。

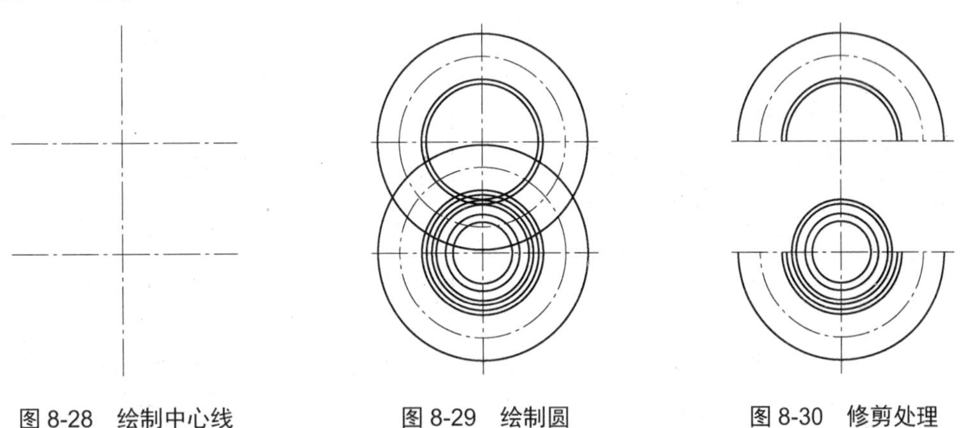

图 8-28　绘制中心线　　图 8-29　绘制圆　　图 8-30　修剪处理

（5）绘制直线。单击“绘图”工具栏中的“直线”按钮，分别绘制与两圆相切的直线，并将修剪后的半径为 22mm 的圆弧和其切线设置为“中心线层”，将半径为 12.5mm 的圆弧设置为“细实线层”，结果如图 8-31 所示。

（6）绘制螺栓孔和销孔。单击“绘图”工具栏中的“圆”按钮，按图 8-32 所示分别绘制螺栓孔和销孔，完成齿轮泵后盖主视图的设计。

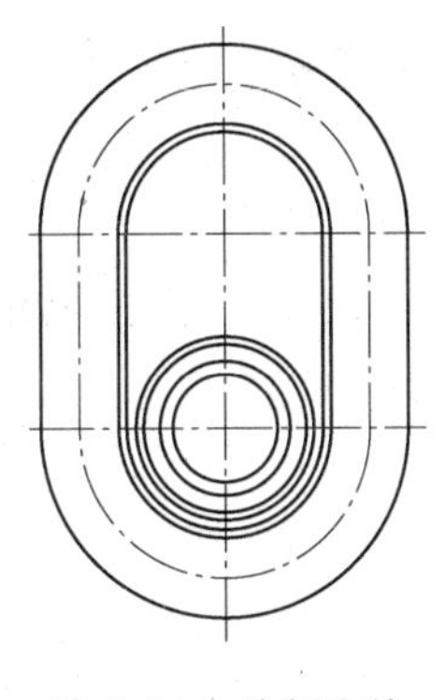

图 8-31　绘制直线

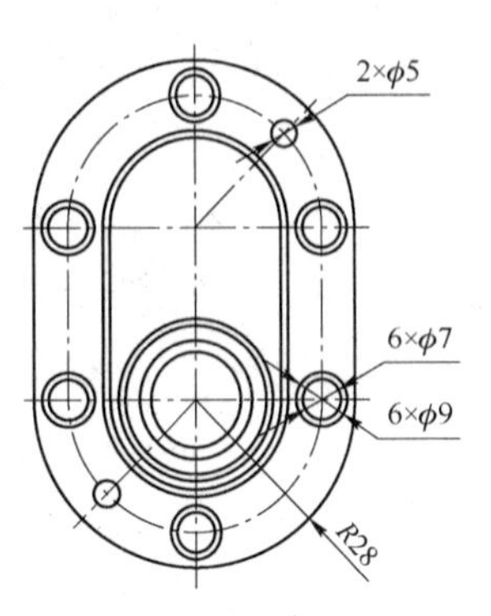

图 8-32　齿轮泵后盖主视图

3. 绘制齿轮泵后盖剖视图

（1）绘制定位直线。单击“绘图”工具栏中的“直线”按钮，以主视图中的特征点为起点，利用“正交”功能绘制竖直定位直线，结果如图 8-33 所示。

（2）绘制剖视图轮廓线。单击“绘图”工具栏中的“直线”按钮，绘制一条与定位直线相交的竖直直线；单击“修改”工具栏中的“偏移”按钮，将竖直直线向右分别偏移 9mm、16mm、19mm 和 32mm；再单击“修改”工具栏中的“修剪”按钮，修剪多余直线，结果如图 8-34 所示。

（3）处理圆角和倒角。单击“修改”工具栏中的“圆角”按钮和“倒角”按钮，点 1 和点 2 处的圆角半径为 1.5mm，点 3 和点 4 处的圆角半径为 2mm，点 5 和点 6 处倒角为 *C*1，结果如图 8-35 所示。

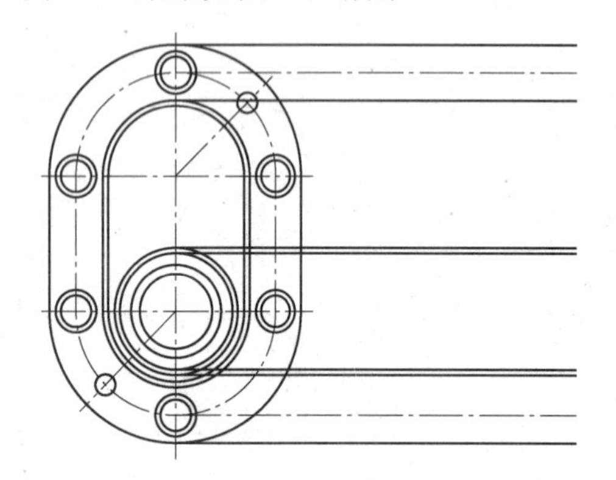

图 8-33　绘制定位直线

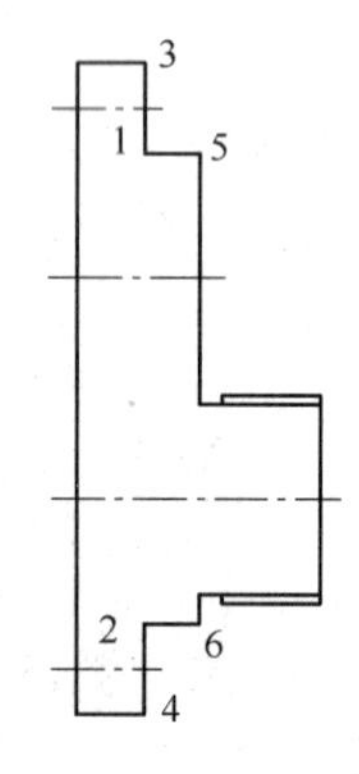

图 8-34　绘制剖视图轮廓线

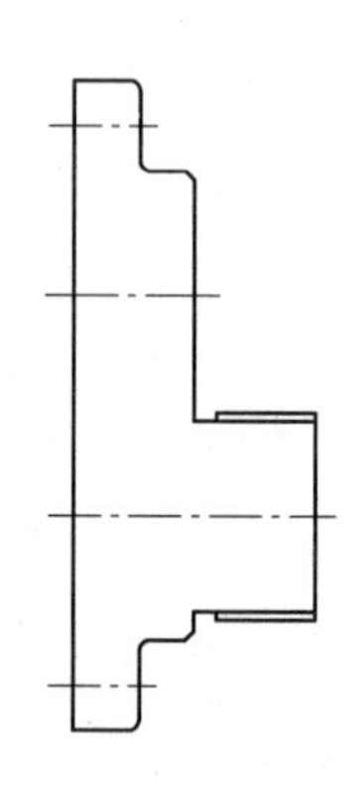

图 8-35　处理圆角和倒角

（4）绘制销孔和螺栓孔。单击“修改”工具栏中的“偏移”按钮，将图 8-36 中的直线 1 分别向两侧偏移 3.5mm 和 4.5mm，将直线 2 分别向两侧偏移 2.5mm，将偏移后的直线设置为“粗实线层”，将直线 3 向右偏移 3mm；单击“修改”工具栏中的“修剪”按钮，对多余的直线进行修剪，结果如图 8-36 所示。

（5）绘制轴孔。单击“修改”工具栏中的“偏移”按钮，将图 8-37 中的直线 4 分别向两侧偏移 8mm，将直线 5 分别向两侧偏移 8mm 和 10mm，将偏移后的直线设置为“粗实线层”，将直线 3 分别向右偏移 11mm、20mm 和 21mm；单击“修改”工具栏中的“修剪”按钮，对多余的直线进行修剪；再单击“绘图”工具栏中的“直线”按钮，绘制轴孔端锥角，并补全轴孔，结果如图 8-37 所示。

（6）绘制剖面线。切换到“剖面层”，单击“绘图”工具栏中的“图案填充”按钮，绘制剖面线，最终完成齿轮泵后盖的绘制，结果如图 8-38 所示。

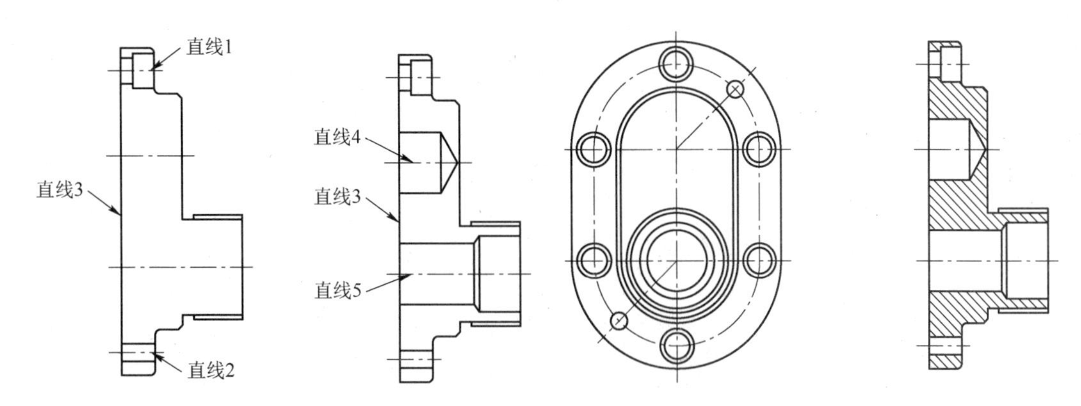

图 8-36　绘制销孔和螺栓孔　　图 8-37　绘制轴孔　　图 8-38　绘制齿轮泵后盖

4. 标注齿轮泵后盖

标注方法与任务一相同，标注结果如图 8-39 所示。

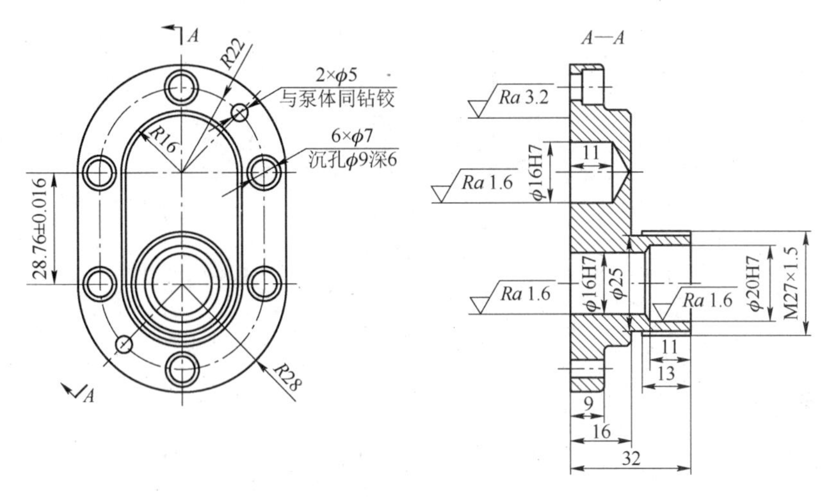

图 8-39　标注齿轮泵后盖

5. 填写标题栏与技术要求

填写方法与任务一相同，齿轮泵后盖设计的最终效果图如图 8-24 所示。

课后练习

上机操作题

1. 绘制图 8-40 所示的连接盘零件图。
2. 绘制图 8-41 所示的底盘零件图。

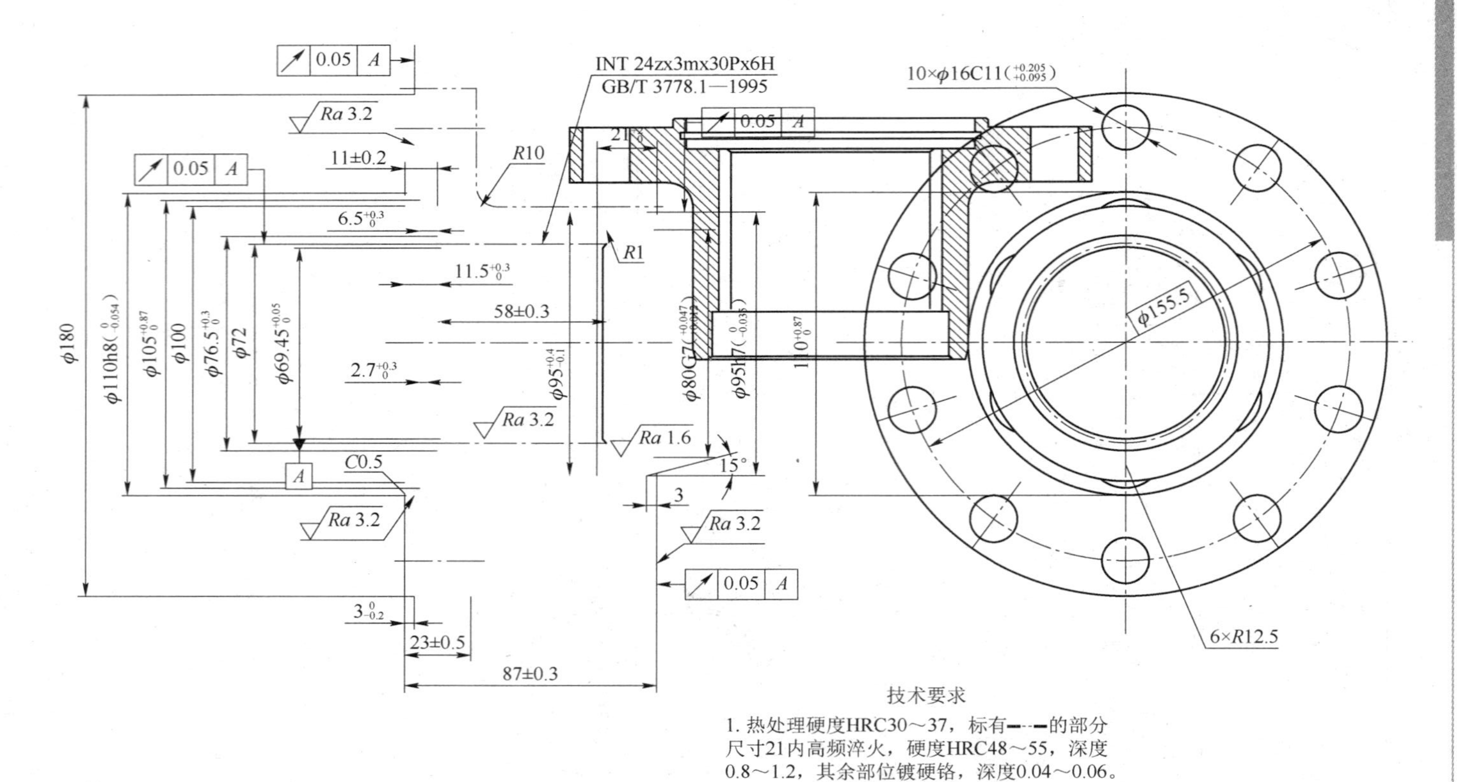
INT 24zx3mx30Px6H
GB/T 3778.1—1995
10×ϕ16C11($^{+0.205}_{+0.095}$)
0.05 A
Ra 3.2
11±0.2
R10
21
6.5$^{+0.3}_{0}$
R1
11.5$^{+0.3}_{0}$
58±0.3
2.7$^{+0.3}_{0}$
ϕ180
ϕ110h8($^{0}_{-0.054}$)
ϕ105$^{+0.87}_{0}$
ϕ100
ϕ76.5$^{+0.3}_{0}$
ϕ72
ϕ69.45$^{+0.05}_{0}$
ϕ95$^{+0.4}_{-0.1}$
ϕ80G7($^{+0.047}_{+0.012}$)
ϕ95H7($^{0}_{-0.035}$)
110$^{+0.87}_{0}$
ϕ155.5
Ra 1.6
15°
C0.5
3
3$^{0}_{-0.2}$
23±0.5
87±0.3
6×R12.5
技术要求
1. 热处理硬度HRC30～37，标有▬··▬的部分尺寸21内高频淬火，硬度HRC48～55，深度0.8～1.2，其余部位镀硬铬，深度0.04～0.06。
2. 用花键量规检查花键的互换性。
3. 未注倒角为C1，未注圆角R1。

图 8-40　连接盘

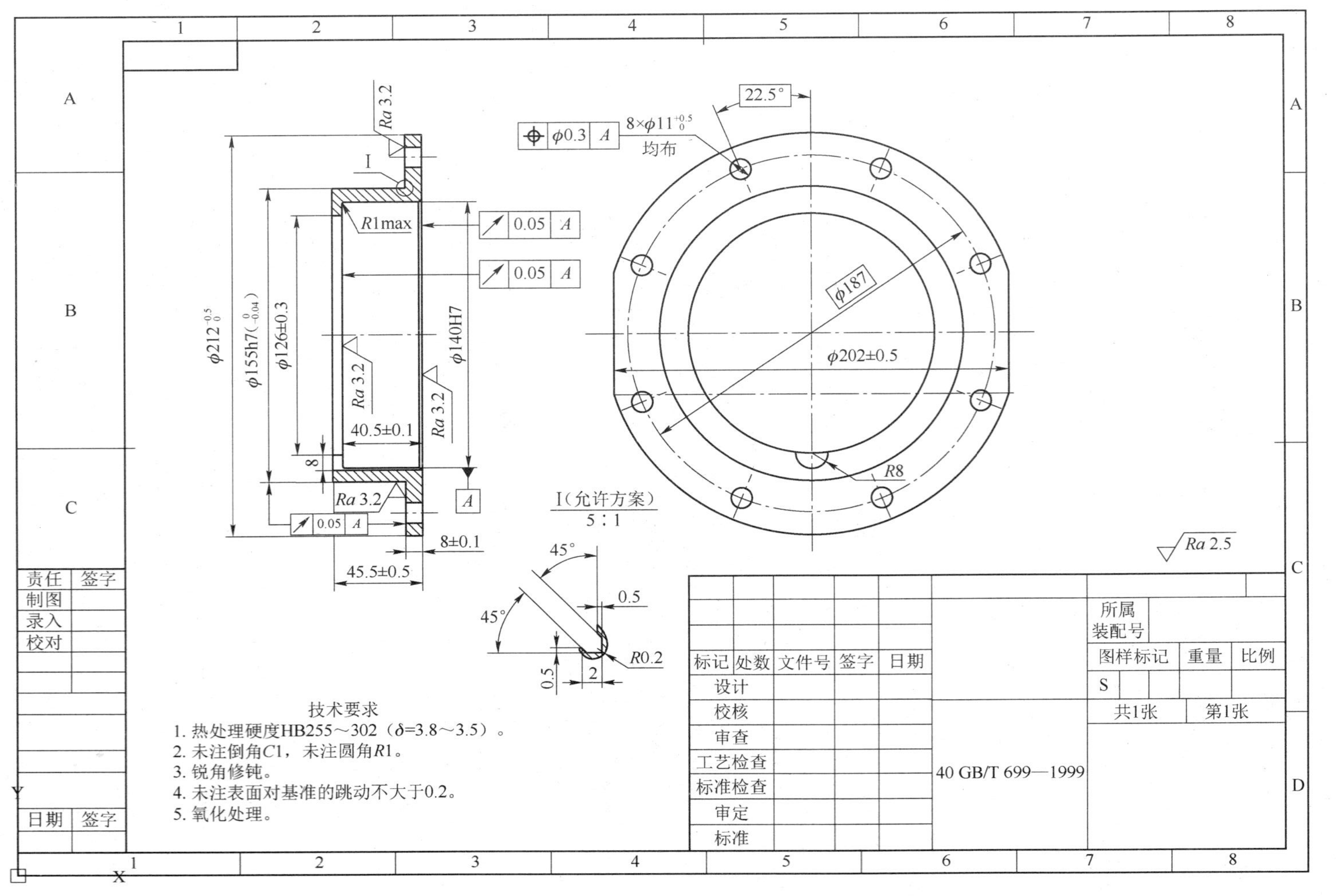
Ra 3.2
I
R1max
0.05 A
0.05 A
ϕ212$^{-0.5}_{0}$
ϕ155h7($^{0}_{-0.04}$)
ϕ126±0.3
ϕ140H7
Ra 3.2
Ra 3.2
40.5±0.1
8
Ra 3.2
A
0.05 A
8±0.1
45.5±0.5
ϕ0.3 A
8×ϕ11$^{+0.5}_{0}$
均布
22.5°
ϕ187
ϕ202±0.5
R8
I（允许方案）
5∶1
45°
45°
0.5
R0.2
0.5
2
Ra 2.5
技术要求
1. 热处理硬度HB255～302（δ=3.8～3.5）。
2. 未注倒角C1，未注圆角R1。
3. 锐角修钝。
4. 未注表面对基准的跳动不大于0.2。
5. 氧化处理。
责任 签字
制图
录入
校对
日期 签字
标记 处数 文件号 签字 日期
设计
校核
审查
工艺检查
标准检查
审定
标准
40 GB/T 699—1999
所属装配号
图样标记 重量 比例
S
共1张 第1张

图 8-41　底盘

项目九　绘制叉架类零件

任务一　绘制齿轮泵泵体

任务引入

本任务绘制齿轮泵泵体零件图，如图 9-1 所示。

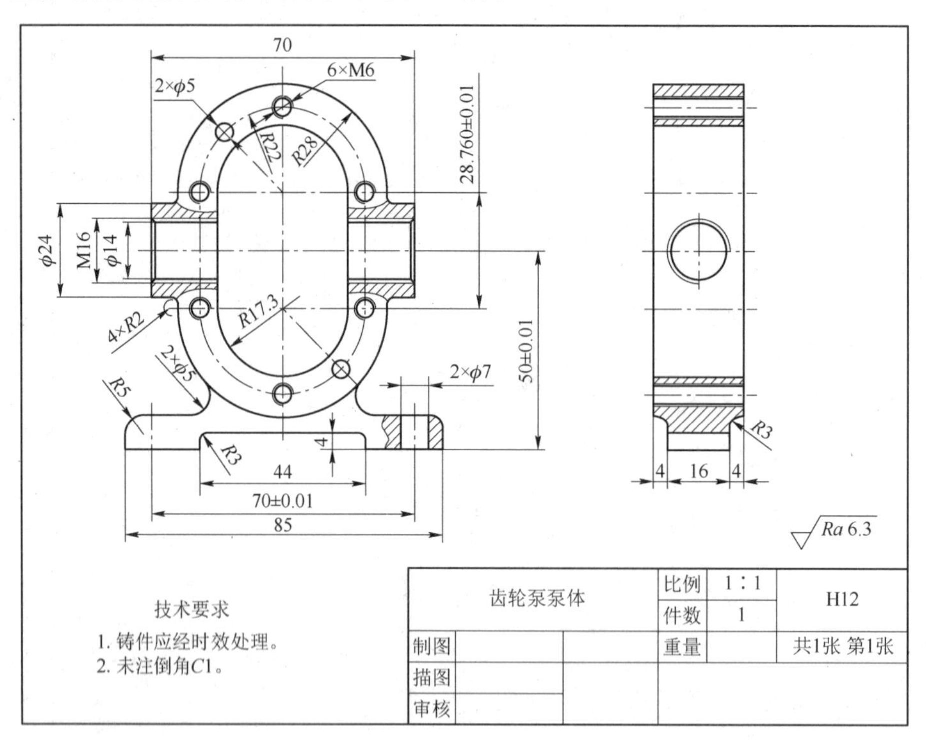

图 9-1　齿轮泵泵体

任务说明

齿轮泵泵体为齿轮泵的主体部分，所有零件均安装于齿轮泵机座上面。

知识与技能目标

1. 掌握叉架类零件的绘制方法。

2. 掌握局部剖视图的绘制方法。

任务分析

依次绘制齿轮泵泵体的主视图、剖视图，充分利用多视图投影对应关系，绘制辅助定位直线。

相关知识

用剖切面局部的剖开物体所得的剖视图称为局部剖视图。所谓“局部面剖开”就是在用剖切面剖开物体后，将剖切面和观察者之间的一部分移走，如图 9-2 所示。

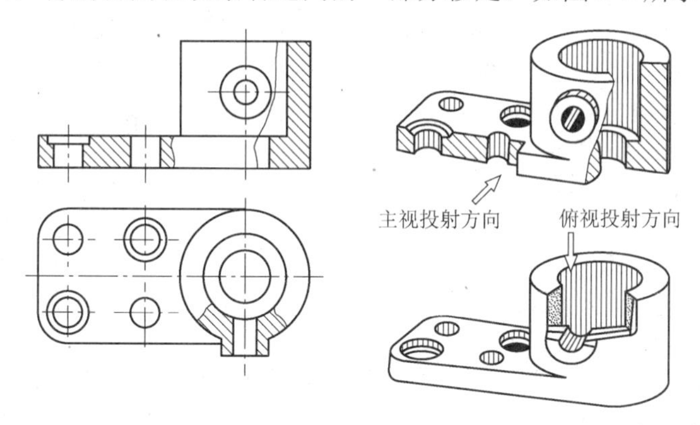

图 9-2　局部剖视图

图 9-1 所示的机件，在主视图中，需要表达左侧圆柱及右侧底座上的孔的内形，但这些孔的轴线并不处在一个剖切平面上，同时该机件前面水平圆柱也需要在主视图上表示其形状和位置。这样，采用全剖视不合适，采用半剖视又不具备条件，因此只能用剖切平面分别将机件局部剖开，画成两个局部剖视图，这样表达既清晰又简洁。同样，在俯视图上采用局部剖视图表达前面水平圆柱的内形。

局部剖视图的画法是以波浪线为界，一部分画成视图表达外形，另一部分画成剖视图表达内部结构。波浪线的画法同前面的局部视图一样，不能过空，不能越界，不能重合。局部剖视图兼顾表达内形和外形，所采用的剖切平面的位置和剖切范围的大小可根据物体的形状及具体表达需要而定。

1. 应用场合

局部剖视图在表达物体时非常灵活，一般适用于以下场合：

（1）机件内外形均需表达，但机件不对称，不能采用半剖，或是不宜采用全剖的情况，可采用局部剖视图表达物体，如图 9-2 所示的主视图。

（2）机件上只有局部内部形状需要表达，不必或不宜采用全剖视时，如图 9-2 所示的俯视图。

（3）机件的轮廓线与对称中心线重合，不能采用半剖视图时，如图 9-3 所示，3 个机件虽然前后、左右都对称，但因主视图的正中分别有外壁或内壁的交线存在，因此，主视图不能画成半剖视图，而应画成局部剖视图，并尽可能把机件的内壁或外壁的交线清晰地显示出来。

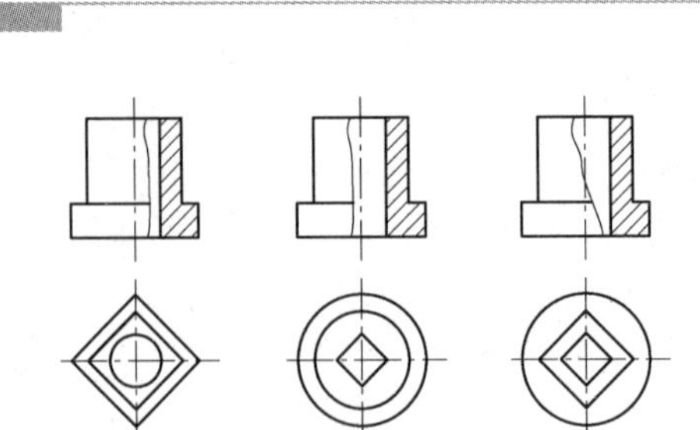

图 9-3　用局部剖视图代替半剖视图

2. 注意事项

（1）在局部剖视图中，视图与剖视图的分界线为波浪线，它可视为机件断裂痕迹的投影。因此要绘制局部剖视图时，一定要注意波浪线的画法，不能过空、不能越界、不能重合，如图 9-4 所示。当被剖切结构为回转体时，允许将该结构的中心线作为局部剖视图与视图的分界线，如图 9-5 所示。

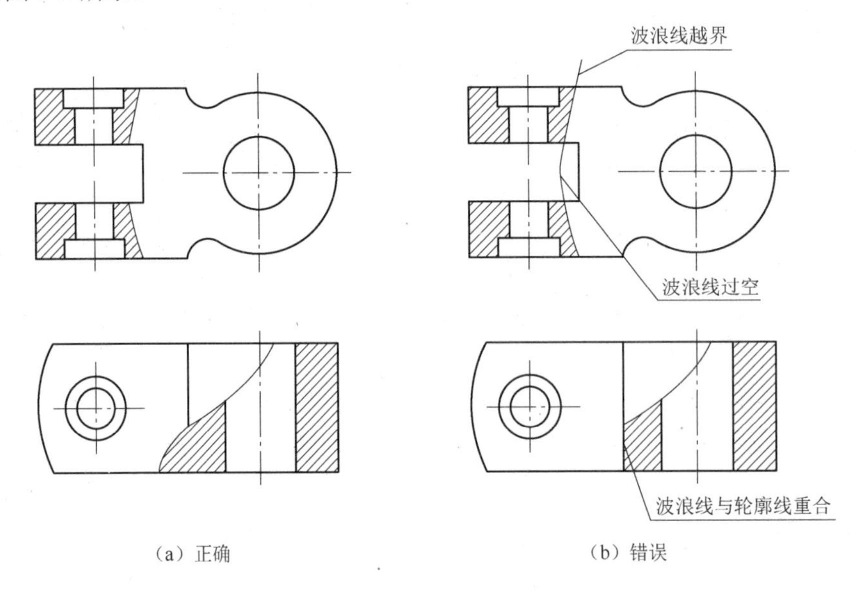

图 9-4　局部剖视图中波浪线画法

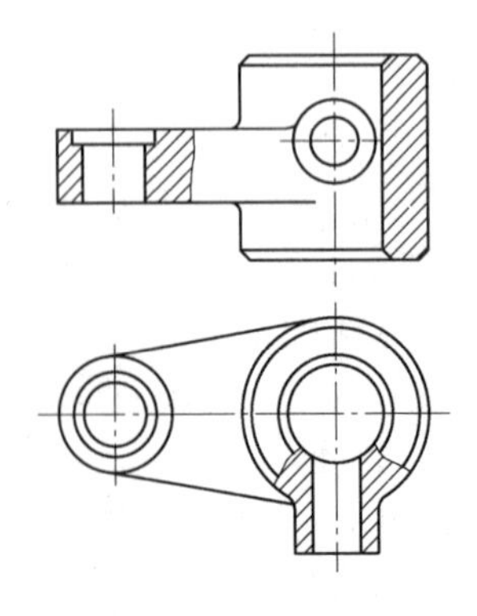

图 9-5　中心线作为局部剖视与视图的分界线

（2）在同一视图中，局部剖视图不宜过多，以免图形过于零碎，一般一个视图中不能多于 3 个为宜。

（3）局部剖视图的标注应遵循剖视图的标注规则，但对于单一剖切位置明显的局部剖视图，其标注应省略。

任务实施

1. 配置绘图环境

启动 AutoCAD 2014 应用程序，以“A4.dwt”样板文件为模板建立新文件，将新文件命名为“齿轮泵机座.dwg”并保存。

2. 绘制齿轮泵泵体主视图

（1）切换图层。将“中心线层”设定为当前图层。

（2）绘制中心线。单击“绘图”工具栏中的“直线”按钮，绘制 3 条水平直线，直线{(47,205),(107,205)}、直线{(34.5,190),(119.5,190)}、直线{(47,176.24),(107,176.24)}；绘制一条竖直直线{(77,235),(77,166.24)}，如图 9-6 所示。

（3）切换图层。将“粗实线层”设定为当前图层。

（4）绘制圆。单击“绘图”工具栏中的“圆”按钮，以上下两条中心线和竖直中心线的交点为圆心，分别绘制半径为 17.25mm、22mm 和 28mm 的圆，并将半径为 22mm 的圆设置为“中心线层”，结果如图 9-7 所示。

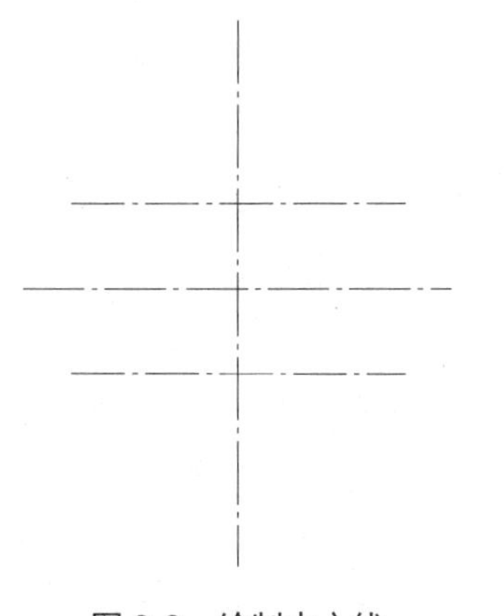

图 9-6　绘制中心线

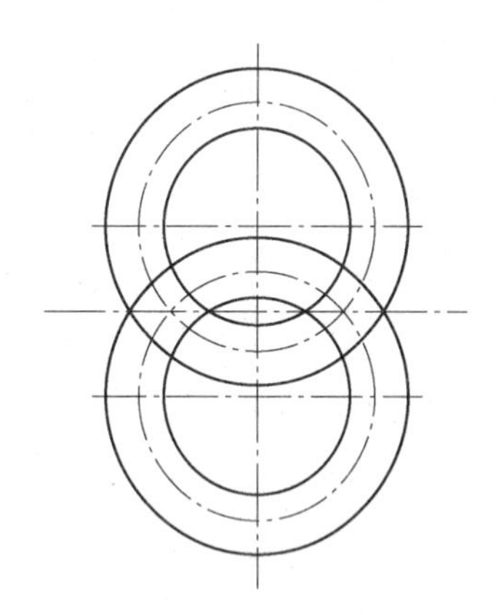

图 9-7　绘制圆

（5）绘制直线。单击“绘图”工具栏中的“直线”按钮，绘制圆的切线；将与半径 22mm 的圆相切的直线放置在“中心线层”。再单击“修改”工具栏中的“修剪”按钮，对图形进行修剪，结果如图 9-8 所示。

（6）绘制销孔和螺栓孔。单击“绘图”工具栏中的“圆”按钮，绘制销孔和螺栓孔，对螺栓孔进行修剪，结果如图 9-9 所示（注意，螺纹外径用细实线绘制）。

（7）绘制底座。单击“修改”工具栏中的“偏移”按钮，将中间的水平中心线分别向下偏移 41mm、46mm 和 50mm，将竖直中心线分别向两侧偏移 22mm 和 42.5mm，并调整直线的长度，将偏移后的直线设置为“粗实线层”；单击“修改”工具栏中的“修剪”按钮，对图形进行修剪；再单击“修改”工具栏中的“圆角”按钮，进行圆角处理，结果如图 9-10 所示。

（8）绘制底座螺栓孔。单击“修改”工具栏中的“偏移”按钮，中心线向左右各偏移 35mm；再将偏移后的右侧中心线向两侧各偏移 3.5mm，并将偏移后的直线放置在“粗实线层”。切换到“细实线层”，单击“绘图”工具栏中的“样条曲线”按钮，在底座上绘制曲线，构成剖切平面界线；切换到“剖面层”，单击“绘图”工具栏中的“图案填充”按钮，绘制剖面线，结果如图 9-11 所示。

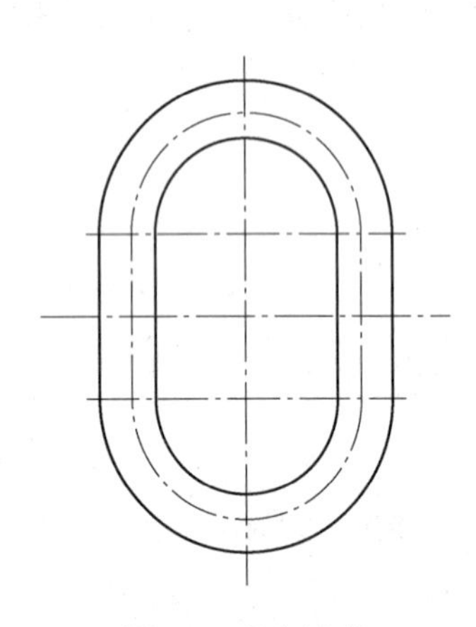

图 9-8　绘制直线

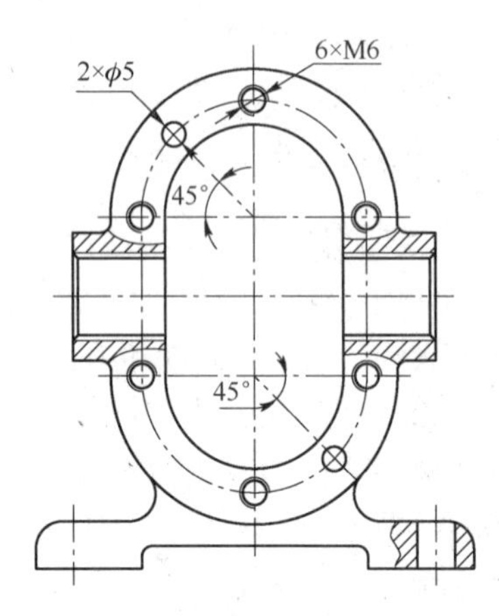

图 9-9　绘制销孔和螺栓孔

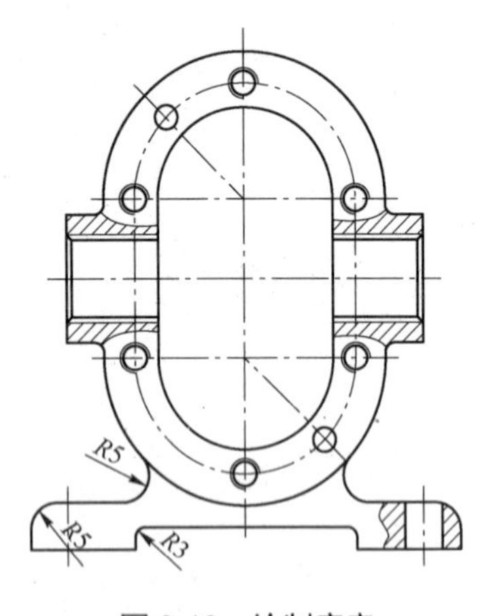

图 9-10　绘制底座

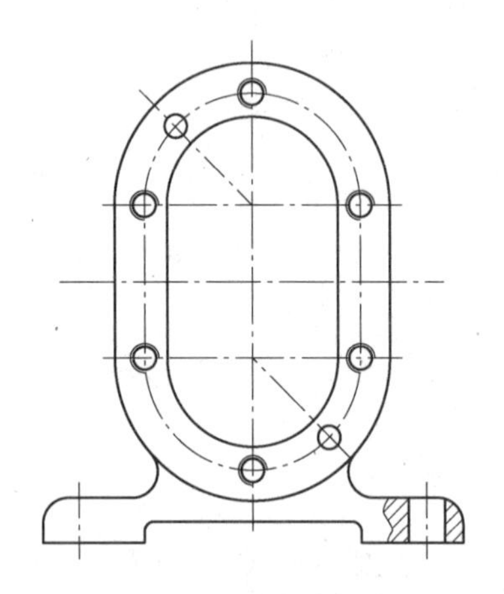

图 9-11　绘制底座螺栓孔

（9）绘制进出油管。单击“修改”工具栏中的“偏移”按钮，将竖直中心线分别向两侧偏移 34mm 和 35mm，将中间的水平中心线分别向两侧偏移 7mm、8mm 和 12mm，将偏移 8mm 后的直线改为“细实线层”；将偏移后的其他直线改为“粗实线层”，并在“粗实线层”绘制倒角斜线；单击“修改”工具栏中的“修剪”按钮，对图形进行修剪，结果如图 9-12 所示。

（10）细化进出油管。单击“修改”工具栏中的“圆角”按钮，进行圆角处理，圆角半径为 2mm；切换到“细实线层”，单击“绘图”工具栏中的“样条曲线”按钮，将绘制曲线构成剖切平面；切换到“剖面层”，单击“绘图”工具栏中的“图案填充”按钮，绘制剖面线，完成主视图的绘制，结果如图 9-13 所示。

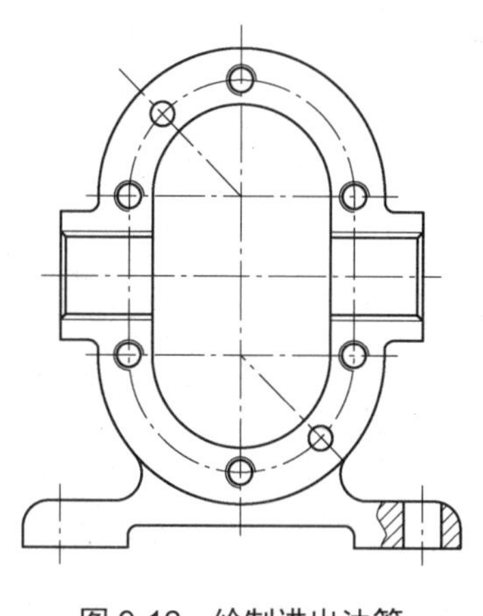

图 9-12　绘制进出油管

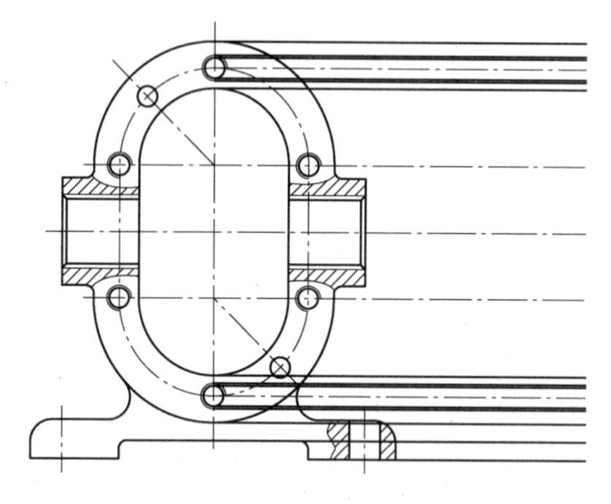

图 9-13　细化进出油管

3. 绘制齿轮泵泵体剖视图

（1）绘制定位直线。单击“绘图”工具栏中的“直线”按钮，以主视图中的特征点为起点，利用“对象捕捉”和“正交”功能绘制水平定位直线，将中心线放置在“中心线层”，结果如图 9-14 所示。

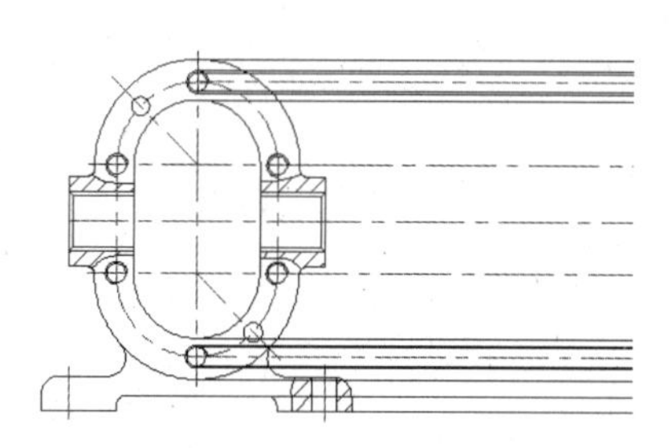

图 9-14　绘制定位直线

（2）绘制剖视图轮廓线。单击“绘图”工具栏中的“直线”按钮，绘制两条竖直直线{(191,233),(191,140)}、{(203,200)，(203,180)}；将绘制的第 2 条直线放置在“中心线层”。单击“修改”工具栏中的“偏移”按钮，将竖直直线分别向左偏移 4mm、20mm 和 24mm；单击“绘图”工具栏中的“圆”按钮，绘制直径分别为 14mm 和 16mm 的圆，其中直径为 14mm 的圆在“粗实线层”，直径为 16mm 的圆在“细实线层”；单击“修改”工具栏中的“修剪”按钮，对图形的多余图线进行修剪，结果如图 9-15 所示。

（3）圆角处理。单击“修改”工具栏中的“圆角”按钮，采用修剪、半径模式，对剖视图进行圆角操作，圆角半径为 3mm，结果如图 9-16 所示。

（4）绘制剖面线。切换到“剖面层”，单击“绘图”工具栏中的“图案填充”按钮，绘制剖面线，结果如图 9-17 所示。

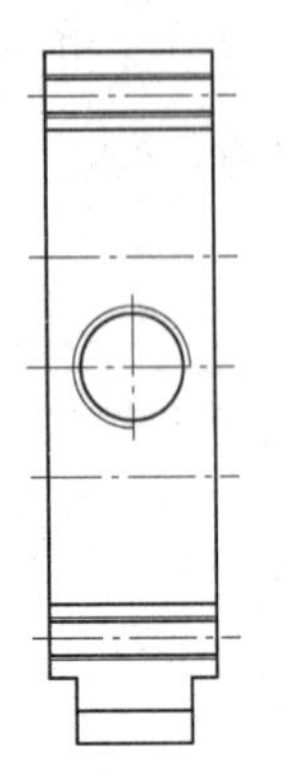

图 9-15　绘制剖视图轮廓线

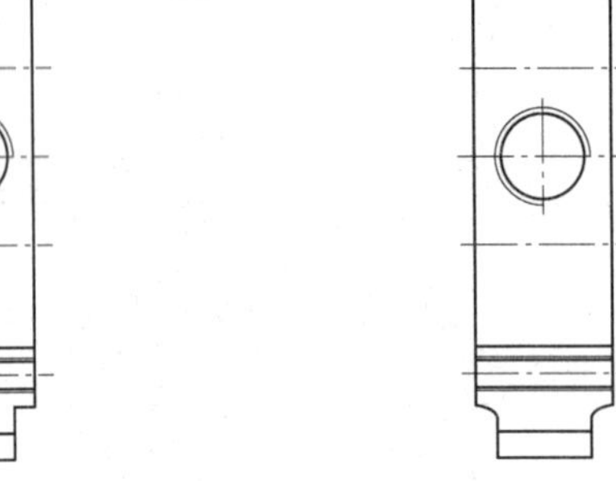

图 9-16　圆角处理

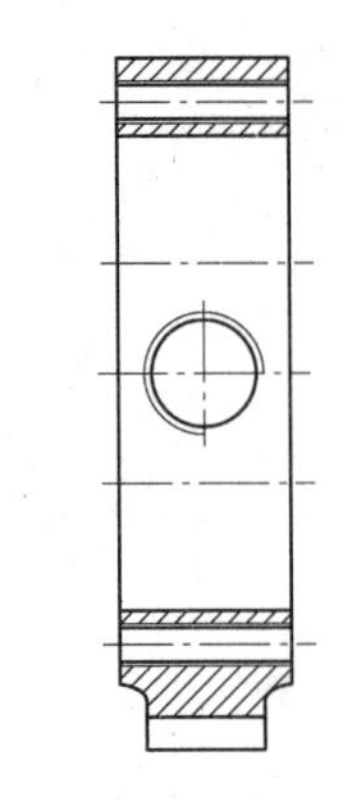

图 9-17　绘制剖面线

4. 尺寸标注

（1）切换图层。将当前图层切换到“尺寸标注层”，单击“标注”工具栏中的“标注样式”按钮，单击“修改”按钮，将“文字高度”设置为 4.5，单击“确定”按钮，将“机械制图标注”样式设置为当前使用的标注样式。

（2）标注尺寸。单击“标注”工具栏中的“线性”命令、“半径”命令和“直径”命令，对主视图和左视图进行尺寸标注。其中，标注尺寸公差时要替代标注样式，结果如图 9-18 所示。

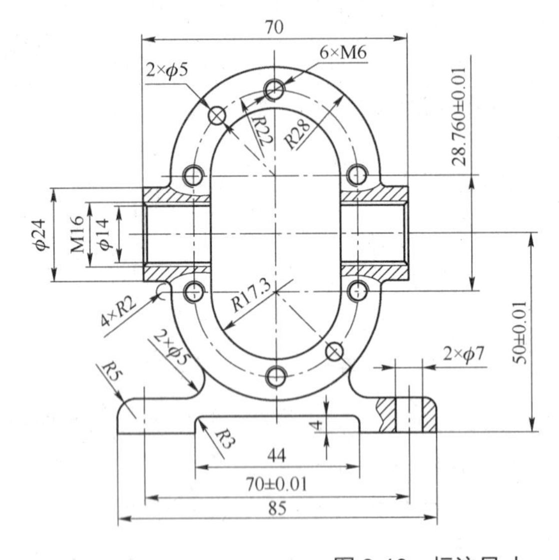

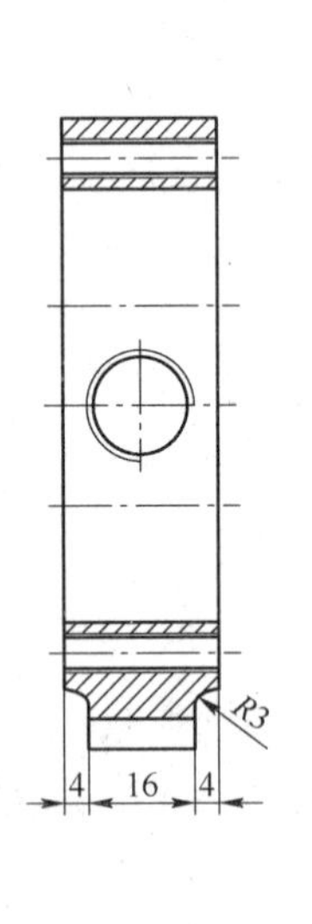

图 9-18　标注尺寸

（3）标注表面粗糙度与剖切符号

按照以前学过的方法标注表面粗糙度。

5. 填写技术要求和标题栏

按照前面学过的方法填写技术要求与标题栏。将“标题栏层”设置为当前图层，在标题栏中填写“齿轮泵泵体”。齿轮泵泵体设计的最终效果图如图 9-1 所示。

任务二　绘制拨叉

任务引入

本任务绘制拨叉零件图，如图 9-19 所示。

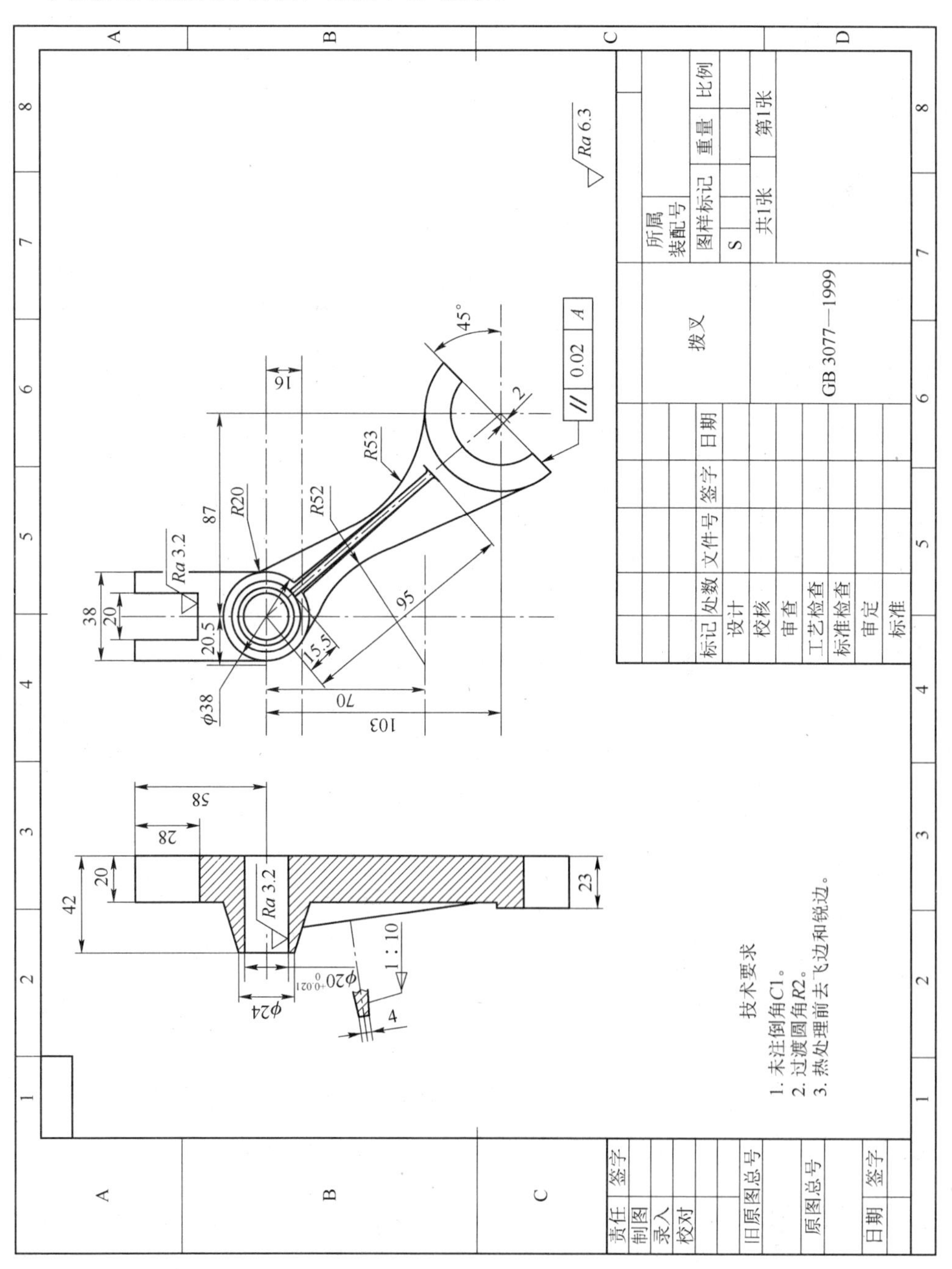

图 9-19　拨叉零件图

任务说明

拨叉是一种典型的叉架类零件，常用于车辆变速箱、车床及很多其他机械和工业设备，根据利用场合其具体结构有所不同，但总体结构比较复杂，图 9-19 所示为本任务绘制的拨叉。由于结构比较复杂，因此需要合理选择视图。

知识与技能目标

1. 掌握叉架类零件图的绘制方法。
2. 掌握叉架类零件图的标注方法。
3. 掌握移出断面图的绘制方法。

任务分析

根据国家标准和工程分析，利用左视图表达其主要结构形状，利用主视图表达拨叉截面结构。另外，为了准确表达拨叉肋板，绘制一个剖面图，选择绘图比例为 1∶1，图幅为 A2。

相关知识

移出断面图配置在视图之外，是使用较多的一种断面图。

1. 移出断面图的画法

移出断面图的轮廓线必须用粗实线绘制。

（1）一般情况下，画出断面的真实形状。

（2）特殊情况下，被剖切结构按剖视绘制。

① 当剖切平面通过回转面形成的孔或凹坑的轴线时，这些结构按剖视绘制，如图 9-20（a）所示，该断面包括两个结构：凹坑和通孔，即剖切平面通过这两个回转面形成的孔和凹坑，因此，在画这两个结构时，都应按剖视绘制；而图 9-20（b）中，该断面上也有两个结构，键槽和锥面凹坑，但是只有锥面凹坑符合按剖视绘制。

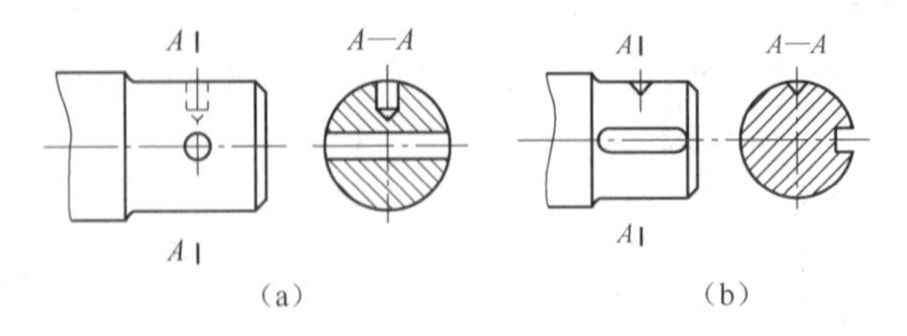

图 9-20　移出断面图按剖视绘制（一）

② 当剖切平面通过非圆孔，会导致出现完全分离的两个断面时，则这些结构应按剖视绘制，如图 9-21 所示。

（3）剖切平面必须与被剖切处的主要轮廓线垂直，必要时可用相交的两个平面分别垂直于轮廓线来剖切，这时画出的移出断面图中间应断开绘制，如图 9-22 所示。

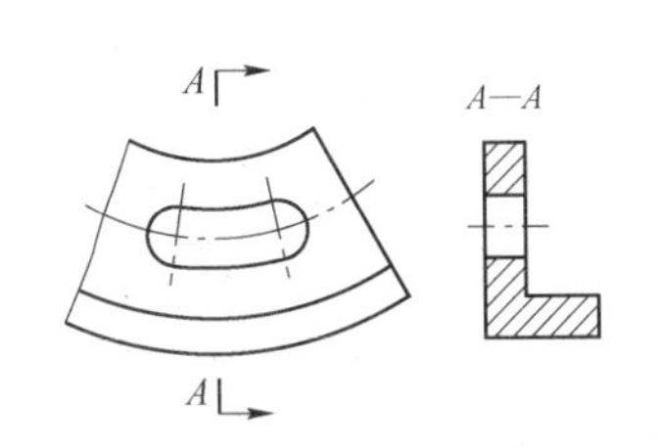

图 9-21 移出断面图按剖视绘制（二）

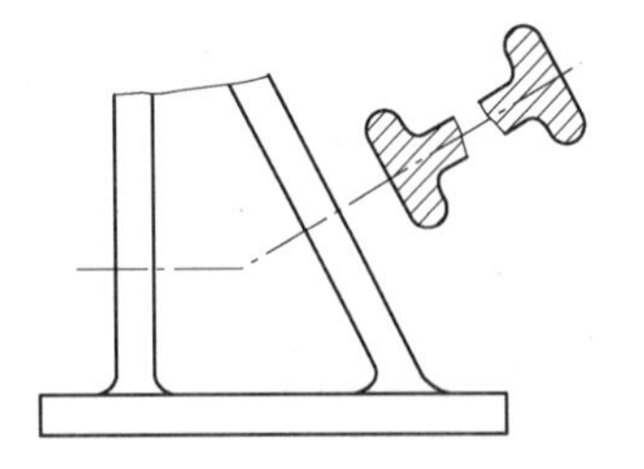

图 9-22　移出断面图画法

2. 移出断面图的配置及标注

1）移出断面图的配置

移出断面图的配置位置一般有 3 种：平移配置[图 9-23（a）]、剖切线的延长线上[图 9-23（b）]和按投影关系配置[图 9-23（c）]。但是，当断面图形对称时，也可以画在视图的中断处，如图 9-24 所示。另外，在不引起误解时，允许将图形旋转，如图 9-25 所示。移出断面图在旋转后，加注旋转方向的符号，并使符号的箭头端靠近图名的拉丁字母。

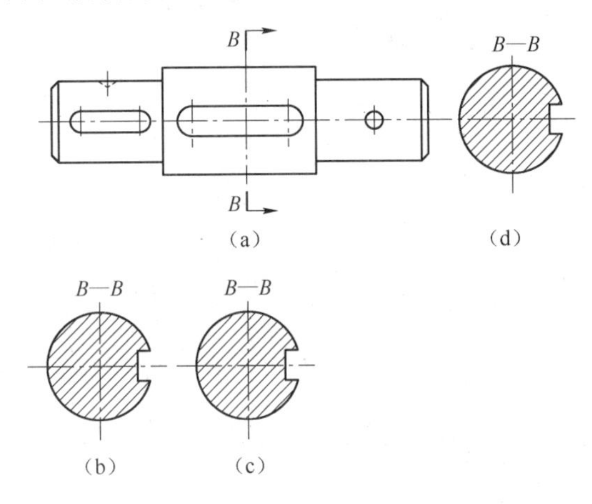

图 9-23　移出断面图的配置

（a）轴；（b）平移配置；（c）延长线配置；（d）按投影关系配置

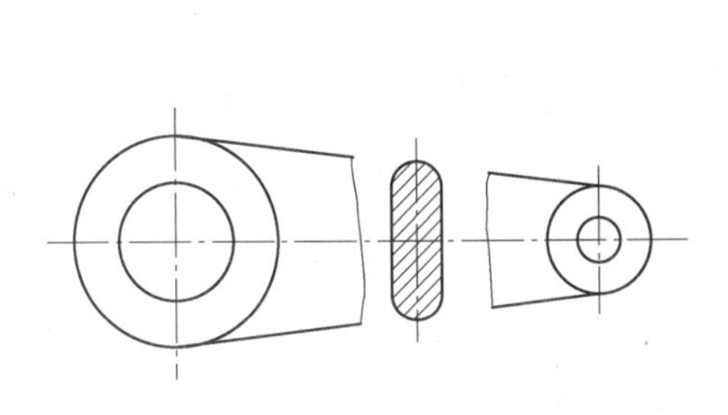

图 9-24　移出断面图对称时的配置

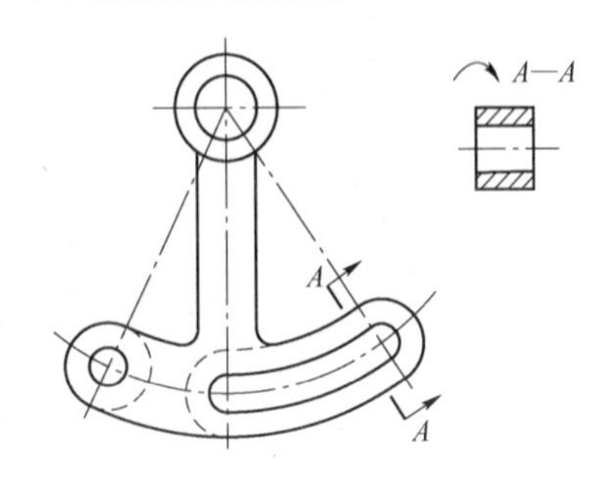

图 9-25　移出断面图旋转

2）移出断面图的标注

移出断面图完整的标注内容包括 3 个：用粗短画表示剖切面的位置、用箭头表示投射方向、用字母表示名称，如图 9-25 所示。

满足一定条件时，标注内容可以省略：

（1）配置在剖切线延长线上的移出断面，剖切位置明确，可省略名称。

（2）不配置在剖切线上的对称移出断面（平移配置或按投影关系配置），以及按投影关系配置的不对称移出断面，均可省略箭头，图 9-23（a）是按投影关系配置的对称移出断面，省略箭头，而图 9-23（b）为不对称移出断面，按投影关系配置时，也可省略箭头。

（3）配置在剖切线上对称结构的断面图可不必标注。

（4）形状对称的断面图可配置在视图中断处，标注均可省略，如图 9-24 所示。

移出断面图的标注省略情况可归纳为表 9-1：

表 9-1　移出断面图的标注省略情况

	剖切线延长线上	平移	按投影关系配置
断面图形对称	全省	省箭头	省箭头
断面图形不对称	省名称	不能省	省箭头

任务实施

1. 配置绘图环境

（1）选择“文件”→“新建”命令，打开“选择样板”对话框，如图 9-26 所示，用户在该对话框中选择需要的样板图，本例选择 A2 横向样板图。

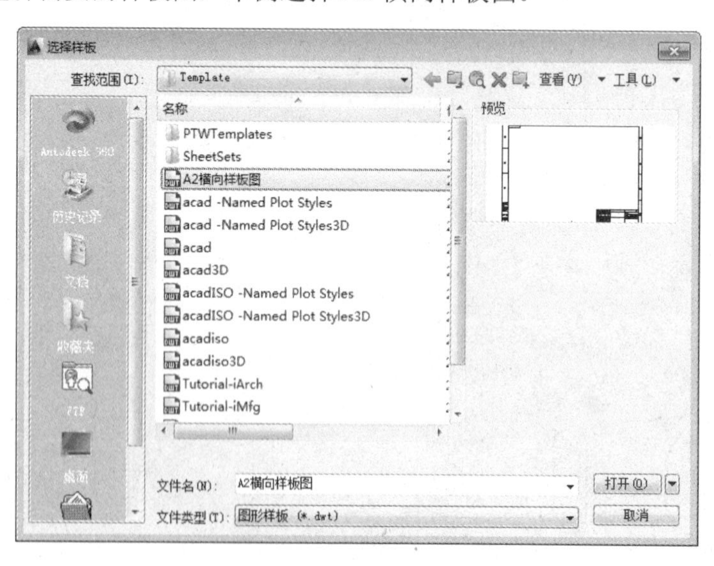

图 9-26　“选择样板”对话框

（2）在“选择样板”对话框中选择用户已经绘制好的样板图后，单击“打开”按钮，则会返回绘图区域；同时，选择的样板图也会出现在绘图区域内，如图 9-27 所示，其中样板图左下端点坐标为（0,0）。

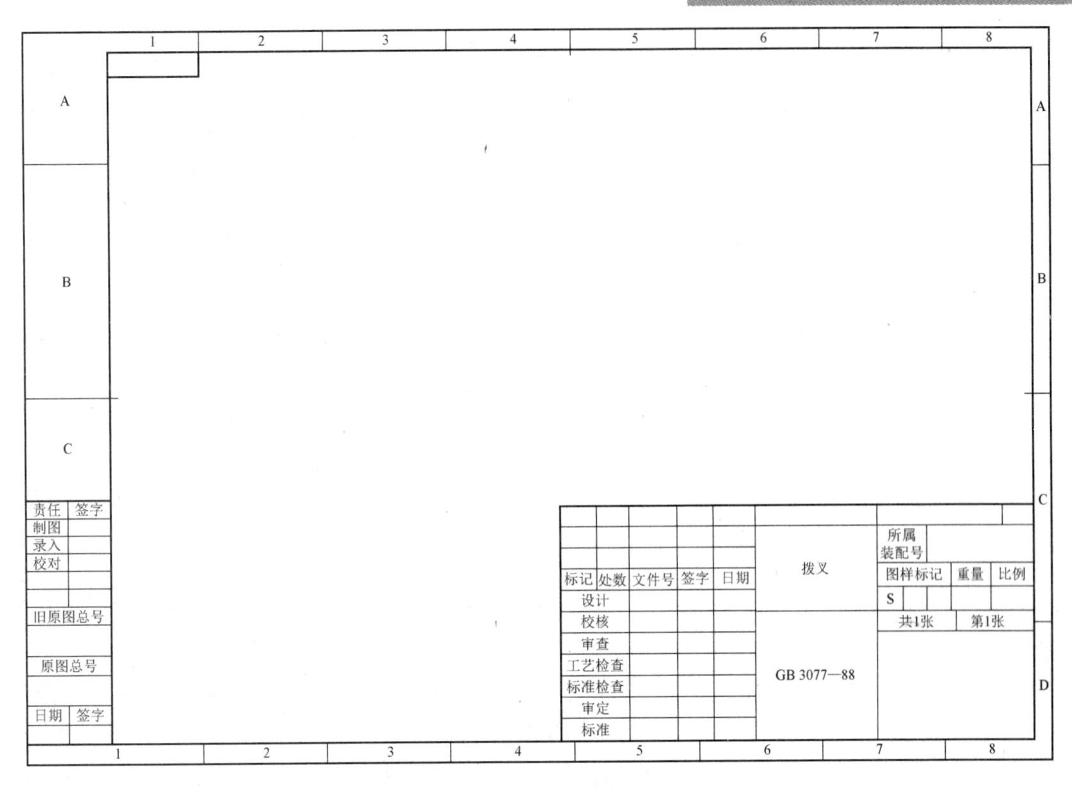

图 9-27　打开的样板图

2. 绘制中心线

（1）绘制辅助直线。将“中心线”层设置为当前层。单击“绘图”工具栏中的“直线”按钮，绘制 4 条水平中心线和竖直中心线，坐标分别为{（120，280），（215，280）}、{（195，360），（195，100）}、{（270，280），（540，280）}和{（360，360），（360，100）}，结果如图 9-28 所示。

（2）偏移处理。单击“修改”工具栏中的“偏移”按钮，将图 9-28 中的直线 1 向右偏移 87mm，向左偏移 20.5mm，将直线 2 分别向下偏移 16mm、70mm、103mm，如图 9-29 所示。

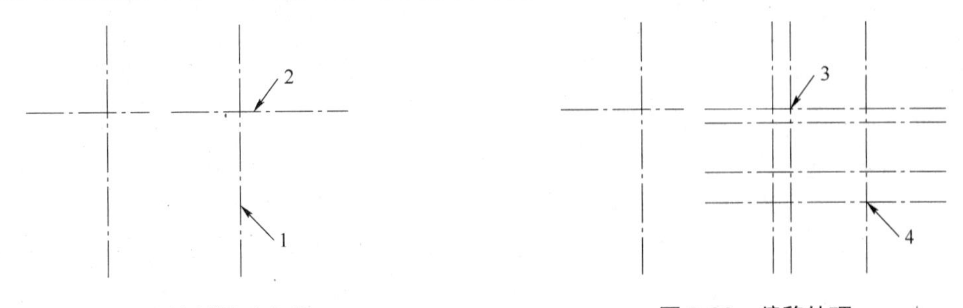

图 9-28　绘制辅助直线　　　　图 9-29　偏移处理

3. 绘制左视图

（1）绘制圆。将“粗实线”层设置为当前层。单击“绘图”工具栏中的“圆”按钮，以图 9-29 中的点 3 为圆心分别绘制半径为 10mm、12mm、19mm 的圆，再以点 4 为圆心分别绘制半径为 22mm、34mm 的圆，如图 9-30 所示。

（2）偏移处理。单击“修改”工具栏中的“偏移”按钮，将图 9-28 中的直线 1 向两侧分别偏移 19mm、10mm，将直线 2 分别向上偏移 30mm、58mm。选取偏移后的直线，将其所在层修改为“粗实线层”，如图 9-31 所示。

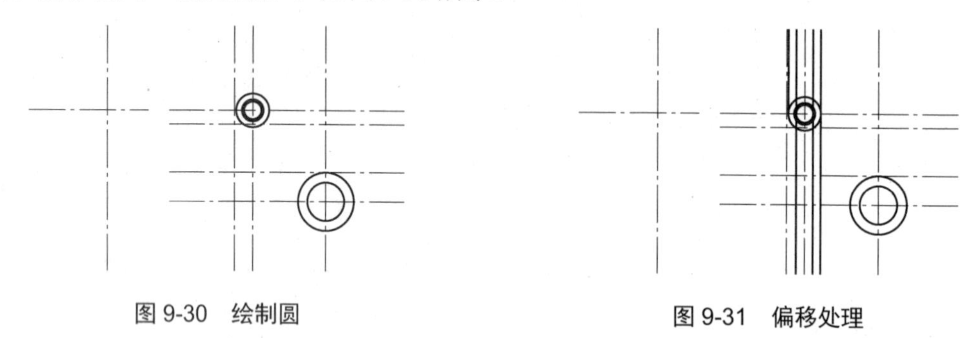

图 9-30　绘制圆　　　　图 9-31　偏移处理

（3）修剪处理。单击“修改”工具栏中的“修剪”按钮，修剪相关线段，如图 9-32 所示。

（4）绘制辅助直线。单击“绘图”工具栏中的“构造线”按钮，绘制过圆心角度为 45° 的辅助直线。

（5）偏移辅助线。单击“修改”工具栏中的“偏移”按钮，将绘制的构造线向上偏移 2mm，如图 9-33 所示。

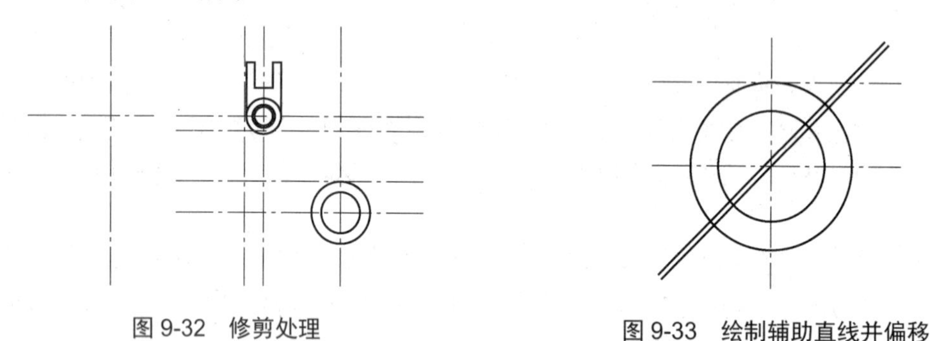

图 9-32　修剪处理　　　　图 9-33　绘制辅助直线并偏移

（6）修剪处理。单击“修改”工具栏中的“修剪”按钮，将多余的线段进行修剪，如图 9-34 所示。

（7）绘制圆。单击“绘图”工具栏中的“圆”按钮，以图 9-34 中的点 5 为圆心绘制半径为 53mm 的圆，以点 6 为圆心绘制半径为 52mm 的圆，如图 9-35 所示。

（8）绘制直线。单击“绘图”工具栏中的“直线”按钮。利用“对象捕捉”工具栏中的“切点”命令，绘制半径 19mm 和半径 52mm 的圆的切线。重复“直线”命令绘制另外两条与相关圆相切的直线，如图 9-36 所示。

（9）修剪处理。单击“修改”工具栏中的“修剪”按钮，将多余的线段进行修剪，如图 9-37 所示。

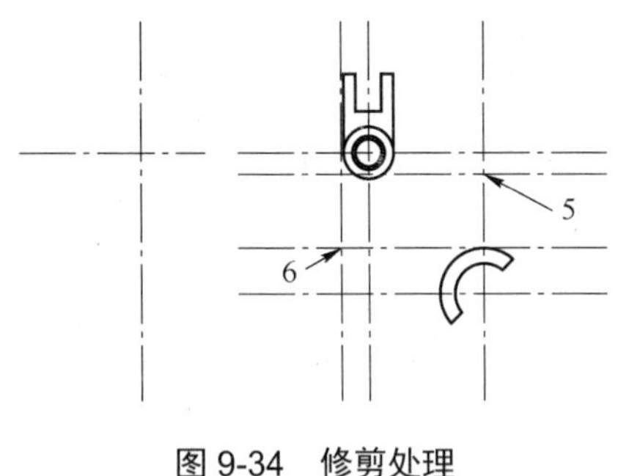

图 9-34　修剪处理

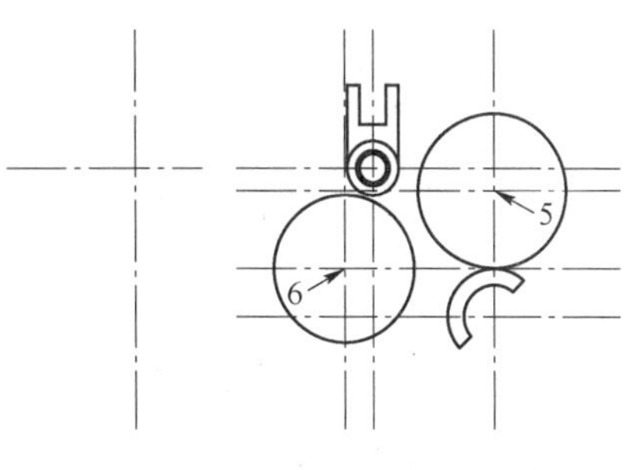

图 9-35　绘制圆

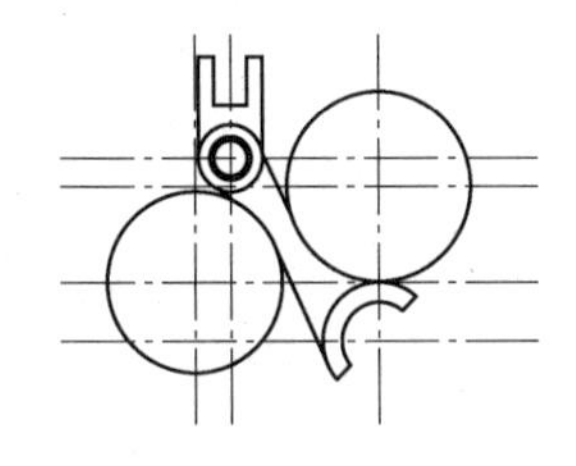

图 9-36　绘制直线

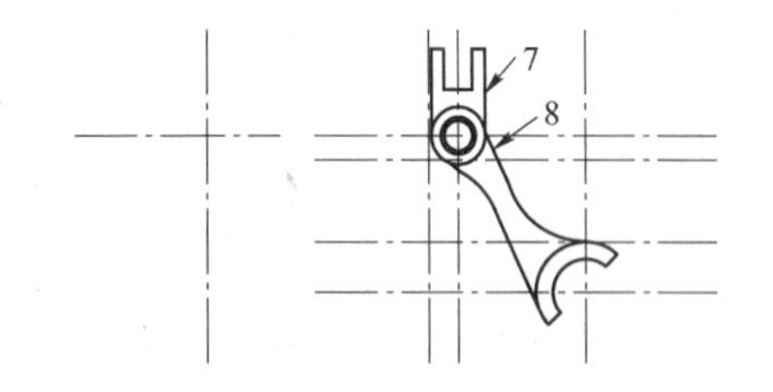

图 9-37　修剪处理

（10）绘制圆。单击“绘图”工具栏中的“圆”按钮，绘制与图 9-37 中的直线 7 和 8 相切，半径为 20mm 的圆，如图 9-38 所示。

（11）修剪处理。单击“修改”工具栏中的“修剪”按钮，将多余的线段进行修剪，如图 9-39 所示。

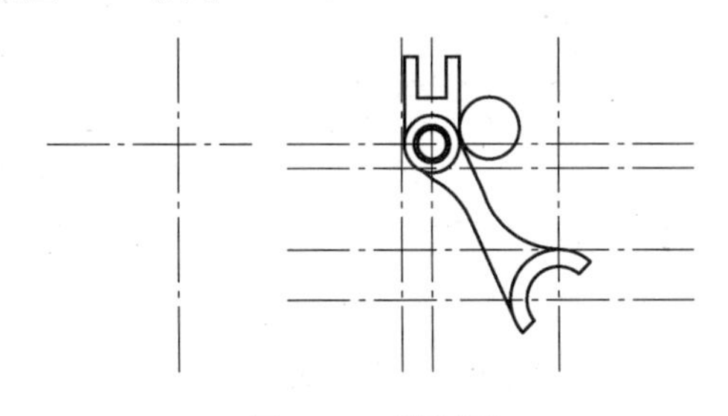

图 9-38　绘制圆

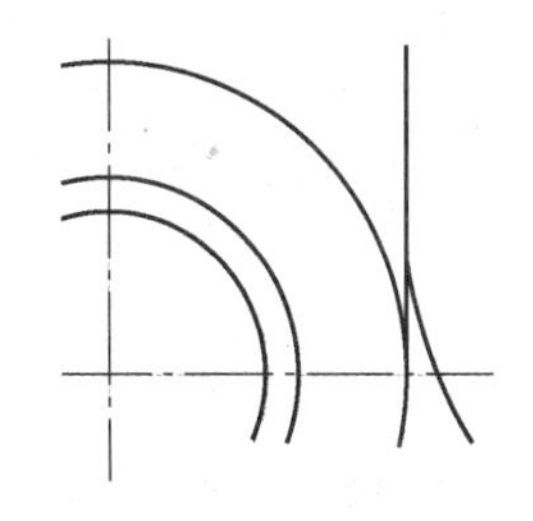

图 9-39　修剪处理

（12）绘制斜轴线。将“中心线层”设置为当前层。单击“绘图”工具栏中的“直线”按钮，捕捉左上角同心圆圆心和右下角同心圆弧圆心，绘制连线，如图 9-40 所示。

（13）偏移斜轴线。单击“修改”工具栏中的“偏移”按钮，将绘制的斜轴线向上偏移 2mm，选取偏移后的斜线，将其更改为“粗实线层”。

（14）绘制辅助线圆。单击“绘图”工具栏中的“圆”按钮，以左上同心圆圆心为圆心，15.5mm 为半径绘制一个辅助线圆，如图 9-41 所示。

（15）绘制垂线。单击“绘图”工具栏中的“直线”按钮，捕捉刚绘制的辅助线圆与斜轴线交点为起点，捕捉偏移后的斜线上的垂足为终点绘制垂线，如图 9-42 所示。

（16）修剪斜线。删除刚绘制的辅助线圆，单击“修改”工具栏中的“修剪”按钮，以绘制的垂线为剪切边，修剪偏移的斜线，如图 9-43 所示。

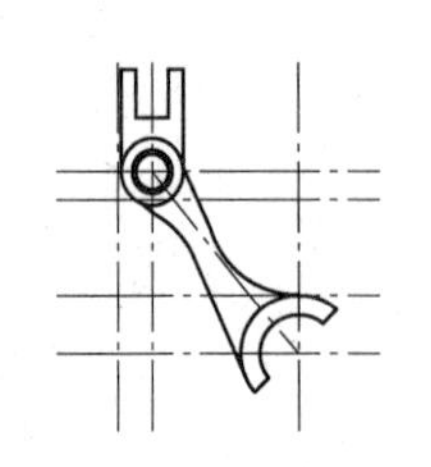

图 9-40 绘制斜轴线

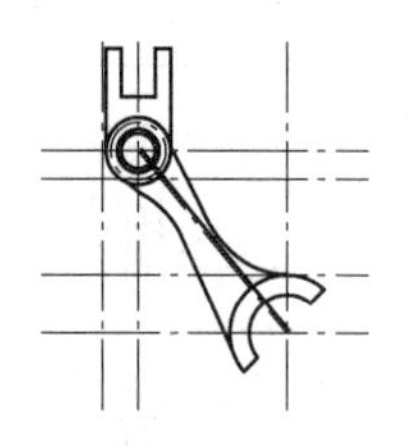

图 9-41 偏移斜轴线并绘制辅助线圆

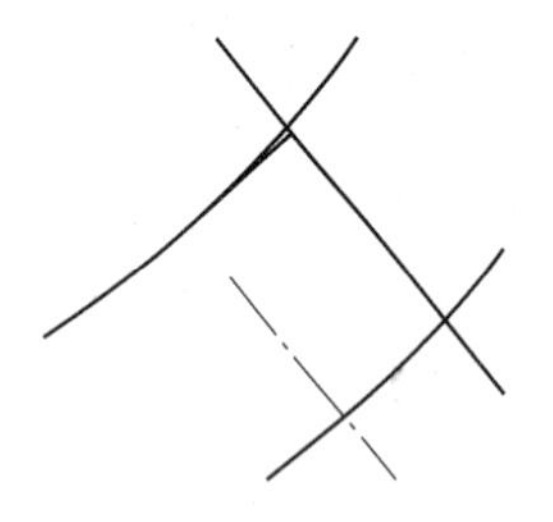

图 9-42 绘制垂线

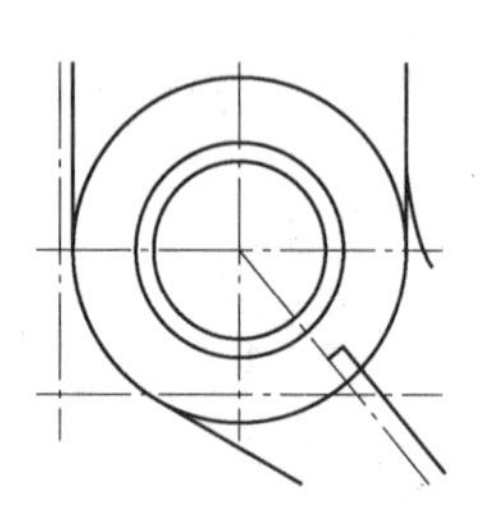

图 9-43 修剪斜线

（17）绘制另一端垂线并修剪。单击“绘图”工具栏中的“圆”按钮，以左上同心圆圆心为圆心，以 95mm 为半径绘制一个辅助线圆。参照步骤（15）～（17），绘制另一端垂线并修剪，如图 9-44 所示。

（18）拉长垂线。单击“修改”工具栏中的“缩放”按钮，选择上一步绘制的垂线，捕捉垂线与斜轴交点，输入比例因子 3，结果如图 9-45 所示。

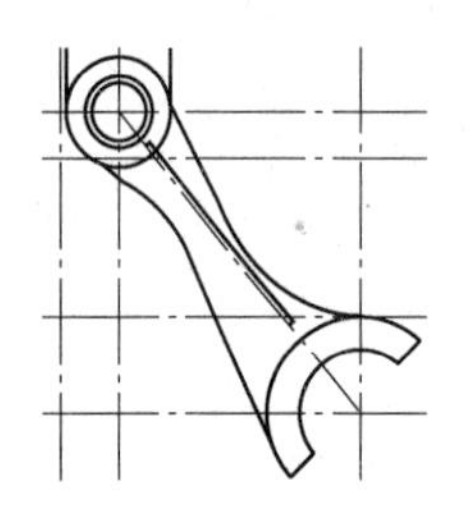

图 9-44 绘制另一端垂线并修剪

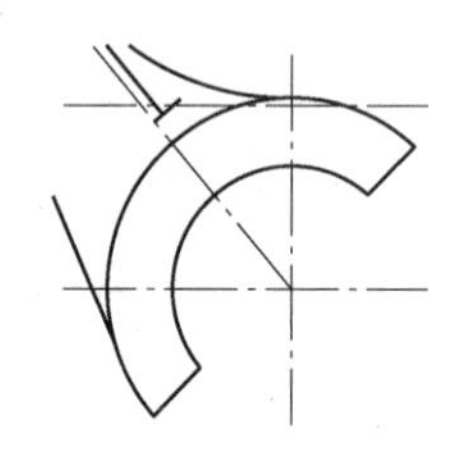

图 9-45 拉长垂线

（19）圆角处理。单击“修改”工具栏中的“圆角”按钮，采用不修剪模式，用鼠标选取刚拉长的垂线右上部和偏移的斜线，创建半径为 2mm 的圆角，结果如图 9-46 所示。

（20）修剪处理。单击“修改”工具栏中的“修剪”按钮，以圆角形成的圆弧为剪切边，修剪相关图线，结果如图 9-47 所示。

（21）打断垂线。单击“修改”工具栏中的“打断”按钮。选取垂线上靠近圆弧适当位置一点，顺垂线延伸方向向右上选取垂线外一点，结果如图 9-48 所示。

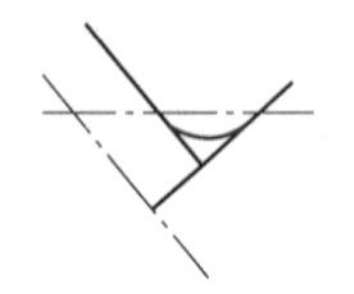

图 9-46 圆角处理

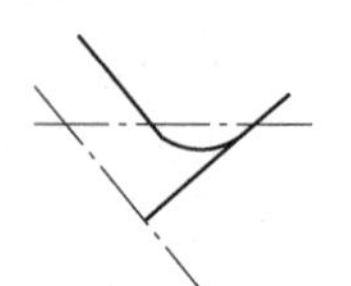

图 9-47 修剪处理

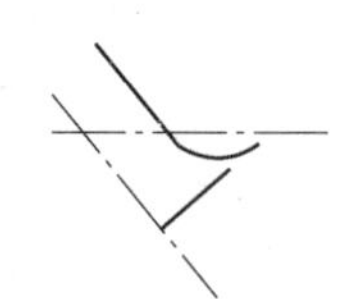

图 9-48 打断垂线

在机械制图中，一般不允许出现图线不闭合的情形。如果图线不闭合，一般情况下表明图形绘制错误，但本例图 9-42 所示的图线不闭合情形除外，这种情形表示轮廓线自然过渡。

（22）拉长另一端垂线。单击“修改”工具栏中的“缩放”按钮，捕捉垂线与斜轴交点为基点，将左上边垂线拉长 1.25 倍，结果如图 9-49 所示。

（23）绘制斜线。单击“绘图”工具栏中的“直线”按钮，以捕捉刚拉长的垂线右上端点为起点，捕捉偏移斜线上圆角起点为终点绘制斜线，结果如图 9-50 所示。

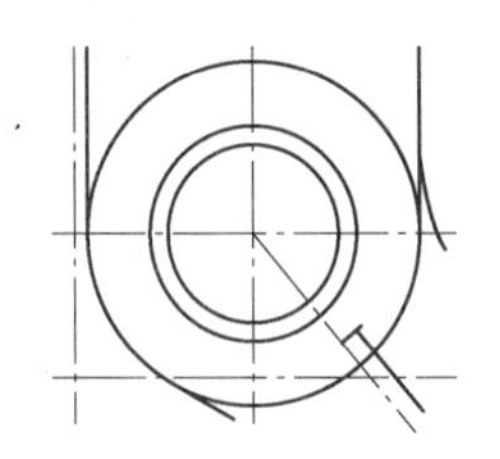

图 9-49　拉长另一端垂线

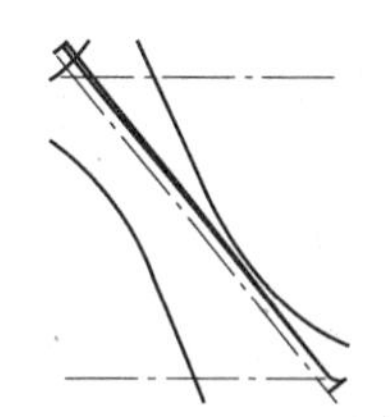

图 9-50　绘制斜线

（24）圆角处理。单击“修改”工具栏中的“圆角”按钮，采用修剪模式，以 2mm 为半径，将刚绘制的斜线与同心圆最外层圆进行圆角处理，结果如图 9-51 所示。

（25）镜像处理。单击“修改”工具栏中的“镜像”按钮，选择图 9-52 所示的亮显图形对象，以斜轴为轴线进行镜像处理，结果如图 9-53 所示。

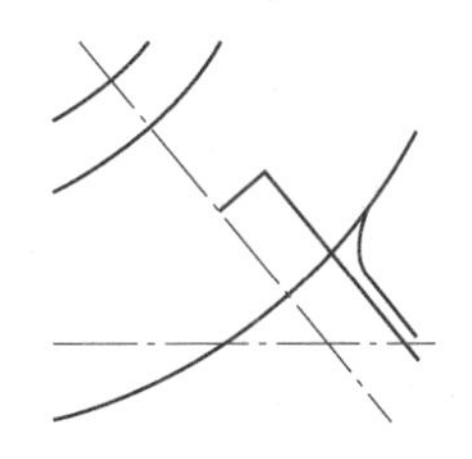

图 9-51　圆角处理

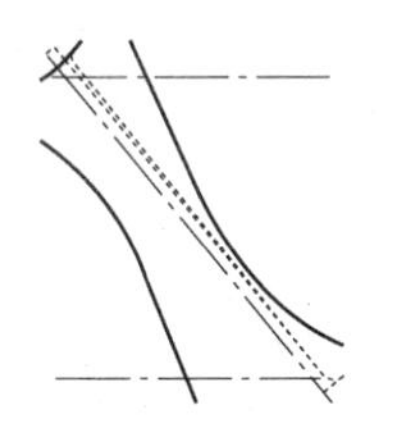

图 9-52　选择对象

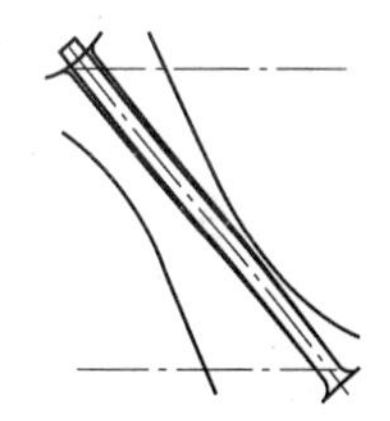

图 9-53 镜像结果

（26）修剪处理。单击“修改”工具栏中的“修剪”按钮，以镜像后两圆角形成的圆弧为剪切边，修剪同心圆最外层圆，结果如图 9-54 所示。

完成后的左视图如图 9-55 所示。

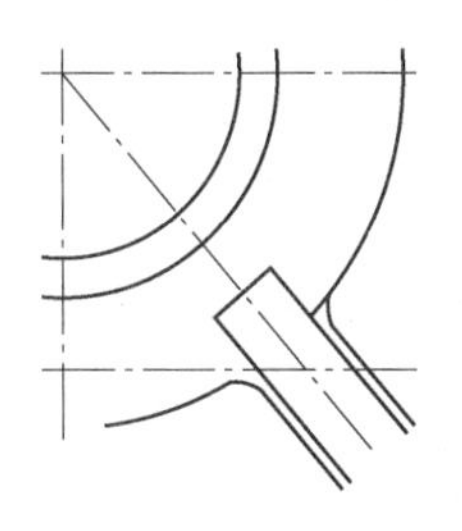

图 9-54　修剪处理

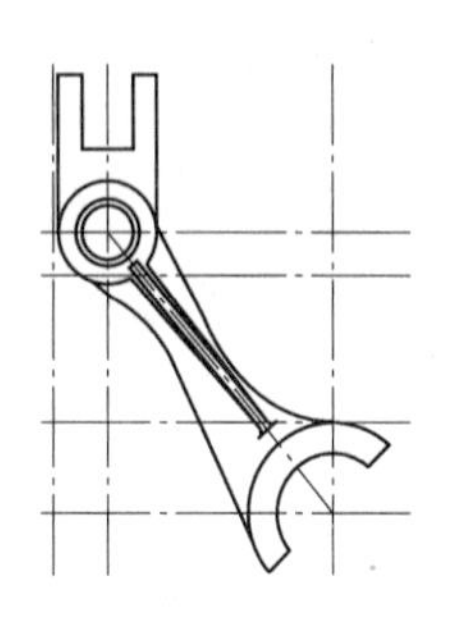

图 9-55　完成的左视图

4. 绘制主视图

（1）偏移直线。单击“修改”工具栏中的“偏移”按钮，将左侧主视图的竖直中心线向左偏移 42mm 和 20mm。选取偏移后的直线以及竖直中心线本身，将其更改为实体层，结果如图 9-56 所示。

（2）绘制辅助直线。单击“绘图”工具栏中的“直线”按钮，将左视图上右下角圆弧端点连接起来，结果如图 9-57 所示。

（3）绘制辅助线。单击“绘图”工具栏中的“圆”按钮，以左视图上同心圆圆心为圆心，捕捉图 9-57 中 8、9、10 点以及右下角两圆弧与斜轴交点为圆弧上一点绘制 5 个辅助线圆，然后单击“绘图”工具栏中的“直线”按钮，捕捉这一系列同心圆与其竖直中心线交点，以及左视图上拨叉缺口处两角点为起点，向左绘制水平辅助线，结果如图 9-58 所示。

之所以要绘制一系列的同心辅助线圆，是因为主视图为旋转剖视图。按旋转剖视图的绘图原理，主视图使得图线与左视图上假想旋转到垂直位置的图线保持“高平齐”的尺寸对应关系。

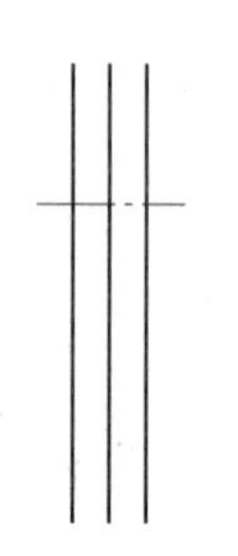

图 9-56　偏移直线

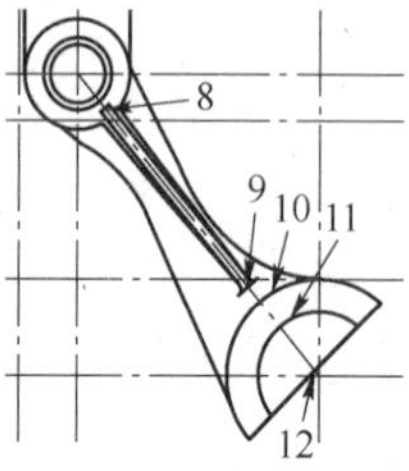

图 9-57　绘制辅助直线

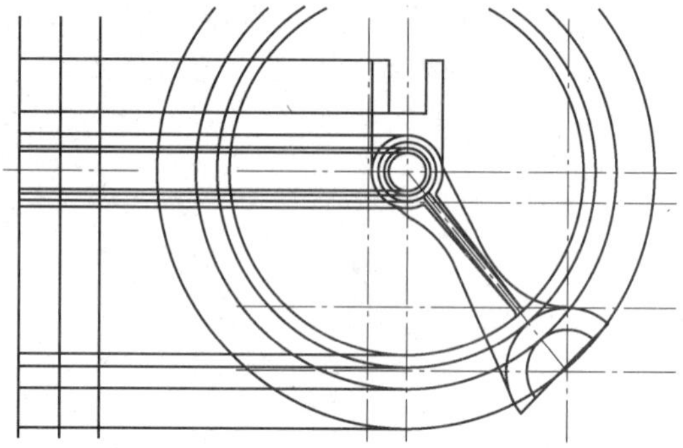

图 9-58　绘制辅助线

（4）修剪图线。单击“修改”工具栏中的“修剪”按钮，修剪相关图线，结果如图 9-59 所示。

（5）绘制斜线。单击“绘图”工具栏中的“直线”按钮，分别捕捉图 9-59 中 12、13 点以及 14、15 点绘制两条斜线，结果如图 9-60 所示。

（6）修剪图线。单击“修改”工具栏中的“修剪”按钮，修剪相关图线，并删除多余的辅助水平线，结果如图 9-61 所示。

（7）绘制肋板线。单击“绘图”工具栏中的“直线”按钮，捕捉图 9-61 中 16 和 17 点绘制肋板线，结果如图 9-62 所示。

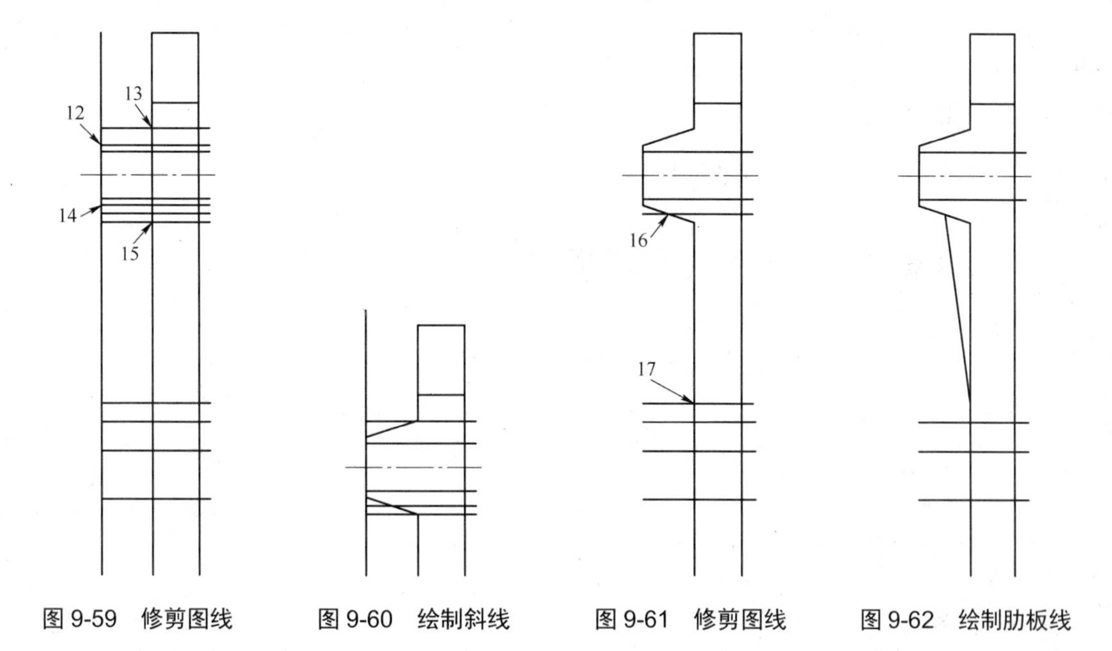

图 9-59　修剪图线　　图 9-60　绘制斜线　　图 9-61　修剪图线　　图 9-62　绘制肋板线

（8）偏移直线。单击“修改”工具栏中的“偏移”按钮，将主视图的左下边竖直线向左偏移 3mm，结果如图 9-63 所示。

（9）修剪图线。单击“修改”工具栏中的“修剪”按钮，修剪相关图线，结果如图 9-64 所示。

（10）图案填充。首先将“剖面层”设置为当前图层。单击“绘图”工具栏中的“图案填充”按钮，打开“图案填充和渐变色”对话框，如图 9-65 所示。

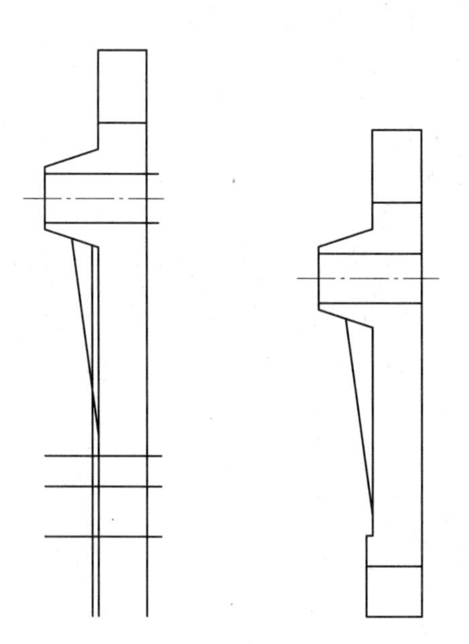

图 9-63　偏移直线　　图 9-64　修剪图线

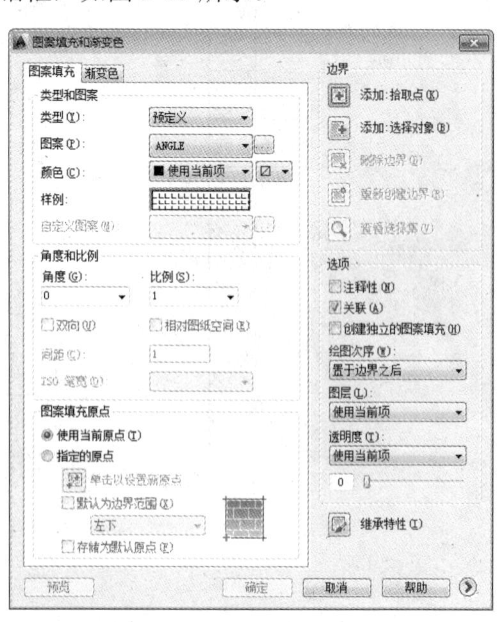

图 9-65　“图案填充和渐变色”对话框

单击“图案”右侧的□按钮，打开“填充图案选项板”对话框，如图 9-66 所示。在 ANSI 选项卡中选择“ANSI31”图案，单击“确定”按钮，回到“图案填充和渐变色”对话框，将“角度”设置为 0，“比例”设置为 1，其他为默认值。单击“选择对象”按钮，暂时回到绘图窗口中进行选择。选择主视图上相关区域，按 Enter 键再次回到“图案填充和渐变色”对话框，单击“确定”按钮，完成剖面线的绘制，如图 9-67 所示。

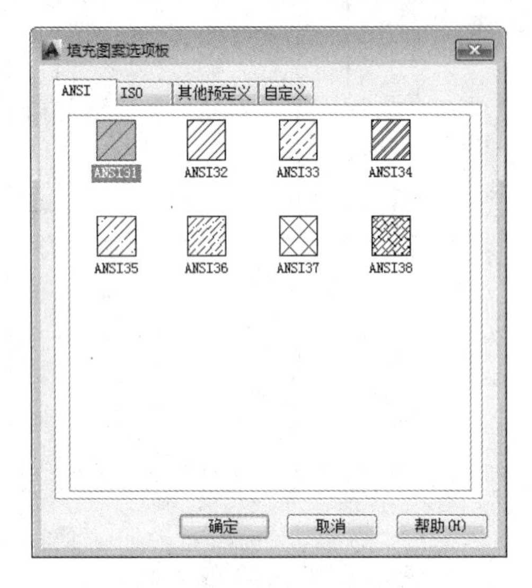

图 9-66 “填充图案选项板”对话框

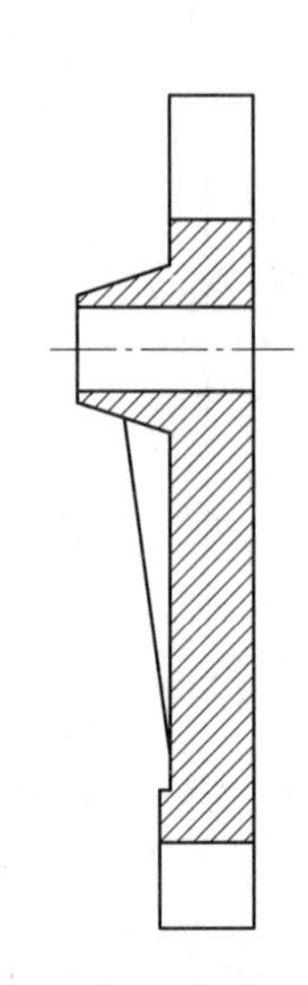

图 9-67 图案填充结果

完成主视图绘制后的图形如图 9-68 所示。

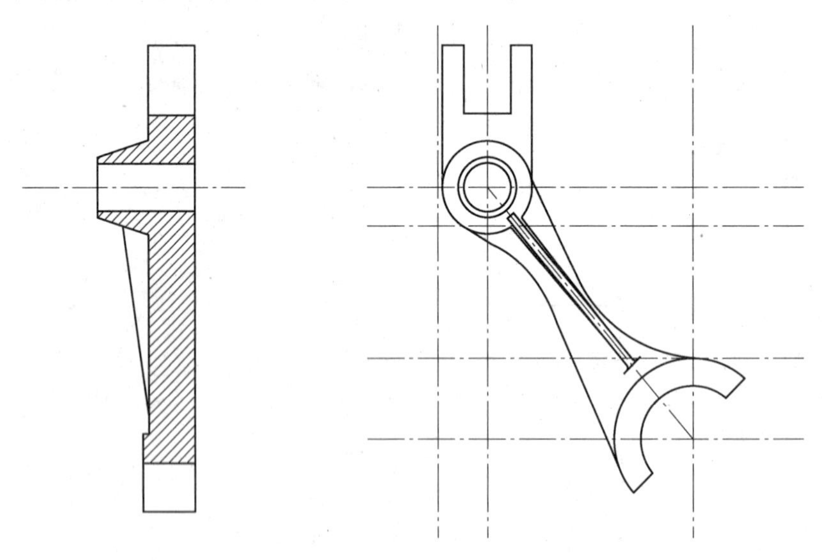

图 9-68 主视图绘制结果

5. 绘制剖面图

(1) 转换图层。将“中心线层”设置为当前图层。

（2）绘制剖面图轴线。单击“绘图”工具栏中的“直线”按钮，在主视图肋板图线左边适当位置指定一点为直线起点，捕捉肋板斜线上的垂足为终点绘制剖面图轴线，结果如图 9-69 所示。

《机械制图》国家标准中一般规定，在图形轮廓外绘制剖面图时，剖面图的轴线应该与所绘制的剖面对象的主轮廓线垂直。

（3）偏移轴线。单击“修改”工具栏中的“偏移”按钮，将剖面图轴线向上、向下偏移 2mm，选择偏移后的图线，将其图层更改为“实体层”，结果如图 9-70 所示。

（4）绘制垂线。单击“绘图”工具栏中的“直线”按钮，在偏移后的斜线上适当位置指定一点，捕捉对应的偏移后的另一条斜线上的垂足，绘制垂线，结果如图 9-71 所示。

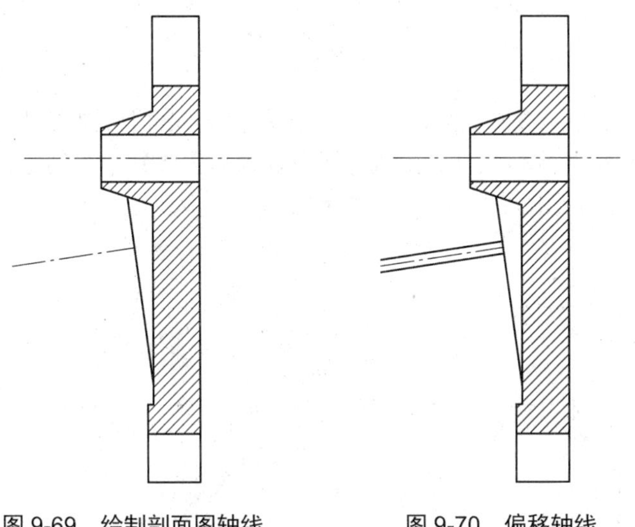

图 9-69　绘制剖面图轴线　　图 9-70　偏移轴线　　图 9-71　绘制垂线

（5）拉长垂线。单击“修改”工具栏中的“缩放”按钮，捕捉垂线与下边斜线交点为基点，将垂线拉长 1.25 倍，结果如图 9-72 所示。

（6）偏移垂线。单击“修改”工具栏中的“偏移”按钮，将拉长后的垂线向右偏移 10mm，结果如图 9-73 所示。

（7）绘制斜线。单击“绘图”工具栏中的“直线”按钮，捕捉图 9-73 中 18、19 点为端点绘制斜线，结果如图 9-74 示。

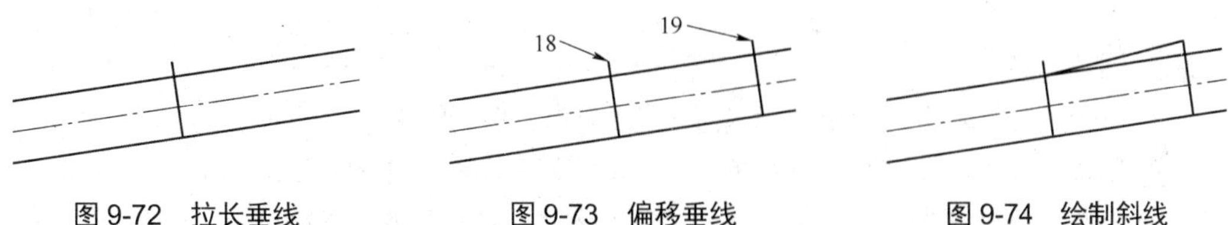

图 9-72　拉长垂线　　图 9-73　偏移垂线　　图 9-74　绘制斜线

（8）修剪图线。单击“修改”工具栏中的“修剪”按钮，修剪相关图线，结果如

图 9-75 所示。

（9）镜像处理。单击“修改”工具栏中的“镜像”按钮，选择图 9-75 所示的斜实线，以剖面轴为轴线进行镜像处理，结果如图 9-76 所示。

（10）绘制断面线，单击“绘图”工具栏中的“样条曲线”按钮，捕捉斜实线端点，绘制断面线，结果如图 9-77 所示。

图 9-75　修剪图线

图 9-76　镜像处理

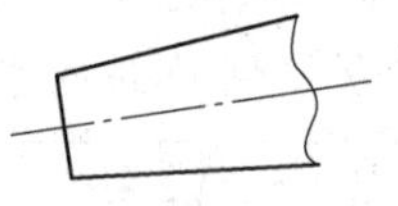

图 9-77　绘制断面线

（11）图案填充。将当前图层设置为“剖面层”，单击“绘图”工具栏中的“图案填充”按钮，设置图案样式，选择所绘制的剖面区域进行填充，结果如图 9-78 所示。

绘制完毕的整个图形如图 9-79 所示。

6. 标注拨叉

在上面绘制拨叉的过程中，可以看出，拨叉的结构很不规则，因而其尺寸标注比较麻烦，主要是要准确、完整地给出各圆弧结构的定位尺寸。初学者标注时容易丢失其中个别定位尺寸。其他标注，如表面粗糙度、公差、技术要求则与其他的机械零件相似。

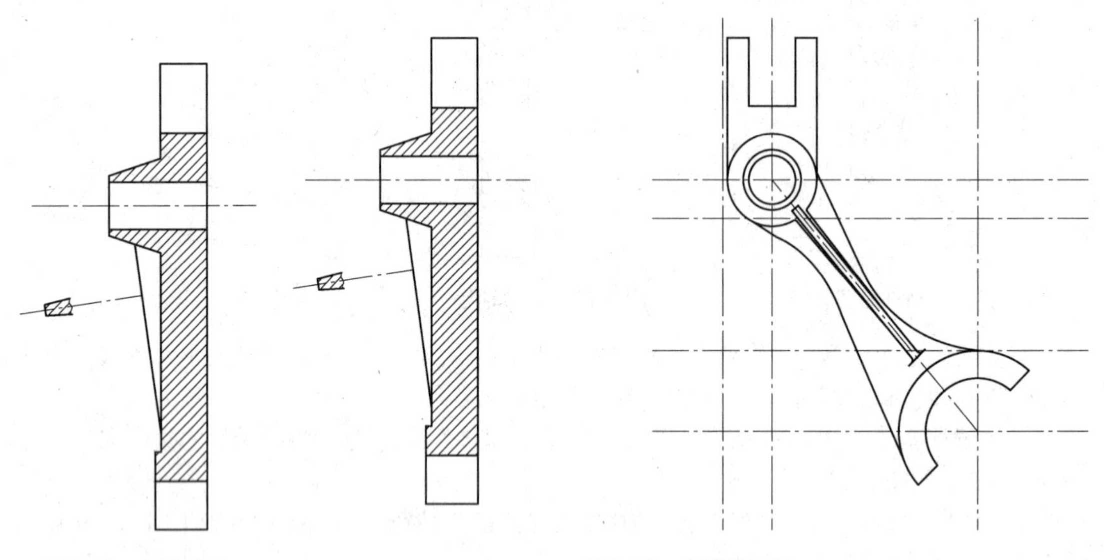

图 9-78　图案填充

图 9-79　完成的图形

提示

尺寸一般分为定形尺寸和定位尺寸两种。确定图形形状和大小的尺寸称为定形尺寸，如直线的长度、圆的半径和直径等。确定各图形基础间相对位置的尺寸称为定位尺寸，如直线的起点位置、圆心位置等。一般情况下，每个图形元素包含一个定形尺寸和两个定位尺寸。

1）标注不带公差线性尺寸

（1）切换图层。将“尺寸线”图层设置为当前图层。

（2）标注线性尺寸。这里的线性尺寸包括定形尺寸和定位尺寸。由前面绘图过程可以分析，左视图上的圆弧定位尺寸都可以用线性尺寸表示。

（3）单击“标注”工具栏中的“线性”按钮，标注一系列线性尺寸，结果如图 9-80 所示。

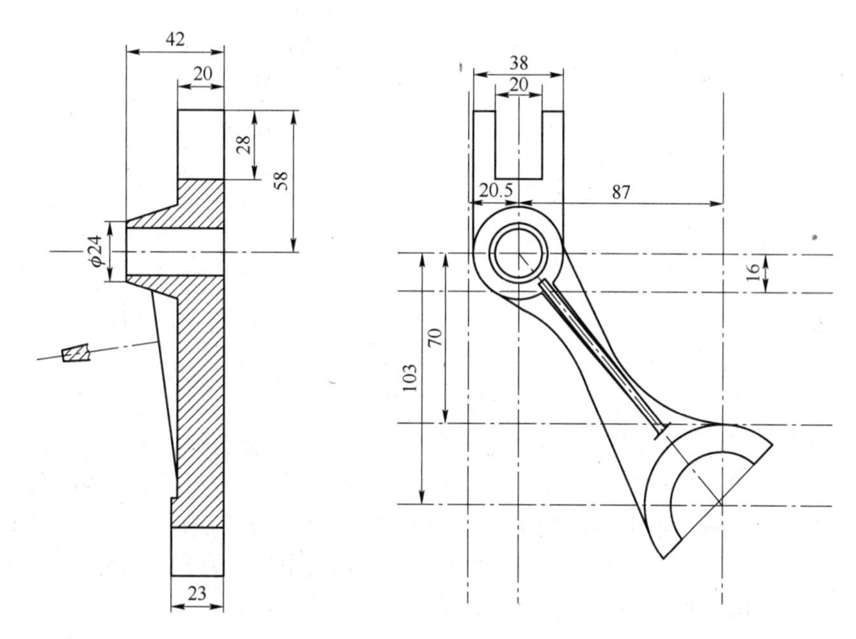

图 9-80　标注线性尺寸

2）标注对齐尺寸

（1）绘制辅助直线。单击“绘图”工具栏中的“直线”按钮，用直线连接左视图右下角圆弧的端点。

（2）对齐标注。单击“标注”工具栏中的“对齐”按钮，标注相关对齐尺寸，结果如图 9-81 所示。

对齐尺寸标注主要用来标注那些不处于规则位置的重要定位和定形尺寸。

3）标注半径尺寸、直径尺寸和角度尺寸

（1）新建尺寸样式。单击“标注”工具栏中的“标注样式”按钮，打开“标注样式管理器”对话框，单击“新建”按钮，打开“创建新标注样式”对话框，在“用于”下拉列表中选择“半径标注”，如图 9-82 所示。单击“继续”按钮，打开“新建标注样式”对话框，在“文字”选项卡“文字对齐”选项组中选中“水平”单选按钮，如图 9-83 所示。单击“确定”按钮，回到“标注样式管理器”对话框，可以看到新建的标注样式，如图 9-84 所示，单击“关闭”按钮退出。

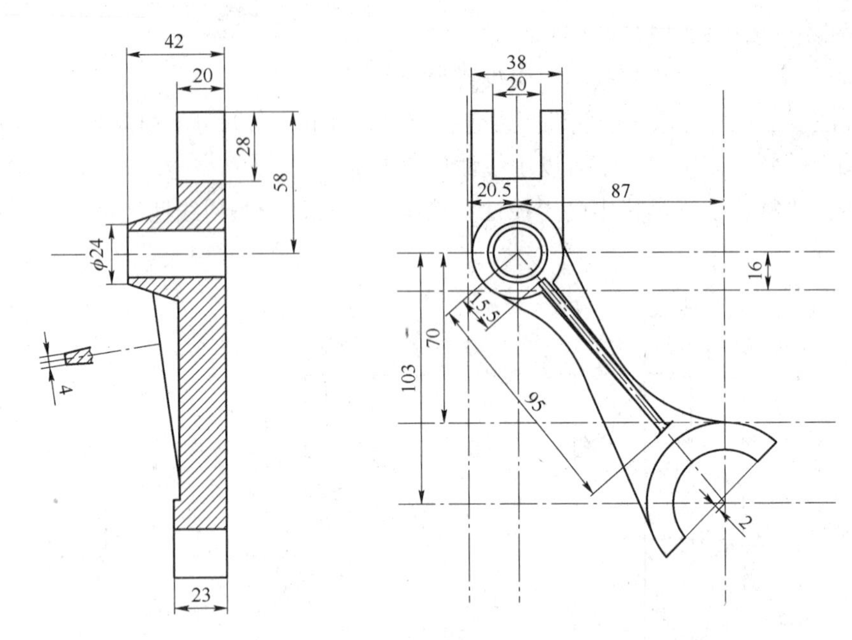

图 9-81　标注对齐尺寸

（2）标注半径尺寸。单击“标注”工具栏中的“半径”按钮，标注一系列半径尺寸。

（3）标注直径尺寸。单击“标注”工具栏中“标注样式”按钮，设置直径标注样式，在“新建标注样式”对话框中的“文字”选项卡的“文字对齐”选项组中选中“ISO 标准”单选按钮。方法与步骤（1）类似。单击“标注”工具栏中的“直径”按钮，标注一系列直径尺寸，结果如图 9-85 所示。

（4）标注角度尺寸。单击“标注”工具栏中的“标注样式”按钮，修改角度标注样式，在“修改标注样式”对话框中的“文字”选项卡的“文字对齐”选项组中选中“水平”单选按钮，方法与步骤（1）类似。单击“标注”工具栏中的“角度”按钮，标注角度尺寸，结果如图 9-86 所示。

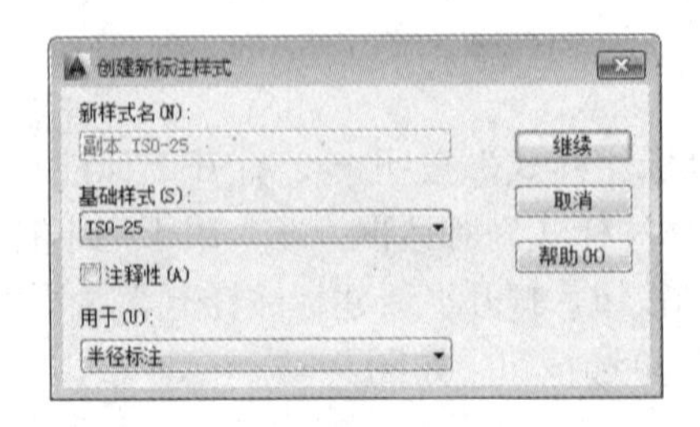

图 9-82　“创建新标注样式”对话框

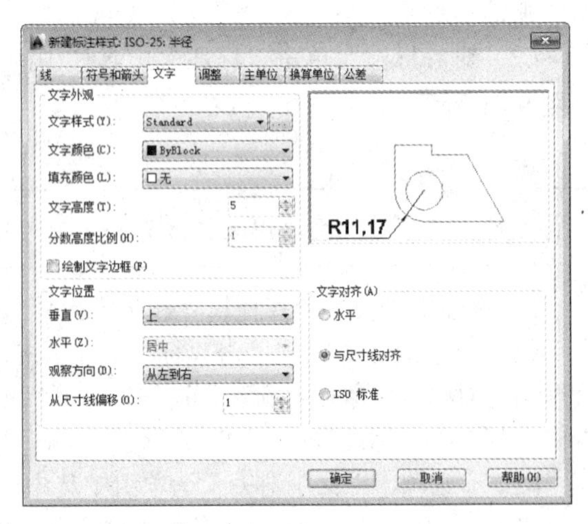

图 9-83　“新建标注样式”对话框

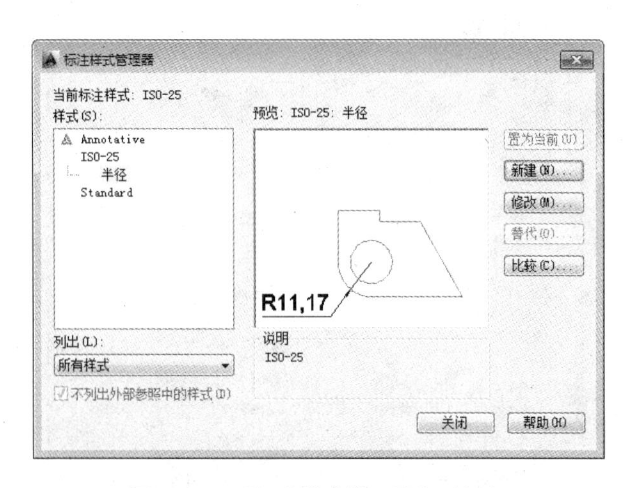

图 9-84 “标注样式管理器”对话框

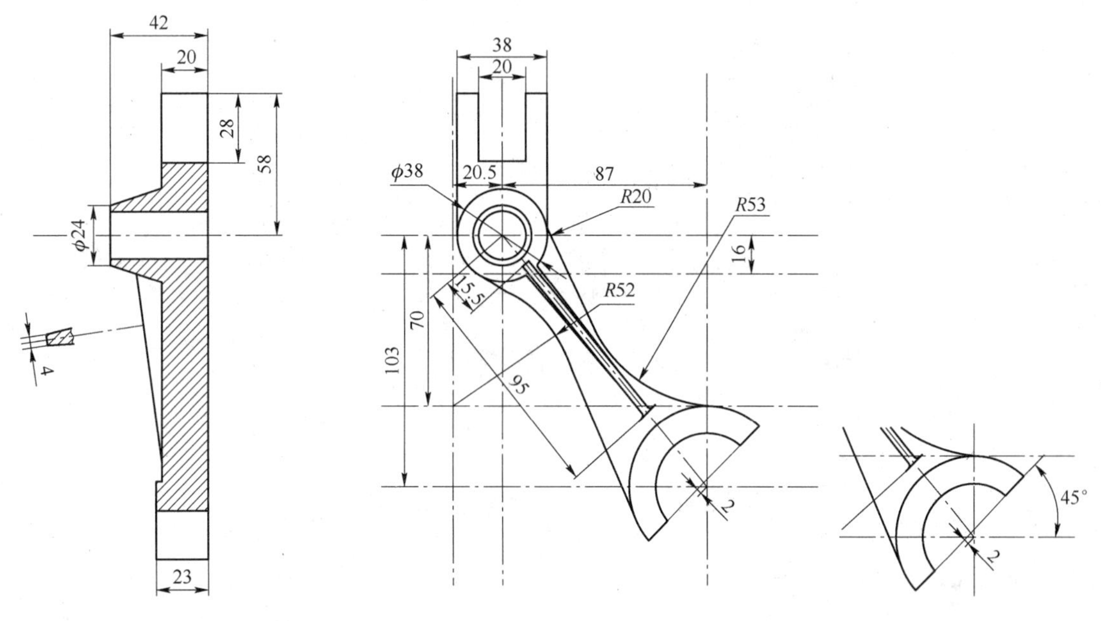

图 9-85 标注半径尺寸、直径尺寸

图 9-86 标注角度尺寸

4）标注公差尺寸

拨叉属于一般精密零件，除了轴孔内径由于要与轴配合对公差有要求外，其他尺寸没有严格的公差要求。

（1）替代标注样式。单击“标注”工具栏中的“标注样式”按钮，打开“标注样式管理器”对话框，单击“替代”按钮，打开“替代当前样式”对话框，在“公差”选项卡的“公差格式”选项组的“方式”下拉列表中选择“极限偏差”，“精度”选择 0.000，“上偏差”输入 0.021，“下偏差”输入 0，“高度比例”选择 1，“垂直位置”选择“中”，如图 9-87 所示。单击“确定”按钮，回到“标注样式管理器”对话框，可以看到替代标注样式出现在“样式”列表中，系统自动选择该样式为当前样式，如图 9-88 所示，单击“关闭”按钮退出。

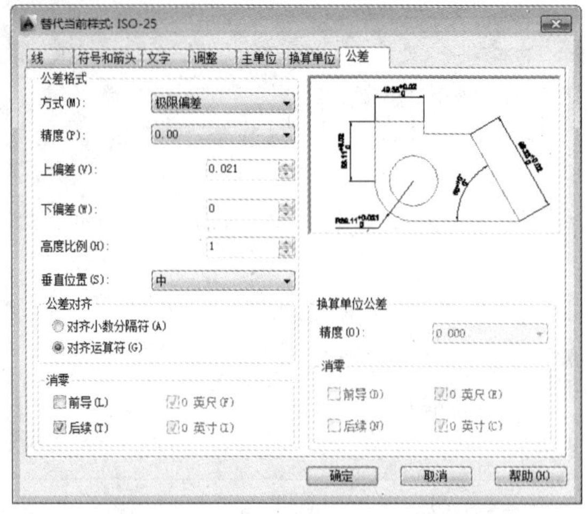

图 9-87 “替代当前样式”对话框

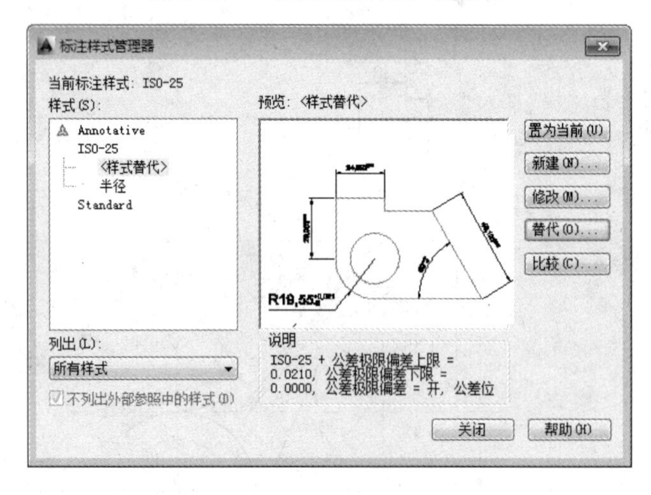

图 9-88 “标注样式管理器”对话框

公差的数值不能随意设定。《国家标准》对公差带以及公差数值都有严格的规定，在选择设置公差数值时，应查阅相关标准，首先确定尺寸公差带。一般情况下，选择 H 系列公差带。H 系列公差带有一个明显的标志，对孔而言，其下偏差为 0，称为基孔制；对轴而言，其上偏差为 0，称为基轴制。

（2）标注公差尺寸。单击“标注”工具栏中的“线性”按钮，标注拨叉内孔，结果如图 9-89 所示。

5）标注肋板锥度

（1）引线标注。在命令行中输入 QIEADER 命令，打开“引线设置”对话框，进行图 9-90～图 9-92 所示的设置，单击“确定”按钮。设置文字宽度为 5，输入注释文字 1:10，结果如图 9-93 所示。

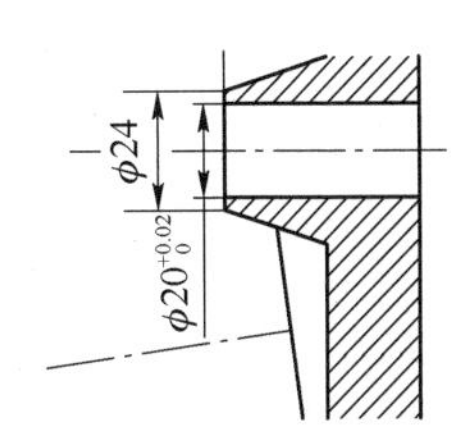

图 9-89　标注公差尺寸

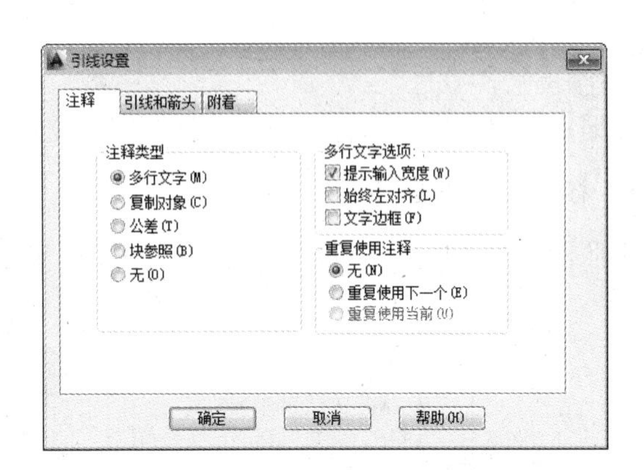

图 9-90　“注释”选项卡

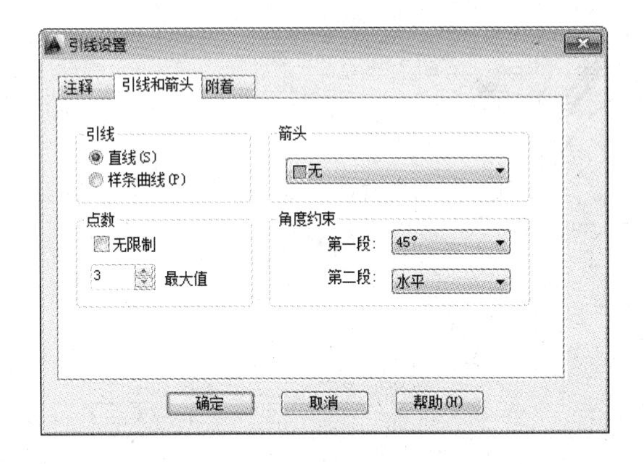

图 9-91　“引线和箭头”选项卡

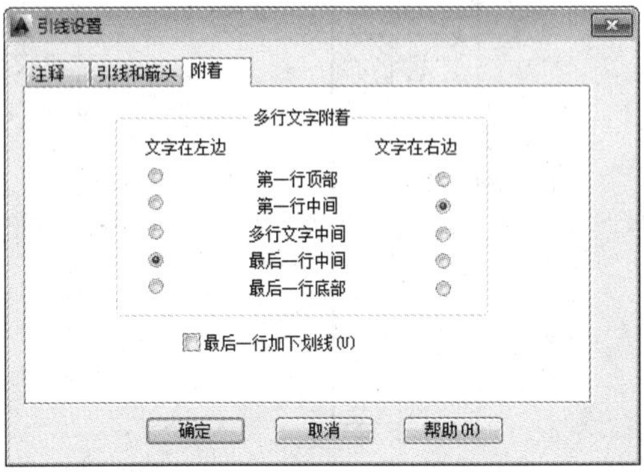

图 9-92　“附着”选项卡

（2）分解锥度标注。单击“修改”工具栏中的“分解”按钮，选择锥度数值，锥度数值就分解成单独的文字。

（3）调整锥度数值位置。单击“修改”工具栏中的“移动”按钮，将锥度数值移动到水平引线上方。

按《国家标准》规定，锥度数值应该位于引线上方。

（4）绘制锥度符号。调用“直线”“镜像”等命令在水平引线上绘制锥度符号，完成锥度标注，结果如图 9-94 所示。

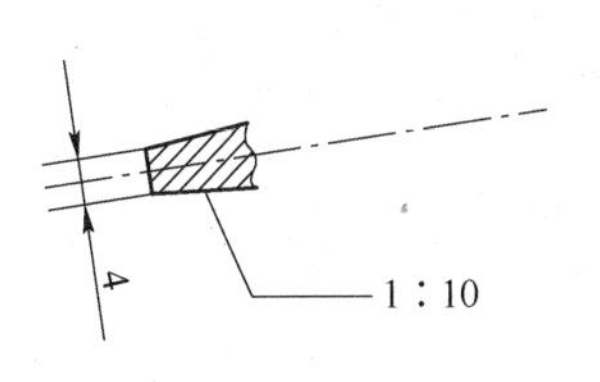

图 9-93　引线标注

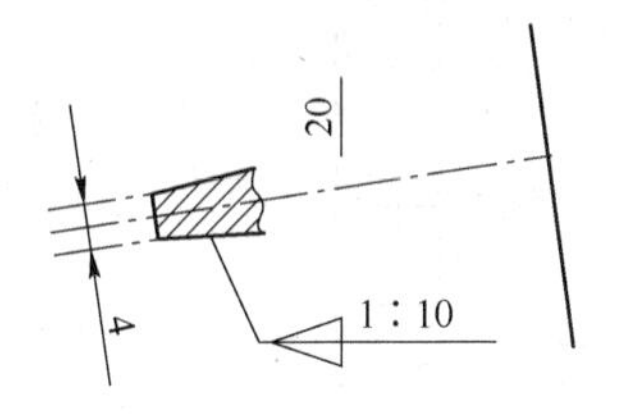

图 9-94　完成锥度标注

7. 标注粗糙度

参照前面讲述的方法标注拨叉的粗糙度，结果如图 9-95 所示。

8. 标注几何公差

参照前面讲述的方法标注拨叉的几何公差，结果如图 9-96 所示。

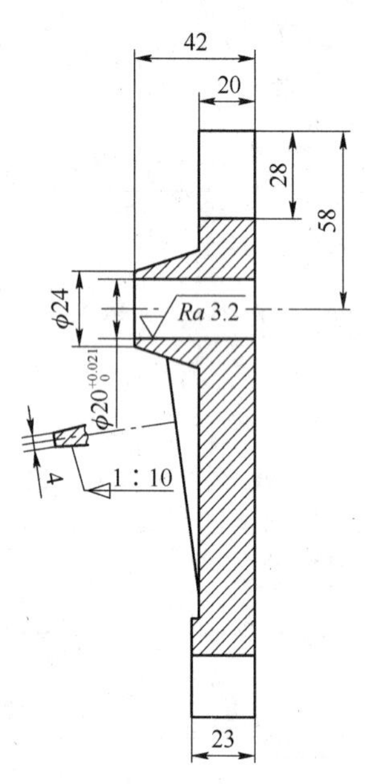

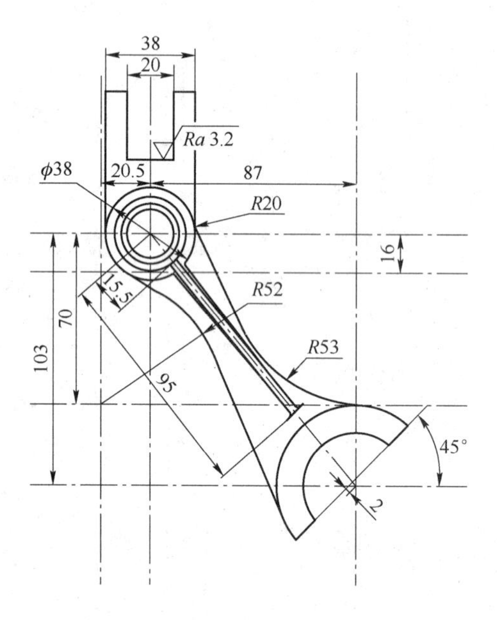

图 9-95 标注粗糙度

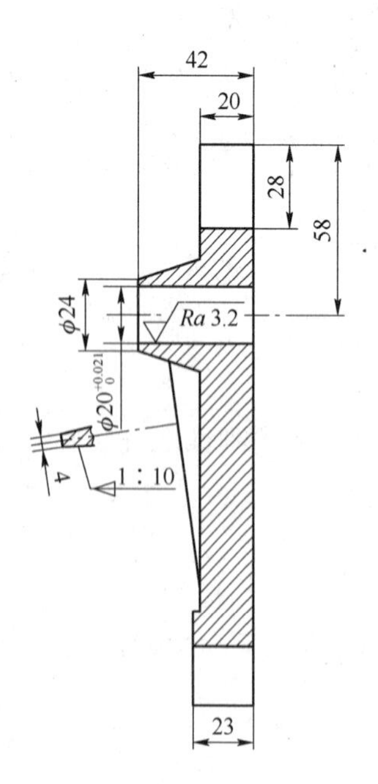

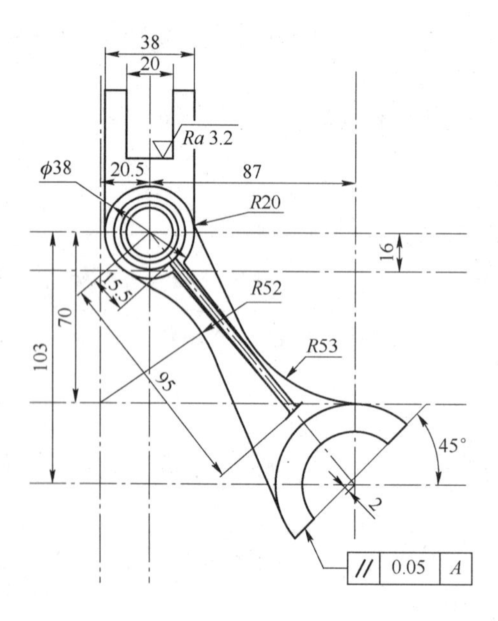

图 9-96 标注几何公差

9. 修剪中心线

单击“修改”工具栏中的“打断”按钮，修剪过长的中心线，结果如图 9-97 所示。

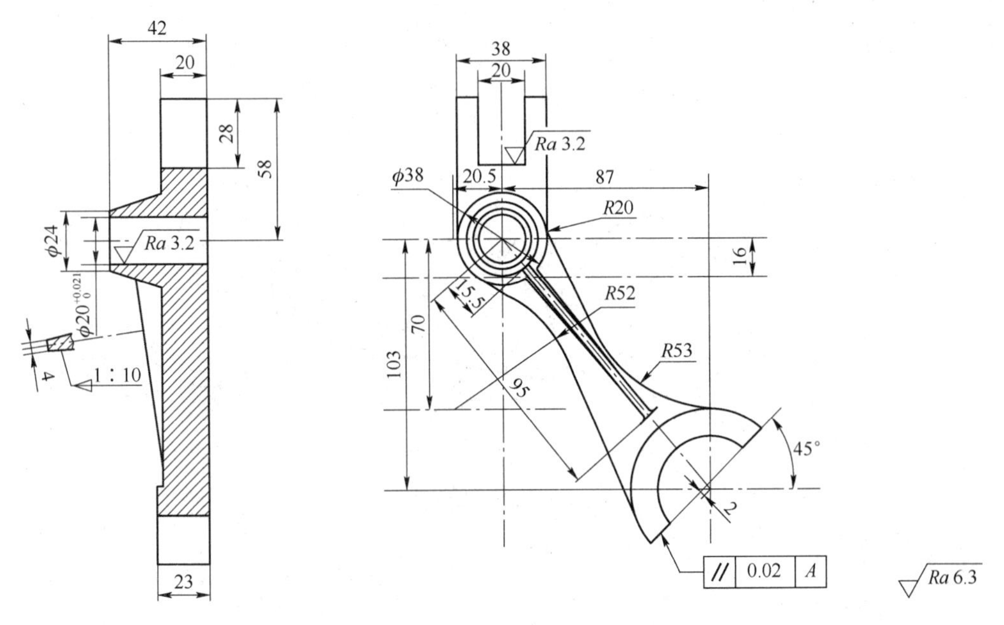

图 9-97　修剪中心线

10. 标注技术要求

单击“绘图”工具栏中的“多行文字”按钮 A，标注技术要求，结果如图 9-98 所示。

技术要求

1. 未注倒角 $C1$。
2. 过渡圆角 $R2$。
3. 热处理前去飞边和锐边。

图 9-98　标注技术要求

11. 填写标题栏

单击“绘图”工具栏中的“多行文字”按钮 A，填写标题栏，结果如图 9-99 所示。

					拨叉	所属装配号		
标记	处数	文件号	签字	日期		图样标记	重量	比例
设计						S		
校核						共1张		第1张
审查								
工艺检查					GB 3077—1999			
标准检查								
审定								
标准								

图 9-99　修剪处理

最终完成的拨叉零件图如图 9-19 所示。

课后练习

上机操作题

1．绘制图 9-100 所示的连接杆零件图。

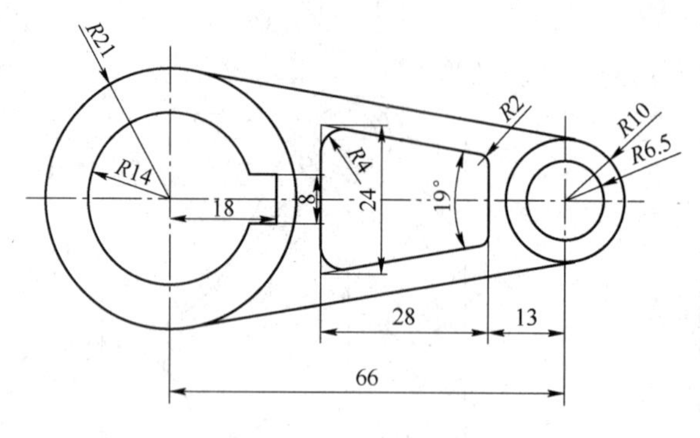

图 9-100　连接杆

2．绘制图 9-101 所示的支架。

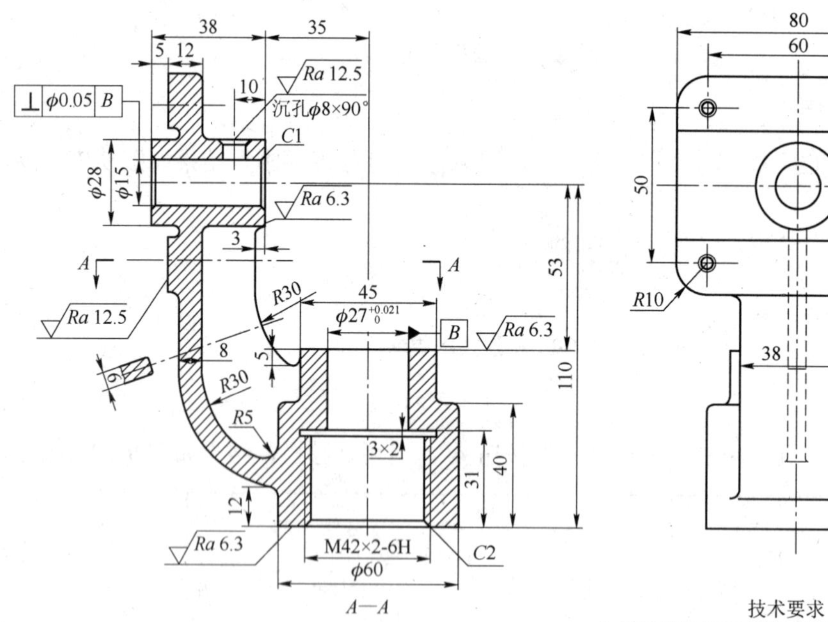

技术要求

1. 铸件不允许有砂眼、缩孔、裂纹等缺陷。
2. 未注圆角$R1\sim R3$。

图 9-101　支架

项目十　绘制齿轮泵装配图

任务一　绘制轴总成

本任务绘制图 10-1 所示的轴总成。

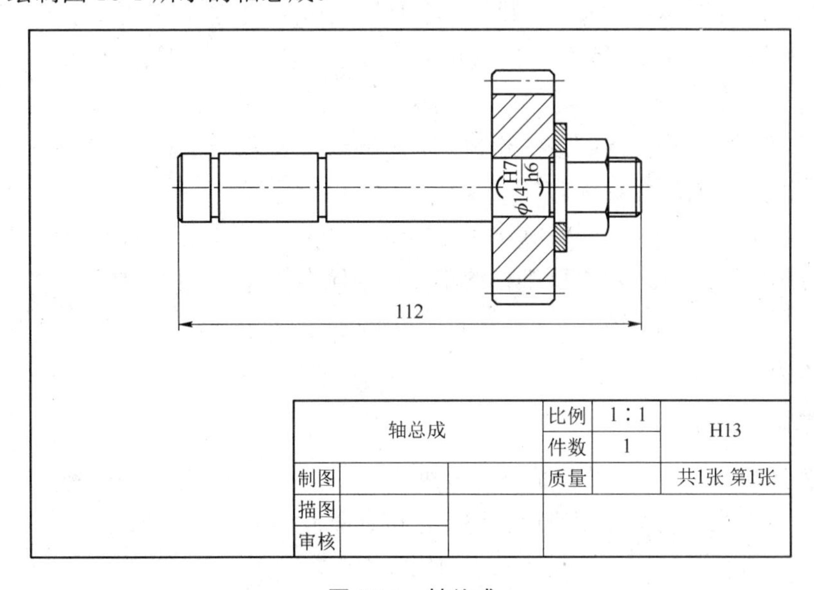

图 10-1　轴总成

任务说明

零件之间的装配关系实际上就是零件之间的位置约束关系。可以把一个大型的零件装配模型看作由多个子装配体组成，因而在创建大型的装配模型时，可先创建各个子装配体，即组件装配，再将各个子装配体按照它们之间的相互位置关系进行装配，最终形成完整的装配模型。

知识与技能目标

1. 掌握装配图的绘制方法。
2. 掌握定义图块的操作方法。

3. 掌握插入块的使用。

任务分析

首先将绘制图形中的零件图生成图块，然后将这些图块插入装配图中，最后添加尺寸标注、标题栏等，完成轴总成设计，结果如图 10-1 所示。

相关知识

1. 装配图的一般绘制过程

装配图的绘制过程与零件图比较相似，但又具有自身的特点，下面简单介绍装配图的一般绘制过程。

（1）在绘制装配图之前，同样需要根据图纸幅面大小和版式的不同，分别建立符合机械制图国家标准的若干机械图样模板。模板中包括图纸幅面、图层、使用文字的一般样式、尺寸标注的一般样式等，在绘制装配图时就可以直接调用建立好的模板进行绘图，这样有利于提高工作效率。

（2）使用绘制装配图的绘制方法绘制完成装配图，这些方法将在任务二详细介绍。

（3）对装配图进行尺寸标注。

（4)编写零件序号。用快速引线标注命令 QLEADER 绘制编写序号的指引线及注写序号。

（5）绘制明细栏（也可以将明细栏的单元格创建为图块，用到时插入即可)，填写标题栏及明细栏，注写技术要求。

（6）保存图形文件。

2. 装配图的绘制方法

（1）零件图块插入法：是将组成部件或机器的各个零件的图形先创建为图块，然后按零件间的相对位置关系，将零件图块逐个插入，拼画成装配图的一种方法。

（2）图形文件插入法：由于在 AutoCAD 2015 中，图形文件可以用插入块命令 INSERT 在不同的图形中直接插入，因此，可以用直接插入零件图形文件的方法来拼画装配图，该方法与零件图块插入法极其相似，不同的是此时插入基点为零件图形的左下角坐标（0，0)，这样在拼画装配图时就无法准确地确定零件图形在装配图中的位置。为了使图形插入时能准确地放到需要的位置，在绘制完零件图形后，应首先用定义基点命令 BASE 设置插入基点，然后保存文件，这样在用插入块命令 INSERT 将该图形文件插入时，就以定义的基点为插入点进行插入，从而完成装配图的拼画。

（3）直接绘制：对于一些比较简单的装配图，可以直接利用 AutoCAD 的二维绘图及编辑命令，按照装配图的画图步骤将其绘制出来，在绘制过程中，还要用到对象捕捉及正交等绘图辅助工具帮助我们进行精确绘图，并用对象追踪来保证视图之间的投影关系。

（4）利用设计中心拼画装配图：在 AutoCAD 设计中心中，可以直接插入其他图形中定义的图块，但是一次只能插入一个图块。图块被插入图形中后，如果原来的图块被修改，则插入图形中的图块也随之改变。

3. 装配图的内容

一幅完整的装配图应包括下列内容：

（1）一组视图。装配图由一组视图组成，用以表达各组成零件的相互位置和装配关系、部件或机器的工作原理和结构特点。

（2）必要的尺寸。必要的尺寸包括部件或机器的性能规格尺寸、零件之间的配合尺寸、外形尺寸、部件或机器的安装尺寸和其他重要尺寸等。

（3）技术要求。说明部件或机器的装配、安装、检验和运转的技术要求，一般用文字写出。

（4）零部件序号、明细栏和标题栏。在装配图中，应对每个不同的零部件编写序号，并在明细栏中依次填写序号、名称、件数、材料和备注等内容。标题栏与零件图中的标题栏相同。

4. 装配图的特殊表达方法

（1）沿结合面剖切或拆卸画法：在装配图中，为了表达部件或机器的内部结构，可以采用沿结合面剖切画法，即假想沿某些零件的结合面剖切，此时，在零件的结合面上不画剖面线，而被剖切的零件一般都应画出剖面线。

在装配图中，为了表达被遮挡部分的装配关系或其他零件，可以采用拆卸画法，即假想拆去一个或几个零件，只画出所要表达部分的视图。

（2）假想画法：为了表示运动零件的极限位置，或与该部件有装配关系但又不属于该部件的其他相邻零件（或部件），可以用双点画线画出其轮廓。

（3）夸大画法：对于薄片零件、细丝弹簧、微小间隙等，若按它们的实际尺寸，则在装配图中很难画出或难以明显表示时，均可不按比例而采用夸大画法绘制。

（4）简化画法：在装配图中，零件的工艺结构，如圆角、倒角、退刀槽等可不画出。对于若干相同的零件组，如螺栓连接等，可详细地画出一组或几组，其余只需用点画线表示其装配位置即可。

任务实施

1. 配置绘图环境

打开 AutoCAD 2014 应用程序，以“A4.dwt”样板文件为模板，建立新文件，将新文件命名为“轴总成.dwg”并保存。

2. 绘制图形

选择“文件”→“打开”命令，打开项目六任务一绘制的“传动轴.dwg”文件，然后选择“编辑”→“复制”命令复制“传动轴”图形，并选择“编辑”→“粘贴”命令粘贴到“轴总成.dwg”中，将其他图形也以同样的方式复制到“轴总成.dwg”中，如图 10-2 所示。

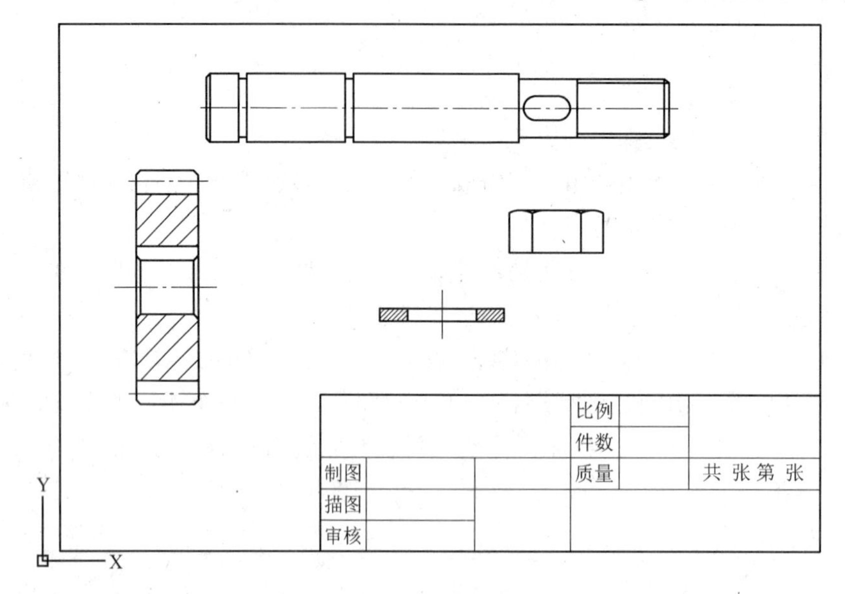

图 10-2　绘制图形

3. 定义块

分别打开“螺母.dwg”文件，“垫圈.dwg”文件，“齿轮.dwg”文件。与第 5 章中的定义块相同，调用“创建块”命令，块名分别为“齿轮”“垫圈”“螺母”，单击“拾取点”按钮，拾取点分别选取点 *A*、点 *B*、点 *C*，如图 10-3 所示。再选中“删除”单选按钮，使得定义块后自动将所选择的对象删除。

4. 完成绘制

（1）插入齿轮块。单击“绘图”工具栏中的“插入块”按钮，插入齿轮图块，基点选择点 1，结果如图 10-4 所示。

（2）插入垫圈块。单击“绘图”工具栏的“插入块”命令，插入垫圈图块，基点选择点 2，旋转角度为-90°，结果如图 10-5 所示。

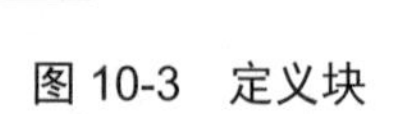

图 10-3　定义块

（3）插入螺母块。单击“绘图”工具栏的“插入块”命令，插入螺母图块，基点选择点 3，旋转角度为-90°，结果如图 10-6 所示。

（4）分解块。单击“修改”工具栏中的“分解”按钮，将图中的各块分解。

（5）细化图形。单击“修改”工具栏中的“删除”按钮，将“图案填充”线删除；再单击“修改”工具栏中的“修剪”按钮，对多余直线进行修剪，结果如图 10-7 所示。

（6）绘制剖面线。切换到“剖面层”，单击“绘图”工具栏中的“图案填充”按钮，绘制剖面线。最终完成轴总成的绘制，结果如图 10-8 所示。

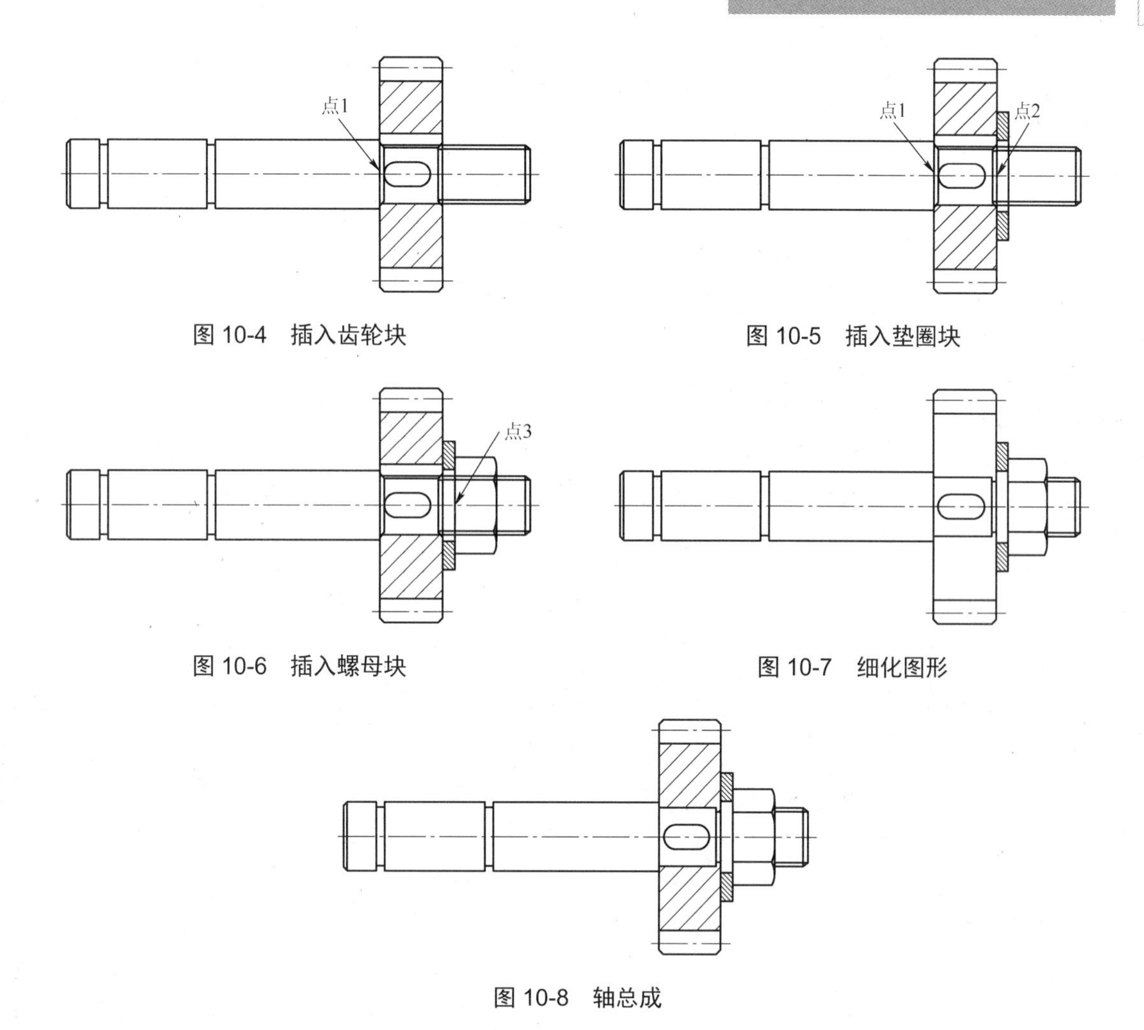

图 10-4　插入齿轮块

图 10-5　插入垫圈块

图 10-6　插入螺母块

图 10-7　细化图形

图 10-8　轴总成

5. 标注轴总成

（1）切换图层。将当前图层从“剖面层”切换到“尺寸标注层”，单击“标注”工具栏中的“标注样式”按钮，打开“替代标注样式：机械制图标注”对话框，在该对话框中设置“机械制图标注”样式的替代样式，如图 10-9 所示。

（2）单击“尺寸标注”工具栏上的“线性”按钮，选择需标注的位置，如图 10-10 所示，此时，根据命令行提示输入 M，按 Enter 键，打开多行文字编辑器，选择“H7/h6”，单击上面的“堆叠”按钮，文字进行堆叠，如图 10-11 所示。修改后的尺寸文字如图 10-12 所示。

（3）标注尺寸。单击“标注”工具栏中的“线性”按钮，对视图进行尺寸标注，如图 10-13 所示。

6. 填写标题栏

将“标题栏层”设置为当前图层，在标题栏中填写“轴总成”。轴总成设计的最终效果如图 10-1 所示。

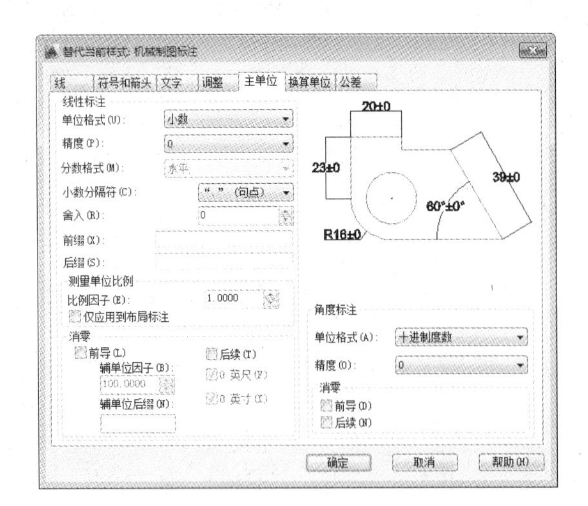

图 10-9 “替代当前样式：机械制图标注”对话框

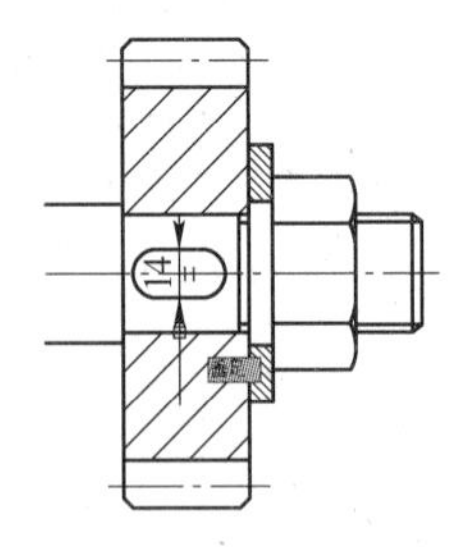

图 10-10 标注尺寸

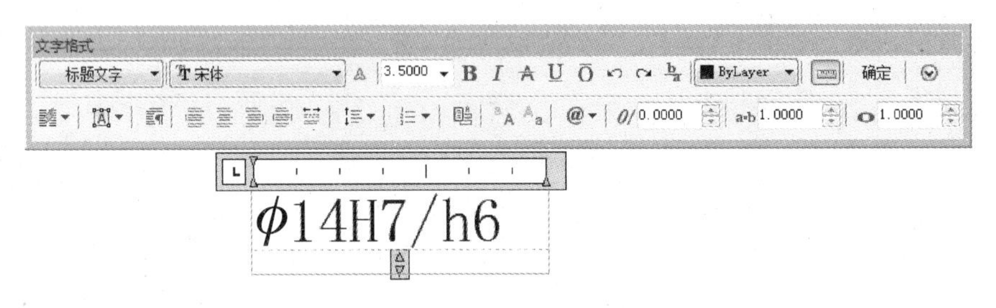

图 10-11 多行文字编辑器

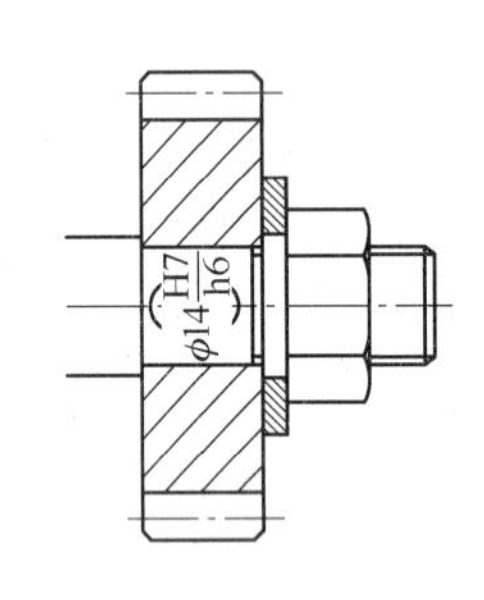

图 10-12 修改尺寸文字

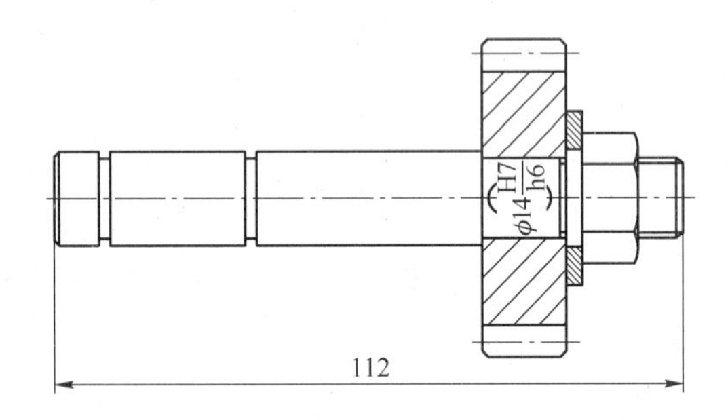

图 10-13 标注尺寸

任务二 绘制齿轮泵装配图

任务引入

本任务绘制齿轮泵装配图，如图 10-14 所示。

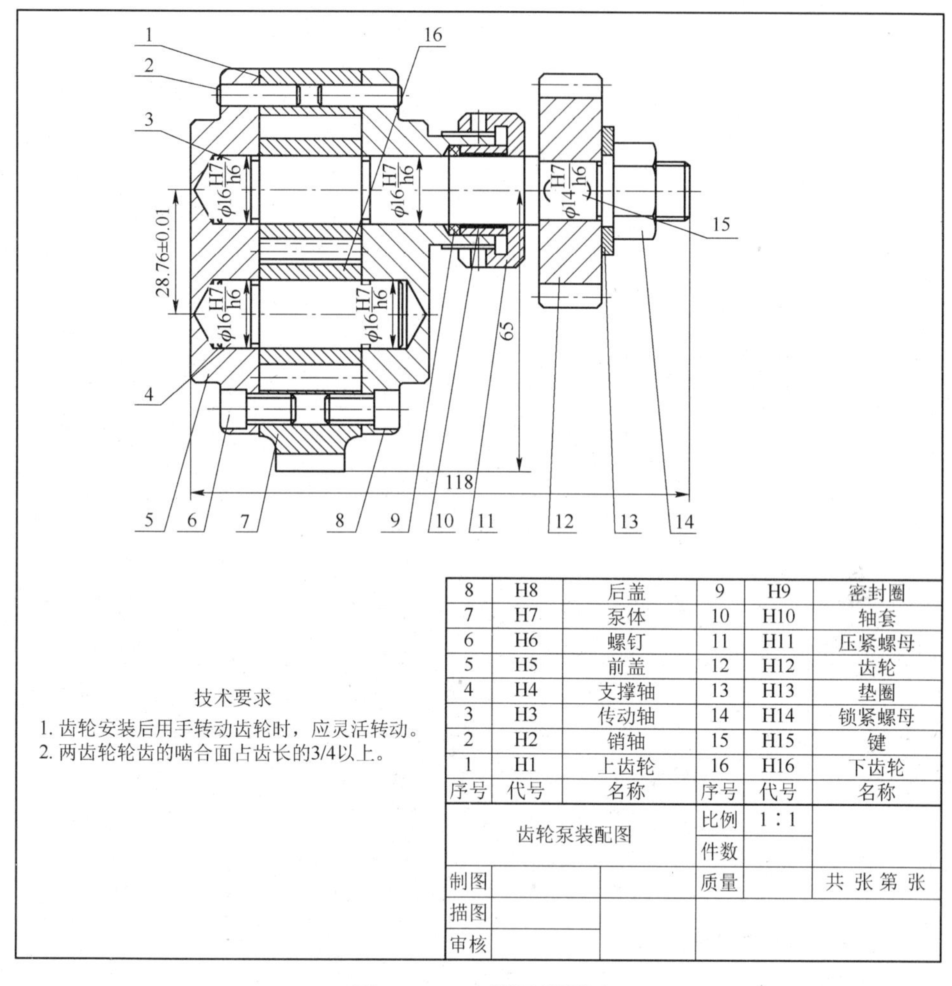

序号	代号	名称	序号	代号	名称
8	H8	后盖	9	H9	密封圈
7	H7	泵体	10	H10	轴套
6	H6	螺钉	11	H11	压紧螺母
5	H5	前盖	12	H12	齿轮
4	H4	支撑轴	13	H13	垫圈
3	H3	传动轴	14	H14	锁紧螺母
2	H2	销轴	15	H15	键
1	H1	上齿轮	16	H16	下齿轮

齿轮泵装配图		比例	1∶1	
		件数		
制图		质量		共 张 第 张
描图				
审核				

图 10-14　齿轮泵装配图

任务说明

齿轮泵是依靠泵缸与啮合齿轮间所形成的工作容积变化和移动来输送液体或使之增压的回转泵。其由两个齿轮、泵体与前后盖组成两个封闭空间，当齿轮转动时，齿轮脱开侧的空间的体积从小变大，形成真空，将液体吸入，齿轮啮合侧的空间的体积从大变小，而将液体挤入管路中去。吸入腔与排出腔是靠两个齿轮的啮合线来隔开的。

知识与技能目标

1. 掌握明细表的绘制方法。
2. 掌握零件序号的标注方法。
3. 掌握装配图中尺寸的标注方法。

任务分析

首先将绘制图形中的零件图生成图块，然后将这些图块插入装配图中，然后补全装配图中的其他零件，最后添加尺寸标注、标题栏等，完成齿轮泵装配图的绘制。

相关知识

1. 装配图的尺寸

装配图与零件图在生产中的作用不同，对标注尺寸的要求也不相同。装配图只标注与机器或部件的规格、性能、装配、检验、安装、运输及使用等有关的尺寸。

1）特性尺寸

表示机器或部件规格或性能的尺寸为特性尺寸。它是设计的主要参数，也是用户选用产品的依据。

2）装配尺寸

表示机器或部件中与装配有关的尺寸为装配尺寸。它是装配工作的主要依据，是保证机器或部件的性能所必需的重要尺寸。装配尺寸一般包括配合尺寸、连接尺寸和重要的相对位置尺寸。

（1）配合尺寸。配合尺寸是指相同基本尺寸的孔与轴有配合要求的尺寸，一般由基本尺寸和表示配合种类的配合代号组成。

（2）连接尺寸。连接尺寸一般包括非标准件的螺纹连接尺寸及标准件的相对位置尺寸。对于螺纹紧固件，其连接部分的尺寸由明细表中的名称反映出来。

（3）相对位置尺寸。

① 主要轴线到安装基准面之间的距离。

② 主要平行轴之间的距离。

③ 装配后两零件之间必须保证的间隙。

3）外形尺寸

表示机器或部件的总长、总宽和总高的尺寸为外形尺寸。它反映了机器或部件所占空间的大小，是包装、运输、安装以及厂房设计所需要的数据。

4）安装尺寸

表示机器或部件与其他零件、部件、机座间安装所需要的尺寸为安装尺寸。

装配图中除上述尺寸外，设计中通过计算确定的重要尺寸及运动件活动范围的极限尺寸等也需要标注。

2. 装配图的零件序号、明细表和技术要求

为了便于读图，便于图样管理，以及做好生产准备工作，装配图中所有零部件都必须编写序号，且同一装配图中相同零部件只编写一个序号，并将其填写在标题栏上方的明细栏中。

1）序号

（1）装配图中序号编写的常见形式。

装配图中序号的编写方法有 3 种，如图 10-15 所示。在所指的零部件的可见轮廓内画一圆点，然后从圆点开始画指引线（细实线），在指引线的末端画一水平线圆（均为细实线），在水平线上或圆内注写序号，序号的字高应比尺寸数字大两号，如图 10-16（a）所示。

在指引线的末端也可以不画水平线或圆，直接注写序号，序号的字高应比尺寸数字大两号，如图 10-16（b）所示。

对于很薄的零件或涂黑的剖面，可用箭头代替圆点，箭头指向该部分的轮廓，如图 10-16（c）所示。

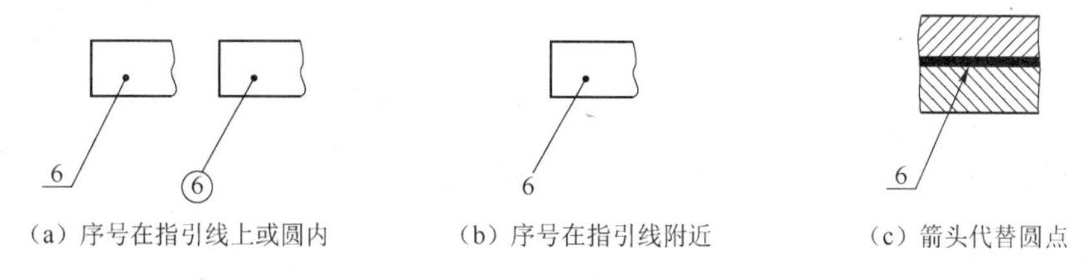

（a）序号在指引线上或圆内　　（b）序号在指引线附近　　（c）箭头代替圆点

图 10-15　序号的编写方法

（2）编写序号的注意事项。

指引线相互不能相交，不能与剖面线平行，必要时可以将指引线画成折线，但是只允许曲折一次，如图 10-16 所示。

序号应按照水平或垂直方向顺时针（或逆时针）方向顺次排列整齐，并尽可能均匀分布；一组紧固件以及装配关系清楚的零件组，可采用公共指引线，如图 10-17 所示。

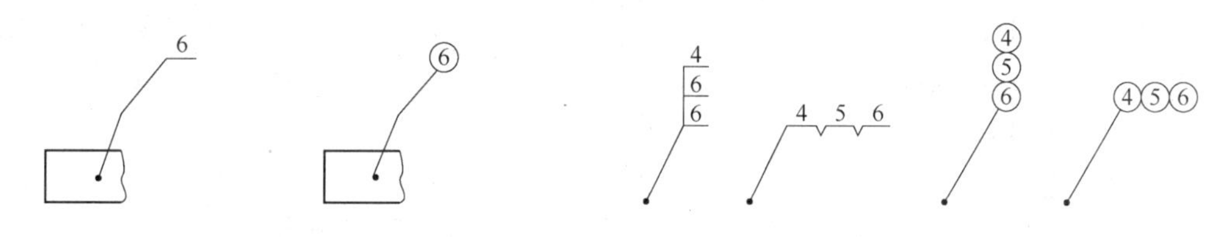

图 10-16　指引线为折线　　　　图 10-17　零件组的编号形式

装配图中的标准化组件（如滚动轴承、电动机等）可看作一个整体，只编写一个序号；部件中的标准件可以与非标准件同样地编写序号，也可以不编写序号，而将标准件的数量与规格直接用指引线标明在图中。

2）明细表

明细表是说明零件序号、代号、名称、规格、数量、材料等内容的表格，画在标题栏的上方，外框为粗实线，内格为细实线，假如地方不够，也可将明细表分段依次画在标题栏的左方。

3）技术要求

在装配图的空白处，用简明的文字说明对机器或部件的性能要求、装配要求、试验和验收要求、外观和包装要求、使用要求以及执行标准等内容。

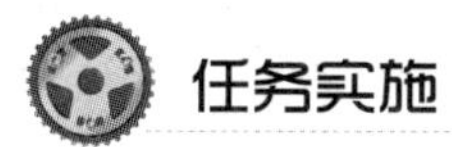

任务实施

1. 设置绘图环境

打开 AutoCAD 2014 应用程序，以“A4.dwt”样板文件为模板，建立新文件，将新文件命名为“齿轮原装配图.dwt”并保存。

2. 绘制图形

选择“文件”→“打开”命，打开任务一绘制的“轴总成.dwg”文件，然后选择“编辑”→“复制”命令复制“轴总成”图形，并用“编辑”→“粘贴”命令粘贴到“齿轮泵装配图.dwg”中。同样，打开“齿轮泵前盖.dwg”文件、“齿轮泵后盖.dwg”文件和“齿轮.dwg”文件，以同样的方式将图形复制到“齿轮泵装配图.dwg”中，并将“齿轮泵前盖.dwg”文件进行镜像，将“齿轮泵后盖.dwg”文件进行 180° 旋转后进行镜像。结果如图 10-18 所示。

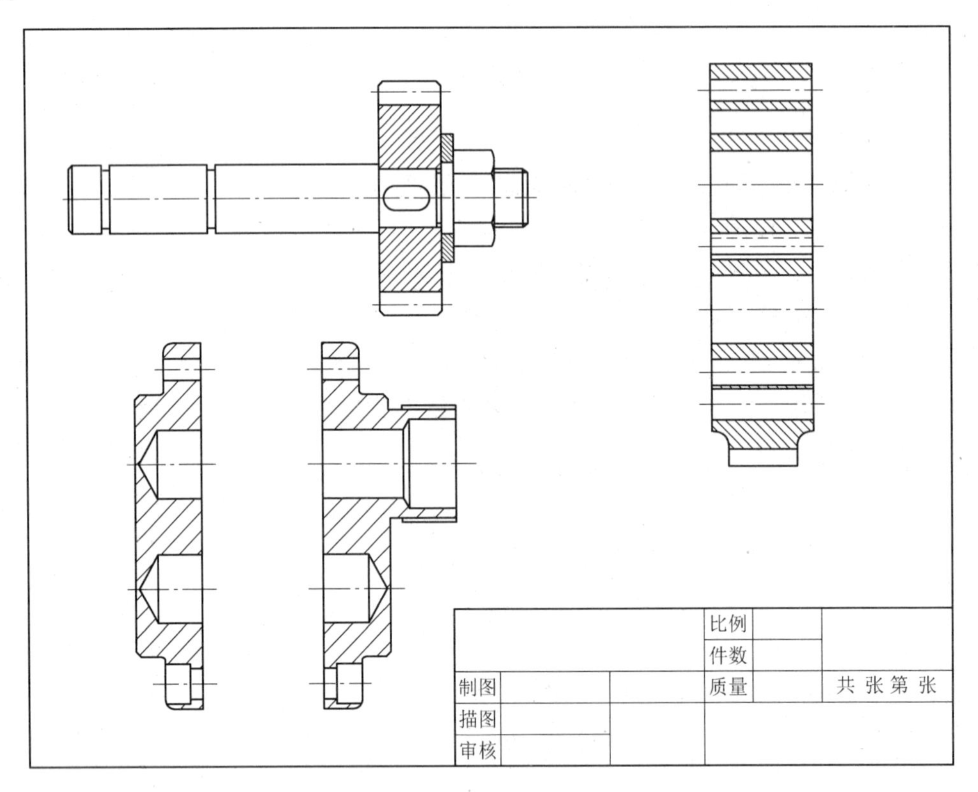

图 10-18　绘制图形

3. 定义块

分别定义其中的齿轮泵前盖、齿轮泵后盖和齿轮总成图块，块名分别为“齿轮泵前盖”“齿轮泵后盖”和“齿轮总成”，单击“拾取点”按钮，拾取点分别选取点 *A*、点 *B*、点 *C*，如图 10-19 所示。再选中“删除”单选按钮，自动将所选择对象删除。

4. 绘制齿轮泵总成

（1）插入齿轮泵前盖块。单击“绘图”工具栏中的“插入块”命令，选择齿轮泵前盖块图形，选择点 1（图 10-20），插入齿轮泵前盖块，结果如图 10-20 所示。

（2）插入齿轮泵后盖块。单击“绘图”工具栏中的“插入块”命令，选择齿轮泵后盖块图形，选择点 2（图 10-21），插入齿轮泵后盖块，旋转角度为 180°，结果如图 10-21 所示。

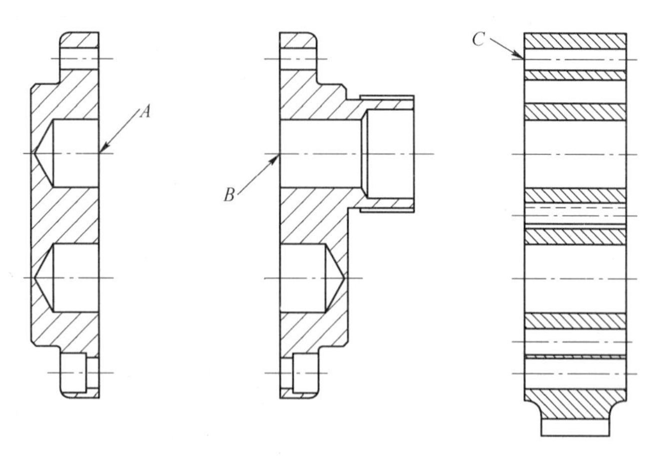

图 10-19　定义块

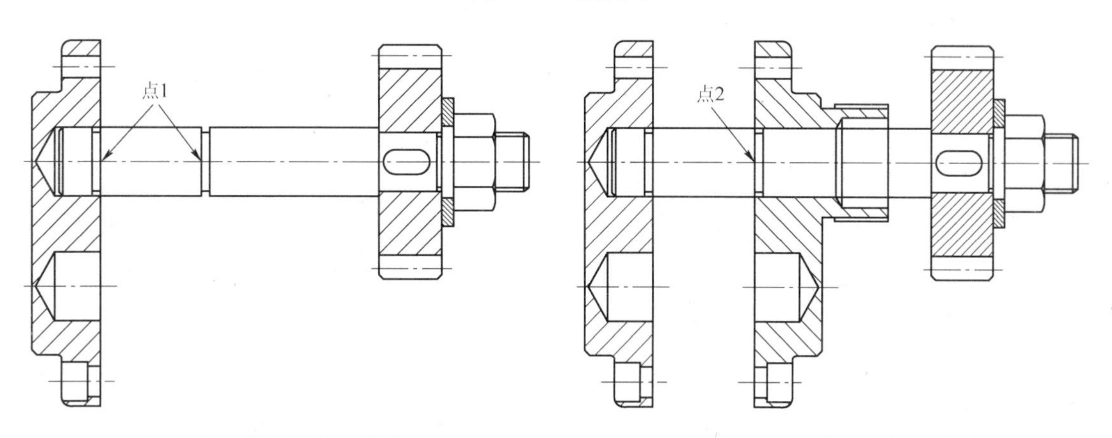

图 10-20　插入齿轮泵前盖块　　　　图 10-21　插入齿轮泵后盖块

（3）插入齿轮总成。单击“绘图”工具栏中的“插入块”命令，选择齿轮总成块图形，选择点 3（图 10-22），插入齿轮总成块，结果如图 10-22 所示。

（4）分解块。单击“修改”工具栏中的“分解”按钮，将图 10-22 中的各块分解。

（5）删除并修剪多余直线。单击“修改”工具栏中的“删除”按钮，将多余直线删除；再单击“修改”工具栏中的“修剪”按钮，对多余直线进行修剪，结果如图 11-23 所示。

（6）绘制传动轴。单击“绘图”工具栏中的“直线”按钮，单击“修改”工具栏中的“复制”按钮和“镜像”按钮，绘制传动轴，结果如图 10-24 所示。

（7）细化销钉和螺钉。单击“绘图”工具栏中的“直线”按钮和“修改”工具栏中的“偏移”按钮，细化销钉和螺钉，结果如图 10-25 所示。

（8）插入轴套、密封圈和压紧螺母图块。单击“绘图”工具栏中的“插入块”命令，插入“轴套”“密封圈”和“压紧螺母”图块。

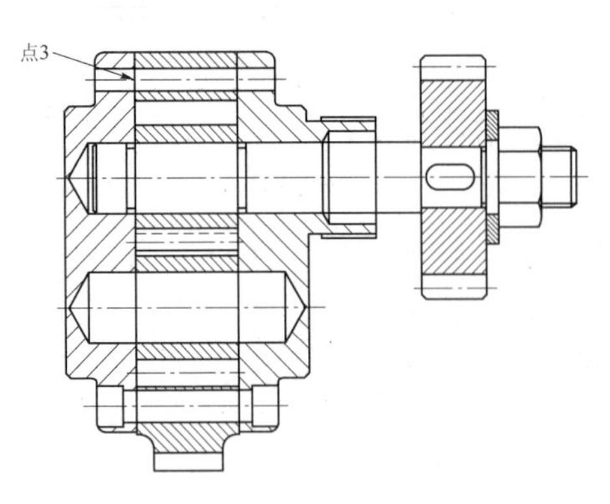

图 10-22　插入齿轮总成

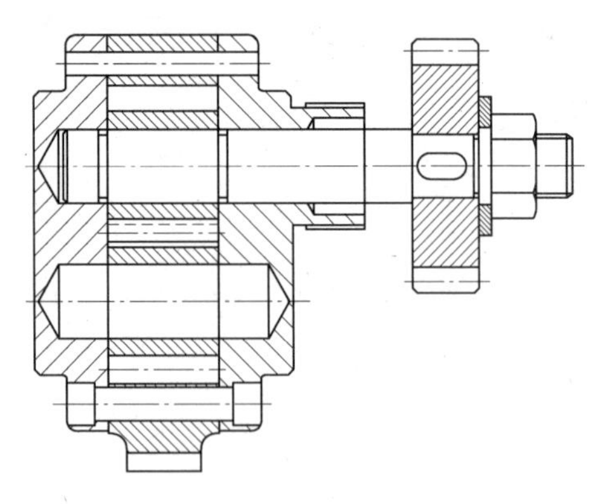

图 10-23　删除并修剪多余直线

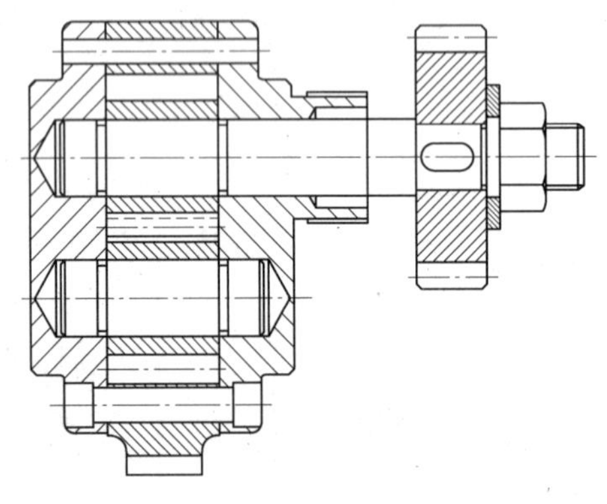

图 10-24　绘制传动轴

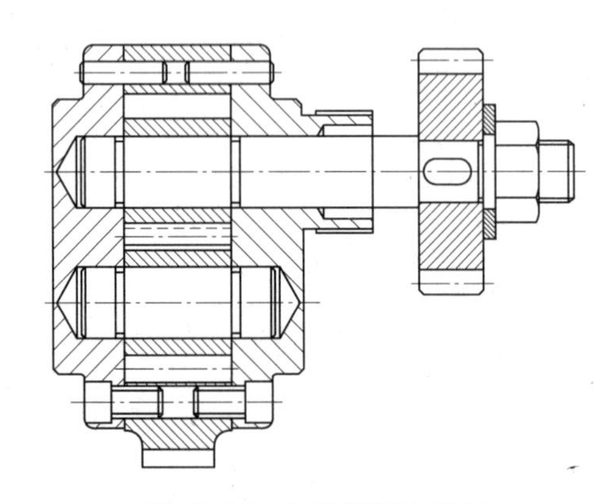

图 10-25　细化销钉和螺钉

（9）单击“修改”工具栏中的“分解”命令，将图中的各块分解。删除并修剪多余直线，并单击“绘图”工具栏中的“填充图案”按钮，对部分区域进行填充。最终完成齿轮泵总成的绘制，结果如图 10-26 所示。

5. 标注尺寸

（1）切换图层。将当前图层从“剖面层”切换到“尺寸标注层”。单击“标注”工具栏中的“标注样式”按钮，打开“替代标注样式：机械制图标注”对话框，在该对话框中将“机械制图标注”样式设置为当前使用的标注样式。注意设置替代标注样式。

（2）标注尺寸。单击“标注”工具栏中的“线性”按钮，对主视图进行尺寸标注，结果如图 10-27 所示。

6. 标注明细表及序号

（1）设置文字标注格式。单击“文字”工具栏中的“文字样式”按钮，打开“文字样式”对话框，在“样式名”下拉列表中选择“技术要求”，单击“置为当前”按钮，将其设置为当前使用的文字样式。

（2）文字标注与表格绘制。按项目四中的任务二讲述的方法绘制明细表，输入文字并标注序号，如图 10-28 和图 10-29 所示。

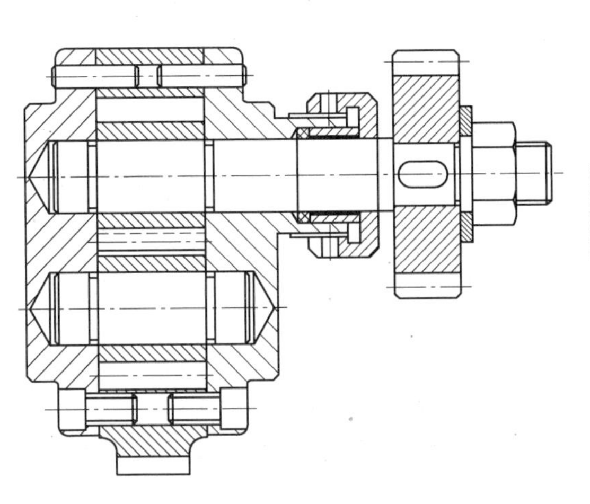

图 10-26　齿轮泵总成的绘制

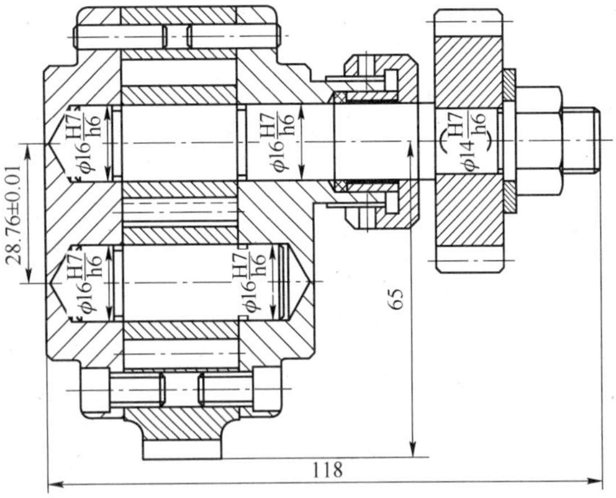

图 10-27　标注尺寸

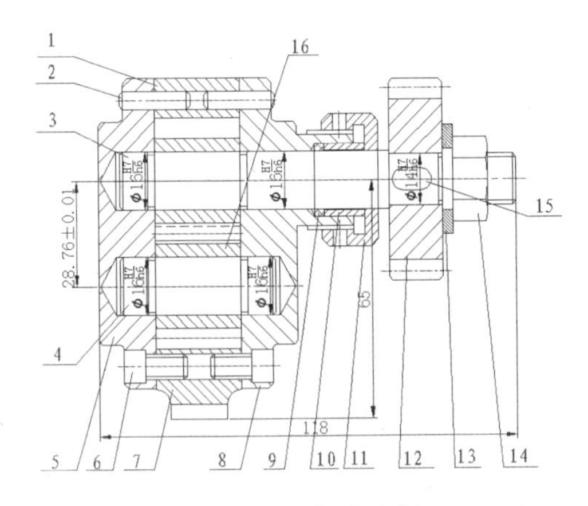

图 10-28　标注序号

8	H8	后盖	9	H9	密封圈
7	H7	泵体	10	H10	轴套
6	H6	螺钉	11	H11	压紧螺母
5	H5	前盖	12	H12	齿轮
4	H4	支撑轴	13	H13	垫圈
3	H3	传动轴	14	H14	锁紧螺母
2	H2	销轴	15	H15	键
1	H1	上齿轮	16	H16	下齿轮
序号	代号	名称	序号	代号	名称

图 10-29　明细表

7. 填写标题栏及技术要求

按前面学习的方法填写技术要求和标题栏。技术要求如图 10-30 所示。齿轮泵总成设计的最终效果图如图 10-14 所示。

技术要求

1. 齿轮安装后用手转动齿轮时，应灵活转动。
2. 两齿轮轮齿的啮合面占齿长的3/4以上。

图 10-30　技术要求

课后练习

上机操作题

1. 绘制图 10-31 所示的柱塞泵装配图。
2. 绘制图 10-32 所示的台虎钳装配图。

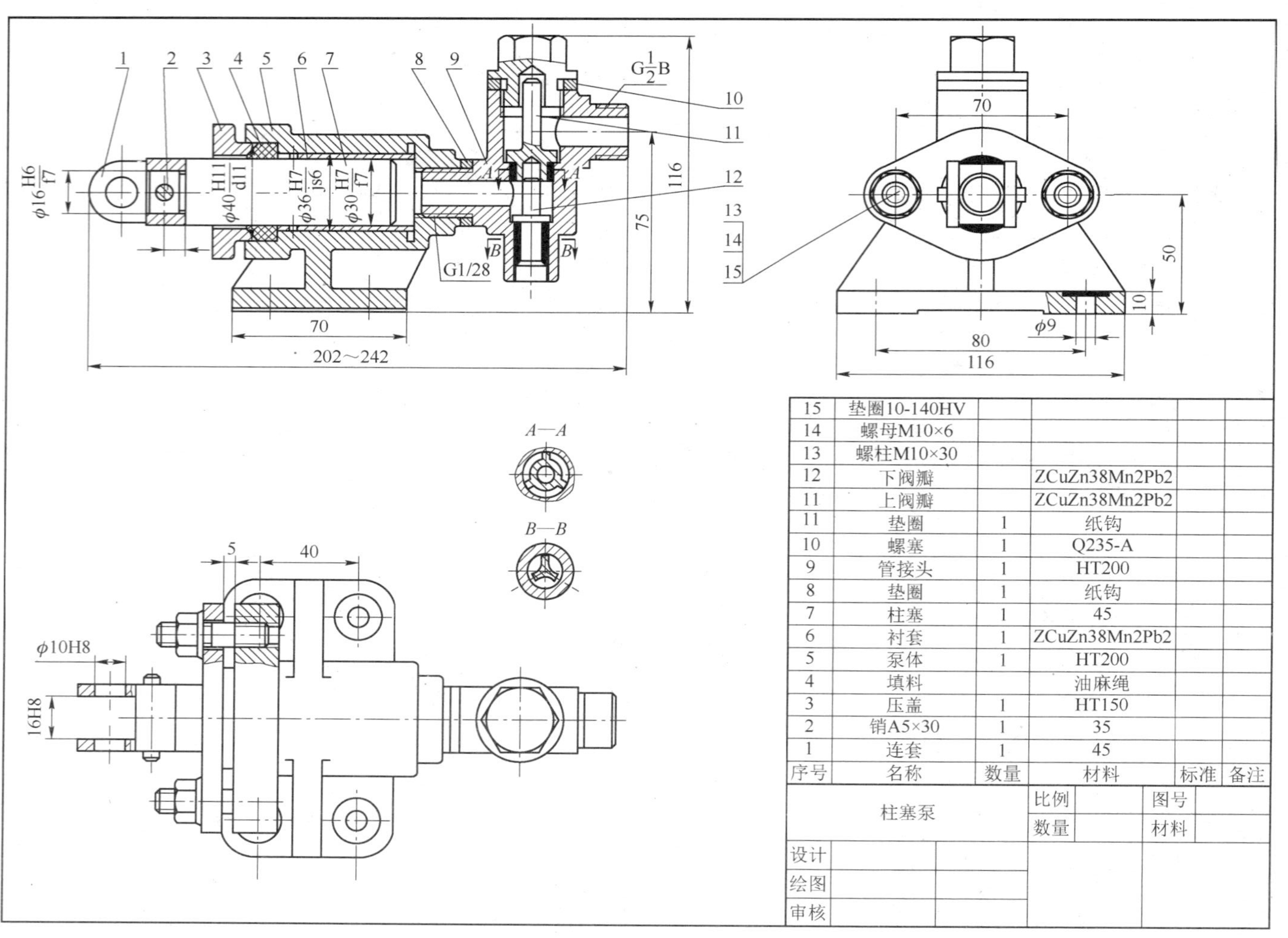

序号	名称	数量	材料	标准	备注
15	垫圈10-140HV				
14	螺母M10×6				
13	螺柱M10×30				
12	下阀瓣		ZCuZn38Mn2Pb2		
11	上阀瓣		ZCuZn38Mn2Pb2		
11	垫圈	1	纸钩		
10	螺塞	1	Q235-A		
9	管接头	1	HT200		
8	垫圈	1	纸钩		
7	柱塞	1	45		
6	衬套	1	ZCuZn38Mn2Pb2		
5	泵体	1	HT200		
4	填料		油麻绳		
3	压盖	1	HT150		
2	销A5×30	1	35		
1	连套	1	45		

图 10-31　柱塞泵装配图

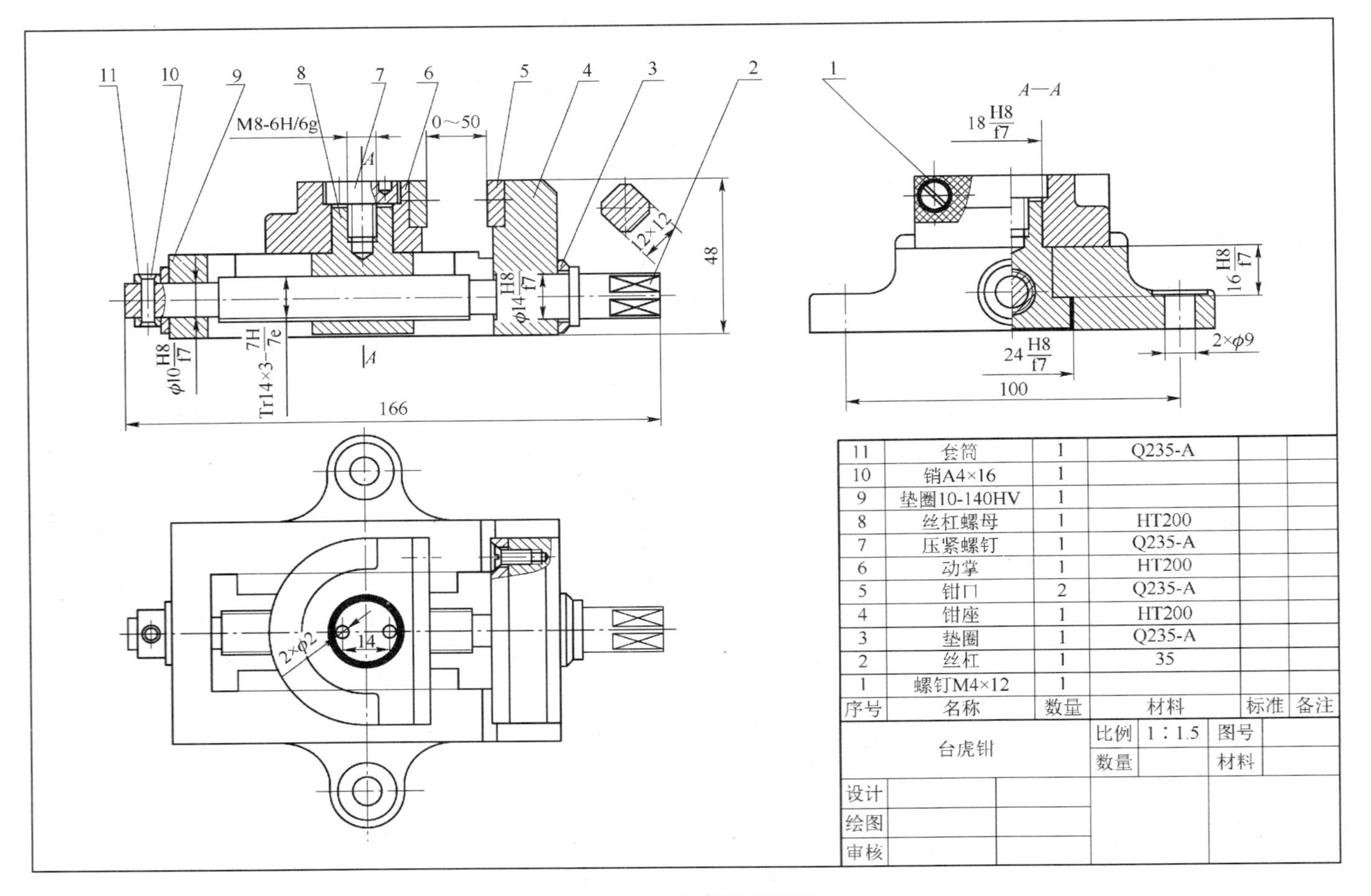

序号	名称	数量	材料	标准	备注
11	套筒	1	Q235-A		
10	销A4×16	1			
9	垫圈10-140HV	1			
8	丝杠螺母	1	HT200		
7	压紧螺钉	1	Q235-A		
6	动掌	1	HT200		
5	钳口	2	Q235-A		
4	钳座	1	HT200		
3	垫圈	1	Q235-A		
2	丝杠	1	35		
1	螺钉M4×12	1			

台虎钳	比例	1∶1.5	图号
	数量		材料
设计			
绘图			
审核			

图 10-32　台虎钳装配图

项目十一　由装配图拆画零件图

任务一　由减速器装配图拆画箱座零件图

任务引入

本任务绘制箱座零件图，如图 11-1 所示。

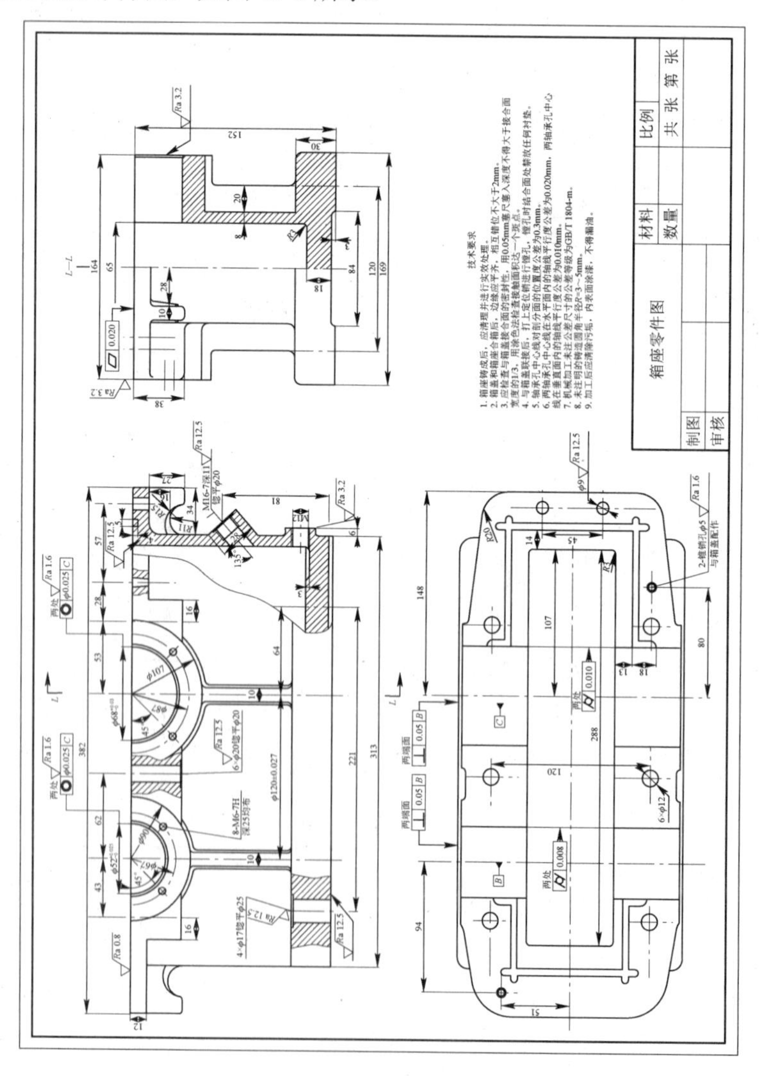

图 11-1　箱座零件图

任务说明

箱座是变速箱的最基本零件，其主要作用是为其他所有功能零件提供支撑和固定作用，同时盛装润滑散热油液。在所有零件中，其结构最复杂，绘制也相对困难。

知识与技能目标

1. 能学会分析装配图，正确拆画零件图。
2. 掌握综合分析装配图的方法。
3. 学会从装配图中剥离零件图的信息。
4. 熟悉零件图的画法。

任务分析

首先从装配图中拆画出箱座的主、俯和左视图，然后补画相应的图形，最后标注尺寸。

相关知识

1. 拆画零件图的注意事项

在设计部件时，需要根据装配图拆画零件图，简称拆图。拆图时应对所拆零件的作用进行分析，然后分离该零件（即把零件从与其组装的其他零件中分离出来）。具体方法是在各视图的投影轮廓中画出该零件的范围，结合分析，补齐所缺的轮廓线。有时还需要根据零件图的视图表达要求重新安排视图。选定和画出视图以后，应按零件图的要求，注写尺寸及技术要求。此处仅对拆画零件图提出几个需要注意的问题。

2. 对拆画零件图的要求

（1）画图前，必须认真阅读装配图，全面深入了解设计意图，弄清楚工作原理、装配关系、技术要求和每个零件的结构形状。

（2）画图时，不但要从设计方面考虑零件的作用和要求，而且还要从工艺方面考虑零件的制造和装配，应使所画的零件图符合设计和工艺要求。

3. 拆画零件图要处理的几个问题

1）零件分类

按照对零件的要求，可将零件分成 4 类。

（1）标准零件：标准零件大多数属于外购件，因此不需要画出零件图，只要按照标准件的规定标记代号列出标准件的汇总表即可。

（2）借用零件：借用零件是借用定型产品上的零件。对这类零件，可利用已有的图样，而不必另行画图。

（3）特殊零件：特殊零件是设计时所确定下来的重要零件，在设计说明书中都附有这类零件的图样或重要数据，如汽轮机的叶片、喷嘴等。对这类零件，应按给出的图样或数据绘制零件图。

（4）一般零件：这类零件基本上按照装配图所体现的形状、大小和有关的技术要求来画图，是拆画零件图的主要对象。

2）对表达方案的处理

拆画零件图时，零件的表达方案是根据零件的结构形状特点考虑的，不强求与装配图一致。在多数情况下，壳体、箱座类零件主视图所选的位置可以与装配图一致。这样做的好处是装配机器时便于对照，如减速器箱座。对于轴套类零件，一般按加工位置选取主视图。

3）对零件结构形状的处理

在装配图中，对零件上某些局部结构，往往未完全给出；对零件上某些标准结构（如倒角、倒圆、退刀槽等），也未完全表达。拆画零件图时，应结合考虑设计和工艺的要求补画出这些结构。如果零件上某部分需要与某零件装配时一起加工，则应在零件图上注明。

4）对零件图上尺寸的处理

装配图上的尺寸不是很多，各零件结构形状的大小已经过设计人员的考虑，虽未注明尺寸数字，但基本上是合适的。因此，根据装配图拆画零件图，可以从图样上按比例直接量取尺寸。尺寸大小必须根据不同情况分别处理。

（1）装配图上已注出的尺寸，在有关的零件图上直接注出。对于配合尺寸，某些相对位置尺寸要注出偏差数值。

（2）与标准件相连接或配合的有关尺寸，如螺纹的有关尺寸、销孔直径等，要从相应标准中查取。

（3）某些零件在明细表中给定了尺寸，如弹簧尺寸、垫片厚度等，要按给定尺寸注写。

（4）根据装配图所给的数据应进行计算的尺寸，如齿轮分度圆、齿顶圆直径尺寸等，要经过计算后注写。

（5）相邻零件接触面的有关尺寸及连接件的有关定位尺寸要协调一致。

（6）有标准规定的尺寸，如倒角、沉孔、螺纹退刀槽等，要从机械设计课程设计手册中查取。

（7）其他尺寸均从装配图中直接量取标注，但要注意尺寸数字的圆整和取标准化数值。

5）零件表面粗糙度的确定

零件上各表面的粗糙度是根据其作用和要求确定的。一般接触面与配合面粗糙度数值应较小，自由表面的粗糙度数值一般较大，但是有密封、耐蚀、美观等要求的表面粗糙度数值应较小。

6）关于零件图的技术要求

技术要求在零件图中占有重要的地位，直接影响零件的加工质量。

任务实施

1. 由装配图主视图拆画箱座零件主视图

（1）从装配图主视图区分离出箱座主视图轮廓。从装配图主视图中分离出箱座的主视图轮廓，如图 11-2 所示。这是一幅不完整的图形，根据此零件的作用及装配关系，可以补全所缺的轮廓线。

（2）补画轴承旁连接螺栓通孔。单击“绘图”工具栏中的“直线”按钮，连接所缺的线段，并且绘制完整的螺栓孔，然后单击“绘图”工具栏中的“样条曲线”按钮，在螺栓通孔旁边绘制曲线，构成剖切平面；最后单击“绘图”工具栏中的“图案填充”按钮，绘制剖面线，如图 11-3 所示。

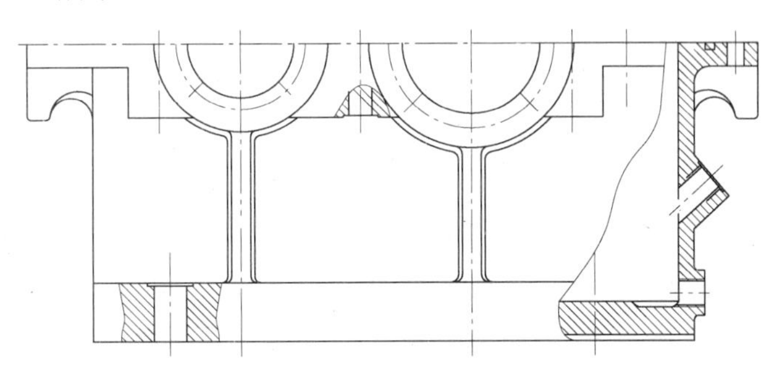

图 11-2　从装配图主视图中分离出箱座的主视图轮廓

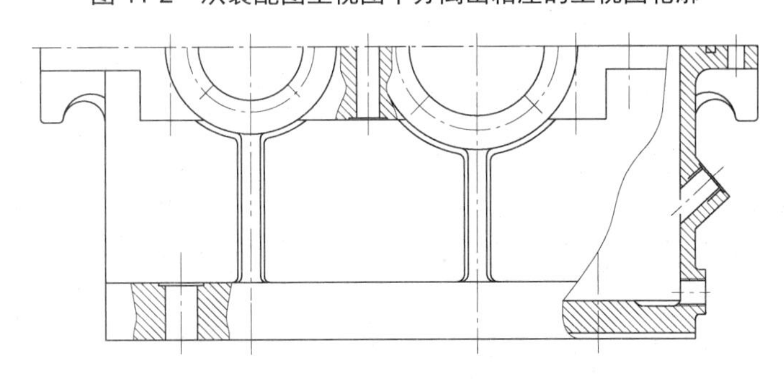

图 11-3　绘制连接螺栓通孔

（3）补画油标尺安装孔轮廓线。单击“绘图”工具栏中的“直线”按钮，然后单击“修改”工具栏中的“偏移”按钮，绘制孔径为φ16mm、安装沉孔为φ20mm×1mm 的油标尺安装孔，并进行编辑，局部效果如图 11-4 所示。

（4）绘制放油孔。单击“绘图”工具栏中的“直线”按钮，补画放油孔，并将补画的直线转换到合适的图层，局部效果如图 11-5 所示。

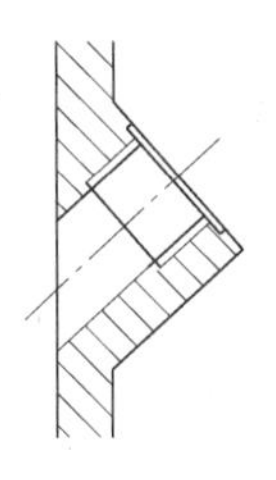

图 11-4　绘制油标尺安装孔

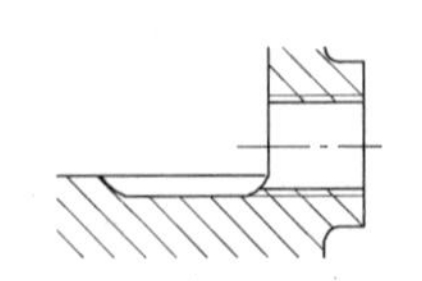

图 11-5　绘制放油孔

（5）补画其他图形。单击“绘图”工具栏中的“直线”按钮，补画主视图轮廓线，形成完整的箱体顶面，补画销孔以及和轴承端盖上的连接螺钉配合的螺纹孔，效果如图 11-6 所示。

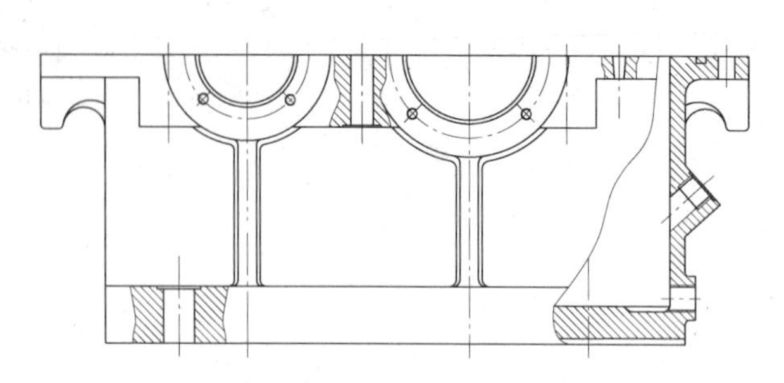

图 11-6　补全主视图

2. 由装配图俯视图拆画箱座零件俯视图

（1）从装配图俯视图区分离出箱座俯视图轮廓。从装配图俯视图中分离出箱座的俯视图轮廓，如图 11-7 所示。这也是一幅不完整的图形，因此要根据此零件的作用及装配关系补全所缺的轮廓线。

（2）补画轮廓线。单击“绘图”工具栏中的“直线”按钮，补全箱体顶面轮廓线、箱体底面轮廓线及中间膛轮廓线，如图 11-8 所示。

（3）补画轴孔。单击“绘图”工具栏中的“直线”按钮，然后单击“修改”工具栏中的“延伸”按钮，补画轴孔，其中，左轴孔直径为 58mm，右轴孔直径为 72mm。接着单击“修改”工具栏中的“删除”按钮，删除掉多余的图形，效果如图 11-9 所示。

（4）修改螺栓孔和销孔。单击“修改”工具栏中的“删除”按钮，删除图 11-9 中螺栓孔和销孔内的剖面线及多余线段，然后单击“绘图”工具栏中的“圆”按钮，绘制图 11-9 中左下角的螺栓孔，最后补全左边的输油孔、水平中心线、竖直中心线，效果如图 11-10 所示。

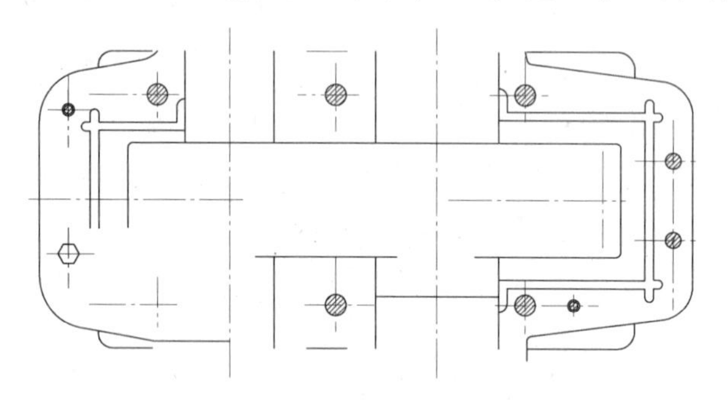

图 11-7　从装配图主视图中分离出箱座的俯视图

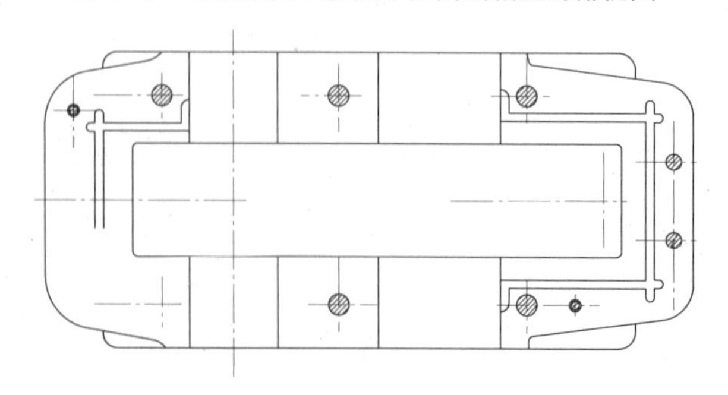

图 11-8　补画轮廓线

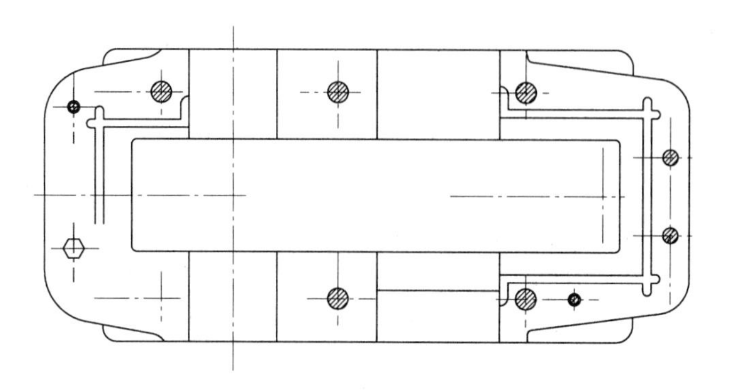

图 11-9　补画轴孔

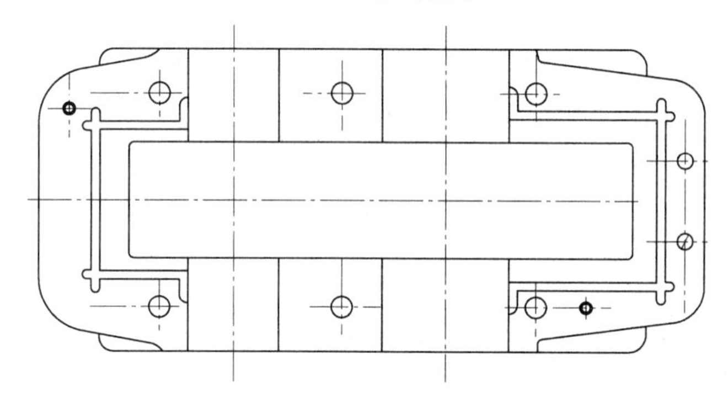

图 11-10　箱座俯视图

3. 由装配图左视图拆画箱座零件左视图

（1）从装配图左视图区分离出箱座左视图轮廓。从装配图左视图中分离出箱座的左视图轮廓，如图 11-11 所示。

（2）修剪箱座左视图轮廓。单击“绘图”工具栏中的“直线”按钮，补全箱体顶面轮廓线，然后单击“修改”工具栏中的“修剪”按钮和“删除”按钮，修剪掉图中多余的线段，如图 11-12 所示。

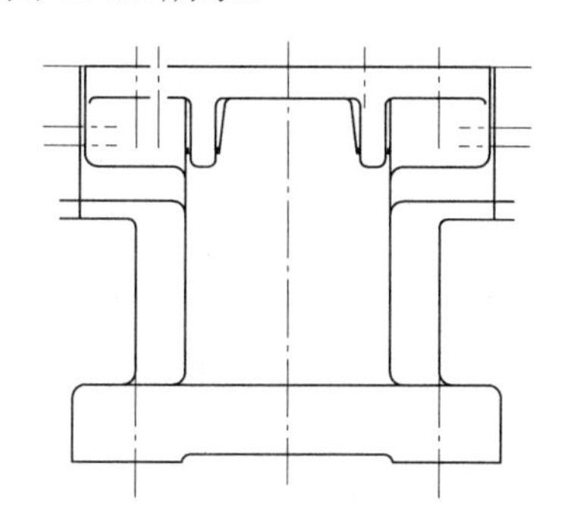

图 11-11　从装配图左视图中分离出箱座的左视图

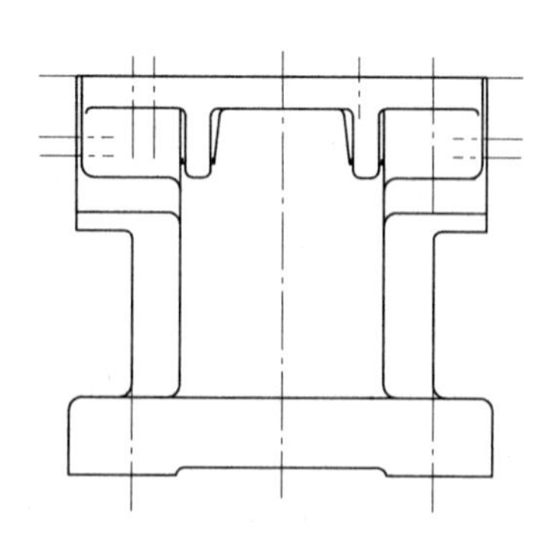

图 11-12　补画并修剪图形

（3）绘制剖面图。将图 11-12 中的竖直中心线右面部分进行剖切，单击“修改”工具栏中的“删除”按钮，删除多余的图形，然后单击“绘图”工具栏中的“直线”按钮，绘制剖切后的轮廓线；最后单击“绘图”工具栏中的“图案填充”按钮，绘制剖面线，如图 11-13 所示。

4. 标注减速器箱座

1）标注主视图无公差尺寸

选择“格式”→“标注样式”命令，打开“标注样式管理器”对话框，创建一个名为“箱座标注样式（不带公差）”的样式，对其中选项进行相应设置，然后单击“标注”工具栏中的“线性”按钮、“半径”按钮、“直径”按钮和“角度”按钮，对主视图进行尺寸标注，结果如图 11-14 所示。

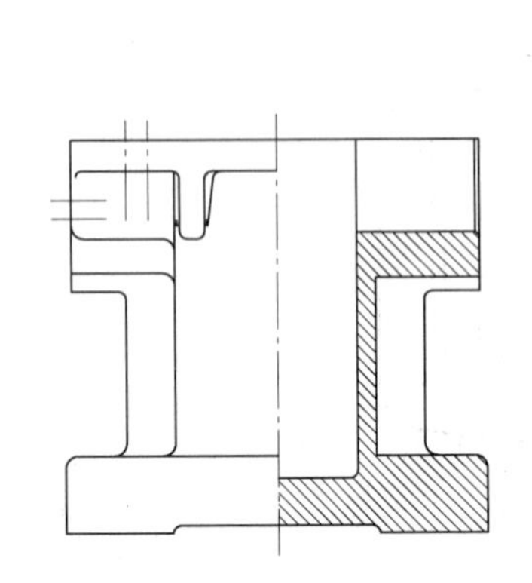

图 11-13 箱座左视图

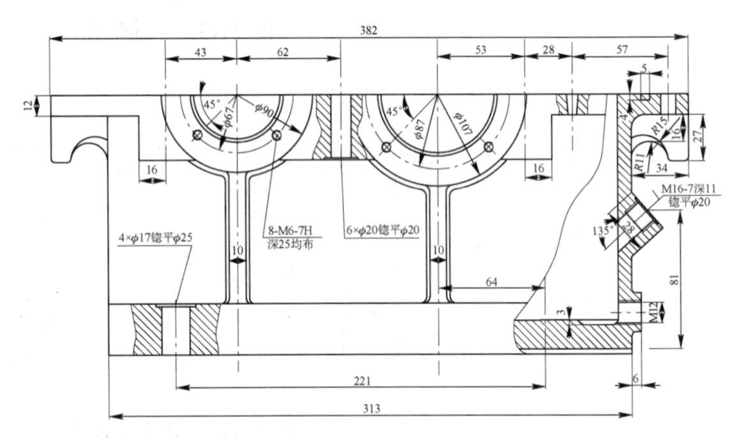

图 11-14 标注主视图无公差尺寸

2）标注主视图带公差尺寸

（1）选择“格式”→“标注样式”命令，打开“标注样式管理器”对话框，创建一个名为“副本箱座标注样式（带公差）”的样式，在“新建标注样式”对话框中设置“公差”选项卡，并把“副本箱座标注样式（带公差）”的样式设置为当前使用的标注样式。

（2）单击“标注”工具栏中的“线性”按钮，对主视图中带公差的尺寸进行标注。使用前面学习的带公差尺寸标注的方法，进行公差编辑、修改，结果如图 11-15 所示。

3）标注俯视图

将“箱座标注样式（不带公差）”样式设置为当前标注样式，单击“标注”工具栏中的“线性”按钮和“半径”按钮，对俯视图无公差尺寸进行标注，效果如图 11-16 所示。

4）标注左视图

将“箱座标注样式（不带公差）”样式设置为当前标注样式，单击“标注”工具栏中的“线性”按钮和“半径”按钮，对左视图无公差尺寸进行标注，效果如图 11-17 所示。

5）标注技术要求

（1）设置文字标注格式。选择“格式”→“文字样式”命令，在打开的“文字样式”对话框中单击“新建”按钮，新建样式名为“技术要求”的文字样式，如图 11-18 所示，单击“置为当前”按钮，将其设置为当前使用的文字样式。

（2）标注文字。单击“绘图”工具栏中的“多行文字”按钮A，标注技术要求，如图 11-19

所示。

6）标注表面结构符号

选择“插入”→“块”命令，将表面结构符号插入图中的合适位置，然后单击“绘图”工具栏中的“多行文字”按钮A，标注表面结构符号。

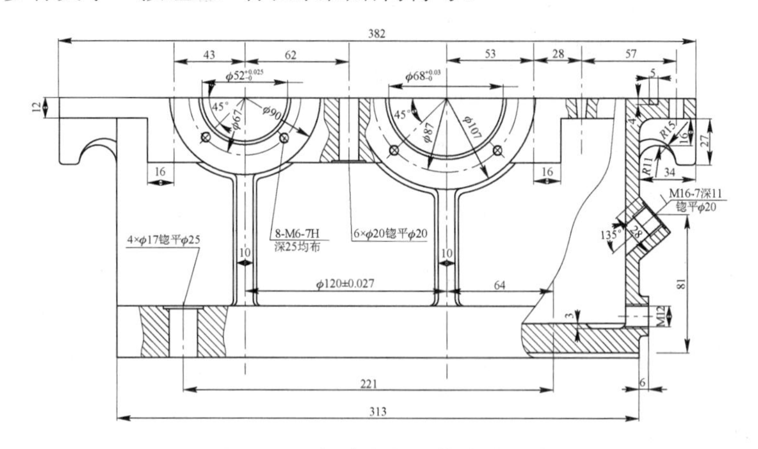

图 11-15　标注主视图带公差尺寸

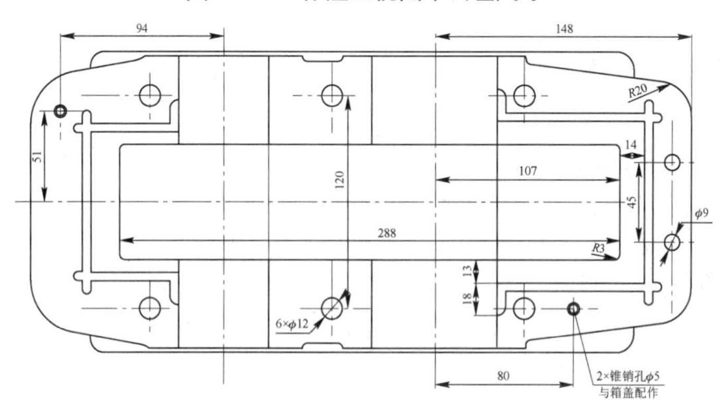

图 11-16　标注俯视图

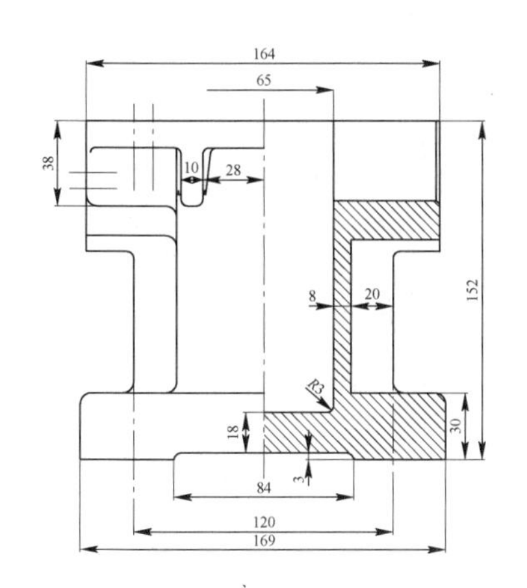

图 11-17　标注左视图

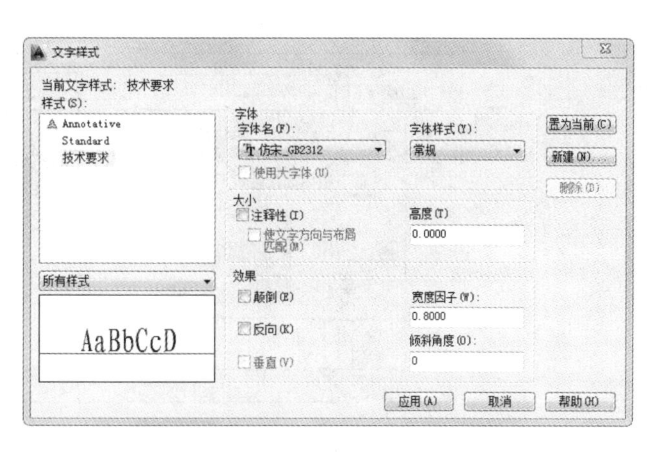

图 11-18　“文字样式”对话框

技术要求

1. 箱座铸成后，应清理并进行实效处理。
2. 箱盖和箱座合箱后，边缘应平齐，相互错位不大于2mm。
3. 应检查与箱盖接合面的密封性，用0.05mm塞尺塞入深度不得大于接合面宽度的1/3。用涂色法检查接触面积达一个斑点。
4. 与箱盖联接后，打上定位销进行镗孔，镗孔时结合面处禁放任何衬垫。
5. 轴承孔中心线对剖分面的位置度公差为0.3mm。
6. 两轴承孔中心线在水平面内的轴线平行度公差为0.020mm，两轴承孔中心线在垂直面内的轴线平行度公差为0.010mm。
7. 机械加工未注公差尺寸的公差等级为GB/T 1804-m。
8. 未注明的铸造圆角半径R=3~5mm。
9. 加工后应清除污垢，内表面涂漆，不得漏油。

图 11-19　标注技术要求

7）标注公差

（1）基准符号。单击“绘图”工具栏中的“矩形”按钮、“图案填充”按钮、“直线”按钮和“多行文字”按钮A，绘制基准符号。

（2）标注几何公差。单击“标注”工具栏中的“公差”按钮，完成几何公差的标注，各视图效果如图 11-20～图 11-22 所示。

5. 绘制图框与标题栏

（1）单击“绘图”工具栏中的“矩形”按钮，绘制长为 841mm、高为 594mm 的矩形，并且将矩形分解，如图 11-23 所示。

（2）单击“修改”工具栏中的“偏移”按钮，将图 11-23 中的线段 *ab* 向右偏移 25mm，*ac* 向下偏移 10mm，*bd* 向上偏移 10mm，*cd* 向左偏移 10mm，完成图框的绘制。

（3）选择“插入”→“块”命令，将标题栏插入图中的合适位置，然后单击“绘图”工具栏中的“多行文字”按钮A，填写相应的内容，如图 11-24 所示。

（4）单击“修改”工具栏中的“移动”按钮，将所绘制的三视图移动到图框中。至此，整幅图绘制完毕，最终效果如图 11-1 所示。

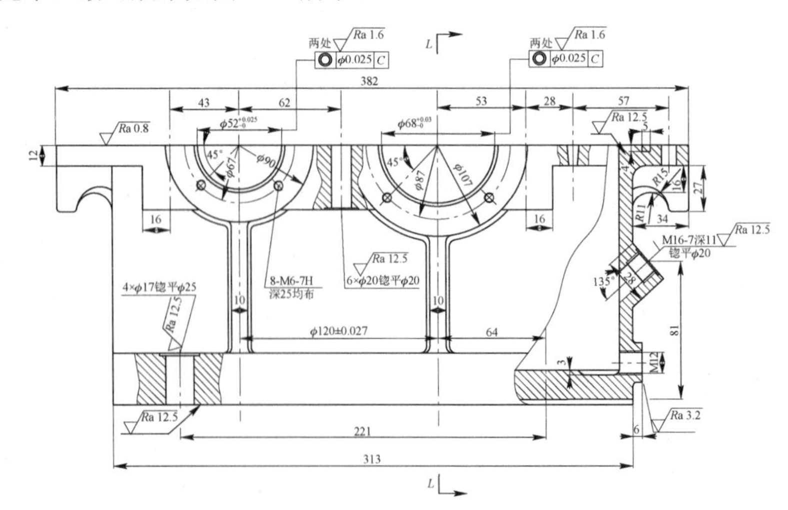

图 11-20　主视图完成效果

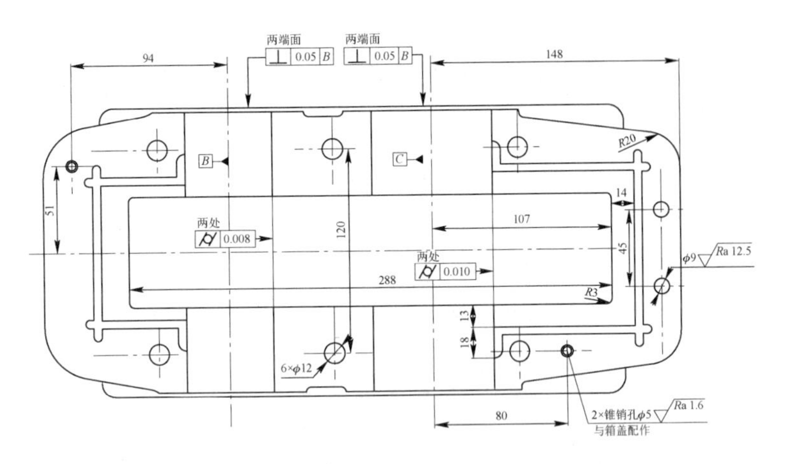

图 11-21　俯视图完成效果

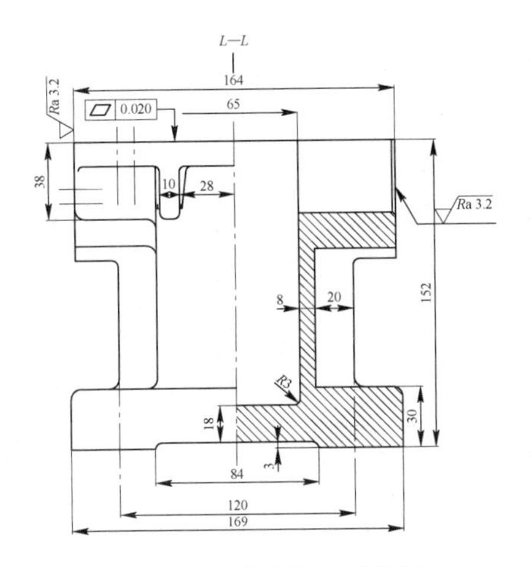

图 11-22　左视图完成效果

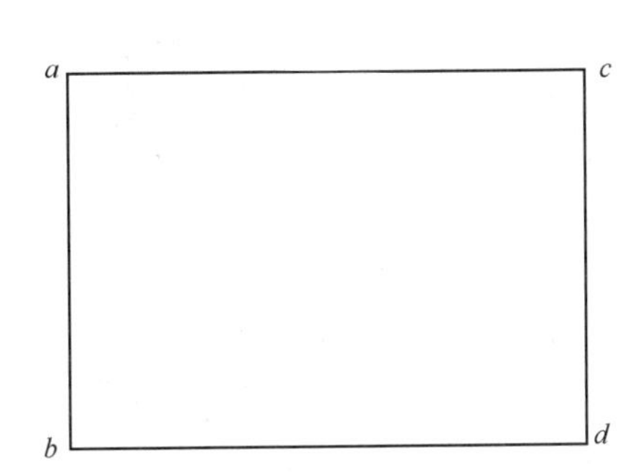

图 11-23　绘制矩形

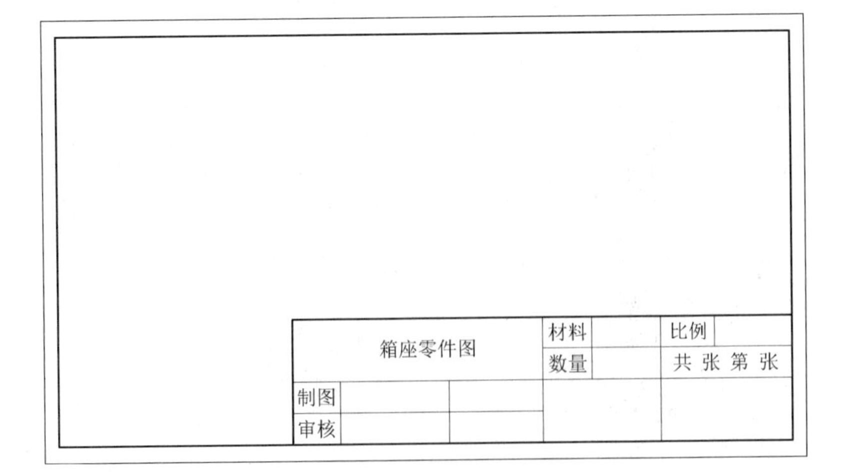

图 11-24　绘制图框与标题栏

任务二　由减速器装配图拆画箱盖零件图

任务引入

本任务绘制箱盖零件图，如图 11-25 所示。

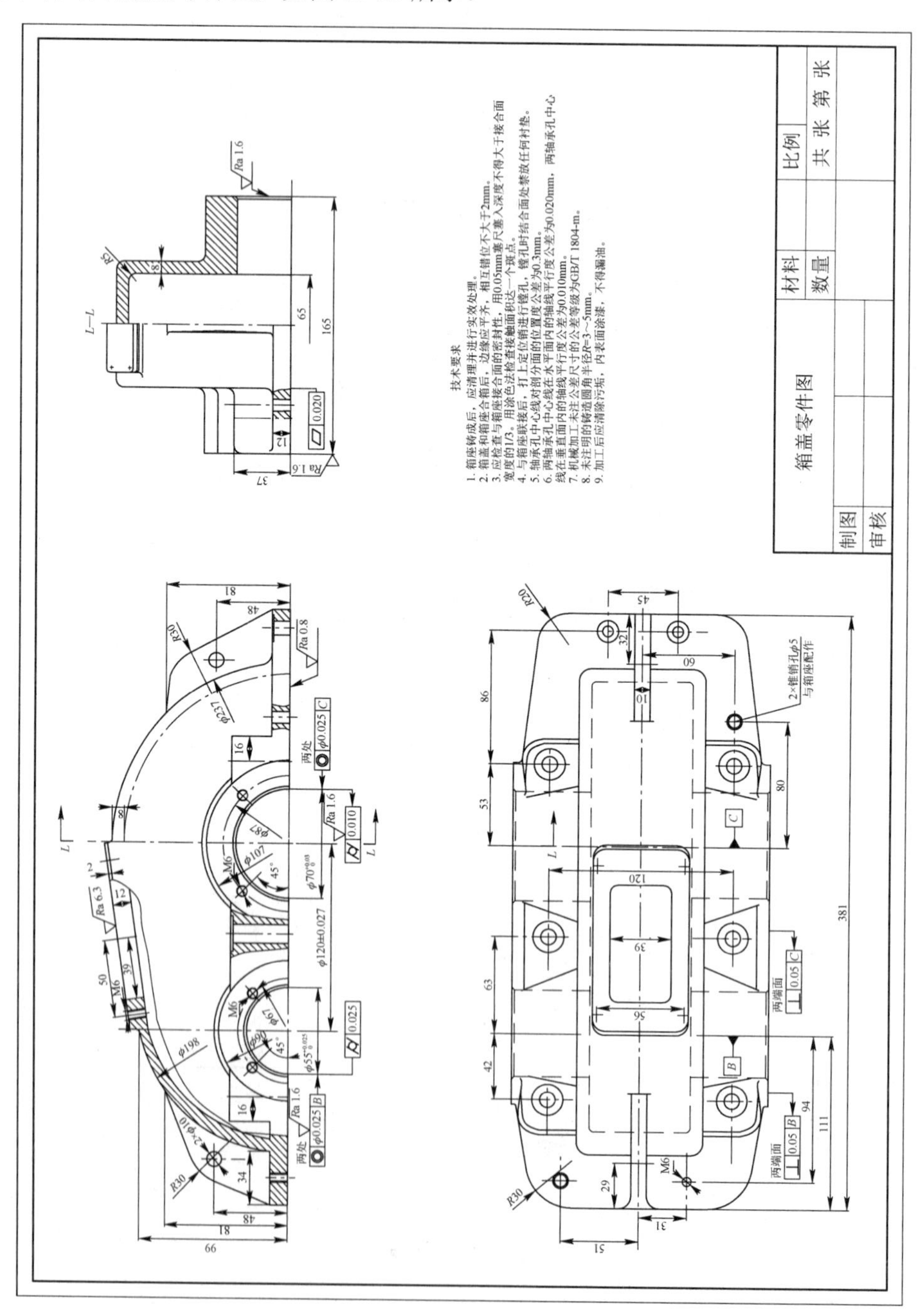

图 11-25　箱盖零件图

任务说明

箱盖与箱体一起构成变速箱的基本结构，其主要作用是封闭整个变速箱，使里面的齿轮形成闭式传动，以免外部的灰尘等污染物进入箱体内部，从而影响齿轮传动性能。

知识与技能目标

1. 学会分析装配图,正确拆画零件图。
2. 掌握综合分析装配图的方法。
3. 学会从装配图中剥离零件图的信息。
4. 更加熟悉零件图的画法。

任务分析

首先从装配图中拆画出箱体的主、俯和左视图，然后补画相应的图形，最后标注尺寸。

任务实施

1. 由装配图主视图拆画箱盖零件主视图

1）从装配图主视图区分离出箱盖主视图轮廓

从装配图主视图中分离出箱盖的主视图轮廓，如图 11-26 所示。这是一幅不完整的图形，需根据零件的作用及装配关系补全所缺的轮廓线。

2）补画轴承旁、箱座与箱盖连接螺栓通孔

单击“绘图”工具栏中的“直线”按钮，连接所缺的线段，并且绘制完整的螺栓孔，然后单击“绘图”工具栏中的“样条曲线”按钮，在螺栓通孔旁边绘制曲线构成剖切平面，最后单击“绘图”工具栏中的“图案填充”按钮，绘制剖面线，如图 11-27 所示。

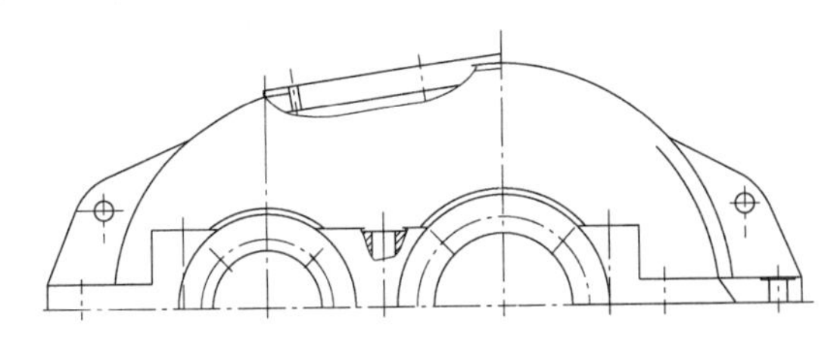

图 11-26　从装配图主视图中分离出箱盖的主视图

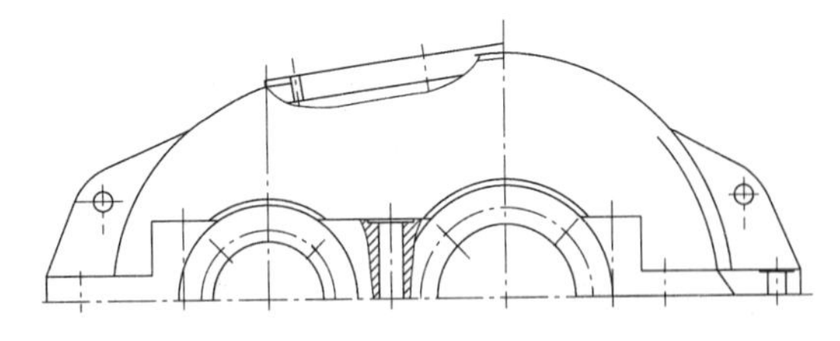

图 11-27　补画螺栓通孔

3）补画视孔盖部分

（1）单击“绘图”工具栏中的“直线”按钮，连接所缺的线段，并且绘制起盖螺钉的螺纹孔。

（2）单击“修改”工具栏中的“偏移”按钮，将箱盖外壁向内偏移 8mm，得到箱盖的内壁。

（3）单击“绘图”工具栏中的“样条曲线”按钮，重新绘制曲线构成剖切平面。

（4）单击“绘图”工具栏中的“图案填充”按钮，绘制剖面线。

（5）将未剖切部分箱盖内壁转换到“点画线”图层，单击“修改”工具栏中的“修剪”按钮和“删除”按钮，修剪、删除掉多余的线段，效果如图 11-28 所示。

4）补画其他部分

（1）将“轮廓线”图层置为当前图层，单击“绘图”工具栏中的“圆”按钮，绘制与轴承端盖连接螺钉配合的螺纹孔，效果如图 11-29 所示。

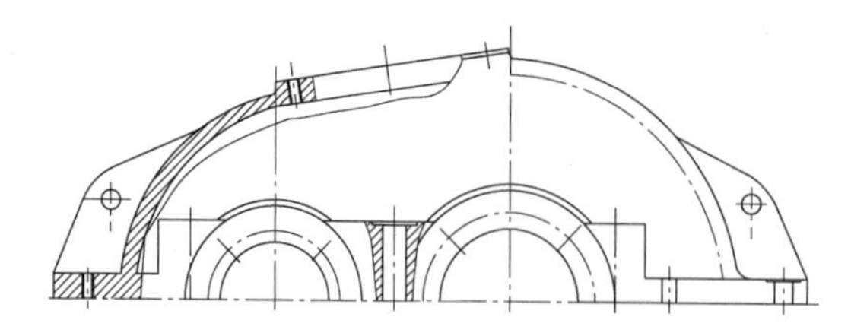

图 11-28 补画视孔盖

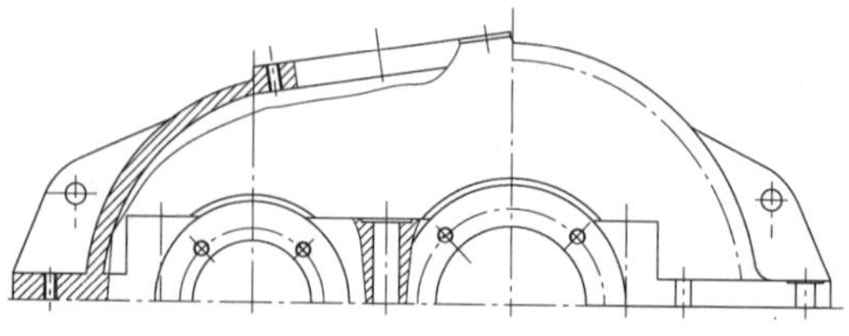

图 11-29 绘制螺纹孔

（2）单击“修改”工具栏中的“偏移”按钮，绘制销孔，然后单击“修改”工具栏中的“删除”按钮，删除掉多余的线段。

（3）单击“修改”工具栏中的“偏移”按钮，将箱盖中间孔绘制倒角线，向上偏移 1.8mm，效果如图 11-30 所示。

（4）单击“修改”工具栏中的“修剪”按钮，将镜像后的吊钩中的多余线段进行修剪，效果如图 11-31 所示。

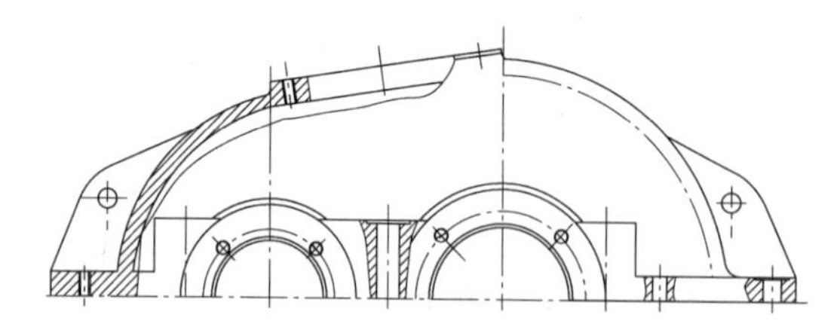

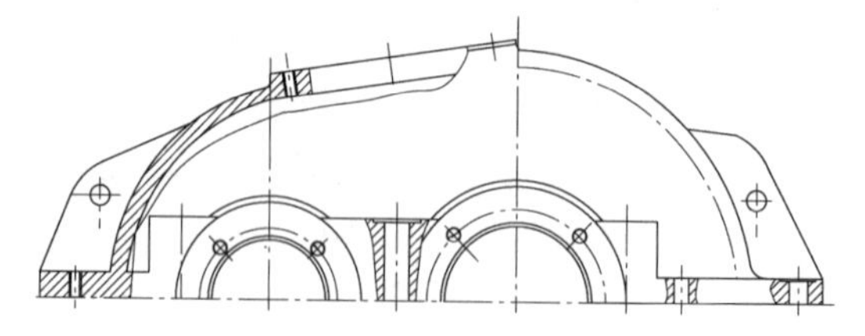

图 11-30 偏移倒角线

图 11-31 修改吊钩

2. 由装配图俯视图拆画箱盖零件俯视图

1）从装配图俯视图区分离出箱盖俯视图轮廓

从装配图俯视图中分离出箱盖的俯视图轮廓，如图 11-32 所示。这也是一幅不完整的图形，因此要根据此零件的作用及装配关系补全所缺的轮廓线。

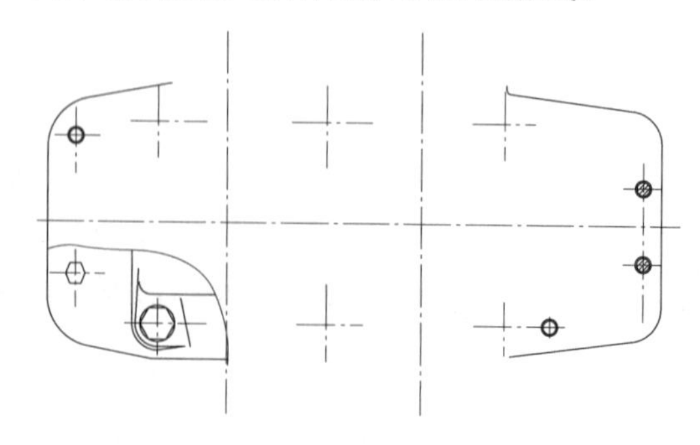

图 11-32 从装配图俯视图中分离出箱盖的俯视图

2）补画视孔盖部分

（1）单击“绘图”工具栏中的“直线”按钮，由主视图向俯视图引出定位线，如图 11-33 所示。

（2）单击“修改”工具栏中的“偏移”按钮，将图 11-32 中的水平中心线分别向上、下偏移，偏移距离为 31mm。

（3）单击“修改”工具栏中的“修剪”按钮，修剪掉偏移后的直线，然后单击“修改”工具栏中的“圆角”按钮，对相应部分进行圆角，并将相应的线段转换到“轮廓线”图层，效果如图 11-34 所示。

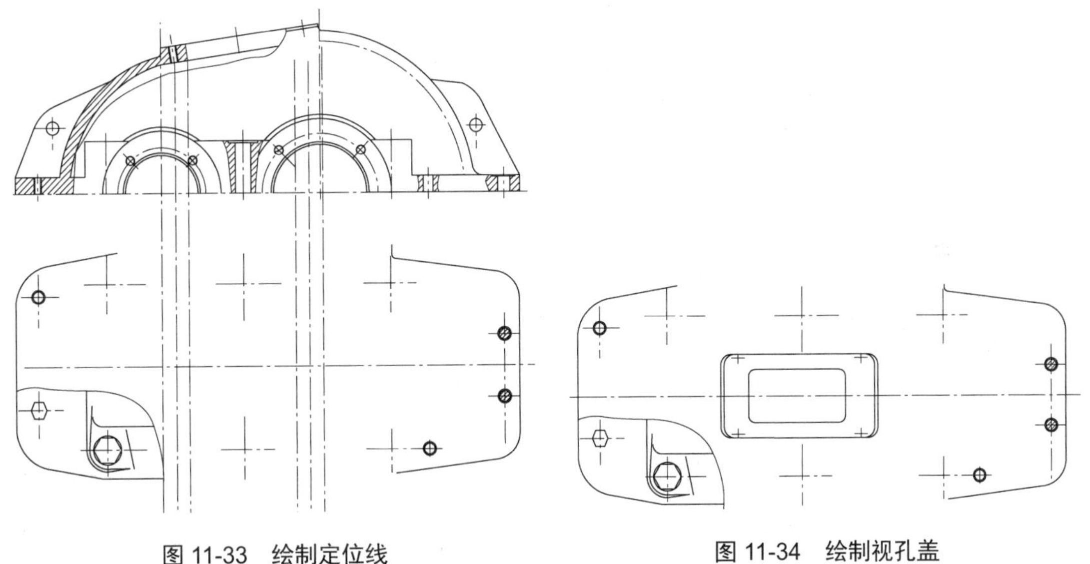

图 11-33 绘制定位线　　图 11-34 绘制视孔盖

3）补画俯视图其他部分

（1）单击“修改”工具栏中的“删除”按钮，删除掉多余的线段；然后单击“修改”工具栏中的“偏移”按钮 ，将水平中心线向上、下偏移 5mm、41mm；最后单击“绘图”工具栏中的“直线”按钮 ，由主视图绘制定位线，效果如图 11-35 所示。

（2）单击“修改”工具栏中的“修剪”按钮，修剪掉多余的直线；然后单击“修改”工具栏中的“圆角”按钮，对相应部分进行圆角，圆角半径为 8mm；最后将相应的线段转换到“轮廓线”图层，效果如图 11-36 所示。

（3）单击“修改”工具栏中的“删除”按钮，删除掉多余的线段；然后单击“绘图”工具栏中的“圆”按钮，以垂直相交的直线的交点为圆心，绘制半径为 5mm 和 10mm 的两个圆，完成螺栓通孔的绘制；最后单击“修改”工具栏中的“复制”按钮，将螺栓通孔复制到其他位置，效果如图 11-37 所示。

（4）单击“绘图”工具栏中的“直线”按钮，补全箱体顶面轮廓线和中间膛轮廓线，然后单击“修改”工具栏中的“偏移”按钮，再单击“绘图”工具栏中的“圆弧”按钮，补画其他的图形。最终效果如图 11-38 所示。

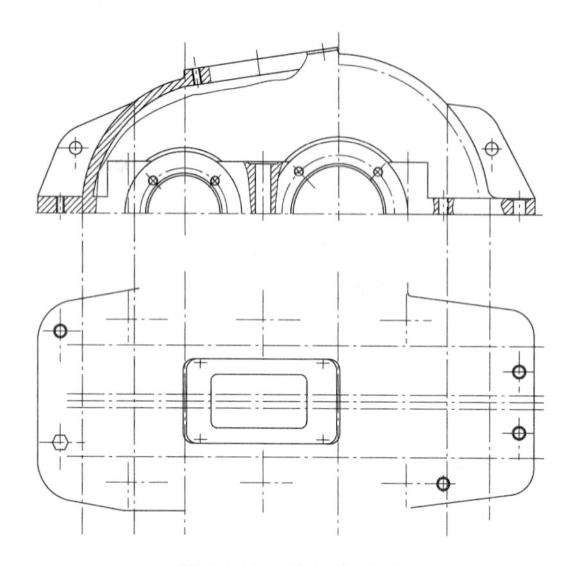

图 11-35　绘制定位线

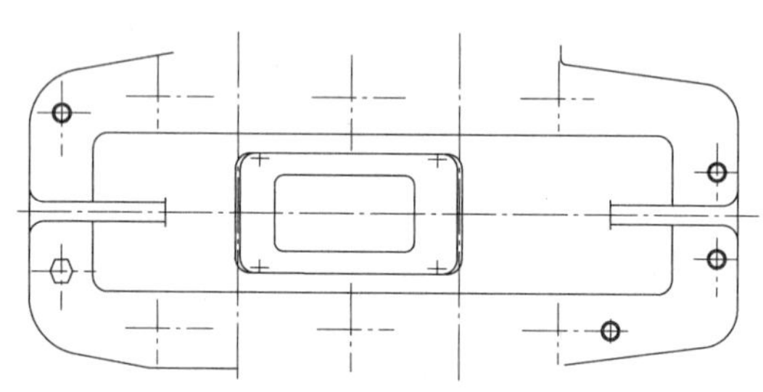

图 11-36　修剪图形

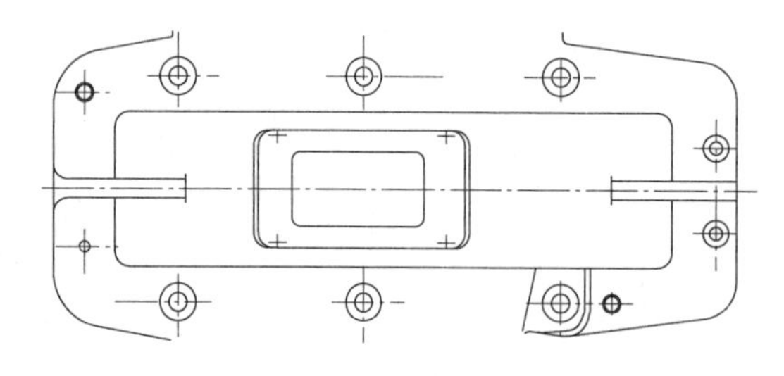

图 11-37　绘制螺栓通孔

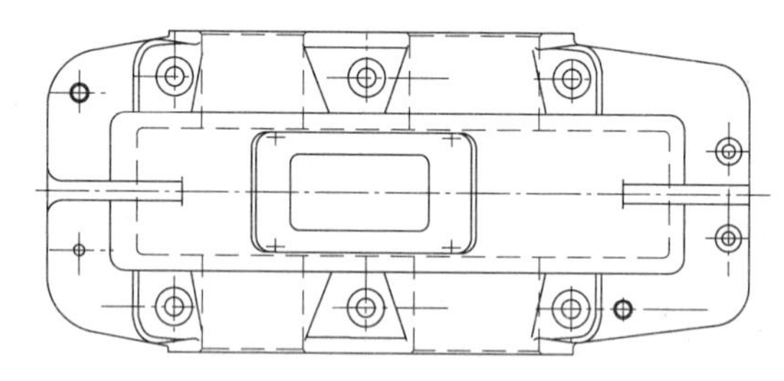

图 11-38　箱盖俯视图

3. 由装配图左视图拆画箱盖零件左视图

1）从装配图左视图区分离出箱盖左视图轮廓

从装配图左视图中分离出箱盖的左视图轮廓，如图 11-39 所示。此图形不太完整，需要根据此零件的作用及装配关系补全所缺的轮廓线。

2）绘制左视图左半部分剖视图

（1）将减速器沿着图 11-25 所示的 *L—L* 方向剖切。在绘制剖视图之前，单击“修改”工具栏中的“删除”按钮和“修剪”按钮，删除并修剪掉多余的线段，效果如图 11-40 所示。

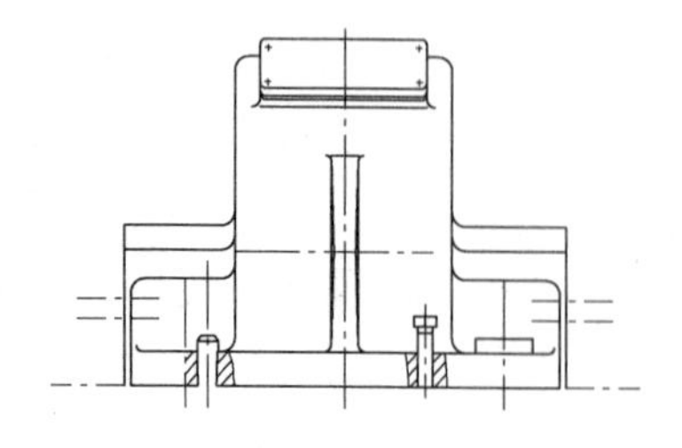

图 11-39　从装配图左视图中分离出箱盖的左视图

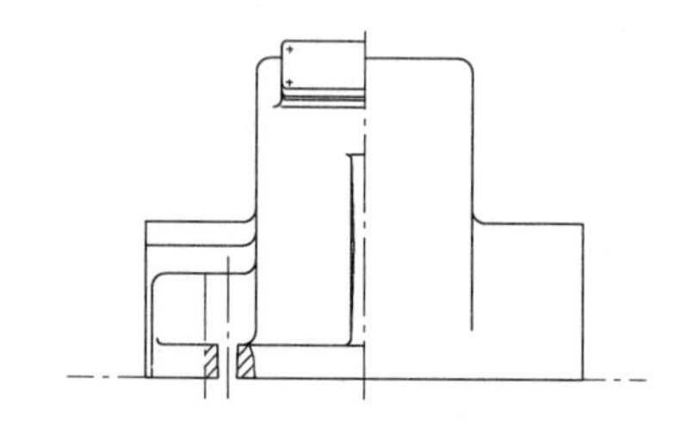

图 11-40　修剪图形

（2）单击“绘图”工具栏中的“直线”按钮，补全箱体顶面轮廓线，并且由主视图绘制定位线，效果如图 11-41 所示。

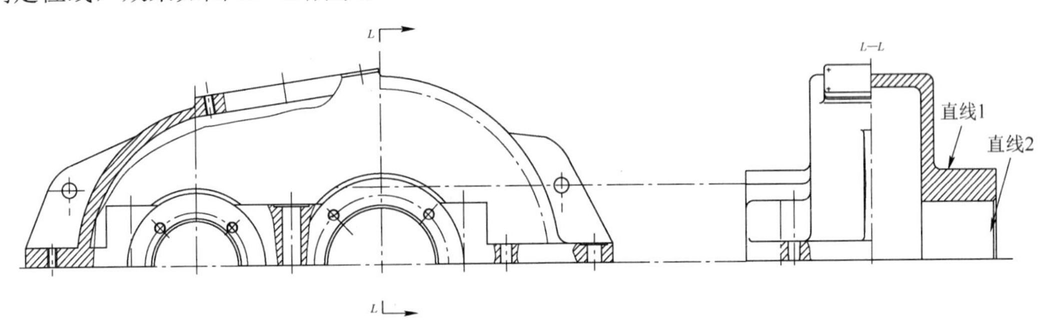

图 11-41　绘制轮廓线和定位线

（3）单击“修改”工具栏中的“偏移”按钮，将图 11-41 中的直线 1 向下偏移 20mm，将直线 2 向左偏移 2mm；然后单击“修改”工具栏中的“修剪”按钮，修剪掉多余的线段；最后将修剪后的定位线转换到“轮廓线”图层，效果如图 11-42 所示。

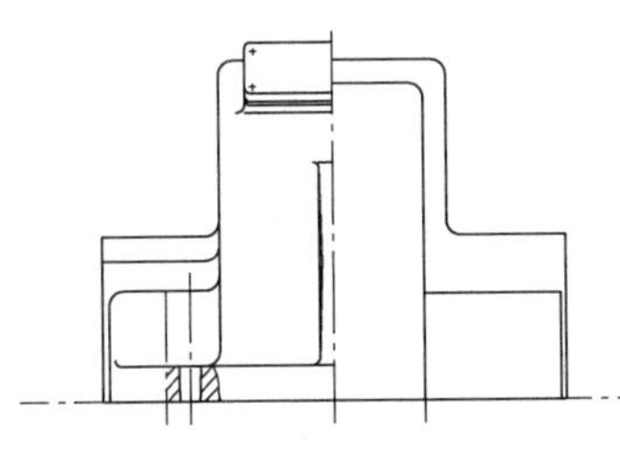

图 11-42　补充绘制图形

（4）单击“修改”工具栏中的“倒角”按钮，将偏移后的水平线段与俯视图右侧边进行倒角处理，倒角距离为 2mm，效果如图 11-43 所示。

（5）单击“绘图”工具栏中的“图案填充”按钮，打开“图案填充和渐变色”对话框，如图 11-44 所示。选择 ANSI31 为填充图案，填充比例设置为 1，如图 11-45 所示。对图中相应部分填充剖面线，然后补充绘制图中其他部分，效果如图 11-46 所示。

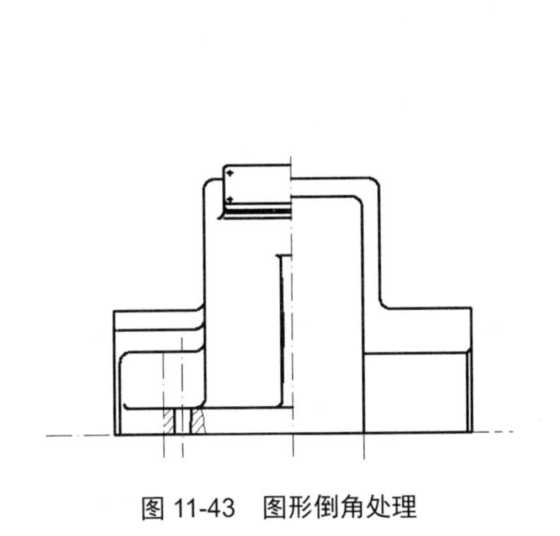

图 11-43　图形倒角处理

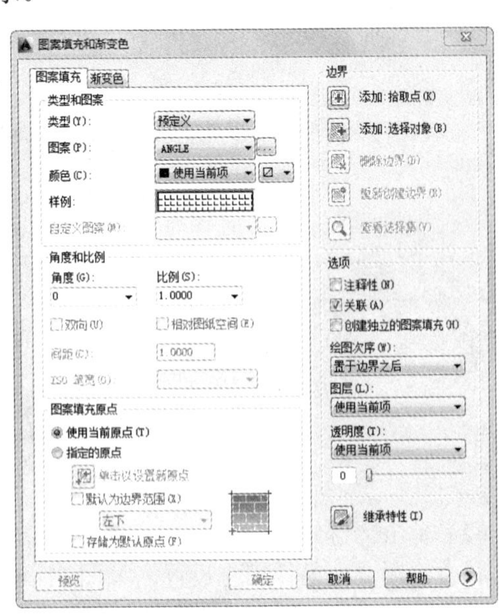

图 11-44　“图案填充和渐变色”对话框（一）

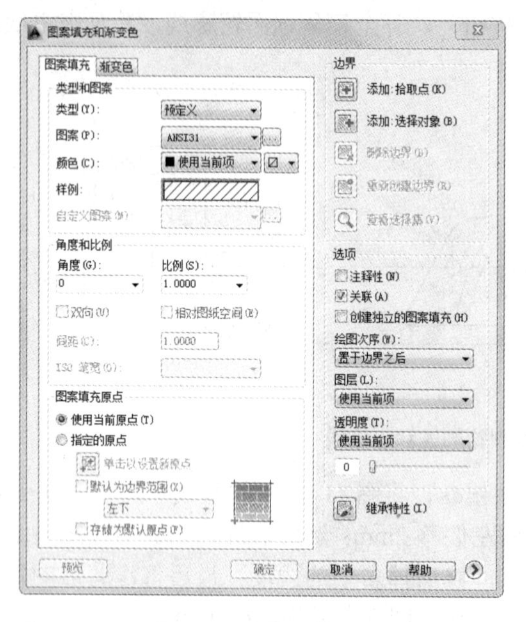

图 11-45 “图案填充和渐变色”对话框（二）

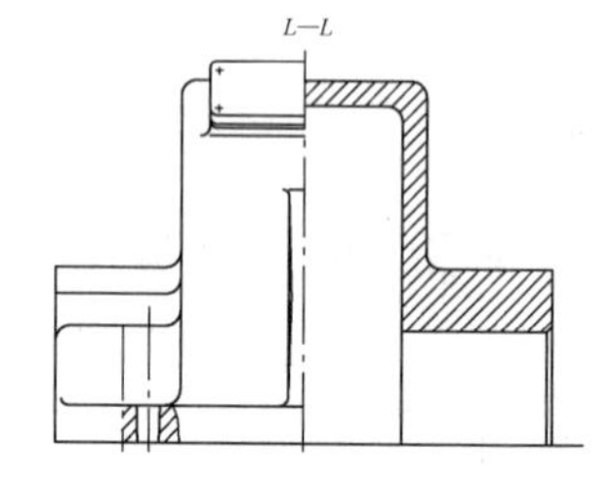

图 11-46 箱盖左视图

4. 标注减速器箱盖

1）标注主视图无公差尺寸标注

（1）选择“格式”→“标注样式”命令，打开“标注样式管理器”对话框，如图 11-47 所示。单击“新建”按钮，在打开的“创建新标注样式”对话框中创建一个名为“箱盖标注样式（不带公差）”的样式，如图 11-48 所示。

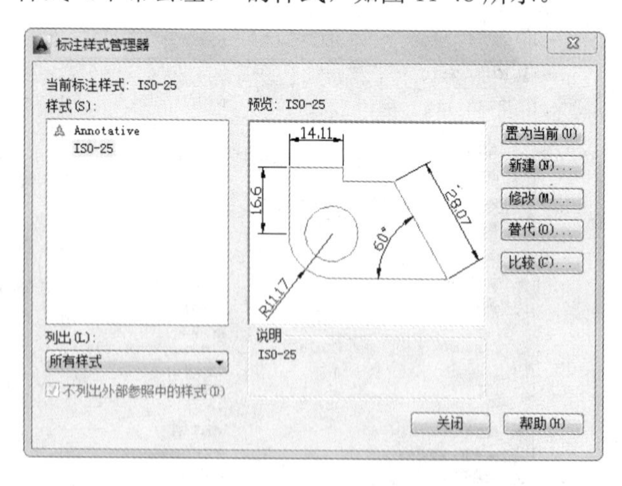

图 11-47 “标注样式管理器”对话框

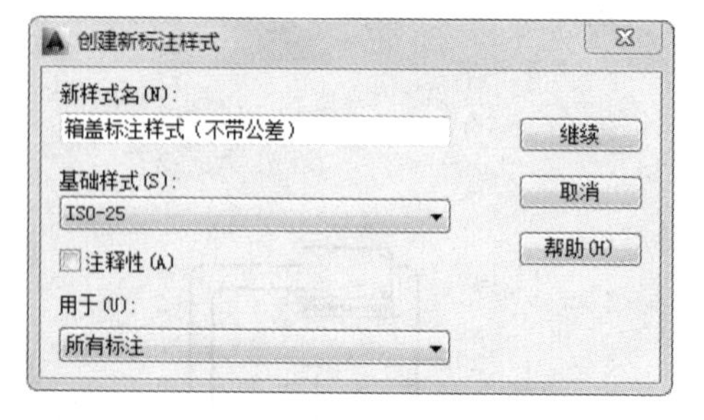

图 11-48 创建“箱盖标注样式（不带公差）”

（2）单击“继续”按钮，打开“新建标注样式：箱盖标注样式（不带公差）”对话框，在其各个选项卡中进行相应设置，如图 11-49～图 11-53 所示。

（3）单击“标注”工具栏中的“线性”按钮、“半径”按钮、“直径”按钮和“角度”按钮，对主视图进行尺寸标注，结果如图 11-54 所示。

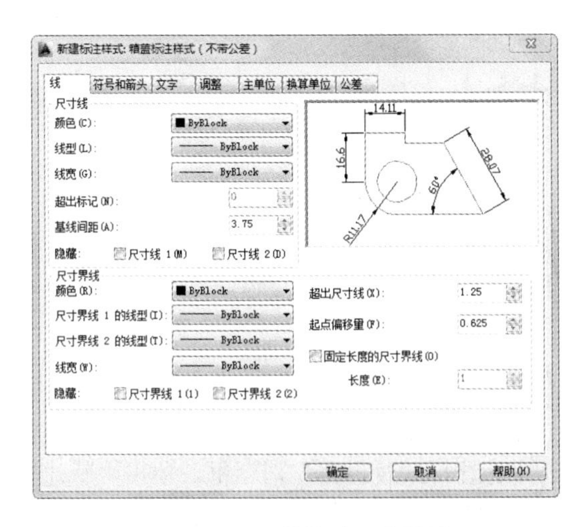

图 11-49 “线”选项卡设置

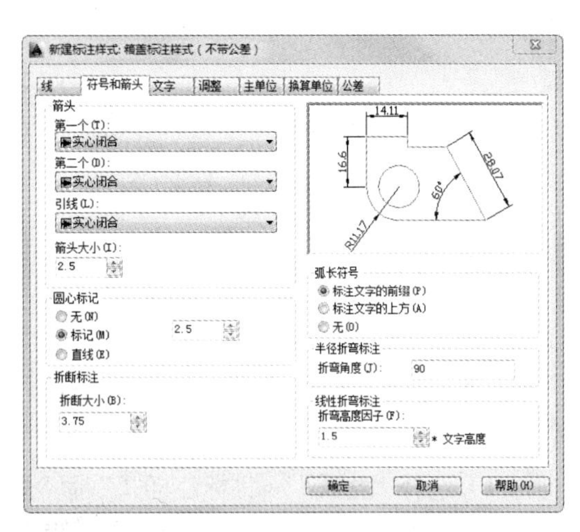

图 11-50 “符号和箭头”选项卡设置

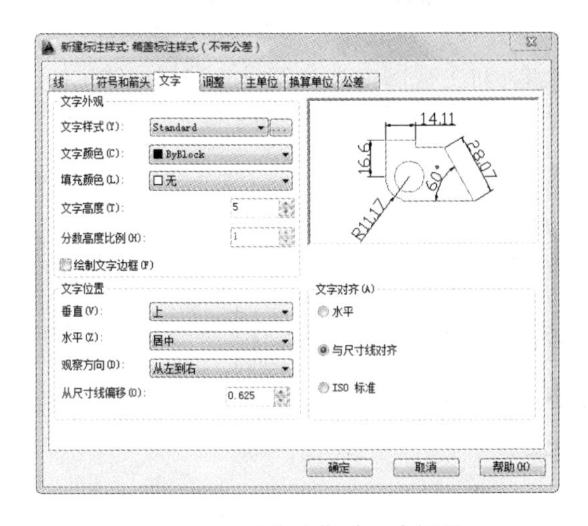

图 11-51 “文字”选项卡设置

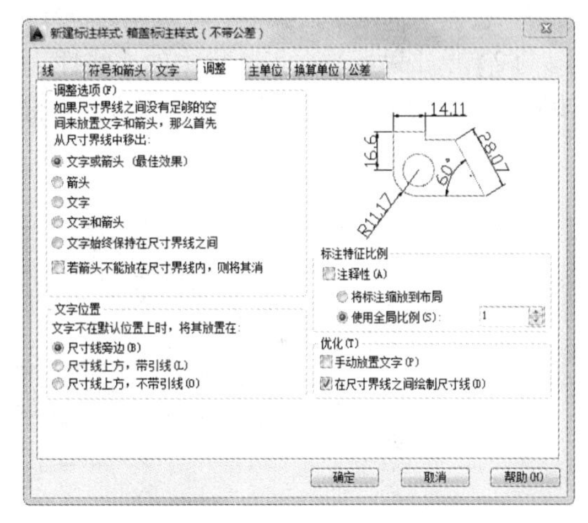

图 11-52 “调整”选项卡设置

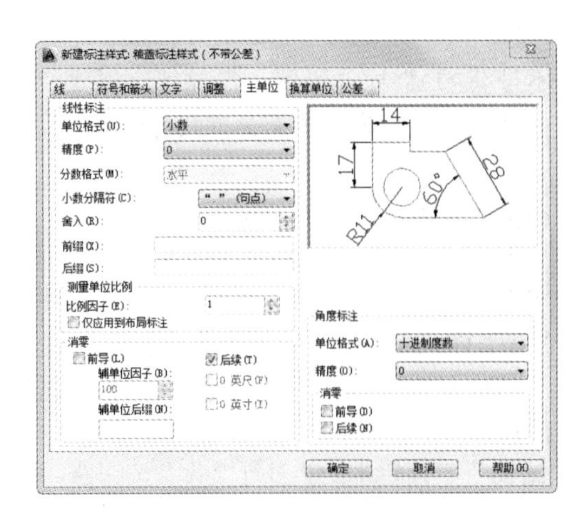

图 11-53 “主单位”选项卡设置

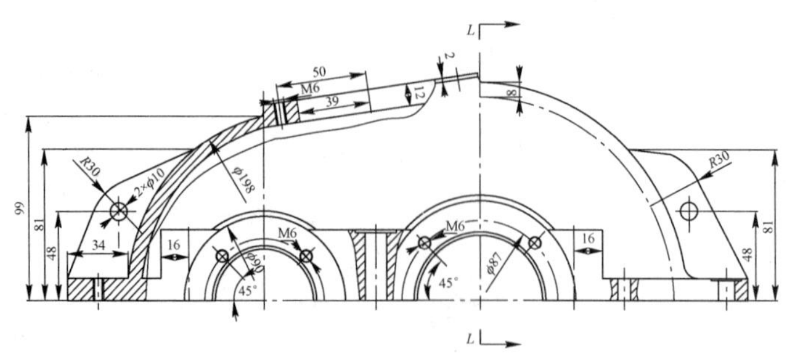

图 11-54　标注无公差尺寸

2）主视图带公差尺寸标注

（1）选择“格式”→“标注样式”命令，打开“标注样式管理器”对话框。单击“新建”按钮，在打开的“创建新标注样式”对话框中创建一个名为“副本箱盖标注样式（带公差）”的样式。单击“继续”按钮，在打开的“新建标注样式：副本箱盖标注样式（带公差）”对话框中设置“公差”选项卡，并把“副本箱盖标注样式（带公差）”样式设置为当前使用的标注样式。

（2）单击“标注”工具栏中的“线性”按钮，对主视图中带公差尺寸进行标注。使用如同前面学习的带公差尺寸标注的方法，进行公差编辑、修改，结果如图 11-55 所示。

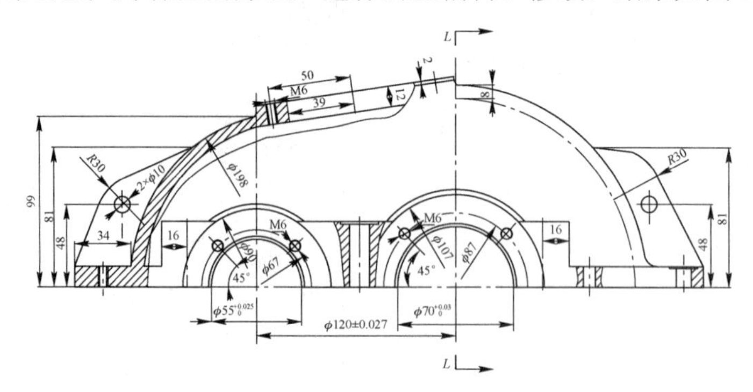

图 11-55　标注带公差尺寸

3）标注俯视图

将“箱盖标注样式（不带公差）”样式设置为当前标注样式，单击“标注”工具栏中的“线性”按钮和“半径”按钮，对俯视图无公差尺寸进行标注，效果如图 11-56 所示。

4）标注左视图

将“箱盖标注样式（不带公差）”样式设置为当前标注样式，单击“标注”工具栏中的“线性”按钮和“半径”按钮，对左视图无公差尺寸进行标注，效果如图 11-57 所示。

5）标注技术要求

（1）选择“格式”→“文字样式”命令，打开“文字样式”对话框。单击“新建”按钮，在打开的“新建文字样式”对话框中输入样式名“技术要求”，然后单击“应用”按钮，将其设置为当前使用的文字样式。

（2）文字标注。单击“绘图”工具栏中的“多行文字”按钮A，标注技术要求，如图 11-58 所示。

6）标注表面结构符号

选择“插入”→“块”命令，将表面结构符号插入图中的合适位置，然后单击“绘图”工具栏中的“多行文字”按钮A，标注表面结构符号。

7）标注几何公差

（1）绘制基准符号。单击“绘图”工具栏中的“矩形”按钮、“图案填充”按钮、“直线”按钮和“多行文字”按钮A，绘制基准符号。

（2）标注几何公差。单击“标注”工具栏中的“公差”按钮，完成几何公差的标注，各视图效果如图 11-59～图 11-61 所示。

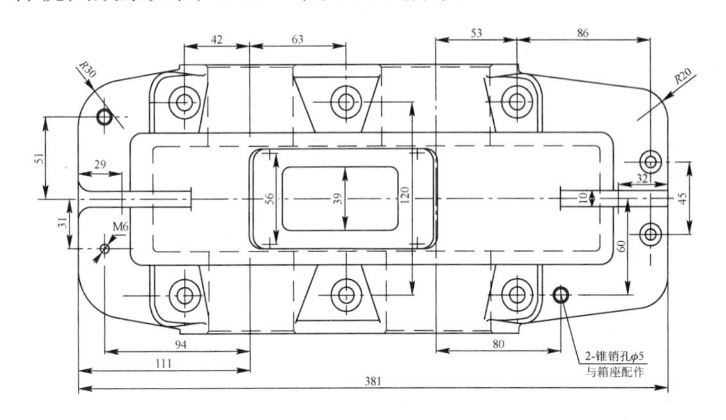

图 11-56　标注俯视图

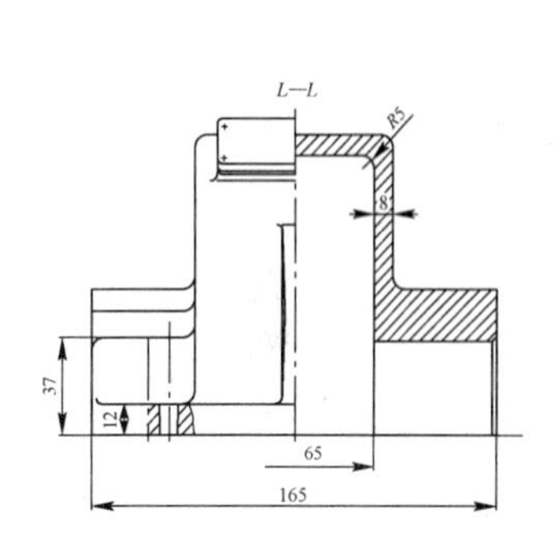

图 11-57 标注左视图

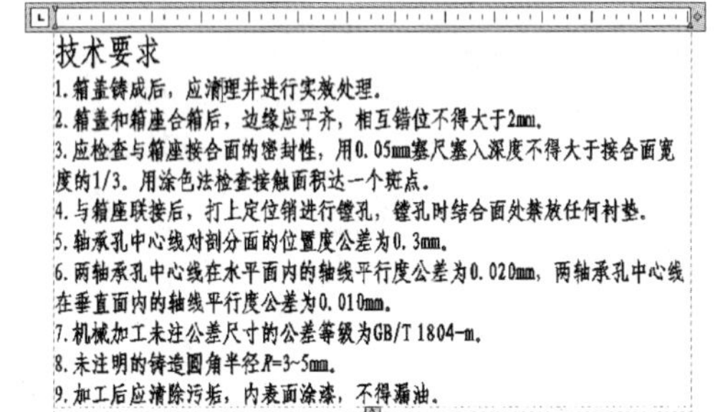
技术要求

1. 箱盖铸成后，应清理并进行实效处理。
2. 箱盖和箱座合箱后，边缘应平齐，相互错位不得大于2mm。
3. 应检查与箱座接合面的密封性，用0.05mm塞尺塞入深度不得大于接合面宽度的1/3。用涂色法检查接触面积达一个斑点。
4. 与箱座联接后，打上定位销进行镗孔，镗孔时结合面处禁放任何衬垫。
5. 轴承孔中心线对剖分面的位置度公差为0.3mm。
6. 两轴承孔中心线在水平面内的轴线平行度公差为0.020mm，两轴承孔中心线在垂直面内的轴线平行度公差为0.010mm。
7. 机械加工未注公差尺寸的公差等级为GB/T 1804-m。
8. 未注明的铸造圆角半径R=3~5mm。
9. 加工后应清除污垢，内表面涂漆，不得漏油。

图 11-58　标注技术要求

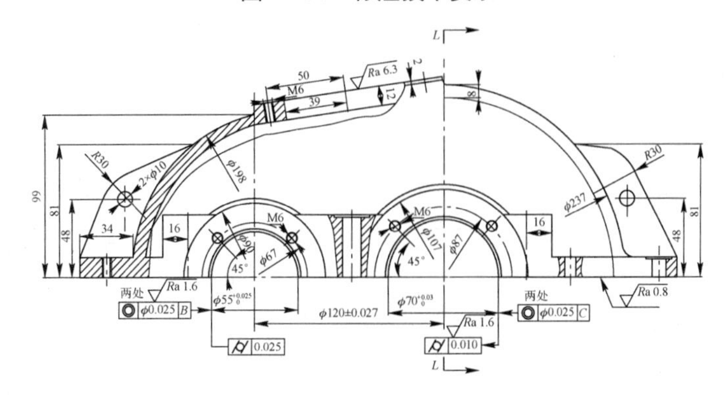

图 11-59　主视图完成效果

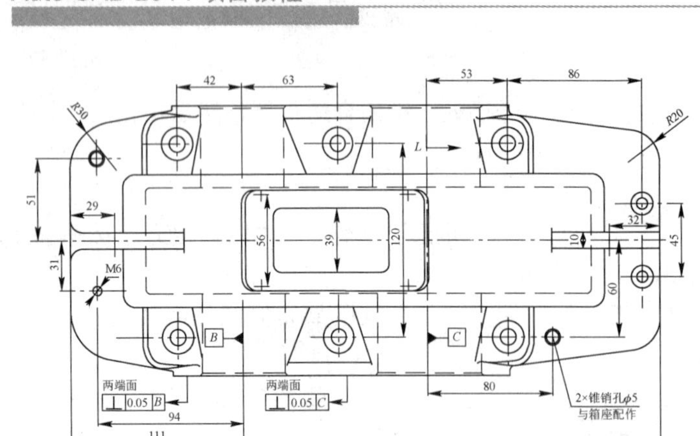

图 11-60　俯视图完成效果

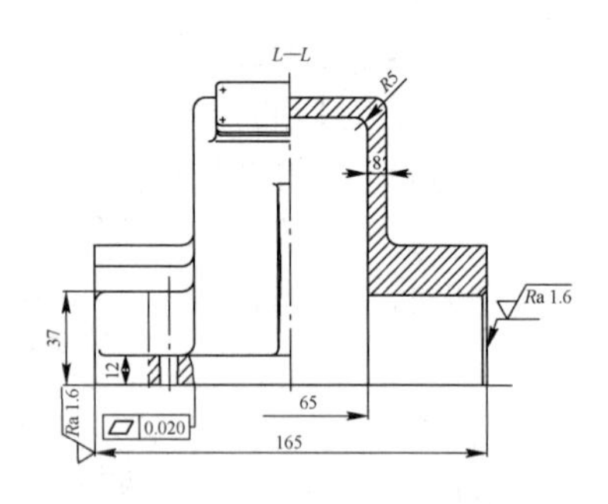

图 11-61　左视图完成效果

5. 绘制图框与标题栏

（1）单击“绘图”工具栏中的“矩形”按钮，绘制长为 841mm、高为 594mm 的矩形，并且将矩形分解，如图 11-62 所示。

（2）单击“修改”工具栏中的“偏移”按钮，将图 11-62 中的线段 *ab* 向右偏移 25mm，*ac* 向下偏移 10mm，*bd* 向上偏移 10mm，*cd* 向左偏移 10mm，完成图框的绘制。选择“插入”→“块”命令，将标题栏插入图中的合适位置，然后单击“绘图”工具栏中的“多行文字”按钮A，填写相应的内容，如图 11-63 所示。

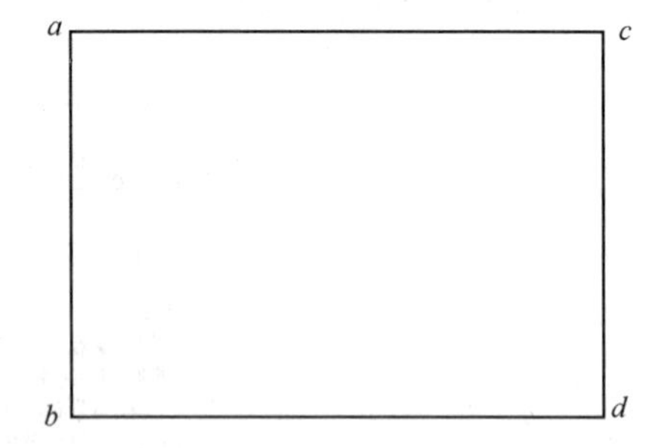

图 11-62　绘制矩形

（3）单击“修改”工具栏中的“移动”按钮，将所绘制的三视图移动到图框中。至此，整幅图绘制完毕，最终效果如图 11-25 所示。

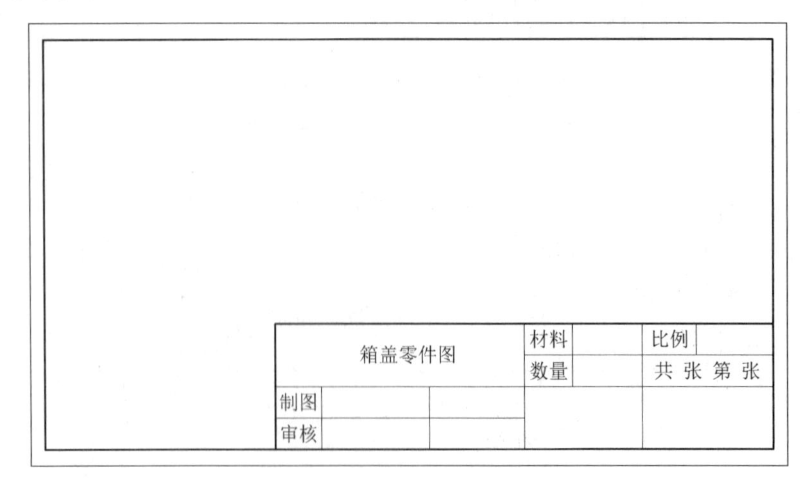

图 11-63　绘制图框与标题栏

课后练习

上机操作题

1. 根据图 11-64 所示的滑动轴承装配图拆画轴承座零件图。
2. 根据图 11-64 所示的滑动轴承装配图拆画轴承盖零件图。

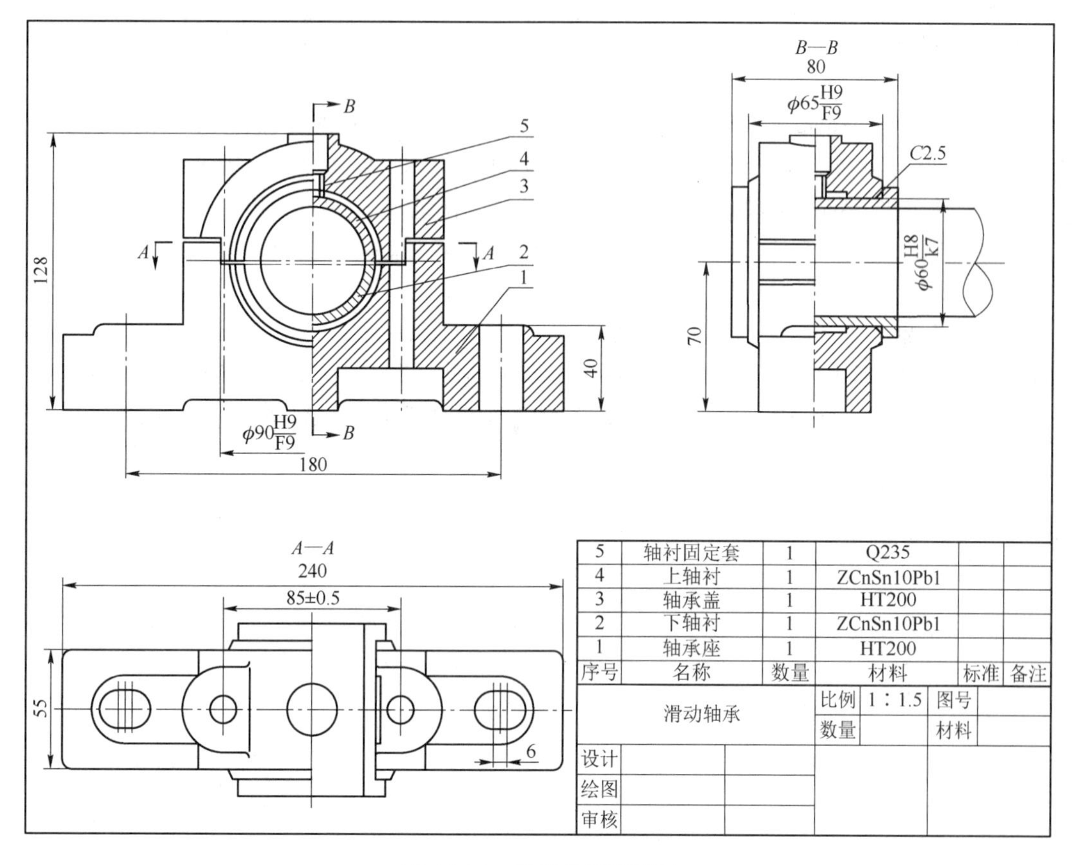

5	轴衬固定套	1	Q235		
4	上轴衬	1	ZCnSn10Pb1		
3	轴承盖	1	HT200		
2	下轴衬	1	ZCnSn10Pb1		
1	轴承座	1	HT200		
序号	名称	数量	材料	标准	备注

滑动轴承	比例	1∶1.5	图号	
	数量		材料	
设计				
绘图				
审核				

图 11-64　滑动轴承装配图

参 考 文 献

[1] CAD/CAM/CAE 技术联盟．AutoCAD 2012 中文版从入门到精通（标准版）[M]．北京：清华大学出版社，2012．
[2] CAD/CAM/CAE 技术联盟．AutoCAD 2012 中文版机械设计从入门到精通[M]．北京：清华大学出版社，2012．
[3] 宋德仁，胡仁喜．AutoCAD 2014 中文版从入门到精通[M]．北京：机械工业出版社，2013．
[4] 王公元，胡仁喜，等．精通 AutoCAD 2011 中文版机械设计[M]．北京：化学工业出版社，2011．
[5] 黄志刚，朱爱华．AutoCAD 2014 中文版超级学习手册[M]．北京：人民邮电出版社，2014．
[6] 槐创峰，许芬．AutoCAD 2014 中文版实用教程[M]．北京：人民邮电出版社，2014．
[7] 胡仁喜，刘昌丽．AutoCAD 2014 中文版精彩百例解析[M]．北京：机械工业出版社，2013．
[8] 胡仁喜，张红松．AutoCAD 2012 中文版入门与提高[M]．北京：化学工业出版社，2011．
[9] CAD/CAM/CAE 技术联盟．AutoCAD 2014 机械设计自学视频教程[M]．北京：清华大学出版社，2014．
[10] 孙红婵，王宏．AutoCAD 2012 中文版机械设计从基础到实训[M]．北京：清华大学出版社，2012．